普通高等教育土木与交通类"十二五"规划教材

建筑装饰工程施工

主　编　滕道社
副主编　江向东　梁　伟

中国水利水电出版社
www.waterpub.com.cn

内 容 提 要

本书是为装饰装修领域技能型人才的培养而编写，内容体系包括理论知识、基本技能、施工工艺、基本构造、能力拓展等五大块。项目一是建筑装饰装修工程施工基本知识；项目二是楼地面装饰装修工程施工；项目三是墙柱面装饰装修工程施工；项目四是建筑幕墙装饰装修工程施工；项目五是吊顶装饰装修工程施工；项目六是轻质隔墙装饰装修工程施工。

本书适合于应用型本科以及高职高专相关专业的学生作为教材使用，也可以作为装饰装修施工技术人员的培训教材。

图书在版编目（CIP）数据

建筑装饰工程施工 / 滕道社主编. -- 北京 ： 中国水利水电出版社，2011.8
普通高等教育土木与交通类"十二五"规划教材
ISBN 978-7-5084-8776-2

Ⅰ．①建… Ⅱ．①滕… Ⅲ．①建筑装饰－工程施工－高等学校－教材 Ⅳ．①TU767

中国版本图书馆CIP数据核字(2011)第170691号

书　　名	普通高等教育土木与交通类"十二五"规划教材 **建筑装饰工程施工**
作　　者	主编　滕道社　副主编　江向东　梁伟
出版发行	中国水利水电出版社 （北京市海淀区玉渊潭南路1号D座　100038） 网址：www.waterpub.com.cn E-mail：sales@waterpub.com.cn 电话：(010) 68367658（营销中心）
经　　售	北京科水图书销售中心（零售） 电话：(010) 88383994、63202643 全国各地新华书店和相关出版物销售网点
排　　版	中国水利水电出版社微机排版中心
印　　刷	北京纪元彩艺印刷有限公司
规　　格	184mm×260mm　16开本　24.25印张　575千字
版　　次	2011年8月第1版　2011年8月第1次印刷
印　　数	0001—3000册
定　　价	**45.00元**

　　"建筑装饰工程施工"是建筑装饰工程专业的一门主要专业课。本是为装饰装修领域技能型人才的培养而编写的，它适合于应用性的本科教学以及高职高专的学生阅读，也可以作为装饰装修施工技术人员的培训教材。

　　本教材的内容体系为理论知识、基本技能、施工工艺、基本构造、能力拓展等五大块。

　　项目一讲述建筑装饰装修工程施工方面的相关内容，包括：建筑装饰装修工程施工的概念，施工的依据，施工的规范，施工阶段划分，施工过程及技术资料等。

　　项目二讲述地面装饰装修施工中常见的各种材料，装饰种类，构造，施工机具，质量标准，通病防治及施工的工艺流程等。

　　项目三讲述墙、柱面块料面层的构造，施工的材料准备与检验，施工机具，施工工艺及施工要点，质量通病的预防，质量的检验标准及检验方法，技术资料整理等。

　　项目四讲述石材幕墙，玻璃幕墙，金属幕墙施工的特点，技术要求及工艺要点等。

　　项目五讲述吊顶工程的结构构造，施工的工艺流程及方法，主要材料的性能及技术指标，质量检验标准及检验方法，成品与半成品的保护，安全技术等。

　　项目六讲述轻质隔墙的结构构造，轻质隔墙的施工工艺及方法，饰面材料的性能及技术要求，施工机具、质量标准、通病防治及施工的安全防范措施等。

　　本教材除作为高等学校及高等职业学校建筑装饰工程专业教学用书以外，也可以供其他层次的相关人员作为教学用书或自学用书。

　　本教材主编为徐州工程学院滕道社（项目三至项目六）、副主编为江苏建筑职业技术学院江向东（项目二），徐州工程学院土木学院梁伟（项目一）。

　　在本教材的编写过程中得到了许多单位和个人的大力支持和帮助，参考了很多教材的有关内容。在此，我们一并谨向他们表示衷心的感谢。

由于水平有限，加上时间仓促，本教材中肯定存在不少缺陷和不足之处，恳请专家学者和读者不吝批评指正，我们将不胜感谢。

编 者

2011 年 3 月

目　录

项目一 建筑装饰装修工程施工基本知识

【知识点】 本部分介绍了有关建筑装饰装修工程施工方面的相关内容，主要包括：建筑装饰装修工程施工的概念，施工的依据，施工的规范，施工阶段划分，施工过程及技术资料等。主要内容包括：识读建筑装饰装修工程施工图纸、工程量计算和技术资料的整理。

【教学目标】 掌握建筑装饰装修工程施工的基本知识，了解技术资料的内容和填写方法。

任务一 建筑装饰装修工程施工的相关知识

1.1.1 建筑装饰装修工程施工的概念及内容

1. 建筑装饰装修工程施工的概念

以建筑装饰装修设计方案图、施工图设计的要求和预先确定的验收标准为依据，以科学的流程和正确的技术工艺，实施装饰装修各项工程内容的工程活动即为建筑装饰装修工程施工。

2. 建筑装饰装修工程施工的内容

建筑装饰装修工程施工的内容主要包括施工技术、施工组织与管理两大块内容。本书主要探讨建筑装饰装修工程的施工技术方面的内容，重点是施工流程和施工工艺，就是如何把建筑装饰装修设计图纸变成工程的实体的技术问题。通过对本内容的学习，学生能够对整个施工过程和施工组织管理有一个了解，掌握识图的方法；掌握技术资料的内容，掌握资料的填写方法，会填写施工资料；了解建筑装饰装修工程的质量验收和检验的方法等。

1.1.2 建筑装饰装修工程施工的要求及重要性

1. 建筑装饰装修工程施工的重要性

建筑装饰装修工程施工比较复杂、变化较多，涉及的装饰材料及工艺也多种多样，特别是楼地面、墙柱面、吊顶工程的装饰装修工程，所用材料及工艺变化较多，在整个装修工程中所占比重较大，因此在整个装饰装修工程中占有非常重要的地位。工程室内外装修图如图 1-1 所示。

2. 建筑装饰装修工程施工的要求

建筑装饰装修工程施工已经成为一门独立的、新兴的学科和行业，其技术的发展与各行各业都有着密切的关系，随着建筑装饰装修工程的规模和复杂程度的不断扩

图1-1　建筑物室内外装修图示例

大和加深，对建筑装饰装修工程施工的要求也是越来越高，总地来说主要有以下几点。

（1）规范性。要求严格按照各项工种和工艺的操作规程和验收标准进行规范化施工。

（2）专业性。严格按照国家制定的各种规范和标准施工，按技术规范和检验标准进行专业化的操作，没经专业化培训的人员不得上岗操作。

（3）复杂性。建筑装饰装修工程施工工序繁多，工种复杂，场地拥挤，必须科学管理。

（4）安全性。建筑装饰装修工程施工过程中与水、电、脚手架等经常接触，属高危行业。

（5）经济性。由于建筑装饰装修工程施工工序繁多，工种复杂，材料品种多，新技术、新工艺、新设备不断出现，造价越来越高，因此，必须做好施工的预算和估算工作。

（6）可持续性。建筑装饰装修工程施工必须把节能、节约资源、环境保护作为其中的一环，应严格要求。彻底改变高污染、高浪费、高耗能的要求，按照国家的规定执行。避免使用有毒有害的装饰材料。

（7）发展性。建筑装饰装修在施工中材料新品种以及新技术、新工艺、新设备不断出现，可以说建筑装饰行业几乎每天都有新的施工工艺和施工技术出现。

1.1.3　建筑装饰装修工程的施工依据

1. 建筑装饰装修工程完整的施工图纸

图纸是装饰施工的重要依据，装饰工程必须要有设计图纸，图纸包括：封面、目录、说明、材料明细表、平面布置图、地面铺装图、顶平面图、立面图、剖面图和相应的节点大样图。

2. 建筑装饰装修工程施工相关的标准规范

(1)《中华人民共和国建筑法》。

(2)《房屋建筑和市政基础设施工程施工招标投标管理办法》。

(3)《中华人民共和国安全生产法》。

(4)《建筑工程施工质量验收统一标准》(GB 50300—2001)。

(5)《建筑装饰装修工程质量验收规范》(GB 50210—2001)。

(6)《建筑电气工程施工质量验收规范》(GB 50303—2002)。

(7)《建筑给排水及采暖工程施工质量验收规范》(GB 50242—2002)。

(8)《建筑地面工程施工质量验收规范》(GB 50209—2002)。

(9)《民用建筑工程室内环境污染控制规范》(GB 50325—2001)。

(10)《人造板中甲醛释放限量》(GB 18580—2001)。

(11)《内墙涂料中有害物质限量》(GB 18582—2001)。

(12)《壁纸中有害物质量限量》(GB 18585—2001)。

(13)《室内装修材料建筑材料放射性核素限量》(GB 6566—2001)。

(14)《建设工程项目管理规范》(GB/T 50326—2001)。

(15)《建筑工程文件归档整理规范》(GB/T 50328—2001)。

(16)《建筑施工安全检查标准》(JGJ 59—99)。

(17)《施工现场临时用电安全技术规范》(JGJ 46—2005)。

(18)《建筑机械使用安全技术规程》(JGJ 33—2001)。

(19) 施工当地关于建设工程的相关规定等。

3. 工程合同约定的其他要求

(1) 该工程合同约定的甲供材供应的时间、地点、质量要求、交付方法、保管费的计取等。

(2) 相关单位的图纸交底、技术交底等的会议记录。

(3) 该工程合同约定的工期、质量要求等。

4. 工程招投标的相关文件等

(1)《中华人民共和国建筑法》、《中华人民共和国招投标法》、《建设工程质量管理条例》等相关的法律法规。

(2) 建设方提供的招标文件、工程量清单等。

(3) 中标人提供的投标文件。

1.1.4　有关规范和强制性措施

在工程施工中，要严格执行规范标准，特别是强制性的规范条文要坚决执行，下面介绍有关规范的强制性条文。

1.《建筑装饰工程质量验收规范》(GB 50210—2001)强制性条文

(1)第3.1.5条 建筑装饰装修工程设计必须保证建筑物的结构安全和主要使用功能。当涉及主体和承重结构改动或增加荷载时，必须由原结构设计单位或具备相应资质的设计单位核查有关原始资料，对既有的建筑结构安全性进行核验、确认。

(2)第3.2.3条 建筑装饰装修工程所用材料应符合国家有关建筑装饰装修材料有害物质限量标准的规定。

(3)第3.2.9条 建筑装饰装修工程所使用的材料应按设计要求进行防火、防腐和防虫处理。

(4)第3.3.4条 建筑装饰装修工程施工中，严禁违反设计文件擅自改动建筑主体、承重结构或主要使用功能；严禁未经设计确认和有关部门批准擅自拆改水、暖、电、燃气、通信等配套设施。

(5)第3.3.5条 施工单位应遵守有关环境保护的法律法规，并应采取有效措施控制施工现场的各种粉尘、废气、废弃物、噪声、振动等对周围环境造成的污染和危害。

(6)第8.2.4条 饰面板工程的预埋件（或后置埋件）、连接件的数量、规格、位置、连接方式和防腐处理必须符合设计要求。饰面板安装必须牢固。

2.《建筑装饰内部防火设计规范》(GB 50222—2001)强制性条文

(1)3.1.15A条 建筑内部装修不应减少安全出口、疏散出口和疏散走道设计所需的净宽度和数量。

(2)3.1.18条 当歌舞厅、卡拉OK（含卡拉OK功能的餐厅）、夜总会、录像厅、放映厅、桑拿室（除洗浴部分外）、游艺厅（含电子游艺厅）、网吧等歌舞娱乐放映场所（以下简称歌舞娱乐游艺场所）设置的在一、二级耐火等级建筑的四层及四层以上时，室内装饰的顶棚材料应采用A级装修材料，其他部位应采用不低于B1级的装修材料：当设置在地下一层时，室内装饰材料的顶棚、墙面材料应采用A级装修材料，其他部位应采用不低于B1级装修材料。

(3)3.2.3条 除3.1.18条规定的外，当单层、多层民用建筑内部有自动灭火系统时，除顶棚外，其内部装修材料的燃烧性能等级可在表3.2.1规定的基础上降低一级；当同时装有火灾自动报警系统和自动灭火系统时，其顶棚燃烧性能的等级可在表3.2.1规定的基础上降低一级，其他装修材料的燃烧性能等级可不限制。

(4)3.3.2条 除3.1.18条规定的场所和100m以上的高层民用建筑及大于800座位的观众厅、会议厅、顶层餐厅外，当有火灾自动报警系统和自动灭火系统时，除顶棚外，其内部装修材料的燃烧性能等级可在表3.2.1规定的基础上降低一级。

1.1.5 建筑装饰装修施工图的读图与识图

1. 施工图的种类

广义的建筑工程施工图通常包括建筑施工图、结构施工图、设备施工图、建筑装饰装修施工图等，建筑装饰装修施工图是建立在建筑图的深化设计基础上的。

(1)建筑施工图。建筑施工图主要用来表示房屋的规划位置、外部造型、内部各房间的布置、内外装修、细部构造、固定设施及施工要求等。它包括建筑施工图首页、建筑设计总说明、建筑总平面图、各层平面图、立面图、剖面图和详图等。

（2）结构施工图。结构施工图主要表示房屋承重结构的类型、构件布置、种类、数量、构件的内部构造和外部形状、大小以及构件间的连接构造等。它包括结构布置图和构件详图等。

（3）设备施工图。设备施工图主要表示各种设备、管道和线路的布置、走向以及安装施工要求等。设备施工图又分为给水排水施工图（水施）、供暖施工图（暖施）、通风与空调施工图（通施）、电气施工图（电施）等。一般包括平面布置图、系统图和详图等。

（4）建筑装饰装修施工图。建筑装饰装修施工图是建筑施工图纸的深化设计，是建筑内外空间装饰装修的图纸。它包括施工图首页、设计说明、各层装饰装修平面布置图、楼地面铺装图、顶平面布置图、各空间的立面图、剖面图和详图等。建筑装饰装修施工图纸变化多，量大。

下面主要讲解建筑装饰装修施工图的识读、建筑图的识读以及和装饰装修有关的设备施工图的识读。

2. 建筑施工图的识读方法

（1）从建筑设计说明了解下列内容：

1）建筑设计说明包括的内容。

2）建筑面积的计算方法。

3）建筑工程等级的划分。

4）设计使用年限、耐火等级、抗震设防裂度、节能要求。

5）基本做法，如墙体、防水防潮、门窗等，比较细分的话还包括外墙涂料种类，门窗材质，地面及楼面做法等。

6）注意事项，如玻璃幕墙、电梯、涉及室内外装饰工程等需要特别注明。

7）节能保温，外墙及屋顶的保温做法及材料。

（2）从建筑平面图了解下列内容：

1）平面尺寸。

2）门窗的位置及类型（按照提供图纸，做出门窗统计表）。

3）墙体的位置（了解哪些是承重墙，哪些是非承重墙，防火分区的划分）。

4）各部分标高。

（3）从建筑立面图了解下列内容：

1）层高。

2）立面门窗的位置、高度。

3）立面装修材料。

4）立面的造型尺寸。

（4）从建筑剖面图了解下列内容：

1）层高。

2）立面门窗洞口高度。

3）梁的高度（结合结构图梁平面布置图，了解梁的位置）。

4）细部的设计做法（通过节点大样图详细了解）。

3．建筑装饰装修施工图的识读

（1）从装饰设计说明主要了解下列内容：

1）工程包含的内容。

2）装饰装修材料的要求及防火性能的要求。

3）建筑装饰装修材料在环境保护方面的要求。

4）在施工工艺方面的要求。

（2）建筑装饰平面图包括平面布置图、顶平面图、地面铺装图，主要了解下列内容：

1）空间划分及平面的详细尺寸，顶面造型及高度，地面的铺装尺寸及材料。

2）门窗的位置、类型及宽度。

3）索引的符号及剖切的位置。

（3）从建筑装饰立面图了解下列内容：

1）立面的造型及详细尺寸。

2）立面门窗的位置、高度。

3）立面装修材料。

4）立面的剖切的位置。

（4）从建筑装饰剖面图及节点剖切大样图了解下列内容：

1）造型、详细尺寸及材料。

2）构造做法、材料及尺寸（通过节点大样图详细了解）。

3）设备图重点了解下列内容：①了解设备、开关等安装位置；②灯具的位置；③设备对装修的要求及对装修的影响。

总之，识读建筑装饰装修施工图，要针对一个空间综合思考，针对一些细部施工重点考虑，避免收口出现问题。

1.1.6　建筑装饰装修工程的施工

1.1.6.1　施工准备的内容

施工准备的内容包括技术准备、物资准备、劳动组织准备、施工现场准备、施工场外协调。

1．技术准备的内容

（1）熟悉和审查施工图纸。施工图纸是否完整和齐全，是否符合国家有关工程设计和施工的方针和政策；施工图纸与其说明是否一致，施工图纸及其各组成部分之间有无矛盾和错误；了解装饰工程的特点，需要采取哪些新的技术，设备和材料订货加工有无特殊要求。

熟悉和审查施工图纸主要是为编制施工组织设计提供各项依据。通常按照图纸自审、会审和现场签证等三个阶段进行，图纸自审由施工单位组织，并写出图纸自审记录；图纸会审由建设单位主持，设计和施工单位共同参加，形成"图纸会审记要"，由建设单位行文，三方共同会签盖章，作为指导施工和工程结算的依据；图纸现场签证是在工程施工中，遵循技术核定和设计变更签证制度。对所发现的问题进行现场签证，作为指导施工、竣工验收和结算的依据。

装饰工程设计交底记录　　　　　　　　　　　　　　**TJ2.3.1**

编号：001　　共1页　　第1页

工程名称	××××装饰工程		日期	2005年9月15日	
时间	14：00～17：00		地点	××××××	
序号	提出的图纸问题		图纸修订意见		设计负责人
1	门厅吊顶是否采用转换钢架连接屋顶		采用		
2	感应门玻璃未表明厚度。3.2m高度是否过高		要作调整		
3	石材干挂没有钢架结点图		由项目部提供方案，我司批准		
4	前厅吊顶留槽部分是否采用双层石膏板		采用		
5	一层门厅金属花格片与金箔肌理需要补节点图		尽快补充		
6	接待厅中心圆标高误差		以剖面图为准		
7	一层−009E1立面，门上雕刻板是悬挂式或者嵌入式		参考效果图		
8	会议室东立面标高做不到设计标高		现场标高能做多少做多少		
9	会客厅E1立面需要补充通道门结点图		尽快补充		
各单位项目负责人签字	建设单位				
	设计单位				（建设单位公章）
	监理单位				
	施工单位				

装饰工程设计图纸会审、设计变更、洽商记录　　　　　　　　**TJ2.3.2**

工程名称			时间		年　月　日	
内容：						
施工单位	项目经理：	建设（监理）单位	专业技术人员：（专业监理工程师）	设计单位	专业设计人员：	
	技术负责人：					
	专职质检员：		项目负责人：（总监理工程师）		项目负责人：	

（2）施工现场当地情况调查分析。在工程施工中，需要大量的人力和材料，调查当地的资源状况，做到心中有数。

（3）编制施工图预算和施工预算。施工图预算应按照施工图纸所确定的工程量、施工组织设计拟定的施工方法、有关的费用标准和参照有关的预算定额和施工企业定额，由施工企业编制。

（4）应根据工程特点、建设单位要求，编制指导该工程全过程的施工组织设计。

2.物资准备

（1）装饰材料准备。根据施工预算的材料分析和施工进度计划的要求，编制建筑装饰材料需要量计划，为施工备料、确定仓库和堆场面积及组织运输提供依据。

装 饰 材 料 单

序号	材料名称	规格型号	单位	数量	使用部位	进场时间	质量标准

（2）配件和制品加工准备。根据施工预算所提供的构配件和制品的加工要求，编制相应计划，为施工备料、为组织运输和确定堆放场地提供依据。

（3）施工机具准备。根据施工方案，编制施工机具需要量计划。

主 要 施 工 机 具

序号	机具名称	规格型号	单位	数量	备注

3．劳动组织准备

（1）施工项目部。根据工程规模、装修复杂程度确定项目部成员组成。项目部成员包括项目经理、技术员、施工员、安全员、质检员、材料员、预算员。遵循合理分工与密切协作的原则。

工程项目施工管理人员名单　　　　　　　　　　　　TJ 1.2

工程名称		施工单位	
技术部门负责人		执业证号		联系电话	
质量部门负责人		执业证号	
项目经理		执业证号	
项目技术负责人		执业证号	
专职质检员		执业证号	

上述人员是我单位为　　　工程配备的项目施工管理人员，请建设（监理）单位审核。

企业技术负责人：　　　　　　　　　　　　　　　　　　　　（公章）

企业法人代表：　　　　　　　　　　　　　　　　　　　年 月 日

审核意见：

建设单位项目负责人（总监理工程师）：　　　　　　　　　　（公章）

　　　　　　　　　　　　　　　　　　　　　　　　　年 月 日

（2）施工力量，组织劳动力进场。编制劳动力计划，根据劳动力计划组织施工人员进场，安排好生活，并进行安全、防火和文明施工等教育。

（3）职工进场后的培训工作。为落实施工计划和技术责任制，因按照管理系统逐级进行交底。同时健全各种规章制度，加强遵纪守法教育。

4．施工现场准备

（1）现场标高等控制点交接和测量。

（2）施工现场水通、电通、道路畅通；按照消防的要求，布置足够的消防器材。

（3）临时施工设施，根据需要，准备施工生活用房和办公用房等。

（4）施工机具计划，准备好施工机具，确保安全使用。

（5）材料、构配件和制品需要量计划，组织进场，按照规定的堆放地点和堆放要求储存。

（6）有关的试验项目计划。材料进场后，根据规范要求，进行有关材料的检验，对于新技术项目，应拟定相应的试验计划，并在开工前实施。

（7）季节性的施工准备。按照施工组织设计的要求，认真落实冬雨季和高温季节施工项目的施工技术组织措施和施工设施。

5．施工场外协调

（1）加工和订货。和相关的供货单位和加工单位签订供货合同，保证按时供货。

（2）分包和劳务安排，签订分包和劳务合同。

1.1.6.2　施工阶段划分及施工流程图

1．建筑装饰装修工程施工阶段划分

建筑装饰装修工程施工阶段一般可划分为四个阶段，即前期准备阶段、初步施工阶段、全面施工阶段、工程收尾阶段。

（1）准备阶段。此阶段的主要工作是深化设计、施工放线，临时设施的准备。

1）装饰装修工程比较复杂，变化比较多，施工图纸往往不能满足施工的要求，项目部进场之后，通常组织对整体的图纸进行符合施工深度的深化，使施工图完全满足施工的要求，深化设计要依据现场的实际情况进行，结合水、电、消防、空调等相关专业的图纸，绘制出综合布置图，把各专业的图纸结合起来，避免各专业的图纸相互冲突，同时安排施工人员进行现场放线，根据现场的实际尺寸，调整装饰面的分割尺寸，对装饰施工图纸做出调整，并征得设计师的同意。

2）现场实际情况，项目部进场后，对项目的临时设施开始布置，搭设临时办公用房、会议用房、仓库、危险品存放区、现场加工区，协调搭设工人生活住宿区，对现场临时用电设施及消防设施进行合理布置，检查施工现场的安全防护设施是否到位（合同约定属施工方自行负责的，应组织人员设置安装临时安全设施）。在此阶段，要着重加强现场施工放线的精确度和系统性。系统全面的现场放线是组织有效、有序施工的前提。如图 1－2所示。

 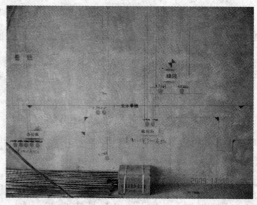

图 1-2 装饰工程施工放线图

工程定位测量和放线验收记录 TJ2.2

建设单位		设计单位		
工程名称		图纸依据		
引进水准点位置		水准高程		单位工程±0.00	

工程位置草图

施工单位	放线人： 复核人： 技术负责人： 年 月 日		监理（建设）单位	监理工程师：（建设单位项目负责人）： 年 月 日
设计单位	项目负责人： 年 月 日			

施 工 测 量 报 验 单

工程名称：××××工程　　　　　　　　　　　　编号：A3.5—__001__

致：××××监理公司（监理单位）
本项目经理部届时将完成××××的测量工作，完成自检，测量成果符合设计和规范要求，并呈报相应资料。
本次报验内容系第__×__次报验。

承包单位项目经理部（章）：_____

项目经理：_____ 日期：_____

项目监理机构签 收人姓名及时间		承包单位签收 人姓名及时间	

监理核验结果及结论：
　1. 收到施工相应测量资料共_____页，收到时间：_____。
　2.

项目监理机构（章）：_____

专业监理工程师：_____ 日期：_____

注　承包单位项目经理部应提前 24 小时提出本报验单，并给予配合。

江苏省建设厅监制

（2）初步施工阶段。此阶段的工作主要是基层的制作和主要材料定制准备阶段，基层制作如墙柱面石材骨架、成品木饰面基层、卫生间防水基层处理等。

此阶段项目部还应该把材料选择定制加工作为重要的工作，很多项目的拖延往往是材料迟迟不能确定，材料定制的不及时引起的，因此，为了配合下阶段的工作全面施工，此阶段还应做好面层装饰材料（如石材、木饰面、壁纸等）及五金等主要材料的选型送样工作，应及时和业主、设计师、监理沟通，在确认后及时定制材料，为全面展开施工打好基础。

　　所有装饰材料进场使用都要进行材料的报验，填写"材料（构配件）和设备进场使用报验单"，在施工前要进行技术交底，填写技术交底记录。

材料（构配件）和设备进场使用报验单

工程名称：××××装饰改造工程　　　　　　　　编号：A3.2 ＿＿＿＿ ＿＿＿＿ ＿＿＿＿ 002

致：××××监理（监理单位）： 　兹报验： 　□ 1. 材料进场使用。 　□ 2. 构配件进场使用。 　□ 3. 工程设备进场使用/开箱检查。 　□ 4. 　名称：＿＿＿＿＿＿＿＿＿＿＿＿＿＿＿＿＿＿＿＿＿＿＿＿＿＿＿ 　采购单位：＿＿＿＿＿＿＿＿＿＿＿＿＿＿＿＿＿＿＿＿＿＿＿＿＿ 　拟用部位：＿＿＿＿＿＿＿＿＿＿＿＿＿＿＿＿＿＿＿＿＿＿＿＿＿ 　附件（共＿＿＿＿＿＿页）： 　□ 清单（如名称、产地、规格、数量等）、样品。 　□ 出厂合格证、质保书、准用证。 　□ 检测报告、复试报告。 　□ 其他有关文件。 　本次报验内容系第＿＿＿＿＿次报验，届时本项目经理部已完成自检工作且资料完整，并呈报相应资料。   　　　　　　　　　　　　承包单位项目经理部（章）：＿＿＿＿＿＿＿＿ 　　　　　　　　　　　　　项目经理：＿＿＿＿＿＿＿日期：＿＿＿＿＿

项目监理机构 签收人姓名及时间		承包单位签收人 姓名及时间	

监理审查意见： 　□ 同意。　　　□ 不同意。 　＿＿＿＿＿＿＿＿＿＿＿＿＿＿＿＿＿＿＿＿＿＿＿＿＿＿＿＿＿＿＿ 　＿＿＿＿＿＿＿＿＿＿＿＿＿＿＿＿＿＿＿＿＿＿＿＿＿＿＿＿＿＿＿ 　＿＿＿＿＿＿＿＿＿＿＿＿＿＿＿＿＿＿＿＿＿＿＿＿＿＿＿＿＿＿＿ 　　　　　　　　　　　　　项目监理机构（章）：＿＿＿＿＿＿＿＿ 　　　　　　　　　专业监理工程师：＿＿＿＿＿＿＿日期：＿＿＿＿＿

注 1. 承包单位项目经理部应提前提出本报验单，需复试合格才能使用的，应在复试合格后签批。

　　2. 大型设备开箱检查设计单位代表应参加。

江苏省建设厅监制

装饰工程施工技术交底记录 TJ1.5

工程名称		施工单位	
交底部位		工序名称	

交底提要：

交底内容：

技术负责人		交底人		接受交底人	

注 本记录一式两份，一份交接受交底人，一份存档。

（3）全面施工阶段。本阶段为全面施工展开阶段，各工种主力施工力量全面进场，如进行满批腻子、乳胶漆、墙纸施工、石材安装、木制品安装、玻璃安装等工作。此阶段施工相对而言工人进场量大，交叉施工整体进行，项目部要做好垂直运输的合理安排，成品及半成品保护工作，同时抓好现场文明生产，使工程整体有条不紊地、有组织地向前推进。

在施工中，对隐蔽的骨架及基层要进行隐蔽工程验收，合格后方可进行下道供需施工，并填写隐蔽工程验收记录。

<u>　　　　　　　　</u>隐蔽工程验收记录统表

工程名称		项目经理		
分项工程名称		专业工长		
隐蔽工程项目		施工单位		
施工标准名称及代号		施工图名称及编号		
隐蔽工程部位	质量要求	施工单位自查记录		监理（建设）单位验收记录
施工单位自查结论	施工单位项目负责人：　　　　　　　　　　　年　月　日			
监理（建设）单位验收结论	监理工程师（建设单位项目负责人）：　　　　　　年　月　日			

注 如需绘制图纸的附本记录后。

　　在施工过程中会出现工程变更、增加工做量等很多的问题，需要施工单位、监理单位和建设单位之间协调和解决，需要填写相应的联系单。有工程变更单、监理工程师通知单（进度控制类、质量控制类、造价控制类等）。

工 程 变 更 单

工程名称：_____　　　　　　　　　编号：A9—__001__

致：_____（监理单位）

　由于_____原因，兹提出

_____工程变更（内容见附件），请予以审批。

附件：

　　（附件共_____页）

　　　　　　　　　　　　　　　　承包单位项目经理部（章）：_____

　　　　　　　　　　　　　　　　　　项目经理：_____ 日期：_____

一致意见：

建设单位代表　　　　　　设计单位代表　　　　　　项目监理机构

签字：　　　　　　　　　签字：　　　　　　　　　签字：

日期：　　　　　　　　　日期：　　　　　　　　　日期：

监理工程师通知单（进度控制类）

工程名称：××××工程　　　　　　　　　　　　编号：B2 1 — 93

事由	周例会时间	签收人姓名及时间	

致：各施工单位（承包单位）

　　经于甲方协商决定，××××三期项目例会定于每周五下午 1 点开始。请各单位务必准备好每周进度报表、下周施工计划及需协调问题，各施工单位项目负责人必须参加。

附件共_____页，请于_____年____月____日前填报回复单（A5）。

抄送：

项目监理机构（章）：_____

专业监理工程师：_____　总监理工程师：_____　日期：_____

注　本通知单分为进度控制类（B2 1）、质量控制类（B2 2）、造价控制类（B2 3）、安全文明类（B2 4）、工程变更
类（B2 5）。

监理工程师联系单

工程名称：_____ 编号：B32 _____—_____

事由		签收人姓名及时间	

致：_____

（附件共_____页）

项目监理机构（章）：_____

专业监理工程师：_____ 总监理工程师：_____ 日期：____

注 本联系单分为对建设单位联系单（B3 1）、对承包单位联系单（B3 2）、对设计单位联系单（B3 3）。

江苏省建设厅监制

监理工程师通知回复单（　　　类）

工程名称：_____　　编号：A5 ____ —_____

致：_____（监理单位）

_____号监理工程师通知单的内容完成情况如下（逐条对应写明）：

　　　　　　　　　　　　　　　　　　　　　　　　　　　承包单位项目经理部（章）：_____

　　　　　　　　　　　　　　　　　　　　　　　　　　　项目经理：_____ 日期：_____

项目监理机构签收人 姓名及时间		承包单位签收人 姓名及时间	

监理审核意见：

　　　　　　　　　　　　　　　　　　　　　　　　　　　项目监理机构（章）：_____

专业监理工程师：_____　　　总监理工程师：_____ 日期：_____

注　监理工程师通知回复单分类为：进度控制类（A5 1）、质量控制类（A5 2）、造价控制类（A5 3）、安全文明类
（A5 4）、工程变更类（A5 5）。

江苏省建设厅监制

18

（4）工程收尾阶段。本阶段主要为五金安装、细部修整改、整体保洁、资料的整理和移交、竣工验收等工作。

2. 建筑装饰装修工程施工流程图

根据不同的工程，根据特点确定项目的施工流程和施工工艺，图 1-3 为某公司某工程装修的施工工艺流程。

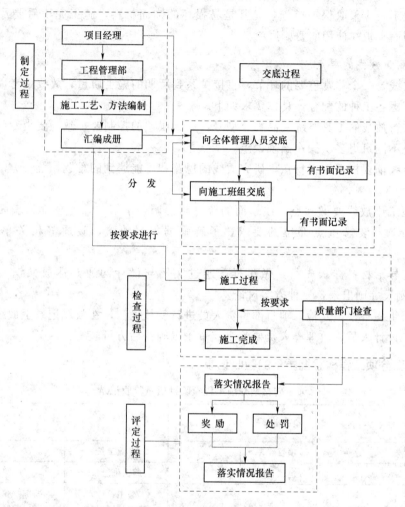

图 1-3 装修施工工艺流程

1.1.6.3 建筑装饰装修工程施工前的要求

（1）工程的基体应符合设计要求，并已通过验收，具有足够的强度、刚度和稳定性。

（2）工前应根据工程施工组织设计，对装饰工程的施工环境进行清理，并根据施工图纸对墙柱面饰面材料进行规划、定位。

（3）工前应对安装在饰面部位的电气插座、开关、箱盒、灯具等有关设备的箱洞和采暖、卫生、煤气等管口的标高轴线位置校对后方可施工。并应用完整的饰面板切割吻合，切割边缘应整齐并保持光滑平整。

（4）暖通、消防、电信及有关设备、管线等预埋体应在装饰施工放线时一并定位，其预埋工作应在龙骨基层施工前完成（或与龙骨基层同步完工），并于饰面板工程施工之前完成隐蔽工程验收。

（5）施工时应有防暴晒措施，冬季施工时，施工环境温度不得低于5℃。

（6）施工时应采取保护措施，尤其是易损坏的饰面材料，施工完毕后要及时进行保护。如木饰面夹板在使用前要刷底漆。

1.1.6.4 测量放线的要点

测量放线是一个非常重要的环节，直接关系到后期的施工质量，放线中考虑的问题比较多，要考虑各工种的配合，具体要求如下。

（1）进行放线的工具要统一品牌、型号，做到误差的控制要一致，要由专门班组进行放线，避免不同班组多次操作出现误差。

（2）放线前要根据工程特点，研究放线的思路和可能遇到的难题，统一方法思路，做好沟通。

（3）施工中放线要做到点、线、面的统一与协调，了解并熟悉顶部、墙面、地面的造型体块分割及装修重点部位的要求，了解强弱电、消防、暖通等相关单位的规范要求。

（4）有异形材料样板先行，做小样，通过实例与设计沟通并达成共识。另外通过CAD按比例尺寸画出来，多种方案讨论。

（5）班组先自检，互检，项目部负责人员进行复核确认，在放线记录上放线人员、项目部人员、设计人员、监理等人员要签字盖章予以确认后方可施工。

1.1.7 分部分项工程检验批质量的验收记录

饰面砖粘贴分项工程检验批质量验收记录   TJ4.3.34

工程名称		检验批部位		施工执行标准名称及编号	
施工单位		项目经理		专业工长	
分包单位		分包项目经理		施工班组长	
序号		QB 50210—2001 的规定		施工单位检查评定记录	监理（建设）单位验收记录
主控项目	1	饰面砖的品种、规格、图案、颜色和性能应符合设计要求			
	2	饰面砖粘贴工程的找平、防水、粘接和勾缝材料及施工方法应符合设计要求及国家现行产品标准和工艺技术标准的规定			
	3	饰面砖粘贴必须牢固			
	4	满贴法施工的饰面砖工程应无空鼓、裂缝			

续表

序号		QB 50210—2001 的规定		施工单位检查评定记录	监理（建设）单位验收记录
一般项目	1	饰面砖表面应平整、洁净、色泽一致，无裂痕和缺损			
	2	阴阳角处搭接方式、非整砖使用部位应符合设计要求			
	3	墙面突出物周围的饰面砖应整砖套割吻合，边缘应整齐。墙裙、贴脸突出墙面的厚度应一致			
	4	饰面砖接缝应平直、光滑，填嵌应连续、密实；宽度和深度应符合设计要求			
	5	有排水要求的部位应做滴水线（槽）。滴水线（槽）应顺直，流水坡向应正确。坡度应符合设计要求			
	6	项次	项目	允许偏差（mm）		

		项次	项目	外墙面砖	内墙面砖		
		1	立面垂直度	3	2		
		2	表面平整度	4	2		
		3	阴阳角方正	3	3		
		4	接缝直线度	3	2		
		5	接缝高低差	1	0.5		
		6	接缝宽度	1	1		

施工单位检查评定结果	项目专业质量检验员： 年 月 日
监理（建设）单位验收结论	监理工程师（建设单位项目专业技术负责人）： 年 月 日

饰面板安装分项工程检验批质量验收记录   TJ4.3.33

工程名称			检验批部位				施工执行标准名称及编号		
施工单位			项目经理				专业工长		
分包单位			分包项目经理				施工班组长		

序号		QB 50210—2001 的规定	施工单位检查评定记录	监理（建设）单位验收记录
主控项目	1	饰面板的品种、规格、颜色和性能应符合设计要求，木龙骨、木饰面板和塑料饰面板的燃烧性能等级应符合设计要求		
	2	饰面板孔、槽的数量、位置和尺寸应符合设计要求		
	3	饰面板安装工程的预埋件（或后置埋件）、连接件的数量、规格、位置、连接方法和防腐处理必须符合设计要求。后置埋件的现场拉拔强度必须符合设计要求，饰面板安装必须牢固		
一般项目	1	饰面板表面应平整、洁净、色泽一致，无裂纹和缺损。石材表面应无泛碱待污染		
	2	饰面板嵌缝应密实、平直，宽度和深度应符合设计要求，嵌填材料色泽应一致		
	3	采用湿作业法施工的饰面板工程，石材应进行防碱背涂处理。饰面板与基体之间的灌注材料应饱满、密实		
	4	饰面板上的孔洞应套割吻合，边缘应整齐		

项次	项目	允许偏差（mm）							施工单位检查评定记录	监理（建设）单位验收记录
		石材			瓷板	木板	塑料	金属		
		光面	剁斧石	蘑菇石						
1	立面垂直度	2	3	3	2	1.5	2	2		
2	表面平整度	2	3	—	1.5	1	3	3		
3	阴阳角方正	2	4	4	2	1.5	3	3		
4	接缝直线度	2	4	4	2	1	1	1		
5	墙裙、勒脚	2	3	3	2	1	2	2		
6	接缝高低差	0.5	3	—	0.5	0.5	1	1		
7	接缝宽度	1	2	2	1	1	1	1		

（以上"一般项目"第5项）

施工单位检查评定结果	项目专业质量检验员： 年 月 日
监理（建设）单位验收结论	监理工程师（建设单位项目专业技术负责人）： 年 月 日

裱糊分项工程检验批质量验收记录

TJ4.3.38

工程名称		检验批部位		施工执行标准 名称及编号	
施工单位		项目经理		专业工长	
分包单位		分包项目经理		施工班组长	

序号		QB 50210—2001 的规定	施工单位 检查评定记录	监理（建设） 单位验收 记录
主控项目	1	壁纸、墙布的种类、规格、图案、颜色和燃烧性能等级必须符合设计要求及国家现行标准的有关规定		
	2	裱糊工程基层处理质量应符合装饰装修规范第11.1.5条的要求		
	3	裱糊后各幅拼接应横平竖直，拼接处花纹、图案应吻合，不离缝，不搭接，不显拼缝		
	4	壁纸、墙布应粘贴牢固，不得有漏贴、补贴、脱层、空鼓和翘边		
一般项目	1	裱糊后的壁纸、墙布表面应平整，色泽应一致，不得有波纹起伏、气泡、裂缝、皱折及斑污，斜视时应无胶痕		
	2	复合压花壁纸的压痕及发泡壁纸的发泡层应无损坏		
	3	壁纸、墙布与各种装饰线、设备线盒应交接严密		
	4	壁纸、墙布边缘平直整齐，不得有纸毛、飞刺		
	5	壁纸、墙布阴角处搭接应顺光，阳角处应无接缝		

施工单位 检查评定 结果	项目专业质量检验员： 　　　　　　　　　　　　　　　　　　　年 月 日
监理（建设） 单位验收 结论	监理工程师（建设单位项目专业技术负责人）： 　　　　　　　　年 月 日

软包分项工程检验批质量验收记录

TJ4.3.39

工程名称		检验批部位		施工执行标准名称及编号		
施工单位		项目经理		专业工长		
分包单位		分包项目经理		施工班组长		

序号		QB 50210—2001 的规定		施工单位检查评定记录	监理（建设）单位验收记录
主控项目	1	软包面料、内衬材料及边框的材质、颜色、图案、燃烧性能等级和木材的含水率应符合设计要求及国家现行标准的有关规定			
	2	软包工程的安装位置及构造做法应符合设计要求			
	3	软包工程的龙骨、衬板、边框安装牢固，无翘曲、拼缝应平直			
	4	单块软包面料不应有接缝，四周应绷压严密			
一般项目	1	软包工程表面应平整、洁净，无凹凸不平及皱折；图案应清晰、无色差，整体协调美观			
	2	软包边框应平整、顺直、接缝吻合。其表面涂饰质量应符合涂饰子分部的有关规定			
	3	清漆涂饰木制边框的颜色、木纹应协调一致			
	4	项次 项目 允许偏差（mm） 1 垂直度 3 2 边框宽度、高度 0；−2 3 对角线长度差 3 4 裁口、线条接缝高低差 1			

施工单位检查评定结果	项目专业质量检验员：	年 月 日

监理（建设）单位验收结论	监理工程师（建设单位项目专业技术负责人）：	年 月 日

水性涂料涂饰分项工程检验批质量验收记录

TJ4.3.35

工程名称			检验批部位		施工执行标准名称及编号	
施工单位			项目经理		专业工长	
分包单位			分包项目经理		施工班组长	
序号		QB 50210—2001 的规定			施工单位检查评定记录	监理（建设）单位验收记录
主控项目	1	水性涂料涂饰工程所用涂料的品种、型号和性能应符合设计要求				
	2	水性涂料涂饰工程的颜色、图案应符合设计要求				
	3	水性涂料涂饰工程应涂饰均匀、粘接牢固，不得漏涂、透底、起皮和掉粉				
	4	水性涂料涂饰工程的基层处理应符合装饰装修规范第 10.1.5 条的要求				
一般项目	1	项次	项目（薄涂料）	普通涂饰	高级涂饰	
		1	颜色	均匀一致	均匀一致	
		2	泛碱、咬色	允许少量轻微	不允许	
		3	流坠、疙瘩	允许少量轻微	不允许	
		4	砂眼、刷纹	允许少量轻微砂眼，刷纹通顺	无砂眼，无刷纹	
		5	装饰线、分色线直线度允许偏差（mm）	2	1	
	2	项次	项目（厚涂料）	普通涂饰	高级涂饰	
		1	颜色	基本一致	均匀一致	
		2	泛碱、咬色	允许少量轻微	不允许	
		3	点状分布	—	疏密均匀	
	3	项次	项目（复层涂料）	质量要求		
		1	颜色	均匀一致		
		2	泛碱、咬色	不允许		
		3	喷点疏密程度	均匀，不允许连片		
	4	涂层与其他装修材料和设备衔接处应吻合，界面应清晰				
施工单位检查评定结果		项目专业质量检验员：				年 月 日
监理（建设）单位验收结论		监理工程师（建设单位项目专业技术负责人）：				年 月 日

溶剂性涂料涂饰分项工程检验批质量验收记录   TJ4.3.36

工程名称			检验批部位		施工执行标准名称及编号		
施工单位			项目经理		专业工长		
分包单位			分包项目经理		施工班组长		
序号			QB 50210—2001 的规定			施工单位检查评定记录	监理（建设）单位验收记录
主控项目	1		溶剂性涂料涂饰工程所选用涂料的品种、型号和性能应符合设计要求				
	2		溶剂性涂料涂饰工程的颜色、光泽、图案应符合设计要求				
	3		溶剂性涂料涂饰工程应涂饰均匀、粘接牢固，不得漏涂、透底、起皮和反锈				
	4		溶剂性涂料涂饰工程的基层处理应符合装饰装修规范第10.1.5条的要求				
一般项目	1	项次	项目（色漆）	普通涂饰	高级涂饰		
		1	颜色	均匀一致	均匀一致		
		2	光泽、光滑	光泽基本均匀光滑无挡手感	光泽均匀一致光滑		
		3	刷纹	刷纹通顺	无刷纹		
		4	裹棱、流坠、皱皮	明显处不允许	不允许		
			装饰线、分色线度允许偏差(mm)	2	1		
	2	项次	项目（清漆）	普通涂饰	高级涂饰		
		1	颜色	基本一致	均匀一致		
		2	木纹	棕眼刮平、木纹清楚	棕眼刮平、木纹清楚		
		3	光泽、光滑	光泽基本均匀光滑无挡手感	光泽基本均匀光滑		
		4	刷纹	无刷纹	无刷纹		
		5	裹棱、流坠、皱皮	明显处不允许	不允许		
	3		涂层与其他装修材料和设备衔接处应吻合，界面应清晰				
施工单位检查评定结果			项目专业质量检验员：　　　　　　　　　　年　月　日				
监理（建设）单位验收结论			监理工程师（建设单位项目专业技术负责人）：　　　　年　月　日				

美术涂饰分项工程检验批质量验收记录　　　　TJ4.3.37

工程名称		检验批部位		施工执行标准 名称及编号	
施工单位		项目经理		专业工长	
分包单位		分包项目经理		施工班组长	

序号		GB 50210—2001 的规定	施工单位 检查评定记录	监理（建设） 单位验收 记录
主控 项目	1	美术涂饰所用材料的品种、型号和性能应符合设计要求		
	2	美术涂饰工程应涂饰均匀、粘结牢固，不得漏涂、透底、起皮、掉粉和反锈		
	3	美术涂饰工程的基层处理应符合装饰装修规范第10.1.5条的要求		
	4	美术涂饰的套色、花纹和图案应符合设计要求		
一般 项目	1	美术涂饰表面应洁净，不得有流坠现象		
	2	仿花纹涂饰的饰面应具有被模仿材料的纹理		
	3	套色涂饰的图案不得移位，纹理和轮廓应清晰		
施工单位 检查评定 结果		项目专业质量检验员：　　　　　　　　　　　　　　　　年　　月　　日		
监理（建设） 单位验收 结论		监理工程师（建设单位项目专业技术负责人）：　　　　　　　年　　月　　日		

任务二　建筑装饰装修工程施工图的识图实训

1.2.1　建筑装饰装修施工图的识读

1. 识图的目的

施工图纸是工程施工的重要依据。所以通过学习提高识读图纸的能力，学会施工图纸的翻样工作，提高综合思考的能力，提高分析问题的能力。

2. 工具、设备及环境要求

（1）提供建筑装饰装修施工图一份（以室内设计图纸为主），建议最好选择一层酒店和一层客房的图纸；对应的水、暖、电安装图纸一份。要求图纸详细，基本能够满足施工要求。

（2）提供 A4 审图记录表一份。

（3）教学安排：最好 4 人一组，互相讨论。要求每个人在图纸上用红笔标注出存在的问题。

1.2.2　工程量的计算

1. 目的

通过计算工程量，对图纸进一步的识读，了解构造做法，掌握读图的要点和方法。

2. 工具、设备及环境要求

（1）提供上一训练的图纸。

（2）提供 A4 的工程量计算单和相关内容的计算方法资料。

（3）教学安排：最好 4 人一组，互相讨论。要求每个人在图纸上用红笔标注出存在的问题；学生自学和老师指导学生完成相结合。

3. 注意事项

（1）可用计算机，用 excel 或 word 完成。

（2）不允许复制。

1.2.3　施工技术资料的模拟填写

1. 目的

通过训练，了解技术资料的内容和填写方法。

2. 工具、设备及环境要求

（1）提供已完工程的技术资料。

（2）提供 A4 的空白技术资料表格。

3. 教学安排

模拟现场施工情况，在老师的引导下学生完成技术资料的填写。

项目二 楼地面装饰装修工程施工

【知识点】 本部分详细介绍了地面装饰装修施工中常见的各种材料、装饰种类、构造、施工机具、质量标准、通病防治及施工的工艺流程等。

【学习目标】 通过本部分的学习和实训练习，能够比较熟练地掌握地面装饰装修施工图的识读要领、机具的选择、各种材料的施工程序和工艺要求，并能够按质量要求进行检验，对质量通病进行有效地防治。

任务一 石材及陶瓷类地砖地面的施工

2.1.1 概述

石材、陶瓷类面层地面，是指以天然（或人造）大理石板和天然花岗岩石板、陶瓷地砖、陶瓷锦砖、缸砖、水泥砖以及预制水磨石板等板材铺砌的地面。这种地面做法大都属传统装饰装修，其特点是面层材料的花色品种较多、规格比较全，适用于装饰装修档次相对较高的场所；由于装饰装修的档次相对较高，能满足不同部位的地面装饰，并且经久耐用，易于保持清洁、耐水、耐久、耐磨损、防滑。所以，现在的很多场所大都采用石材、陶瓷类面层地面。缺点是造价偏高，施工的工作效率不高。这种地面属于刚性地面，不具备弹性、保温性、消声等性能。通常，用于人流量较大的公共场所，如宾馆、影剧院、展厅、医院、商场、办公楼等；经常用在比较潮湿的场合。一般来说，南方较炎热的地区比较实用，北方不宜用于居室、宾馆客房，也不适宜用于人们要长时间逗留、行走或需要保持高度安静的地方。

2.1.2 石材及陶瓷类地砖地面的铺设

2.1.2.1 石材地面铺贴的构造

大理石、花岗岩等石材地面的铺贴方法分为两种：湿铺和干铺。其构造做法如图 2-1 所示。

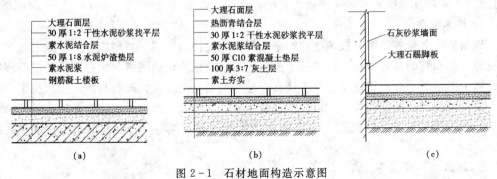

图 2-1 石材地面构造示意图

(a) 楼地面构造做法示意；(b) 首层地面做法示意；(c) 踢脚板安装示意

2.1.2.2 陶瓷类地面铺贴的构造

陶瓷类地面铺贴构造的通常做法如图2-2所示。

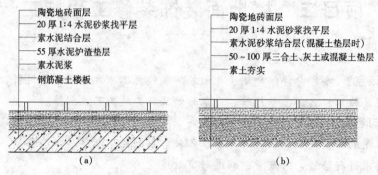

图2-2　陶瓷地砖构造做法示意图

（a）楼地面构造做法示意；（b）首层地面做法示意

2.1.2.3 石材、陶瓷类地砖楼（地）面一般构造

石材、陶瓷类地砖楼（地）面的一般构造做法（层次）见表2-1。

表2-1　　　　　　　　石材、陶瓷类地砖楼（地）面构造做法

序号	构造层次	一般做法	说明
1	面层	8～15mm厚石材、陶瓷类地砖，干白水泥擦缝隙	1. 防水层的做法可以用其他新型的防水层做法； 2. 括号内的做法为地面做法； 3. 填充层一般采用1:3水泥砂浆； 4. 找平层也可用1:3干硬性水泥砂浆
2	结合层	30mm厚1:3水泥砂浆，表面撒干水泥粉（喷洒适量清水）	
3	找平层	20mm厚1:4水泥砂浆	
4	防水层	1.5～2mm厚聚氨酯防水层	
5	填充层	20mm以上1:3水泥砂浆填充，或C20细石混凝土填充层	
6	楼板（垫层）	预制或现浇钢筋混凝土楼板 （粒径5～32mm卵石灌M2.5混合砂浆振捣密实；或150mm厚3:7灰土振捣密实）	
7	（基土）	（素土夯实）	

2.1.2.4 石材及陶瓷类地砖地面铺设施工的准备

1. 技术准备

地面装饰装修施工图一般包括地面平面图和地面构造详图，是组织、指导地面施工及编制施工图预算的重要依据。现场施工操作人员必须认真识读图纸，根据图纸的复杂程度进行施工图纸的翻样；根据图纸要求认真合理地编制施工方案、准备材料、组织施工。技术人员要明确设计图纸的要求，进行图纸会审和技术交底。对石材、陶瓷类地砖的规格尺寸、外观质量、色泽进行预选，检查辅材如水泥、砂子等应符合设计的要求和有关的规定。

2. 施工机具的准备

施工机具见表2-2。

表 2－2　　　　　　　　　　　　　施 工 机 具 设 备 表

序号	机具分类	机 具 名 称
1	常用小型工具	铁抹子，大、小水桶，铁锹，橡皮锤，手推车，筛子，木耙，木抹子等
2	计量检测用具	钢尺、水平尺、线垂、计量器等
3	使用机械	切割机等

3. 施工条件准备

施工前应做好水平标志。室内抹灰（包括立门口、固定好门框）、地面垫层、预埋在垫层内的电管及穿通地面的管线均已完成。基层强度达到 1.2MPa 以后，方可进行石材或地砖的施工。

准备工作如下。

（1）以施工图中的大样图和材料加工单为依据，熟悉了解各部位尺寸和做法，弄清洞口、边角等部位之间的关系。

（2）基层处理。将垫层上的分格缝用水泥砂浆填平，并将地面混凝土基层上的砂浆污物等清理干净，用錾子剔掉砂浆落地灰，将板面凹坑内的污物剔除。然后，用钢丝刷刷掉粘结在垫层上的砂浆浮浆层，用清水冲洗干净。如果基层有油污时，应用 10％火碱水刷净，并用清水及时将其上的碱液冲净。

（3）选砖与浸砖。提前做好选砖的工作，要求石材或地砖颜色应大体一致，尺寸一致，平整、无弯曲、翘起等现象。大理石、花岗岩石板块进场后，应侧立堆放在室内，光面相对、背面垫松木条，并在板下加垫木方。要详细地核对品种、规格、数量等是否符合设计要求，对有裂纹、缺棱、掉角、翘曲和表面有缺陷的块材，应予剔除。石材及地砖的规格尺寸及颜色可能会有偏差，为保证铺贴质量，地砖颜色应一致，不得出现大范围的色差现象。如无法避免色差，也应该采用逐渐退晕的铺贴方法。铺贴地砖前应选砖分类，避免同一房间的地面色差明显或地砖高差及接缝直线偏差较大。地砖预先用木条钉方框（按砖的规格尺寸）模子，拆包后块块进行套选、长、宽、厚允许偏差不得超过±1mm，平整度用直尺检查空隙不得超过±0.5mm。外观有裂缝、掉角和表面上有缺陷的板材应剔出，并按花型、颜色挑选后分别堆放。陶瓷地砖应在铺贴前放在水中浸泡 2～3h，具体浸泡时间应是无大量气泡放出为止，取出阴干备用。

对于大理石、花岗岩石、釉面砖及其他零星楼地面装饰施工会同建设单位、设计单位，严格把好质量关，挑选规格、品种、颜色一致，无裂纹、掉角及局部污染变色的块料。铺贴时按尺寸要求在平地上进行排列，同时将基层清扫干净浇水湿润，按材料规格在地面上或墙面上弹好分块控制线，控制线从中间向两边分，釉面砖使用前要先在清水中浸泡 2～3h，具体浸泡时间应是无大量气泡放出为止，取出晾干后方使用。在大面积施工前，要先铺贴样板间或样板块，待监理或甲方认可后再大面积铺贴。

2.1.2.5　石材类地面的施工程序及工艺

大理石、花岗石板块的铺贴，结合层多用 20～30mm 厚的 1∶3 干硬性水泥砂浆和水灰比为 0.4～0.5 的素水泥浆。如果结合层兼顾找平作用的时候，也可采用水泥砂（水泥与砂适度洒水后干拌均匀）作结合层。

干硬性水泥砂浆铺贴大理石、花岗岩石板块地面的铺贴工艺及过程如下。

1. 施工工艺

清扫整理基层地面—选块料、浸砖—定标高、弹线—试拼与试排—铺贴标准块—摊铺水泥砂浆结合层—铺贴大理石板块（或花岗岩石板块）—灌缝、擦缝—清洁、打蜡—养护。

2. 施工过程

（1）弹线、定标高。对房间内四周的墙上弹好 50cm 水平标高线，并校核无误。为了检查和控制大理石（或花岗石）板块的位置，在房间内中点拉十字控制线，弹在混凝土垫层上，并引至墙面底部，然后根据设计要求确定石材地面表面的高度，相应计划结合层应铺设的厚度。一般和原地面的结合层不小于 30mm 厚，依据 50cm 标高线在墙面上找出面层标高，弹出面层水平标高线，弹水平线时要注意室内与楼道面层标高要一致。同时，楼道也要拉线保持地面标高分块统一。

（2）试拼与试排。这是确定质量的关键，在正式铺贴前，对每一个要铺贴的场所，选好石材后按设计要求拼出图案及安装顺序将图案、颜色、纹理进行试拼试排。结合施工图中的大样图及房间实际尺寸，把大理石（或花岗石）板块排好，以便检查板块之间的缝隙，核对板块与墙面、柱、洞口等部位的相对位置。力求板块地面的颜色、纹理协调美观、花色一致，尽量避免或减少相邻板块出现色差，将非整块板对称排放在房间靠墙部位，残次地砖尽量放在非主要部位，且面积不小于 1/4 整砖大小。试拼后按两个方向编号排列，满意后按编号码排放整齐。

（3）铺贴标准块。在房间内标准带的方向铺两条干砂，其宽度大于板块宽度，厚度不小于 3cm。铺贴石材前必须安放标准块，标准块应安放在十字线交点，对角铺贴。

（4）刷水泥素浆及铺砂浆结合层。试铺后将干砂和板块移开，清扫干净，用喷壶洒水湿润，刷一层素水泥浆（水灰比为 0.4～0.5，刷的面积不要过大，随铺砂浆随刷）。根据板面水平线确定结合层砂浆厚度，拉十字控制线，使用 1∶3 干硬性水泥砂浆做结合层，稠度为 2.5～3.5cm，即以手捏成团，落地即散为宜。厚度 20～30mm，放上大理石（或花岗岩）板块时宜高出面层水平线 3～4mm，宽度宜超出板宽度 20～30mm，铺设时面积不得过大，不宜将砂浆一次铺完，根据块材的大小每次摊铺不大于 1m²，应随贴随铺，由里面向门口方向铺抹，铺好后用刮杠刮平，再用铁抹子拍实、找平。

（5）铺砌大理石（或花岗岩）板块。根据房间拉的十字控制线，纵横各铺一行，作为大面积铺贴的标筋用。依据试拼时的编号、图案及试排时的缝隙，当设计无规定时缝隙宽度不应大于 1mm，在十字控制线交点开始铺贴。先试铺，即搬起板块对好纵横控制线铺落在已铺好的干硬性砂浆结合层上，用橡皮锤敲击木垫板，不得用橡皮锤或木锤直接敲击板块。振实砂浆至铺设高度，试铺合适（对缝通顺、标高吻合）后，将板块掀起移至一旁，检查砂浆表面与板块之间是否相吻合，如发现空虚之处，应用砂浆填补，然后正式铺贴。先在水泥砂浆结合层上满浇一层水灰比为 0.5 的素水泥浆（用喷壶浇均匀）作粘结层，当采用干粉粘结材料时，首先将用水调制好的粘结剂刮于找平层上，再铺板块，铺贴时要将板块四角同时平稳下落，找准横竖缝隙，用橡皮锤或木锤轻轻敲震垫板使之粘贴紧密，并随时用水平尺和直尺找平板块铺贴，铺完第一块，向两侧和后退方向顺序铺砌。铺完纵、横行之后有了标准，可分段、分区依次铺贴，一般房间可由里向外沿控制线逐排逐块依次铺贴，逐步退至门口。铺贴好的板块应接缝平直，表面平整，镶嵌正确。板块与墙角、镶边和靠墙处应紧密砌合，不得有空隙。铺贴24h后洒水养护，根据气候条件养护2～3d后，敲击块材检查是否有空鼓现象。

当采用水泥砂浆结合层时，将水泥、中砂按1：3的比例拌和均匀，加水搅拌，稠度控制在35mm以内；一次不应搅拌过多，要随拌随用。根据找平、找坡的控制点和预铺砖的情况，从里向外挂出2～3道控制线，从内向外铺贴；铺贴时先将水泥砂浆打底找平，厚度控制在10～15mm内，然后将石材或地砖块沿线铺在砂浆层上，用橡皮锤轻轻敲击砖面，使其与基层结合密实；最后沿控制线拨缝、调整，使砖与纵、横控制线平齐；管根、转角、地漏、门口等处套割时，应先放样再套割，以便做到方正、美观。

铺贴石材时应注意天气，施工环境温度低于5℃时，要采取护冻措施；气温高于30℃时，采取遮阳措施，防止水分蒸发过快，影响铺贴质量，应及时洒水养护。

（6）灌缝、擦缝。在石材板块铺贴完以后的养护十分重要，24h后必须洒水养护，铺贴完后覆盖锯末养护，1～2昼夜后，经检查板块无断裂和空鼓现象，方可进行灌浆擦缝。先清除地面上的灰土，根据大理石（或花岗岩）板块颜色，选择相同颜色矿物颜料和水泥（或白水泥）配制成相应的1：1稀水泥浆，用浆壶将稀水泥色浆分几次徐徐灌入板缝中，并用长把刮板把流出的水泥浆刮向缝隙内，至基本灌满为止。灌浆1～2h后，用棉纱团蘸原稀水泥浆擦缝与板面擦平，同时将板面上水泥浆余浆擦净，用干锯末将石材或地砖板块擦亮，使大理石（或花岗岩）面层的表面洁净、平整、坚实，以上工序完成后，在面层铺上湿锯末养护。养护时间一般为一周左右。

（7）打蜡。当水泥砂浆结合层达到强度后（抗压强度达到1.2MPa时），方可进行打蜡。基层处理要干净，高低不平处要先凿平和修补，基层应清洁，不能有砂浆，尤其是白灰、砂浆灰、油渍等，并用水湿润地面。

（8）粘贴踢脚板。根据主墙50cm标高线，测出踢脚板上口水平线，弹在墙上，再用线坠吊线确定出踢脚板的出墙厚度，一般为8～10mm。以一面墙为单元，先从墙的两端根据踢脚的设计高度和出墙厚度贴出两个控制砖，然后拉通线粘贴。粘贴的砂浆可采用聚合物砂浆；阳角接缝砖切出45°对角，或者根据设计要求切砖。

2.1.2.6 陶瓷类地面的施工工艺与程序

楼地面铺贴陶瓷地砖，最普遍的做法是用水泥砂浆或聚合物水泥浆粘贴于地面找平层上。

1. 施工工艺

整体基层处理—弹线、标筋—粘结层施工—弹铺砖控制线—铺砖—拨缝修整、勾缝、擦缝—养护—踢脚板安装。

2. 施工过程

（1）弹线、标筋。对房间内四周的墙上弹好50cm水平标高线，并校核无误。根据墙上的50cm水平标高线，往下量测出面层标高，并弹在墙上。从已弹好的面层水平线下量至找平层上皮的标高，抹灰饼间距1.5m，灰饼上平就是水泥砂浆找平层的标高，然后从房间一侧开始抹标筋。有地漏的房间，应由四周向地漏方向放射形抹标筋，并找好坡度。抹灰饼和标筋应使用干硬性砂浆，厚度不宜小于2cm。

（2）粘结层施工。清净抹标筋的剩余浆渣，浇水湿透，并撒素水泥浆一道（水灰比为

0.4～0.5），然后用扫帚扫匀，扫浆面积的大小应依据打底铺灰速度的快慢决定，应随扫随铺。然后根据标筋的标高，用小平锹或木抹子将已拌和的水泥砂浆（配合比为1∶3～1∶4）铺装在标筋之间，用木抹子摊平、拍实，小木杠刮平，再用木抹子搓平，使其铺设的砂浆与标筋找平，有防水要求的楼面工程（如卫生间等），在找平层前应对立管、套管和地漏与楼板节点之间进行防水密封处理。铺设找平层后，用大木杠横竖检查其平整度，同时检查其标高和泛水坡度是否正确，24h后浇水养护。

（3）弹铺砖控制线。粘结层砂浆抗压强度达到1.2MPa时，开始上人弹铺砖的控制线。预先根据设计要求和砖板块规格尺寸，确定板块铺砌的缝隙宽度，当设计无规定时，密铺缝宽不宜大于1mm，虚缝缝宽宜为5～10mm。在房间正中从纵、横两个方向排尺寸，当尺寸不足整砖倍数时，将可裁割半块砖用于边角处，尺寸相差较小时，可调整缝隙。横向平行于门口的第一排应为整砖，将非整砖排在靠墙位置，纵向（垂直门口）应在房间内分中，非整砖对称排放在两墙边处。根据已确定的砖数和缝宽，在地面上弹纵横控制线约每隔四块砖弹一根控制线。

（4）铺砖。为了找好位置和标高，应从门口开始，纵向先铺几行砖，以此为压筋线，铺时应从里向外退着操作，人不得踏在刚铺好的砖面上，每块砖应跟线，铺贴时，砖的背面朝上刮抹粘结材料，采用水泥砂浆铺设时应为10～15mm，采用沥青胶结料铺设时应为2～5mm，采用胶粘剂铺设时应为2～3mm，砂浆应随拌随用，防止假凝后影响粘结效果。将砖铺贴到已刷好的水泥浆找平层上，砖上棱略高出水平标高线，找正、找直、找方后，砖上面用木板垫好，橡皮锤拍实，顺序为从里向外退着铺砖，每块砖要跟线，做到面砖砂浆饱满、相接紧密、坚实，与地漏相接处用砂轮锯将砖加工成与地漏相吻合的形状。铺地砖时最好一次铺一间，大面积施工时，应采取分段、分部位铺砌。

（5）拨缝修整、勾缝、擦缝。将已铺好的砖块，拉线修整拨缝，将缝找直，并将缝内多余的砂浆扫出。铺完2～3行，应随时拉线检查缝格的平直度，如超出规定应立即修整，将缝拨直，并用橡皮锤拍实。此项工作应在结合层凝结之前完成。然后在面层铺贴24h内用水泥浆勾缝，缝内深度宜为砖厚的1/3，要求勾缝密实，缝内平整光滑，面层溢出的水泥砂浆应及时清除，缝隙内的水泥砂浆凝结后，将面层清洗干净。擦缝用的水泥，其颜色由设计确定，当设计无规定时，宜根据地砖颜色选用。

（6）养护。铺完砖24h后，铺干锯末常温养护，时间不应少于一周左右，期间不得上人踩踏。

（7）贴踢脚板。贴踢脚板一般用板后抹砂浆的办法，贴于墙上。铺设时应在房间阴角两头各铺贴一块砖，出墙厚度及高度符合设计要求，并以此砖上棱为标准进行挂线。开始铺贴，将砖背面朝上，铺抹粘结砂浆。其砂浆配合比为1∶2水泥砂浆，使砂浆能粘满整块砖为度，及时粘到墙上，并拍实，使其上口跟线，随之将挤出砖面上的余浆刮去。将砖面清理干净。基层要平整，贴时要刮一道素浆，镶贴前要先拉线，这样容易保证上口平直。为了使踢脚板与地面的分格线协调，踢脚板的立缝应与地面缝对齐，踢脚板与地面接触的部位应缝隙密实。

2.1.2.7 地面成品保护

（1）运输大理石（或花岗岩）板块和水泥砂浆时，应采取措施防止碰撞，已做完的墙面、门口等要钉保护木板，防止磕碰；应用窄车运料以减少碰撞，车脚宜用胶皮、塑料或布包裹。

（2）铺砌大理石（或花岗岩）板块及碎拼大理石板块过程中，操作人员应做到随铺随用干布擦净大理石面上的水泥浆痕迹。

（3）切割地砖时，不得在刚铺砌好的砖面层上操作。剔凿和切割砖时下边应垫好木板。

（4）养护没到期的地面禁止上人走动以防松动，保护成品，经过养护估计强度达到60％左右时进行打蜡上光。

（5）在已铺贴好的地砖面层上工作时，严禁钢材、铁件等重物在地上乱砸乱扔。

（6）当铺砌砂浆抗压强度达 1.2MPa 时，方可上人进行操作，但必须注意油漆、砂浆施工时严禁污染面层。要对面层进行覆盖保护。

2.1.3 地面石材和陶瓷类面层施工的质量检验与评定

2.1.3.1 地面石材、陶瓷类面层质量标准

（1）石材，墙、地砖品种，规格，颜色和图案应符合设计的要求，饰面板表面不得有划痕、缺棱、掉角等质量缺陷。

（2）石材、墙地砖施工前应对其规格、颜色进行检查，墙地砖尽量减少非整砖，且使用部位适宜，有突出物体时应按规定进行套割。

（3）石材铺贴应平整牢固、接缝平直、无歪斜、无污积和浆痕，表面洁净，颜色协调。

（4）墙地砖铺贴应平整牢固、图案清晰、无污积和浆痕，表面色泽基本一致，接缝均匀、板块无裂纹、掉角和缺棱，局部空鼓不得超过数量的 5％。

（5）磨光大理石和花岗岩板块面层：板块挤靠严密，无缝隙，接缝通直无错缝，表面平整洁净，图案清晰无磨划痕，周边顺直方正。

（6）面层与基层必须结合牢固，无空鼓，不得在靠墙处用砂浆填补，代替面砖。铺贴面砖应在砂浆凝结前进行，要求面砖平整，镶嵌正确。

（7）厨房、厕所的地面防水四周与墙接触处，应向上翻起，高出地面不少于 250mm。地面面层流水坡向地漏，不倒泛水、不积水，24h 蓄水试验无渗漏。

2.1.3.2 地面石材、陶瓷类面层质量检脸

1. 划分检验批

按每一层次或每层施工段（或变形缝）作为检验批，高层建筑标准层按每 3 层（不足3 层按 3 层计）作为检验批。施工前与监理单位一起划分检验批，确定检验批数量。

2. 技术资料检查

（1）原材料（水泥、砂）合格证、复试报告。

（2）地砖的出厂合格证及性能检测报告。

（3）二次防水工程试水检查记录。

（4）检验批验收记录。

3. 主控项目

(1) 面层所用的板块的品种、质量必须符合设计要求。

检验方法：观察检查和检查材质合格证明文件及检测报告。

(2) 面层与下一层的结合（粘结）应牢固，无空鼓。

检验方法：用小锤轻击检查，凡单块砖边角有局部空鼓，且每自然间（标准间）不超过总数的 5% 可不计。

4. 一般项目

(1) 砖面层的表面应洁净，图案清晰，色泽一致，接缝平整，深浅一致，周边顺直。板块无划痕、掉角和缺棱等缺陷。

检验方法：观察检查。

(2) 面层邻接处的镶边用料及尺寸应符合设计要求，边角整齐、光滑。

检验方法：观察和用钢尺检查。

(3) 踢脚线表面应洁净、高度一致、结合牢固、出墙厚度一致。

检验方法：观察和用小锤轻击及钢尺检查。

(4) 楼梯踏步和台阶板块的缝隙宽度应一致、齿角整齐；楼层梯段相邻踏步高度差不应大于 10mm；防滑条顺直。

检验方法：观察和用钢尺检查。

(5) 面层表面的坡度应符合设计要求，不倒泛水，无积水；与地漏、管道结合处应严密牢固，无渗漏。

检验方法：观察、泼水或坡度尺及蓄水检查。

(6) 石材、瓷砖面层的允许偏差应符合表 2-3 的规定。

检验方法：应按表 2-3 中的检验方法检验。

表 2-3　　　　　　　　石材、瓷砖面层的允许偏差

项次	项目	允许偏差（mm）											检验方法
		陶瓷锦砖、陶瓷地砖面层高级水磨石面层	缸砖面层	水泥花砖面层	水磨石板块面层	大理石花岗岩面层	塑料板块面层	水泥混凝土板块面层	碎拼大理石花岗岩面层	活动地板面层	条石面层	块石面层	
1	表面平整度	2.0	4.0	3.0	3.0	1.0	2.0	4.0	3.0	2.0	10.0	10.0	用 2m 靠尺或锲形塞尺检查
2	缝格平直	3.0	3.0	3.0	3.0	2.0	3.0	3.0		2.5	8.0	8.0	拉 5m 线或用钢尺检查
3	接缝高低差	0.5	1.5	0.5	1.0	0.5	0.5	1.5		0.4	2.0		用钢尺或锲形尺检查
4	踢脚线上口平直	3.0	4.0		4.0	1.0	2.0	4.0	1.0				拉 5m 线或用钢尺检查
5	板块间隙宽度	2.0	2.0	2.0	2.0	1.0		6.0		0.3	5.0		用钢尺检查

2.1.4　施工质量的通病与防治

1. 地面标高和设计图纸有出入

此错误多出现在厨房间或卫生间等处，较原设计标高提高了。原因为：楼板上皮标高超高、防水层或者结合层过厚、砂浆保护层过厚。

解决办法：在施工时应对楼层标高认真核对，防止超高，并应严格控制每遍的施工厚度，防止超高。

2. 墙面泛水过小或地面局部倒坡

地漏安装的标高过高，基层处理不平，有凹坑，造成局部存水；基层坡度没找好，形成坡度过小或倒坡。

解决办法：首先应给准墙上 50cm 的水平线，水工安装地漏时标高要正确，并应在抹找平层时先放好放射形钢筋，按要求施工。

3. 楼地面板块之间的接缝高低不平

石材或地砖本身有厚薄及宽窄不匀、窜角、翘曲等缺陷。接缝高低差多由没严格挑选或铺贴时未严格拉通线进行控制、没敲平、敲实或上人太多，养护不利造成。

解决办法：首先要选好砖，凡是翘曲、拱背、宽窄不方正等块材应剔除不予使用。铺贴时要用橡皮锤夯实，并随时用水平尺和直尺找准，缝隙必须拉通线不能有偏差。铺好地面后，封闭入口，常温 48h 养护后方可上人操作。

4. 楼地面面层块料或踢脚板有空鼓

空鼓，就是粘结不牢。当用锤击检查时发出像鼓一样的声音，故称之为空鼓。面层空鼓主要原因是混凝土垫层清理不净或浇水湿润不够，刷素水泥浆不均匀或刷的面积过大、时间过长已风干，起隔离作用导致早期脱水所致，或干硬性水泥砂浆任意加水，大理石板面有浮土未浸水湿润等。另一原因是上人过早，粘结砂浆未达强度受到外力振动，将块材与粘结层脱离成空鼓。踢脚板空鼓原因，除与地面相同外，还因为踢脚板背面铺抹粘结砂浆时不到边，且砂浆量少造成边角空鼓。

解决办法：施工前基层必须清理干净并加强基层的检查，严格遵守操作工艺要求，结合层砂浆不得加水，同时注意控制上人施工的时间，加强养护。粘贴踢脚板时做到满铺满挤。

5. 灰黑色边缝

当地面无法铺设整块砖时，不切割半砖或小条铺贴而采用砂浆修补，形成黑边或黑缝，影响观感。

解决办法：按规矩进行砖块的切割铺贴。

6. 楼地面铺设的板块表面有污染

原因是铺完面砖面层之后，成品保护不够，水泥桶、油漆桶等杂物放在地砖上，或在地砖上拌合砂浆，刷浆时不覆盖地面等，都易造成面层被污染。

解决办法：及时做好成品保护。

2.1.5　施工机具

楼地面装饰装修施工常用的机具主要有：铁锹、靠尺、水桶、抹子、杠子、筛子、钢卷尺、橡皮锤、墨斗、磨石机、云石机、木锤、磨光机、切割机等。部分机具如图2-3所示。

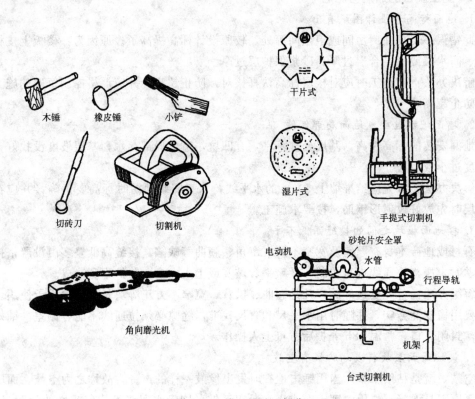

木锤　　橡皮锤　　小铲

切砖刀　　切割机

干片式

湿片式

手提式切割机

切砖刀　　切割机

电动机　　砂轮片安全罩　　水管

角向磨光机

行程导轨

机架

台式切割机

图2-3　施工机具（部分）

任务二　木竹地板地面的施工

2.2.1　概述

　　木竹楼地面是指面层为木、竹材料的楼地面，其面层有实木地板面层、实木复合地板面层、中密度（强化）复合地板面层、竹地板面层等。木竹楼地面与其他类型装饰地面相比具有弹性好、自重轻、保温隔热性好、不易老化、脚感舒适，并且易于加工等优点。特别是硬木拼花地板，面层能拼成各种图案、花纹，在经过油漆、抛光打蜡处理之后，更显得高贵典雅、富丽堂皇。但木地板的防火性差，表面不耐磨、保养不善时易腐朽。潮湿的地面不宜使用。由于我国森林资源贫乏，木材供应紧张。应尽量少用实木制成的地板。一般情况下，实木地板多用于高级和有特殊要求的地面工程，没有特殊需要时应尽量不用木地面，或尽量采用一些木材代用品如零碎木材和下脚料的加工制成的复合木地板等，以节约资源、利于环保。

2.2.2　木竹地板楼地面的构造做法

　　1. 木竹地面面层通常做法

　　木竹地板包括的范围较广，有实木地板、实木复合地板、中密度（强化）复合地板、竹地板等。按照木、竹地面面层板条的组合方式，木竹地面可以分为条木、竹地板和拼花地板两类，条木、竹面层是木地板中应用得最多的一种，其地板条组合方式一般为等错缝或长短错缝两种（图2-4）。拼花面层是将木竹材料制成一定形状的硬木条板，通

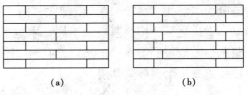

图2-4 条木、竹地板组合形式

(a) 等错缝；(b) 长短错缝

过不同组合方式，创造发展起来的一种可拼成多种图案的木竹地板做法，如硬木拼花地板、碎拼木地板等。其拼贴的图案多种多样，具有很好的装饰效果，如图2-4、图2-5所示。

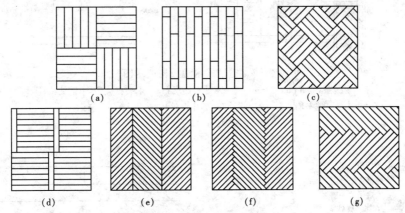

图2-5 拼花地板组合形式

(a) 正席纹；(b) 砖墙纹；(c) 斜席纹；(d) 横竖纹；

(e) 双人纹；(f) 单人纹；(g) 竿席纹

2. 实木地板面层楼地面构造

实木地板分为实木长条地板和硬木拼花地板两类。常用实木长条地板多选用优质松木或者硬木加工而成，不易腐蚀、开裂和变形、耐磨性较好。硬木拼花地板耐磨性好、纹理优美清晰，有光泽，经过处理后，耐磨、开裂、变形可得到一定的控制。

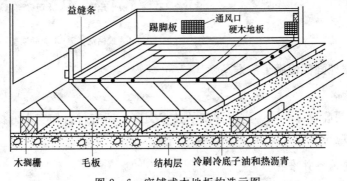

图2-6 实铺式木地板构造示图

实木长条地板应在现场拼装，硬木拼花地板可以在现场拼装，也可以在预制成300mm×300mm或400mm×400mm的板块，然后运到工地进行铺钉。实木长条和硬木拼花地板

构造分为实铺式（图2-6）、空铺式（图2-7）、粘贴式（图2-8）三种，又有单层做法和双层做法之分。按照基层的不同，木地面又分为木基层木地板［图2-9（a）］和水泥砂浆基层木地板［图2-9（b）］两类，上述实铺式和空铺式木地板均属于木基层一类，粘贴式则属于水泥砂浆基层。

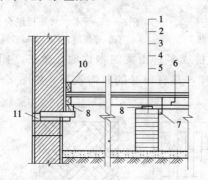
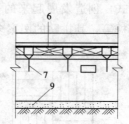

图2-7　空铺式木地板构造示图

1—压缝条，20mm×20mm；2—木地板面层；3—木搁栅；4—干铺油毡；
5—地垄墙；6—剪刀撑；7—绑扎钢丝；8—垫木；9—灰土；
10—踢脚板；11—通风洞

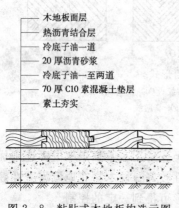

图2-8　粘贴式木地板构造示图

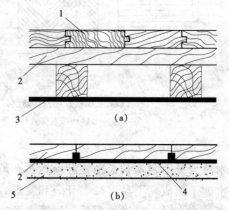

图2-9　木地板基层构造示图

（a）木基层木地面；（b）水泥砂浆基层木地面

1—木地板地面；2—毛板；3—木基层；
4—胶粘剂；5—水泥砂浆基层

2.2.3　木地板楼地面铺设施工的准备

2.2.3.1　技术准备

看懂图纸，明确设计要求。进行详细的技术交底。所有材料如实木地板、毛板、木搁栅、防潮垫等均应符合设计要求。

2.2.3.2　施工前的条件准备

（1）室内湿作业已经结束，并经监理工程师验收合格。

（2）基层、预埋管线已施工完成，抹灰工程和管道试压等施工完毕，打压已经结束，均经监理工程师检验合格。

（3）安装并固定好门、窗框。

（4）对进场所有的材料进行验收，且应符合设计要求。

（5）木地板已经被挑选，并经编号分别存放。

（6）铺设时施工条件（工序交叉、环境状态等）应满足施工质量可达到标准的要求。

（7）所有墙上的水平控制线已经弹好。

2.2.3.3　木地板楼地面的施工工艺及操作流程

1. 实铺式木地板

（1）施工工艺。基层清理—弹线—木搁栅固定—弹线、钉装毛地板—木地板面层铺钉—安装踢脚板—刨光、打磨—油漆、上蜡。

（2）施工过程。

1）基层清理。首先检查地面平整度，要求木搁栅下的基层基本平整，如果原地面的平整度误差较大，应做水泥砂浆或细石混凝土找平层，并将基层上的砂浆、垃圾、杂物清扫干净，同时在已干燥的地面基层上刷涂两道防水涂料。

2）弹线。房间内四周的墙上弹好 50cm 水平标高线，在基层上按设计要求的木搁栅间距和预埋件弹出十字交叉点，再依据水平标高线确定地板设计标高线，并在预埋件测设水平标高，供安装木搁栅调平时使用。

3）木搁栅固定。木搁栅一般采用梯形、矩形截面（俗称燕尾龙骨），木搁栅的间距一般是 400mm。搁栅之间应设横撑，中距 1200～1500mm，搁栅上面每隔 1m 内，开深不大于 10mm，宽为 20mm 的通风槽，如图 2－10 所示。木搁栅与地面的固定可通过在基层中预埋的镀锌铅丝进行固定，如图 2－11 所示；也可以采用预埋件进行连接，如图 2－12 所示。

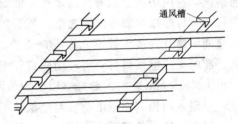

图 2－10　地板横撑通风槽示图

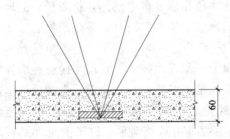

图 2－11　楼地面基层预埋镀锌铅丝示图

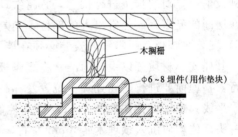

图 2－12　楼地面预埋件的连接示图

目前，较多采用的方法是用冲击电钻在基层上钻深 50mm 左右的孔，打入木塞或塑料胀锚管。然后用长钉或专用膨胀螺栓将木搁栅与基层中的木塞或塑料胀锚管连接。为使木搁栅达到设计标高，在必要时，可以在搁栅之下加设垫块。并使搁栅调整到同一水平。当然，在要求比较高的地面中，为满足减震及整体弹性的要求，往往还要加设弹性橡胶垫层。木搁栅、横撑、垫块（或预埋件）在设置时的相对位置关系。当基层中放置木塞预埋件时，木塞必须干燥并作防腐处理；木搁栅（包括搁栅下找平用的木垫板），在使用前均应进行防腐处理。防腐处理可采用浸润防腐剂或在表面涂刷防腐剂的方法。目前,在实际工程中,多采用涂刷二道煤焦油或二道氟化钠水溶液的方法来进行防腐处理。

为了增加木搁栅的侧向稳定性还应设置剪刀撑。剪刀撑布置于木搁栅之间,对于木搁栅的翘曲变形也有一定的约束作用。

4)毛地板铺设。毛地板是在面板与木搁栅之间加铺的一层窄木板条。要求其表面平整,但不要求其密缝。毛地板按木搁栅的间距钉接,每块毛地板的端头也应加钉,以便与木搁栅牢固钉接,采用高低缝或平缝拼合,所用圆钉的长度应为毛地板厚度的2.5倍,钉帽应砸扁并冲入板面,不论采用何种毛地板,铺钉时均应保证相邻板块的端缝坐中于木搁栅的中线。毛地板的铺设方向与面板的形式及铺设方法有关,当面层采用条形地板,或硬木拼花地板以席纹方式铺设时,毛地板宜斜向铺设,与木搁栅的角度成30°或45°。当面层采用硬木拼花地板,且是人字纹图案时,则毛地板宜与木搁栅成90°垂直铺设。铺设完,弹方格网点抄平,使表面同一水平度与平整度,并达到控制标准。

5)面板铺设。在面板铺设前,应在毛地板和板面之间增设一层油纸,并弹出毛地板下木搁栅的位置线,使面板仍与木搁栅钉接。从靠近门边的墙面一侧开始,将板块材心向上,凹槽的一边朝向墙面,先跟线铺设一条作标准线,用明钉与木搁栅连接,并用木垫块将缝隙填紧。然后,逐块排紧铺钉。条形木地板的铺设方向,一般走廊、过道宜顺行走方向铺设,室内房间宜顺着光线铺设。铺设时,先将地板钉钉帽砸扁,从板的侧边凹角处斜向钉入,钉距以木搁栅间距为准。所有板块的端缝均应在木搁栅中线位置,相邻板块的端缝应间隔错开,接头处不允许上严下空。铺钉至最后一条板块时,要用撬棒挤紧顶头接缝,此时无法继续斜钉,可改用明钉钉牢,但钉帽需砸扁,并冲入板内。面板与墙面之间留出大约15 mm左右的缝隙(以防面板因热胀而起拱),并用踢脚板封盖。

单层木地板其面板下不设毛地板,可直接与木搁栅钉接。钉接方法基本相同。

拼花木地板的铺设从房间中央开始,先画出图案式样,弹上墨线,铺好第一块地板,然后向四周铺开去,第一块地板铺设的好坏,是保证整个房间地板铺设是否对称的关键。地板铺设前,要对地板条进行挑选,宜将纹理和木色相近者集中使用,把质量好的地板条铺设在房间的显眼处或经常出入的部位,稍差的则铺于墙根和门背后等隐蔽处。

6)安装踢脚板。踢脚线的安装必须在墙面抹灰罩面完毕后进行。木踢脚板大多采用成品,其样式、材质等以设计为准。将踢脚板固定在预埋木砖上。预埋木砖应在墙体施工中进行,预埋前要进行防腐处理;位置及标高应满足图纸要求。安装前,先按设计标高将控制水平线弹在墙面使踢脚板上口与标高控制线重合。固定踢脚板,可以用木螺栓或圆钉。钉头部位均应沉入预埋木砖3mm左右,油漆时再用腻子刮平。钉子的长度是板厚的2～2.5倍,间距不宜大于1500mm。

木踢脚板背面应刷防腐剂,板面接搓,应作暗榫或斜坡压搓,在90°阳角部位应做成45°斜角接缝。踢脚板与墙面应贴紧,上口平直,钉结牢固。木踢脚板上的通风孔采用直径为6～8mm的圆孔,每组4～6孔,中距1～1.5m。木踢脚板的油漆施工,宜同面层同时进行,避免出现色差。

2. 架空式木地板

不同于实铺式将木搁栅直接固定在基底表面上,而是用地垄墙(或砖墩)进行抬架。地垄墙一般采用红砖、水泥砂浆或混合砂浆砌筑。垄墙间的间距，不宜大于 2m，以免木搁栅断面尺寸加大，增加造价。地垄墙的标高应符合设计要求，厚度则根据架空的高度及使用条件来确定。在必要时，其顶面可考虑以水泥砂浆或豆石混凝土找平。在地垄墙上，要预留通风孔洞，使得通风条件良好。其余部分的施工与实铺式木地板基本相同。

3. 粘贴式木地板

(1) 施工工艺。基层清理—弹线、预排—涂刷底胶—粘贴木地板—刨光、打磨—油漆、上蜡。

(2) 施工过程。将基层表面清理干净，按设计图案和地板尺寸进行弹线，先弹中心线，再由中心向四周弹出方格线。并按设计要求的拼花形式排列，以胶粘剂（环氧树脂或专用地板胶）将板块直接粘贴于地面基层上的做法。铺贴时做到接缝对齐，胶合紧密，表面平整。

4. 复合木地板施工

(1) 施工工艺。清理基层—塑料薄膜地垫铺设—复合地板铺设—安装踢脚板—清洁保护。

(2) 施工过程。复合地板的铺设也有实铺与粘结两种做法，面板无需采用钉固或摊铺胶粘材料进行粘结，而是依靠其加工精密的企口，采用槽榫对接组成活动式地板面层而直接浮铺于毛地板或楼地面基层上。为增加其附着力，改善隔声与弹性效果，安装时应在面板与基层之间加铺一层发泡塑料卷材胶垫；为使相邻板块相互衔接严密而增加面层的整体性，在其企口交接的板边部位可事先涂抹一层胶粘剂。复合木地板依据设计的排列方向铺设，每个房间找出一个基准边统一带线，周边缝隙保留 8mm 左右，企口拼接时满涂特种防水胶，缝隙紧密后及时擦清余胶。当长度超过 8mm，宽度超过 5mm 时，则要设伸缩缝，安装专用卡条。不同地材收口处需要装收口条，拼装时不要直接锤击表面、企口，必要时采用垫木。

2.2.4 木竹地板施工质量的检验与评定

2.2.4.1 木竹地板质量验收标准

1. 主控项目

(1) 木地板面层的材质、构造以及拼花图案应符合设计的要求，木材的含水率应不大于 12%。木搁栅和毛地板等必须做防腐、防蛀处理。

(2) 木搁栅安装应牢固、平直。

(3) 面层铺钉牢固无松动，粘结牢固无空鼓。

2. 一般项目

(1) 木地板面层应刨平、磨光，无明显刨痕、戗茬和毛刺等现象；图案清晰、颜色均匀一致。

(2) 面层缝隙应严密，接头位置应错开、表面洁净。

(3) 拼花地板接缝应对齐，粘、钉严密；缝隙宽度均匀一致；无裂纹、翘曲，表面洁净、无明显色差、无溢胶现象。

（4）木质踢脚线表面应光滑，接缝严密，高度、出墙厚度一致。

（5）木地板面层的允许偏差应符合表 2-4 的规定。

表 2-4　　　　　　　　　　木竹地板面层的允许偏差和检验方法

项次	项目	允许偏差				检验方法
		实木地板面层			实木复合地板面层 中密度（强化）复合地板 竹地板面层	
		松木 地板	硬木 地板	拼花 地板		
1	版面缝隙宽度	1.0	0.5	0.2	0.5	用钢尺检查
2	表面平整度	3.0	2.0	2.0	2.0	用 2m 靠尺或锲形 塞尺检查
3	踢脚线 上口平齐	3.0	3.0	3.0	3.0	拉 5m 通线，不足 5m 拉通线、钢尺检查
4	版面拼缝平直	3.0	3.0	3.0	3.0	
5	相邻板材 高差	0.5	0.5	0.5	0.5	用钢尺或锲形塞尺 检查
6	踢脚线与 面层的接缝	1.0				锲形塞尺检查

2.2.4.2　木竹地板质量检验

1. 质量验收记录

（1）实木地板面层工程设计和变更等文件。

（2）所用材料的出厂检验报告和质量保证书，材料进场验收记录（含现场抽样检验报告）。

（3）胶粘剂、沥青胶结料和涂料等材料的防污染检测资料。

（4）实木地板面层工程施工质量控制文件。

（5）各构造层的隐蔽验收及其他有关验收文件。

2. 检验方法

木竹地板质量检验方法见表 2-4。

2.2.5　木竹地板施工质量的通病与防治

1. 木地板面层起鼓、变形

现象：局部木地板拱起，使板面不平影响美观和使用。

原因分析：

（1）搁栅间铺填的保温隔声材料不干燥，板面受潮气而鼓胀变形。

（2）木板含水率高，在空气中干燥后，产生收缩而发生翘曲变形。

（3）在板下未设防潮层或地板未开通气孔，使面板铺设后内部潮气排不出而导致板面变形。

（4）毛地板未拉开缝隙铺设或留缝过小，受潮后膨胀，导致面板起鼓、变形。

2. 粘结式的拼花木地板出现空鼓现象

现象：用小锤敲击木地板表面有空鼓声。

原因分析：

（1）基层未清理干净；基层不干燥，影响拼花木地板与基层间的粘结，导致木板空鼓脱落。

（2）铺贴时胶粘剂涂刷厚薄不匀；在铺贴好的木板面上不注意加压，致使木地板与基层粘接不牢而形成空鼓。

（3）基层强度低，且有起砂、脱皮，影响木板与基层粘结力。地板有湿胀干缩现象，在干燥的环境中会产生收缩压力，从而导致木地板产生翘曲变形，此时如基层粘结力差，木竹地板易发生空鼓。

任务三 塑料地板地面的施工

2.3.1 塑料类地板的构造

塑料类地板的构造如图 2-13 所示。

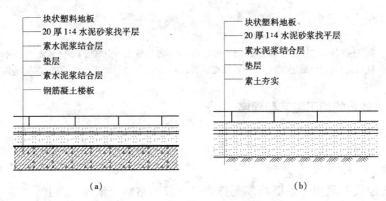

（a）   （b）

图 2-13 塑料地板面层的构造示意图

（a）楼地面塑料地板构造做法；（b）首层地面塑料地板构造做法

2.3.2 塑料地板铺设施工的准备

1. 技术准备

明确设计图纸的要求，进行图纸会审和技术交底。对塑料地板（或者是橡胶地板）的规格尺寸、外观质量、色泽进行预选，检查辅材如水泥、砂子等应符合设计的要求和有关的规定。

2. 施工机具的准备

常用施工机具包括橡胶滚筒、橡胶锤、刮板、电焊机械、划线器等。

其中焊接设备机器配置见图 2-14。

3. 塑料地板等材料的准备

塑料板面层所用的塑料板块和卷材的品种、规格、颜色、等级应符合设计图纸的要求以及现行的国家标准、行业标准的规定。不得使用有毒、有污染的再生塑料材料。

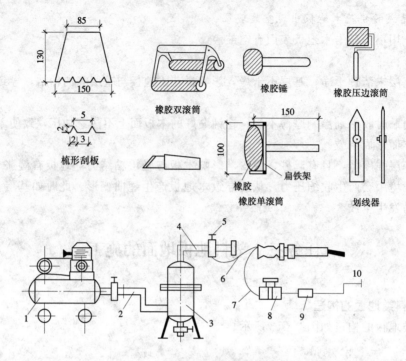

图 2-14 焊接设备机器配置示例

1—空气压缩机；2—压缩空气管；3—过滤器；4—过滤后压缩空气管；5—气流控制阀；
6—软管；7—调压后电源线；8—自耦变压器；9—漏电自动切断器；10—接 220V 电源

2.3.3 塑料类地板的施工工艺和程序

1. 工艺流程

块状塑料地板：基层处理—弹线—裁切、试铺—刮胶—铺贴塑料地面—铺贴塑料踢脚板—擦光上蜡。

卷材塑料地板：裁切—基层处理—弹线—刮胶—粘贴—滚压—养护。

2. 施工过程

(1) 基层处理。基层要求坚硬、干燥，无油污及其他杂质，表面平整度采用 2m 直尺检查，检查时，其允许空隙不应大于 2mm，各阴阳角必须方正，基层含水率要求不大于 8%，（可在地面放吸水纸检查）。当表面有麻面、起砂、裂缝现象时，应采用乳胶腻子处理，每次涂刷的厚度不应大于 0.8mm，干燥后应用 0 号铁砂布打磨，然后再涂刷第二遍腻子，直到表面平整后，再用水稀释的乳液涂刷一遍。

(2) 弹线。以房间的中心为中心，在长、宽方向弹出相互垂直的定位十字线，然后按设计要求进行分格定位，根据塑料板规格尺寸、颜色、图案弹出板块分格线。如房内长、宽尺寸不符合板块尺寸倍数时，应沿地面四周弹出加条镶边线，一般距墙面 200~300mm 为宜。同时，要考虑板块尺寸和房间尺寸的关系，尽量少出现小于 1/2 板宽的窄条板块。定位方法一般有对角定位法（接缝与墙面成 45°角）和直角定位法（接缝与墙面平行），相邻房间之间出现交叉和改变面层颜色，均应设在门的裁口线处，而不是在门框边缘。

（3）裁切、试铺。塑料板在裁切试铺前，应进行脱脂除蜡处理。对于靠墙处不是整块的塑料板裁切方法是：在已铺好的塑料板上放一块塑料板，再用一块塑料板的一边与墙紧贴，沿另一边在塑料板上划线，按线裁的部分即为所需尺寸的边框。塑料板脱脂除蜡并裁切后，即可按定位图及弹线试铺，铺贴时，从房间的一侧向另一侧铺贴，可采用十字形、丁字形、交叉形铺贴方式。试铺合格后，按顺序进行编号，然后将板块掀起按编号码放好，将基层清理干净，以备正式铺贴。

刮胶：基层清理干净后，先刷一道薄而均匀的结合层底子胶，待其干燥后，按弹线位置沿轴线由中央向四面铺贴，涂刷要均匀一致，越薄越好，且不得漏刷。底子胶采用非水溶性胶粘剂时，宜按同类胶粘剂加入其重量 10％的 65 号汽油和 10％的醋酸乙醋（或乙酸乙醋），并搅拌均匀；若采用水溶性胶粘剂时，宜加水，并搅拌均匀。然后根据不同的铺贴地点选用相应的胶粘剂，若用乳液型胶粘剂，应在地板上刮胶的同时在塑料板背面刮胶；若用溶剂型胶粘剂，只在地面上刮胶即可。

（4）铺贴塑料地面。

1）塑料板的粘贴。铺贴是塑料地板施工操作的关键工序。铺贴塑料地板主要控制三个问题：一是塑料板要贴牢固，不得有脱胶、空鼓现象；二是缝格顺直，避免错缝发生；三是表面平整、干净，不得有凹凸不平及破损与污染。铺贴前用干净布将塑料板的背面灰尘清擦干净。应从十字线往外粘贴，铺贴塑料板块时，应先将边角对齐粘合，轻轻地用橡胶滚筒将地板伏地粘贴在地面上，准确就位后，用橡胶滚筒压实赶气；或用橡皮锤子敲实。用橡皮锤敲打应从中间向四周敲击，将气泡赶净。块材每贴一块后，将挤出的余胶要及时用棉丝清理干净，然后进行第二块铺贴，方法同第一块，以后逐块进行，在墙边出现非整块地板时，应在准确量出尺寸后，现场裁割。裁剪后再按上述方法一并铺贴。对于接缝处理，粘接坡口做成同向顺坡，搭接宽度不小于 300mm。对缝铺贴的塑料板，缝必须做到横平竖直，十字缝处缝子通顺无歪斜，对缝严实，缝隙均匀。

2）软质聚氯乙烯板地面的铺贴。铺贴前先对板块进行预热处理，宜放入 75℃的热水浸泡 10～20min，待板面全部松软伸平后，取出晾干待用，但不得用炉火或电热炉预热。

当板块缝隙需要焊接时，宜在铺贴 48h 以后方可施焊，亦可采用先焊后铺贴。焊条成分、性能与被焊的板材性能要相同。

3）塑料卷材铺贴。预先按已计划好的卷材铺贴方向及房间尺寸裁料，按铺贴的顺序、编号，PVC 地面卷材应在铺贴前 3～6d 进行裁切，并留有 0.5％的余量，因为塑料在切割后有一定的收缩。刷胶铺贴时，将卷材的一边对准所弹的尺寸线，用压滚压实，要求对线连接平顺，不卷不翘。然后依以上方法铺贴。

4）铺贴塑料踢脚板。地面铺贴完后，弹出踢脚上口线，并分别在房间墙面下部的两端铺贴踢脚后，挂线粘贴，应先铺贴阴阳角，后铺贴大面，用滚子反复压实，注意踢脚上口及踢脚与地面交接处阴角的滚压，并及时将挤出的胶痕擦净，侧面应平整、接搓应严密，阴阳角应做成直角或圆角。

5）擦光上蜡。铺贴好塑料地面及踢脚板后，用布擦干净、晾干，然后用砂布包裹已配好的上光软蜡，满涂 1～2 遍（重量配合比为软蜡：汽油＝100：20～30），另掺 1％～

3‰与地板相同颜色的颜料，稍干后用净布擦拭，直至表面光滑、光亮。

铺贴完毕后，应及时清理塑料地板表面，特别是施工过程中因手触摸留下的胶印。使用水性胶粘剂时可用湿布擦净，使用溶剂型胶粘剂时，应用松节油或汽油擦除胶痕。铺装完毕，要及时清理地板表面。

2.3.4 塑料地板的成品保护

塑料地板铺贴完毕，要有一定的养护时间，一般为3d左右。养护期间避免沾污。

塑料地面铺贴完后，房间应设专人看管，禁止行人在刚铺过的地面上行走；必须进入室内工作时，应穿拖鞋。

塑料地面铺贴完后，及时用塑料薄膜覆盖保护好，以防污染。严禁用水清洗表面或在面层上放置油漆容器、水泥、沙子等杂物。

电工、油漆工等工种操作时所用木梯、凳腿下端头，要包泡沫塑料或软布头保护，防止划伤地面。

2.3.5 塑料类地板施工质量的检验与评定

塑料类地板质量标准如下。

（1）塑胶类板块和塑料卷材的品种、规格、颜色、等级必须符合设计要求和国家现行有关标准的规定和行业规定，粘接料应与之配套。塑料板、块应平整、光滑、无裂纹、色泽均匀、厚薄一致、边缘平直，板内不允许有杂物和气泡，并须符合相应产品的各项技术指标。

（2）粘贴面层的基底表面必须平整、坚硬、光滑、干燥、密实、洁净。不得有裂纹、胶皮和起砂，含水率不应大于8%。

（3）面层粘结必须牢固，不翘边，不脱胶，粘接无溢胶。表面平整洁净、光滑、无皱纹并不得翘边和鼓泡、色泽一致。

（4）表面洁净，图案清晰，色泽一致，接缝均匀严密，四边顺直，拼缝处的图案、花纹吻合，无胶痕，与墙边交接严密，阴阳角收边方正。与管道接合处应严密、牢固、平整。

（5）踢脚线表面洁净，粘结牢固，接缝平整，出墙厚度一致，上口平直。

（6）地面镶边用材料尺寸准确，边角整齐，拼接严密，接缝顺直。

（7）焊缝应平整光滑、清洁、无焦化变色、无斑点、无焊瘤和起鳞等现象，凹凸现象不得大于0.6mm。

2.3.6 塑料类地板施工质量的验收与评定

1. 主控项目

（1）面层所用的塑料板块和卷材的品种、规格、颜色、等级应符合设计要求和现行国家标准的规定和行业规定。

检验方法：观察检查和检查材质合格证明文件及检测报告等。

（2）面层与下一层的粘结应牢固，不翘边、不脱胶、无溢胶。

检验方法：观察检查和用木锤敲击及钢尺检查。

注：卷材局部脱胶处面积不应大于20cm^2，且相隔间距不小于50cm可不计；凡单块

板块料边角局部脱胶每自然间（标准间）不超过总数的5％者可不计。

2. 一般项目

（1）塑料板面层应表面洁净，图案清晰，色泽一致，接缝严密、美观。拼缝处的图案、花纹无胶痕；与墙边交接严密，阴阳角收边方正。

检验方法：观察检查。

（2）板块的焊接，焊缝应平整、光洁，无焦化变色、斑点、焊瘤和起鳞等缺陷，其凹凸允许偏差为±0.6mm。焊缝的抗拉强度不得小于塑料板强度的75％。

检验方法：观察检查和检查检测报告。

（3）镶边用料应尺寸准确、边角整齐、拼缝严密、接缝顺直。

检验方法：用钢尺和观察检查。

（4）塑料板面层的允许偏差应符合表2-5的规定。

表2-5　　　　　　　　　　　　塑料板地面允许偏差

序号	项　目	允许偏差（mm）	检　验　方　法
1	表面平整度	2.0	用2m靠尺和锲形塞尺检查
2	缝格平直	3.0	拉5m线，不足5m拉通线检查
3	接缝高低差	0.5	尺量和锲形塞尺检查
4	踢脚线上口平直	2.0	拉5m直线检查，不足5m拉通线检查
5	相邻板块排缝宽度	—	尺量检查

检验方法：应按表2-5中的检验方法检验。

3. 质量验收记录归档文件

（1）塑料板面层工程设计和变更等文件。

（2）塑料板面层施工质量控制文件。

（3）采用的无机非金属建筑材料的放射性指标检测报告；室内用胶粘剂中总挥发性有机化合物和游离甲醛、苯的含量以及聚氨酯胶粘剂应测定其的含量。

2.3.7　塑料类地板施工质量的通病与防治

2.3.7.1　塑料地板鼓泡，与基层分离

1. 现象

塑料地板局部面层起鼓，掀压有气泡起翘，有的能整块移动。

2. 原因分析

（1）基层强度低，水泥砂浆强度未达到1.2MPa，质量差，有空鼓、起砂、起皮等缺陷。

（2）基层含水率大于9％，或基层渗水潮湿。

（3）塑料板脱脂去蜡工艺控制不严。

（4）粘贴方法不对，粘贴时整块下贴，面层板块与基层间空气未排除。

（5）涂胶不均匀，压实不够。

（6）粘贴时环境温度低，湿度大，影响粘结效果。

（7）使用胶粘剂质量差或使用了过期、变质的胶粘剂，影响粘结强度。

2.3.7.2 塑料地板褪色、污染、划伤

1. 现象

目测板块颜色深浅不一，有污染，局部有划印等。

2. 原因分析

（1）塑料板块材颜色稳定性差，见光后泛色，形成色差。

（2）在铺贴整块料板时，未及时清除外溢的胶粘剂，形成板面污染。

（3）在施工过程或使用过程中，未注意产品保护，有锋口或毛糙的硬物在地上拖拉，直成板面损伤。

任务四 地毯地面的施工

2.4.1 地毯地面的构造（图 2-15）

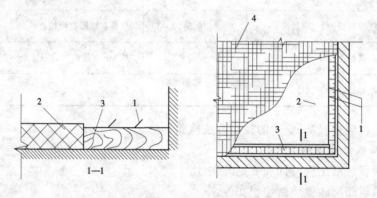

图 2-15 固定式满铺地毯构造示例
1—倒刺钉；2—泡沫塑料衬垫；3—木条；4—尼龙地毯

2.4.2 常见地毯材料的种类及选择

地毯的种类很多，选择地毯材料时，要看品种、规格、颜色、花色、胶料、辅料及其材质，必须符合设计图纸的要求，符合现行国家对地毯产品标准的规定，符合行业的规定。

地毯按材质的不同通常分为五大类：羊毛地毯、混纺地毯、化纤地毯、塑料地毯和剑麻地毯。各种地毯都有自己的特点，分别用在不同的地方，不能乱用。使用之前要看说明书。

2.4.3 地毯地面的施工工艺及程序

地毯有块毯和卷材地毯两种形式，采用不同的铺设方式和铺设位置，可以分为活动式

铺设、固定式铺设。活动式铺设是指将地毯直接浮搁在基层上，不需将地毯与基层固定。固定式铺设有两种固定方法，一种是卡条式固定，使用倒刺板拉住地毯；一种是粘贴法固定，使用胶粘剂把地毯粘贴在地板上。

1. 地毯铺设施工工艺

（1）卡条式固定方式。基层清扫处理—地毯裁割—钉倒刺板，铺垫层—接缝缝合—固定地毯、收边—修理、清扫。

（2）粘贴法固定方式。基层地面处理—实量放线—裁割地毯—刮胶晾置—铺设—清理—保护。

2. 施工程序

（1）卡条式固定方式。

1）地毯裁割。在铺装前必须进行实量，测量墙角是否规方，准确记录各角角度。量准房间实际尺寸，按房间长度加长 20mm 下料，根据计算的下料尺寸在地毯背面弹线、裁割。地毯的经线方向应与房间一致。地毯宽度应扣去地毯边缘后计算（一般离地毯边约 5cm 处有一条彩线，铺设前须沿此线裁边）。根据计算的下料尺寸在地毯背面弹线。大面积地毯用裁边机裁割，小面积地毯用手握裁或手推裁刀裁割。为保证切口平整。刀刃不锋利的必须及时更换。裁好的地毯卷成卷与铺设位置对应编号。裁割地毯时应沿地毯经纱裁割，只割断纬纱，不割经纱，对于有背衬的地毯，应从正面分开绒毛，找出经纱、纬纱后裁割。圈绒地毯裁切的时候应从环毛的中间剪断，平绒地毯则应注意切口的绒毛整齐，另外准备拼缝的两块地毯，应在缝边注明方向。

2）钉倒刺板。距离踢脚板 8mm 处沿墙边或柱边应用钢钉（水泥钉）钉倒刺板，如图 2-16 所示。相邻两个钉子的距离控制 30～40cm。大面积铺地毯，建议沿墙、柱钉双道倒刺板，两条倒刺板之间净距离约 2cm。钉倒刺板时应注意不损坏踢脚板，必要时可用薄钢板保护墙面。倒刺板加工示意图如图 2-17 所示。

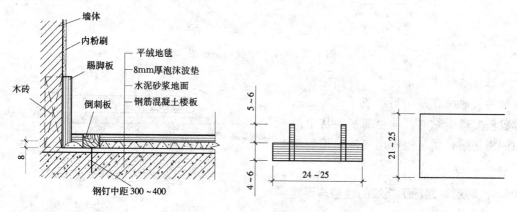

图 2-16　倒刺板固定示意图　　　　图 2-17　倒刺板加工示意图

3）铺垫层。垫层应按倒刺板之间的净间距下料，避免铺设后垫层皱折、覆盖倒刺板或远离倒刺板。设置垫层拼缝时应考虑到与地毯拼缝至少错开 15cm。

4）地毯拼缝。绒毛地毯多用缝接，即将地毯翻过来先用直针在地毯背面隔一定距离临时固定几针，然后用大针满缝后刷 5～6cm 宽的一道白胶，再贴上牛皮纸，地毯编织的方向在拼缝前要判断好，以避免缝两边的地毯绒毛排列方向不一致。为此在地毯裁下之前应用箭头在背面注明经线方向。麻布衬底的化纤地毯多用粘接，即将地毯胶刮在麻布上，然后将地毯对缝粘平。在地毯拼缝位置的地面上弹一直线，按线将胶带铺好，两侧地毯对缝压在胶带上，然后用熨斗在胶带上熨烫使胶质熔化，随熨斗的移动立即把地毯紧压在胶带上。接缝处不齐的绒毛要先修齐，并反复揉搓接缝处绒毛，至表面看不出接缝痕迹为止。

5) 固定地毯、收边。将地毯短边的一角用扁铲塞进踢脚板下缝隙，然后用撑子把这一短边撑平后，再用扁铲把整个短边都塞进踢脚板下缝隙。大撑子承脚顶住地毯固定端的墙或柱，用大撑子扒齿抓住地毯另一端，接装连接管，通过大撑子头的杠杆伸缩，将地毯张拉平整。大撑子张拉力量应适度，张拉后的伸长量一般控制在 (1.5～2) cm/m，即1.5%～2%，张拉力量过大易撕破地毯，过小则达不到张平的目的；伸张次数视地毯尺寸不同而变化，以将地毯展平为准。

地毯的收口部位在重要处一般均采用铝合金收口条，房门口采用 2mm 厚左右的铝合金门压条，如图 2-18 所示，将长边一面用固定在地面，并将地毯毛边塞入将压片轻轻压下。此外还有铝合金 L 形倒刺条、带刺圆角锑条等收口条。收口条与基层的连接可以采用水泥钉钉固，也可以钻孔打入模或尼龙胀塞以螺钉固定，如图 2-19 所示。

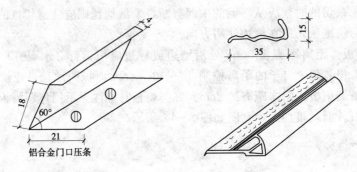

图 2-18 铝合金收口条示图

(2) 粘贴法固定方式。将粘接剂用刮板均匀地涂在基层后晾置 5～10min，待胶液变得干粘时，地毯铺平后从中间向四周粘贴，用毡辊压出气泡，用胶粘贴的地毯，24h 内不许随意踩踏。

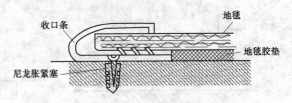

图 2-19 收口条与基层链接示图

2.4.4 地毯地面施工质量的检验与评定

1. 质量标准

(1) 楼梯表面应冲洗干净、干燥。

(2) 每段地毯的长度，应按楼梯实际测量的长度再加上 450～600mm 的余量，以便今后在使用中可挪动受磨损的位置。

(3) 地毯的品种、材质、规格、颜色应符合设计、住户的要求。

（4）基层必须平整、干燥、清洁、无油污。

（5）地毯应固定牢固，毯面平整，不起包，不凹陷，不打皱，不翘边，拼缝处密实平整。

（6）图案连续，绒面顺光一致，表面干净，无油污损伤。

（7）地毯收口合理、顺直，收口压条牢固。

2．质量检验

（1）主控项目。

1）地毯的品种的规格、颜色、花色、胶料和辅料及其材质必须符合设计要求和国家地毯产品标准的规定和行业规定。

检验方法：观察检查和检查材质合格记录。

2）地毯表面应平服、拼缝处粘贴牢固、严密平整、图案吻合。

检验方法：观察检查。

（2）一般项目。

1）地毯表面不应起鼓、起皱、翘边、卷边、显拼缝、露线和无毛边，绒面毛顺光，交，蓝图干净，无污染和损伤。

检验方法：观察检查。

2）地毯同其他面层连接处、收口处和墙边、柱子周围应顺直、压紧。

检验方法：观察检查。

2.4.5 地毯地面施工质量的通病与防治

1．地毯皱折

（1）现象：目测地毯不平，有皱折。

（2）原因分析。

1）地毯铺设时两边用力不一致或用力快慢不一致，使地毯摊开过程中方向偏移，出现局部皱折。

2）地毯受潮产生胀缩现象，导致地毯皱折。

3）在铺设时未把地毯绷紧，或在烫地毯时未绷紧，因而出现皱折。

2．地毯接缝明显

（1）现象：地毯搭接处缝隙明显。

（2）原因分析。

1）在裁割时产生尺寸偏差或不顺直，致使在接缝处出现稀缝。

2）因地面不平，在板块地毯铺设时，出现稀缝。

3）地毯接缝处未烫平，因而在铺设处出现稀缝。

 思 考 题

1．楼地面的组成有哪几部分？各自起什么作用？

2．简述大理石地面铺贴的施工工艺要求。

3．活动地板的操作要点有哪些？

4. 硬质和软质塑料地板施工的区别是什么？

5. 试述钉接法木地板施工的工艺要求。

6. 简述地毯地面的施工工艺。

7. 地毯地面施工质量的通病有哪些？应如何防治？

项目三　墙柱面装饰装修工程施工

任务一　墙柱面块料面层的施工

【知识点】 墙柱面块料面层的构造；施工的材料准备与检验；施工机具；施工工艺及施工要点；质量通病的预防；质量的检验标准及检验方法；技术资料整理。墙柱面块料面层的施工共分3个子项目：外墙柱面陶瓷面砖粘贴饰面工程施工、内墙柱面陶瓷面砖粘贴饰面工程施工、陶瓷马赛克（玻璃马赛克）饰面工程施工。

【学习目标】 通过项目活动，掌握墙柱面块料面层的构造；能够阅读施工图，根据现场情况提出图纸中的问题；能够编制墙柱面块料面层施工的施工方案，分析会出现的质量问题，制定相关的防范措施；能够按照现场尺寸要求，绘制镶贴施工排板图；能够按照施工图设计要求进行配料，掌握材料检验方法，完成材料、机具准备；掌握陶瓷贴面施工的要点和方法，掌握细部的处理方法；了解施工中出现各类问题的处理方法；完成相关的施工技术资料的整理；掌握质量检验的标准和方法提高综合分析问题解决问题的能力；提高团队协作能力和职业素质。

墙柱面块料面层材料很多，主要有陶瓷材料釉面砖、瓷砖、陶瓷马赛克、玻璃马赛克等。特点是坚实耐用、色彩丰富、易清洗、耐腐蚀、防水等。同时由于科学技术的发展，陶瓷制品的色彩、花纹越来越丰富，具有很好的装饰效果。

墙柱面陶瓷面砖主要包括釉面瓷砖、外墙面砖、陶瓷锦砖、陶瓷壁画、霹雳砖等；玻璃面砖主要包括玻璃锦砖等，如图3-1所示。

3.1.1　学习目标

（1）掌握外墙柱面瓷砖饰面的构造。

（2）能够阅读施工图，根据现场情况提出图纸中的问题。

（3）能够编制墙柱面瓷砖贴面的施工方案，分析会出现的质量问题，制定相关的防范措施。

（4）能够按照现场尺寸要求，绘制镶贴施工排板图。

（5）能够按照施工图设计要求进行配料，掌握材料检验方法，完成材料、机具准备。

（6）通过组织施工，完成实训项目，掌握陶瓷贴面施工的要点和方法，掌握细部的处理方法，了解施工中出现各类问题的处理方法。

（7）完成相关的施工技术资料的整理。

（8）掌握质量检验的标准和方法。

图 3-1 陶瓷面砖室内外应用示例

3.1.2 相关知识

1. 外墙面砖粘贴常用材料和要求

（1）水泥。采用 32.5 级、42.5 级的普通硅酸盐水泥或矿渣硅酸盐水泥，白水泥（擦缝用）。

（2）矿物颜料。与白水泥拌和擦缝用，必须和釉面砖色彩协调。

（3）砂子。坚硬洁净，不得含有草根、树叶、碱质及其他有机物等有害物质。砂在使用前应根据使用要求过不同孔径的筛子，筛好备用。砂中黏土、泥灰、粉末等杂质的含量不大于 5%。

（4）外墙面砖。外墙面砖通常用是陶质或炻质面砖。由于受自然环境的作用，要求结构致密，抗风化能力强、抗冻性强，同时具有防水、抗冻、耐腐蚀等性能。

外墙面砖根据装饰要求可以做成各种效果，有光面的和有毛面的，颜色多种多样，可以单色，也可以多色团，还可以做成拼花。为了增加粘结力，背面做成凹凸状的沟槽。常见的外墙砖有：彩釉砖、劈离砖、彩胎砖、金属陶瓷面砖、陶瓷艺术砖等。外墙面砖的常见规格见表3-1。

表3-1　　　　　　　　　　　　　　外墙面砖的规格及常用品种

品　　种		常　用　规　格
无釉外墙面砖 （mm×mm×mm）	毛面砖	200×64×（16～18），95×64×（16～18）等
	光面砖	200×64×13，95×64×13 等
彩釉外墙面砖（彩釉砖） （mm×mm）		100×100，300×300，200×150，115×60，150×150，240×60，150×75，130×65 等
劈离砖（劈裂砖） （mm×mm×mm）		200×100×11，194×94×11，120×120×11，194×52×13，200×115×13，240×52×11 等
彩釉砖（仿花岗岩瓷砖） （mm×mm×mm）		400×400×9，300×300×9，200×200×（7.5～8）等

墙面砖表面应光洁、平整、色泽一致、正反面均无暗痕裂缝，不得有缺棱、掉角等缺陷，尺寸误差率、吸水率、强度等必须符合设计要求。

2．外墙面砖饰面构造

（1）混凝土墙表面。当墙体的基体为混凝土时，为防止混凝土表面与抹灰结合不牢，发生空鼓，需要刷混凝土界面处理剂，随刷随抹灰。其构造做法如图3-2所示。

（2）加气混凝土墙面。应在墙体基体清洁后，先刷加气混凝土界面处理剂一道，再铺钉丝径0.7mm、孔径32mm×22mm镀锌机织钢丝网一道。然后抹底层砂浆，如图3-3所示。

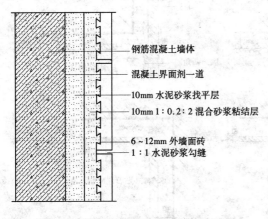

图3-2　混凝土墙面贴外墙砖构造示意图

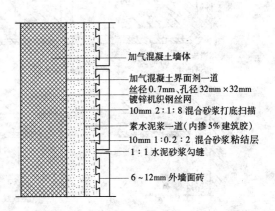

图3-3　加气混凝土墙面贴外墙砖构造示意图

（3）保温外墙表面。外墙面的保温层，目前用的比较多的是挤塑板和聚苯板，还有聚苯颗粒保温砂浆。保温板外贴瓷砖构造如图3-4所示。

图 3-4　保温板外贴瓷砖构造示例

（4）外墙面砖饰面的细部处理。外墙面砖镶贴时，在阴角、阳角、窗台等处应充分考虑细部的构造处理，以获得最佳的装饰效果。阴角、阳角的几种处理形式见图 3-5，窗户四周的节点及细部处理见图 3-6。

（5）外墙面砖的排列和布缝形式。外墙面砖的效果除和面砖本身的大小、色彩有关外，排砖的形式对效果的影响也很大。外墙面砖的排列主要是确定面砖的排列方法和砖缝的大小。面砖的排列形式多种多样。砖缝主要有密缝（1～3mm）、宽缝（大于 4mm，一般小于 20mm）两种形式，不同的排列形式，获得不同的图案，得到不同的装饰效果，见图 3-7。

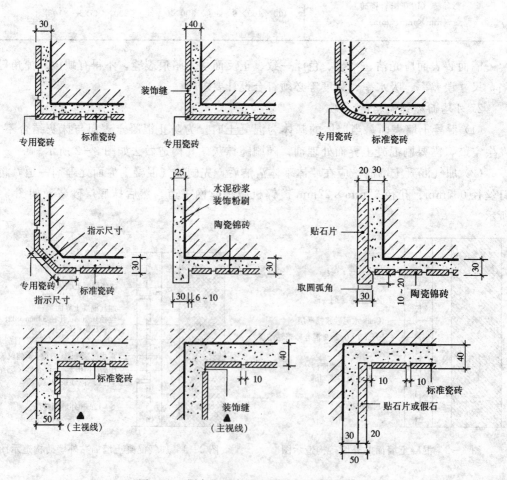

图 3-5　阴角和阳角的几种处理形式示例

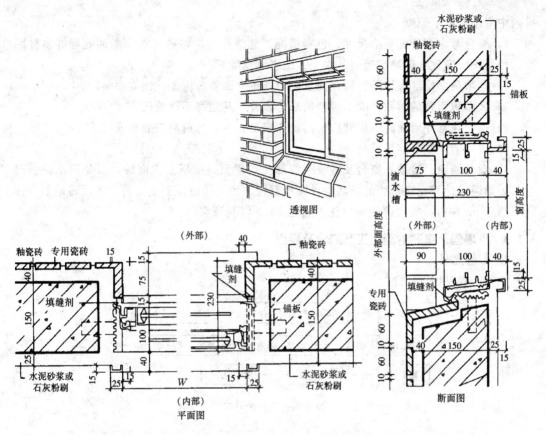

图 3-6 转角处面砖的处理示图

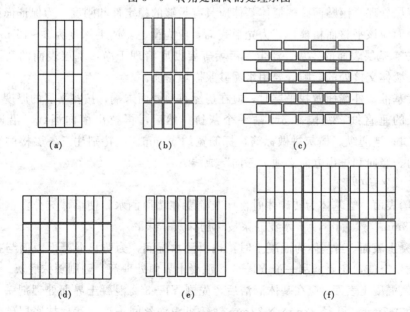

图 3-7 面砖的排列和布缝示例

(a) 齐密缝；(b) 齐离缝；(c) 错缝离缝；(d) 水平离缝，垂直密缝；
(e) 垂直离缝、水平密封；(f) 水平、垂直间隔密缝、离缝排列中应遵循以下原则：

1）综合考虑面砖的规格尺寸、色彩搭配、建筑尺寸、贴砖部位、细部处理等多种因素。控制排砖模数（即确定竖向、水平、疏密缝宽度）。

2）凡阳角部位都应该是整砖，而且阳角处正立面整砖应盖住侧立面整砖。

3）大面积面砖的镶贴，除不规则的部位以外，其他都不得裁砖。

4）还应注意外墙面砖的横缝应与门窗和窗台相平；门窗洞口处排横砖。

5）窗间墙应尽可能排整砖。

6）女儿墙顶、窗顶、窗台及各种腰线部位，顶面砖应压盖立面砖，以免渗水，引起空鼓；如遇设计没有滴水线的外墙各种腰线部位，顶面砖应压盖立面砖，正面砖最下一排宜下凸3mm左右，线底部面砖应往内翘起5mm以利滴水。

3.1.3 外墙面砖镶贴的施工工艺流程及要点

1. 工艺流程

工艺流程见图3-8。

图3-8 处墙面砖镶贴的施工工艺流程

2. 施工要点

（1）基层处理。镶贴面砖的墙体基体应具有足够的稳定性和刚度。为保证面砖粘结牢固，基层表面应该平整而粗糙，若为光滑表面，应先凿毛，凿毛深度为5～15mm，间距30mm左右。基层表面的残灰、浮尘、污垢等要彻底清理干净，基层表面的孔洞、裂缝及门窗框与墙体交接处的缝隙等要用水泥砂浆嵌填密实。

（2）找基准。外墙面做找平层时，应在房屋每角两面末端，按找平层的厚度，从顶到底吊出通长的垂直线，每隔1.5m贴一个灰饼。然后，再拉出横向通线，沿通线每隔1.5m做灰饼；连通纵、横灰饼做标筋，标筋宽约50mm。应特别注意各层楼的阳台和窗口的水平向、竖向和进出方向必须"三向"成线。

（3）抹找平层砂浆。

1）砖墙表面。当基体为砖砌体时，抹灰前要在墙面洒水，使墙体充分湿润，润湿深度应为2～3mm。然后用1:3水泥砂浆按标筋抹灰、抹平。

2）混凝土表面。当基体为混凝土时，也要洒水湿润，为防止混凝土表面与抹灰层结合不牢，发生空鼓，还要满刮一道YJ—302混凝土界面处理剂，随刷随抹底灰。

3）加气混凝土表面。应在基体清洁后，先刷YJ—302混凝土界面处理剂一道，然后再铺钉丝径0.7mm、孔径32mm×32mm镀锌机织钢丝网一道。然后抹底层砂浆。底层砂浆抹完后，要根据当时的气温情况，浇水养护3～7d。

在贴砖的前一天，再抹中层砂浆。中层砂浆为精找平，以解决基层抹灰找平回缩产生的不平，保证找平层"绝对"平整。

（4）选砖、预排。

1）选砖。根据设计图纸的要求，对面砖进行分选。首先要按颜色分选一遍，然后再对面砖的大小、厚薄进行分选归类。

2）预排。按照设计和排砖的要求进行排砖，在预排中，对突出墙面的窗台、腰线、滴水槽等部位排砖，应注意台面砖需做出一定的坡度，一般为3%；底面砖应贴成滴水形状。

（5）浸砖。经检验合格的砖粘贴前放入清水中浸泡。浸泡时间要过夜，取出后凉干备用。

（6）弹线分格。找平层砂浆完成终凝，具有强度后，即可根据面砖的尺寸在找平层上进行分段、分格、排砖弹线。弹线应根据预排画出的大样图，按缝的宽窄大小（主要指水平缝）做出分格条，作为镶贴面砖的辅助基准线。弹线步骤如下：

1）在外墙阳角处大角用大于5kg的线锤吊垂线并用经纬仪校核，最后用花篮螺栓将线锤吊正的钢丝固定绷紧上下端，作为找准基线。

2）以阳角基线为准，每隔1.5～2m作标志块，定出阳角方正，抹上隔夜"铁板糙"（俗称"整糙"）。

3）在精抹的面层上，按预排大样先弹出顶面水平线，在墙面的每一部分，根据外墙方向面砖数每隔1m弹一垂线。

4）在层高范围内，按预排面砖实际尺寸和块数，弹出水平分缝，分层皮数（或先做皮数杆，再按皮数杆弹分层线）。

（7）定标准点。为保证贴砖的质量，粘贴前用废面砖在找平层上贴几个点，然后按废面砖面拉线或用靠尺作为镶贴饰面砖的标准点。标准点间距以1.5m×1.5m或2.0m×2.0m为宜。贴砖时贴到废面砖处再将其敲碎拿掉即可。

（8）镶贴面砖。

1）镶贴顺序应自上而下分层分段进行，每段内镶贴程序应是自下而上进行，而且要先贴墙柱、后贴墙面、再贴窗面墙。

2）镶贴时，先按水平线垫平八字尺或直靠尺，施工环境温度不低于5℃。

3）砂浆稠度要一致，避免砂浆上墙后流淌。砖的背面要满抹砂浆（厚度5mm左右），四周刮成斜面，将砖按规定位置就位后，使之与邻面砖平。粘贴时一定要保证接缝平直、密实、宽窄一致。每粘贴10块砖，用靠尺板检查一下表面平整度，并随时将砖缝拨直。贴完一行后，须将每块面砖上的灰浆刮净。

4）竖缝的宽度与垂直完全靠目测控制，所以在操作中要特别注意随时检查，除了依靠墙面的控制线外，还应该经常用线锤进行检查。如果竖缝是离缝（宽缝），在粘贴时需将挤入竖缝的灰浆随手清理干净。

5）分格条应在隔夜后起出，起出后的分格条清洗干净，方能继续使用。

（9）勾缝、擦洗。

1）在完成一个层段的墙面并检查合格后，即可进行勾缝。勾缝用1∶1水泥砂浆（细砂）嵌缝，再按设计要求采用白水泥浆或彩色水泥浆擦缝。

2）勾缝可以做成凹缝（尤其是离缝分格），深度 3mm 左右。

3）完工后应将面砖表面清洗干净，清洗工作应在勾缝材料硬化后进行，如有污染，可用浓度为 10% 的盐酸刷洗，再用水冲净。夏季施工时应防止阳光曝晒，要注意遮挡养护。

3. 外墙陶瓷贴面容易出现的质量通病及原因

（1）饰面砖空鼓、脱落。

原因分析：

1）饰面砖自重大，找平层与基层有较大剪应力，粘结层与找平层间亦有剪应力，基层面不平整，找平层过厚，使各层粘结不良。

2）加气混凝土基面未作处理，不同结构的接合处未作处理。

3）砂浆配合比不准，稠度不符合要求，砂含泥量大，在同一施工面上采用不同配合比砂浆，引起不均匀干缩。

4）砖背砂浆不饱满，面砖勾缝不严，雨水渗入受冻膨胀引起脱落。

防治措施：

1）找平层与基层作严格处理，光面凿毛凸面剔平，尘土油渍清洗干净。找平抹灰时湿水，再分层抹灰，提高各层的粘结力。

2）加气块不得泡水。抹灰前湿水后满刷 107 胶水泥浆一道；采用 1∶1∶4 水泥石灰砂浆找底层，厚 4～5mm，中层用 1∶0.3∶3 水泥石灰砂浆抹 8～10mm 厚，结合层采用聚合物水泥砂浆。不同结构结合部铺钉金属网绷紧钉牢，金属网与基体搭接宽度不小于100mm，再做找平层。

3）水泥合格可靠，砂过筛，采用中砂，含泥量小于 3%，砂浆配合比计量配料，搅拌均匀。在同一墙面不换配合比，或在砂浆中掺入水泥重量 5% 的 901 胶，改善砂浆的和易性，提高粘结度。

4）面砖泡水后晾干，背面刮满砂浆，用挤浆法镶贴。认真勾缝分次成活，勾凹缝，凹入砖内 3mm，形成嵌固效果。

（2）分格缝不匀，墙面饰面不平整。

原因分析：

1）面砖几何尺寸不一致。

2）找平层表面不平整，做找平层未认真检查。

3）未排砖、弹线和挂线。

4）未及时调缝和检查。

防治措施：

1）面砖使用前进行挑选，凡外形歪斜、缺角、掉棱、翘裂和颜色不均匀的剔出，并用套板分出大、中、小分类堆放，分别用于不同部位。

2）做找平层时，用靠尺检查垂直、平整度是否符合规范要求。

3）排砖模数，要求横缝与旋脸、窗台平，竖向与阳角、窗口平，并用整砖，划出皮数杆在墙面事先铺平。窗框、窗台、腰线等分缝准确，阴、阳角双面挂直，依皮数杆在找平层上从上至下作水平与垂直控制线。

4）操作时，保证面砖上口平直，贴完一皮砖后，垂直缝以底子灰弹线为准，在粘贴灰浆初凝前调缝，贴后立即清洗干净，用靠尺检查。

（3）墙面污染。

原因分析：

1）面砖半成品保管不善，成品保护不好。

2）施工操作后未及时清理面层砂浆。

防治措施：

不用草绳或有色纸包装面砖，在运输途中与保管中，面砖不要淋雨受潮；贴面砖开始后，不在脚手架上和室外倒污水、垃圾，操作完成后彻底清洗面砖。

4. 饰面砖粘贴工程的质量检验

按照质量检验标准《建筑装饰装修工程质量验收规范》（GB 50210—2001）进行分项工程检验。

适用于内墙饰面砖粘贴工程和高度不大于 100m、抗震设防烈度不大于 8 度，采用满粘法施工的外墙饰面砖粘贴。

（1）主控项目。

1）饰面砖的品种、规格、图案、颜色和性能应符合设计要求。

检验方法：观察；检查产品合格证书、进场验收记录、性能检测报告和复验报告。

2）饰面砖粘贴工程的找平、防水、粘结和勾缝材料及施工方法应符合设计要求及国家现行产品标准和工程技术标准的规定。

检验方法：观察；检查产品合格证书、复验报告和隐蔽工程验收记录（防水层隐蔽验收）。

3）饰面砖粘贴必须牢固。

检验方法：检查样板件粘结强度检测报告和施工记录。

4）满粘法施工的饰面砖工程应无空鼓、裂缝。

检验方法：观察；用小锤轻击检查。

（2）一般项目。

1）饰面砖表面应平整、洁净、色泽一致，无裂痕和缺损。

检验方法：观察。

2）阴阳角处搭接方式、非整砖使用部位应符合设计要求。

检验方法：观察。

3）墙面突出物周围的饰面砖应整砖套割吻合，边缘应整齐。墙裙、贴脸突出墙面的厚度应一致。

检验方法：观察；尺量检查。

4）饰面砖接缝应平直、光滑，填嵌应连续、密实；宽度和深度应符合设计要求。

检验方法：观察；尺量检查。

5）有排水要求的部位应做滴水线（槽）。滴水线（槽）应顺直，流水坡向正确。坡度应符合设计要求。

检验方法：观察；尺量检查

6）饰面砖粘贴的允许偏差和检测方法见表 3-2。

表 3-2　　　　　　　　　　饰面砖工程允许偏差和检测方法

项次	项　目	允许偏差（mm）		检　验　方　法
		外墙面砖	内墙面砖	
1	立面垂直度	3	2	用 2m 垂直检测尺检查
2	表面平整度	4	3	用 2m 靠尺和塞尺检查
3	阴阳角方正	3	3	用直角检测尺检查
4	接缝直线度	3	2	拉 5m 线，不足 5m 拉通线，用钢直尺检查
5	接缝高低差	1	0.5	用钢直尺和塞尺检查
6	接缝宽度	1	1	用钢直尺检查

3.1.4　检验批的划分和检验数量

（1）相同材料、工艺和施工条件的室内饰面砖工程每 50 间（大面积房间和走廊施工面积 30m² 为一间）划分为一个检验批，不足 50 间也应划分为一个检验批。

（2）相同材料、工艺和施工条件的室外饰面砖工程每 500～1000m² 应划分为一个检验批，不足 500 m² 也应划分为一个检验批。

（3）检验的数量。室内每个检验批应至少抽检 10%，并不得少于 3 间；不足 3 间时应全数检查。室外每个检验批每 100m² 应至少抽检一处，每处不少于 10m²。

3.1.5　项目实训练习

1. 建筑工程外墙饰面砖装修实物测量

（1）目的。通过观察建筑物，理解排砖的方法对效果影响，了解细部的处理方法。

（2）工作任务。以小组为单位，观察本市及学校外墙面砖及马赛克装修建筑 4 栋。

（3）工具、设备及环境要求。

1）绘图桌、绘图板、绘图尺、绘图纸、绘图笔等绘图工具，也可用电脑绘制。

2）不同建筑物。

（4）分项能力标准及要求。

1）根据要求观察不同建筑物，每组观察不同效果的建筑物 4 栋。

2）拍摄照片，要有立面、局部立面大样、阴角、阳角、窗四周、腰线等部位的照片。

3）根据照片，绘制并完成外墙立面的排砖设计图（电脑图）及转角和窗台部位的节点详图（手绘图）。

4）小组分析总结。

（5）步骤提示。

1）仔细观察建筑物并拍照。

2）绘制墙体立面排砖图。

3）手绘绘制外墙转角及窗台部位的节点详图。

（6）教学安排。以小组为单位，每个小组 4 人，完成两种规格的面砖的不同排列的设计。

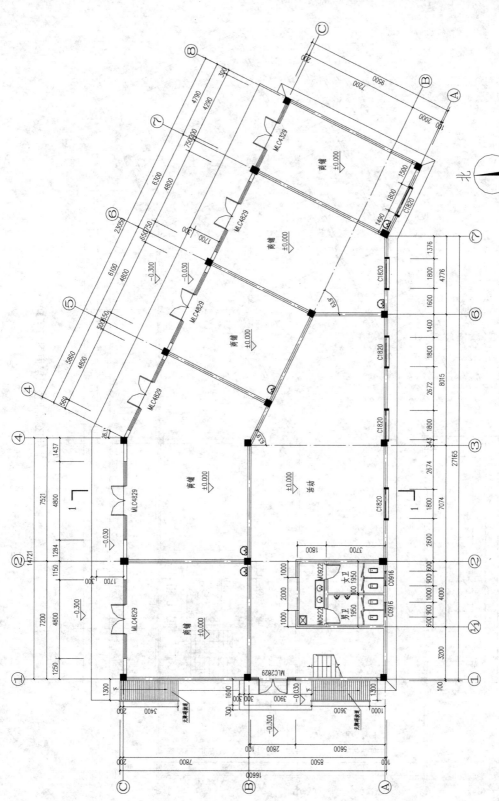

图 3 - 9　某社区商业楼一层平面图 (1 : 100)

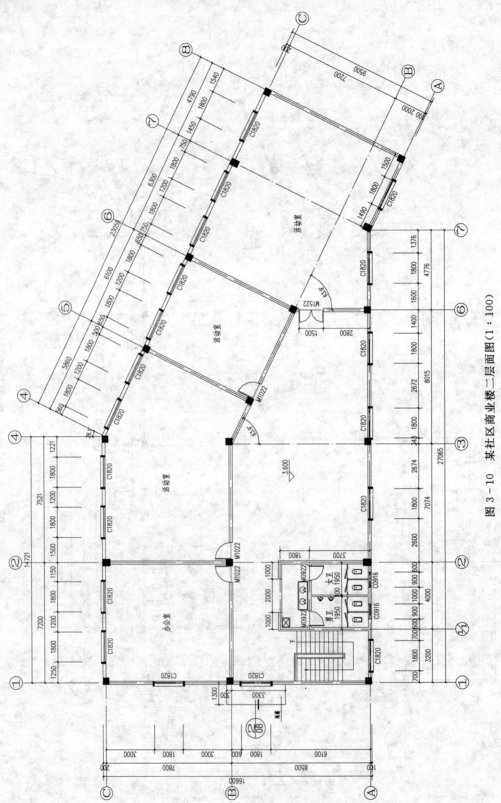

图 3 - 10 某社区商业楼二层面图（1：100）

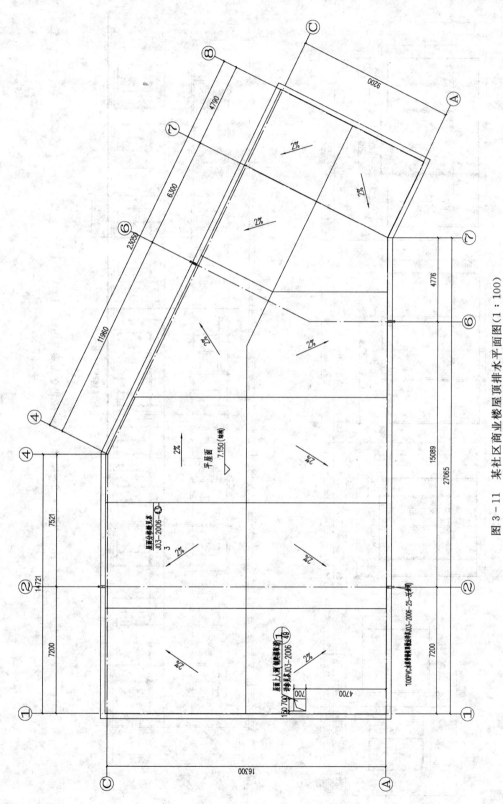

图 3 - 11　某社区商业楼屋顶水平面图(1 : 100)

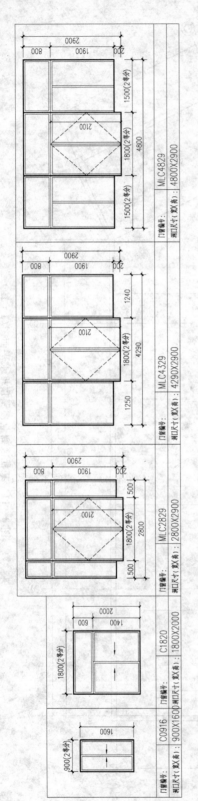

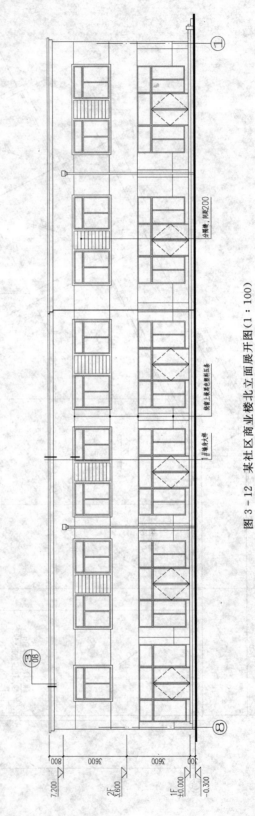

图 3 - 12 某社区商业楼北立面展开图（1：100）

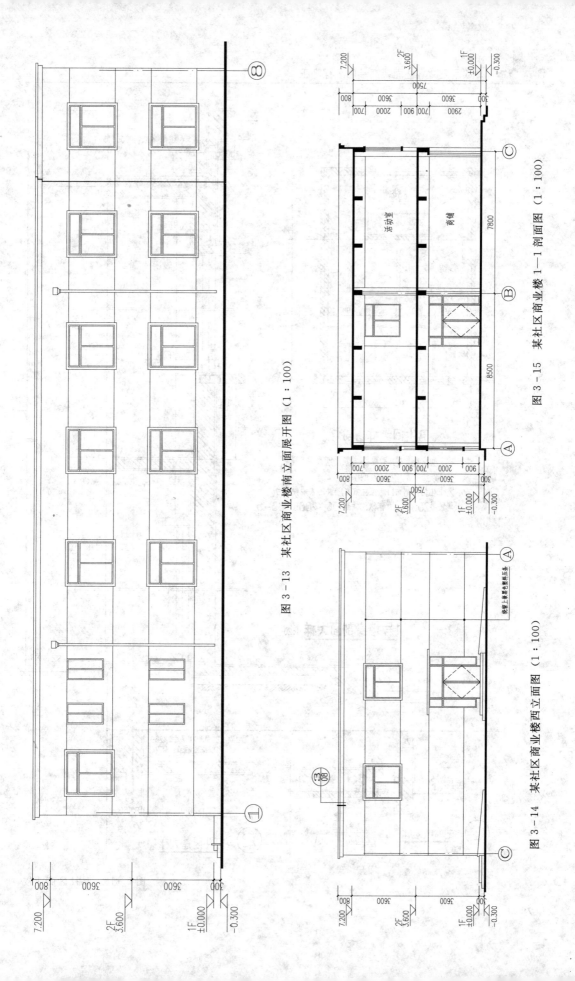

图 3－13　某社区商业楼南立面展开图（1：100）

图 3－14　某社区商业楼西立面图（1：100）

图 3－15　某社区商业楼 1—1 剖面图（1：100）

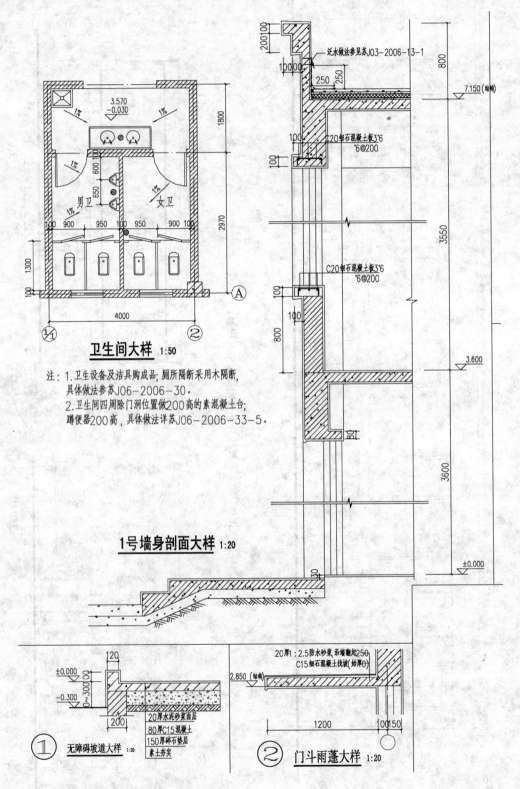

卫生间大样　1:50

注：1. 卫生设备及洁具购成品；厕所隔断采用木隔断，
　　　具体做法参苏J06-2006-30。
　　2. 卫生间四周除门洞位置做200高的素混凝土台；
　　　蹲便器200高，具体做法详苏J06-2006-33-5。

1号墙身剖面大样　1:20

① 无障碍坡道大样　1:20

② 门斗雨蓬大样　1:20

图3-16　某社区商业楼

70

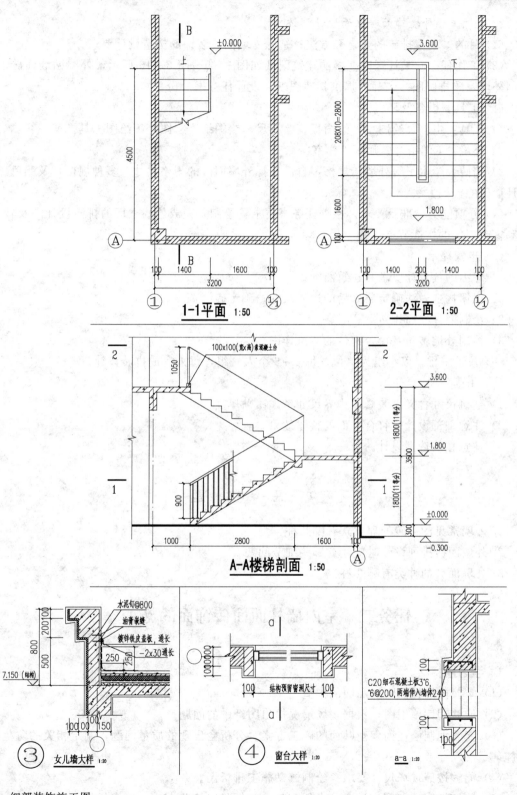

细部装饰施工图

2. 建筑工程外墙饰面砖立面设计训练

（1）目的。掌握排砖的要点和方法；掌握外墙面砖装饰的构造设计要点。

（2）工作任务。某社区商业楼的建筑图纸如图 3-9～图 3-16 所示，外墙贴墙面砖，绘制外墙墙砖排版图。老师可提供其他图纸，设计任务书一份。

（3）工具、设备及环境。

1）工具：电脑、绘图桌、绘图板、绘图尺、绘图纸、绘图笔等绘图工具。

2）环境：工学结合教师、工作室。

2）墙砖：学生了解外墙砖规格，自己选择外墙面砖的规格尺寸（多种规格）及颜色，设计墙砖的排列方法。

（4）分项能力标准及要求。根据任务书要求，绘制并完成外墙立面的排砖设计图及转角和窗台部位的构造节点详图。

（5）步骤提示。

1）仔细阅读设计要求和建筑图纸。

2）根据构造做法确定装修后的边界尺寸；确定砖缝宽度。

2）绘制墙体立面排砖图。

3）绘制外墙转角及窗台部位的节点详图。

（6）教学安排。以小组为单位，每 5～6 个人一组，每人完成排砖设计。

（7）注意事项。

1）建筑尺寸含义，装修后边界尺寸考虑镶贴厚度。

2）注意细部设计应符合立面的整体效果。

3）注意腰线造型设计。

思　考　题

1. 外墙常见的排砖处理方式有哪几种？

2. 外墙面砖排列设计时应注意哪些细节问题？

3. 外墙面砖的种类有哪几种？

任务二　室内墙柱面面砖饰面的施工

3.2.1　学习目标

（1）掌握内墙柱面陶瓷贴面的构造。

（2）能够阅读施工图，根据现场情况提出图纸中的问题。

（3）能够编制墙柱面陶瓷贴面的施工方案，分析会出现的质量问题，制定相关的防范措施。

（4）能够按照现场尺寸要求，绘制镶贴施工排板图。

（5）能够按照施工图设计要求进行配料，掌握材料检验方法，完成材料、机具准备。

（6）通过组织施工，完成实训项目，掌握陶瓷贴面施工的要点和方法，掌握细部的处理方法；了解施工中出现各类问题的处理方法。

（7）完成相关的施工技术资料的整理。

（8）掌握质量检验的标准和方法。

3.2.2　施工技术要点和施工工艺等的相关知识

在室内装饰工程中，内墙面砖釉面砖以它的平滑、光亮、颜色丰富、质感多样等特点广泛应用到室内卫生间、厨房、浴室、医院、实验室等墙柱面装饰，见图 3-17，主要特点是坚固耐用、色泽稳定、易清洗、耐腐蚀、防水等。同时由于技术发展，陶瓷制品色彩、花纹更加丰富，具有很好的装饰效果。内墙柱面陶瓷面砖主要包括釉面砖、陶瓷壁画等。

图 3-17　卫生间内墙面砖贴饰示例

3.2.3　内墙面砖粘贴常用材料和技术要求

1. 内墙面砖粘贴常用材料

（1）水泥。采用 32.5、42.5 级的普通硅酸盐水泥或矿渣硅酸盐水泥，白水泥（擦缝用）。

（2）矿物颜料。与白水泥拌合擦缝用，必须和釉面砖色彩协调。

（3）砂子。坚硬洁净，不得含有草根、树叶、碱质及其他有机物等有害物质。砂在使用前应根据使用要求过不同孔径的筛子，筛好备用。砂中黏土、泥灰、粉末等杂质的含量不得大于 5%。

（4）墙面砖粘结剂。墙面砖粘结剂是一种聚合物改性水泥基墙地砖粘结剂，粘结力比传统水泥砂浆大幅提高，7 天剪切强度大于 1.5MPa，粘结层只有 2～5mm，可以留出更多使用空间。施工简便，加水搅拌即可使用。可明显提高工效，方便快捷。

（5）内墙面砖。内墙面砖主要是釉面砖，砖的颜色、品种、规格必须满足设计要求和釉面内墙砖（GB/T 4100—1992）的技术要求。

常用规格有：200mm × 150mm、250mm × 150mm、150mm × 150mm、200mm × 200mm、300mm×150mm、300mm×450mm、300mm×600mm 等。

2. 釉面砖的技术要求

釉面砖的技术要求包括外观质量、物理力学性能等，见表 3-3。

（1）外观质量：包括产品的规格尺寸、平整度及表面质量。

1）产品的规格尺寸及平整度必须符合相应的技术标准，以保证使用时的装饰效果。

2）表面质量主要是检查产品表面是否存在光泽、色调的差异，以及是否有斑点、波纹、缺釉等问题。色泽检查是将被检材料放入距检查者 2m 处观察，色差不明显可视为合格产品，若色差较明显则要作降级产品处理。

（2）物理力学性能：包括力学性能、吸水率等。

表 3 - 3 釉 面 砖 的 技 术 要 求

项 目			优等品	一级品	合格品
物理力学性能	吸水率		不大于 21%		
	抗冲击强度		用 30g 的钢球，从 30cm 高处落下，三次不碎		
	热稳定性（自 140℃ 至常温刷变次数）		三次无裂纹		
	弯曲强度平均值		一般不小于 16MPa；当釉面砖厚度 >7.5mm 时，为 3MPa		
	抗龟裂性		釉面无裂纹		
	釉面抗化学腐蚀性		需要时由供需双方商定级别		
	白度		不小于 78 度		
尺寸允许偏差（mm）	长度或宽度	≤152mm	±0.5		
		152～250mm	±0.8		
		250mm	±1		
	厚度	≤5mm	+0.4 -0.3		
		>5mm	厚度的 ±8%		
外观质量要求	开裂、夹层、釉裂		不允许使用		
	背面磕碰		深度为砖厚的 1/2	不影响使用	
	剥边、落脏、釉泡、斑点、坏粉釉缕、橘釉、波纹、缺釉、棕眼裂纹、图案缺陷、正面磕碰		距离砖面 1m 处目测，无可见缺陷	距离砖面 2m 处目测，缺陷不明显	距离砖面 3m 处目测，缺陷不明显
	色差		基本一致	不明显	不严重
平整度（mm）	尺寸 ≤152mm	中心弯曲度	+1.4, -0.5	+1.8, -0.8	+2.0, -1.2
		翘曲度	0.8	1.3	1.5
	尺寸 >152mm	中心弯曲度	+0.5	+0.7	+1.0
		翘曲度	-0.4	-0.6	-0.8
边直度和直角度	尺寸 >152mm	边直度（mm）	+0.8, -0.3	+1.0, -0.5	+1.2, -0.7
		直角度（%）	±0.5	±0.7	±0.9

1）力学性能包括抗折强度、抗冲击强度和硬度等指标。

2）吸水率主要反映产品的致密程度的大小，吸水率越大，说明材料的孔隙越多，材料的强度和抗冻性等性能也相应减弱。

3.2.4 内墙釉面砖饰面的构造

3.2.4.1 内墙釉面砖饰面的基本构造

1. 粘贴构造

用粘结材料（水泥砂浆、聚合物水泥砂浆、粘结剂等）将饰面材料直接粘贴在经过找平处理的墙面上。

直接粘贴饰面的基本构造比较简单，由底层找平层、粘结层和饰面块材组成。底层找平层材料主要是水泥砂浆或水泥混合砂浆，底层砂浆具有找平和使面层材料粘附双层作用；粘结层材料主要有水泥砂浆、素水泥浆、聚合物水泥砂浆、粘结剂等。

（1）砖墙表面。在基层上分两遍抹完 15mm 厚 1：3 水泥砂浆，粘结砂浆用 1：2.5 水泥砂浆或 1：0.2：2.5 混合砂浆，厚度宜控制在 8～10mm。现在广泛使用的方法是在水泥砂浆中掺入 2％～3％ 的 801 建筑胶，使砂浆产生极好的和易性和保水性，提高釉面砖的粘贴牢度。面层一般用白水泥或有色水泥浆勾缝。构造详图如图 3-18 所示。

（2）混凝土墙表面。要用碱溶液清洗掉粘结的隔离剂，并用清水冲净。然后对光滑表面作凿毛处理，凿毛深度 5～15mm，凿毛间距 30mm 左右；或用聚合物水泥砂浆甩成小拉毛；也可刷一道 Y1—302 混凝土界面处理剂（随刷随抹找平层砂浆）。构造详图如图 3-19 所示。

（3）加气混凝土墙表面。加气混凝土墙表面如图 3-20 所示。

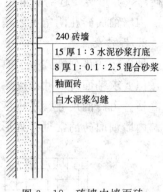

240 砖墙
15 厚 1：3 水泥砂浆打底
8 厚 1：0.1：2.5 混合砂浆
釉面砖
白水泥浆勾缝

图 3-18 砖墙内墙面砖粘贴构造示图

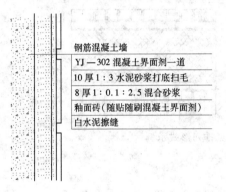

钢筋混凝土墙
YJ—302 混凝土界面剂一道
10 厚 1：3 水泥砂浆打底扫毛
8 厚 1：0.1：2.5 混合砂浆
釉面砖（随贴随刷混凝土界面剂）
白水泥擦缝

图 3-19 混凝土墙内墙面砖粘贴构造示图

加气混凝土墙
加气混凝土界面剂一道
8 厚 2：1：8 混合砂浆打底扫毛
8 厚 1：0.1：2.5 混合砂浆
釉面砖（随贴随刷混凝土界面剂）
白水泥擦缝

图 3-20 加气混凝土内墙面砖构造示图

2. 挂贴饰面构造

当镶贴类饰面采用较大规格的瓷砖镶贴时，为保证块材与基层连接牢固，用挂贴的方式将瓷砖和基层连接起来，在墙面固定钢筋网，用铜丝将瓷砖和钢丝网连接，然后中间灌水泥砂浆。挂贴属于湿作业类型，施工相对较慢。

3. 干挂构造

当镶贴类饰面采用较大规格的瓷砖镶贴时，除了采用挂贴的施工方式施工外，也可以采用干挂的方式：在墙上固定钢骨架（铝合金骨架）、用不锈钢干挂件和结构胶将瓷砖固定在钢骨架上。由于是装配施工，施工速度快。

干挂可采用后切（机械式）锚固原理。后切式锚固技术是指通过专用的设备和金刚石磨头在材料的背部钻锥形孔，使得在植入锚固件时，锚固件底部打开后的形状与钻孔形状相吻合，通过凸形结合，形成结构锁定，进行无应力锚固，此类锚固也叫无应力锚固。

3.2.4.2 内墙釉面砖的细部构造及排列方式

1. 内墙釉面砖的细部构造

内墙釉面砖的镶贴顺序一般是先大面后阴阳角及细部，对于腰线及拼花等重要局部有时提前粘贴，以保证主要看面和线型的装饰质量。墙面因使用要求，排砖纵、横方向达不到整块砖时，异形砖要赶到阴角处，但不得小于半块砖，若不到半块砖可用抹灰的办法来解决。

内墙釉面砖在阴角、阳角及内窗台的构造参见外墙面砖的细部构造做法。

2. 排砖要点

釉面砖的排列方式一般有通缝排列和错缝排列两种类型。通缝排砖显得拼缝清晰、顺直，但要求釉面砖尺寸准确，误差小，否则，难以达到横平竖直；错缝排列对竖缝要求不很严格，由砖的尺寸、平整度的误差而造成的缺陷容易被掩盖，但缝多线乱，直观效果较差。内墙釉面砖的常见排列形式如图 3-21 所示。

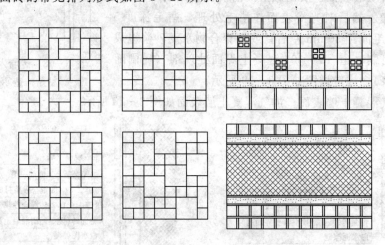

图 3-21　内墙釉面砖常见排列形式示例

排版图的要求和注意要点：

(1) 根据设计图纸要求进行排版。

(2) 同一墙面上不得有一行以上的非整砖。

(3) 非整砖宜安排在次要部位或不醒目处。

(4) 宽度小于 50mm 的饰面砖不宜使用。

(5) 砖块排列一般自阳角开始，至阴角停止（收口）和自顶棚开始至楼地面停止（收口），如果水池、镜框及突出柱面时，必须以中心往两边对称排列。

(6) 排砖时要注意缝的对齐等细节，如图 3-22 所示。

3.2.5　块材镶贴类饰面的常用施工工具

墙面块材镶贴类饰面的施工工具比较简单，电动机具主要有：台式切割机、手提电动切割机、钻孔机、磨边机。

(1) 施工设备：陶瓷切割机、背栓自动钻孔机、磨边机等。陶瓷（台式）切割机用来大量切割加工瓷砖；陶瓷（手提式）切割机主要用在现场进行切割，操作方便，便于携带；背栓自动钻孔机用于在瓷砖背面钻孔固定背栓，如图 3-23、图 3-24 所示；磨边机用于瓷砖边口的加工，满足美观要求。

(2) 常用工具：手提电动切割机、开孔机、角向砂轮、手枪钻、泥刀、泥板、泥桶、铁锹、托板、锤子、锉刀、硬木拍板、橡皮锤、木锤、手锤、手动切割器、铁抹子等。

图 3-22　排砖细部处理实例

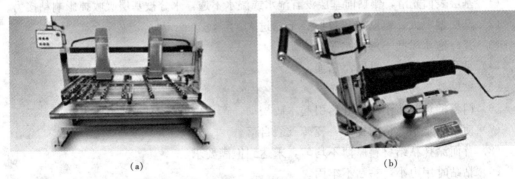

（a）　　　　　　　　　　　　　　　　　　　（b）

图 3-23　背栓自动钻孔机示例

（a）双机头式设备；（b）便携式设备

（3）测量工具：水平仪、水平尺、水平管、计量尺、吊锤、靠尺、墨斗、测距仪、红外线等。

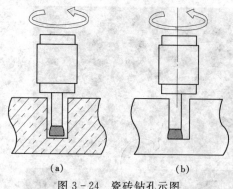

（a）　　　　　（b）

图 3-24　瓷砖钻孔示图

（a）板材钻孔；（b）板材拓孔

3.2.6　施工作业条件

（1）墙柱面粉刷抹灰施工完毕。

（2）墙柱面的基体必须坚实、清洁（无油污、浮浆、残灰等），影响面砖镶贴的凸出墙面的部分应凿平，过于凹陷的墙柱面应用 1:3 水泥砂浆分层抹平找平（注意：先浇水湿润后再抹灰）。应符合设计要求，并已通过验收，具有足够的强度、刚度和稳定性。

（3）墙柱面暗装管线、门、窗框完毕，施工前对安装在饰面部位的电气、开关、箱盒、灯具等有关设备的箱洞和采暖、卫生、煤气等管口的标高轴线位置校对，检验合格后方可施工。

（4）水电、暖通、消防、电信及有关设备、管线的预埋工作应施工前完成并做好隐蔽工程验收。

（5）安装好的窗台板及门窗框与墙体之间的缝隙，用 1:3 的水泥砂浆堵灌密实，铝合金窗框边隙之间嵌填材料应符合设计要求，镶贴面砖前应做好成品保护（如铝合金框贴保护膜）。

（6）大面积施工前，应先做好样板墙或样板间，并经有关部门检查验收符合要求。

3.2.7　内墙陶瓷贴面容易出现的质量通病及原因

在施工过程中，往往容易出现一些质量问题，影响到工程装修效果。主要的质量通病有：砖面泛黄、发暗、发花；砖饰面不平、接缝错缝不一致；空鼓、脱落等问题。

1. 空鼓、脱落

空鼓、脱落是贴砖后最常见的通病。

原因分析：

（1）基层表面光滑，镶贴前基层没有湿水或湿水不透，水分被基层吸收掉影响粘接力。

（2）基层偏差大、镶贴抹灰过厚、干缩过大。

（3）瓷砖泡水时间不够或水膜没有晾干。

（4）粘贴砂浆过稀，粘贴不密实。

（5）粘贴砂浆初凝时拨动瓷砖。

（6）门窗框边封堵不严，开启引起木砖松动，产生瓷砖空鼓。

（7）使用质量不合格的瓷砖，瓷砖破裂自落。

（8）背面涂抹粘结材料厚薄不均匀，未达到饱满要求。

（9）粘贴时用力小，粘贴不牢固。

防治措施：

（1）基层凿毛，镶贴前墙面浇透水，水渗入基层 8~10mm，混凝土墙面提前 2d 浇水。

（2）基层凸出部位剔平，凹处用 1:3 水泥砂浆补平，脚手架洞眼、管线穿墙处用砂浆填严，后用水泥砂浆抹平，再镶贴瓷砖；瓷砖使用前提前 2h 浸泡并晾干。

（3）砂浆具有良好的和易性与稠度，操作中用力要均匀，嵌缝密实。

（4）瓷砖镶贴随时纠偏，粘贴砂浆初凝后不拨动瓷砖。

（5）门窗边用水泥砂浆封严（有设计要求除外）。

（6）严格对原材料把关验收。

（7）背面涂抹粘结材料厚薄要均匀，达到饱满要求。

（8）粘贴时要用力，粘贴牢固。

2. 砖饰面接缝高低不平，接缝不平直、不均匀、墙面凹凸不平，颜色不一致

原因分析：

（1）找平层垂直度、平整度不合格。

（2）对瓷砖颜色，尺寸挑选不严，使用了变形砖。

（3）粘贴瓷砖，排砖未弹线。

（4）瓷砖镶贴后未即时调缝和检查。

防治措施：

（1）找平层垂直、平整度不合格，不镶贴瓷砖。

（2）把选砖列为一道工序，规格、色泽不同的砖分类堆放，变形、裂纹砖剔出不用。

（3）划出皮数，找出规矩。

（4）瓷砖镶贴后立即拨缝，调直拍实，使瓷砖接缝平直。

3. 墙砖掉角爆釉，颜色不一致，色泽不一致，有色斑，纹理不通顺，存在裂缝、暗伤等问题

原因分析：

（1）瓷砖材质松脆，吸水率大，抗拉、抗折性差。

（2）瓷砖在运输、操作中有暗伤。

（3）材质疏松，施工中浸泡了不洁净的水引起变色。

（4）粘贴后被灰尘污染变色。

防治措施：

（1）选材时挑选材质密实、吸水率不大于18％的好砖，冰冻严重地区，吸水率不大于8％。

（2）操作中，将有暗伤的瓷砖剔出；镶贴时，不用力敲击砖面，防止暗伤。

（3）泡砖用洁净水，选用材质密实的砖。

（4）选用材质密实的砖，污物、灰尘用水冲掉。

4. 嵌缝：不密实、表面不平整光滑、深浅不一致、宽窄不一致、十字口不贯通、有黑缝等

原因分析：

（1）嵌缝材料配比每次有差异，没有一次调好。

（2）工人操作不认真。

防治措施：

（1）一个房间嵌缝材料配比一次调好。

（2）提高工人操作水平。

3.2.8 饰面砖粘贴施工的质量检验

质量检验同外墙面。

3.2.9 项目实训练习

3.2.9.1 目的

通过实训基地真实项目的实训，工学结合，理论和实践相结合，达到本节能力目标的要求。

3.2.9.2 项目任务

某别墅的卫生间装饰用墙面砖饰面，施工图纸如图3-25、图3-26所示，学生按照要求完成项目的训练。

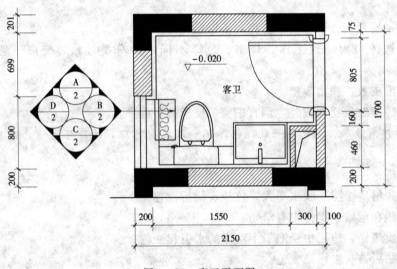

图 3-25　客卫平面图

3.2.9.3 项目训练载体

工作室、学校实训基地。

3.2.9.4 教学方法

学生5～6人一组，工学结合，理论和实践相结合，边干边学，老师指导，学生为主，完成全部实训内容。

3.2.9.5 分项内容及要求

1. 学生岗位分工

模拟实际施工现场管理组织，学生以小组（项目部）为单位，学生担任不同的岗位，在全面训练的基础上，了解所承担岗位的职责。不同项目学生岗位互换。

要求：以小组为单位填写工程项目施工管理人员名单表。

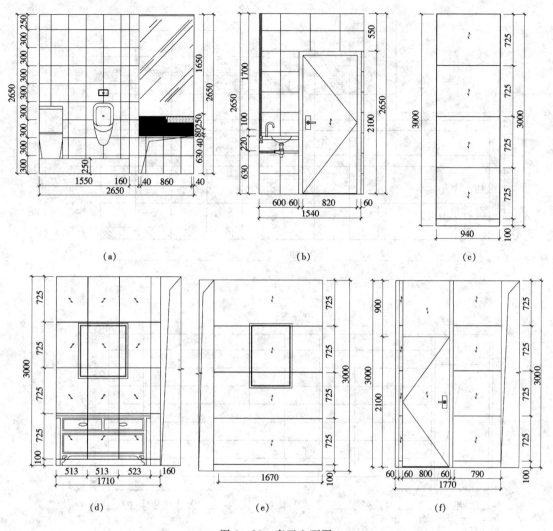

图 3 - 26　客卫立面图

2. 阅读图纸，查看现场，提出存在的问题，编写施工技术方案

模拟查看现场，了解现场情况，对设计图纸和设计说明进行仔细阅读，提出图纸中的问题，设计和现场有矛盾的地方，由设计单位（老师）给予解答。

老师模拟设置现场一些问题，要求学生解决。

要求：（1）学生填写图纸审核记录表。

（2）编写施工技术方案。

（3）根据现场图纸，画出详细的排版图。

提示：编写施工技术方案时，了解现场情况是否和图纸相符。

案例：某卫生间墙面砖的排版图见图 3 - 27。

要求：学生按照排砖要求，结合实训现场真实环境，画出排砖图。

工具：绘图纸 A4 白纸，绘图的工具和铅笔。

比例 1∶100、1∶50。每人完成一份作业，在一个小组中选择 3～4 种砖设计。墙面的

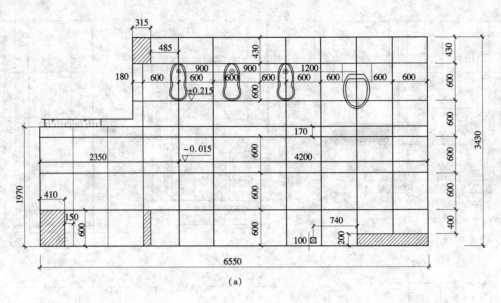

(a)

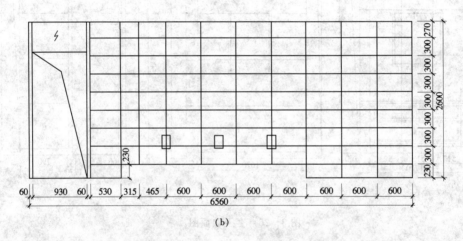

(b)

图 3-27（一）　某卫生间墙面排版图

(a) 地面排版图；(b) E1 立面排版图

设备、开关全部要按照实际大小画出。

（4）材料准备。根据图纸，计算所需要的材料用量，填写材料计划表和工程量计算表。

步骤提示：

（1）提供材料消耗量表。在正常的生产条件下，完成单位合格产品要消耗一定的材料，材料的消耗量包括材料的净用量和合理的材料施工损耗。材料的消耗量和材料的规格、构造做法等有关系。企业的施工定额、各地方的材料消耗量表是配料的参考。

下面以《江苏省建筑与装饰工程计价表》规定的材料消耗量为参考确定材料及用量，

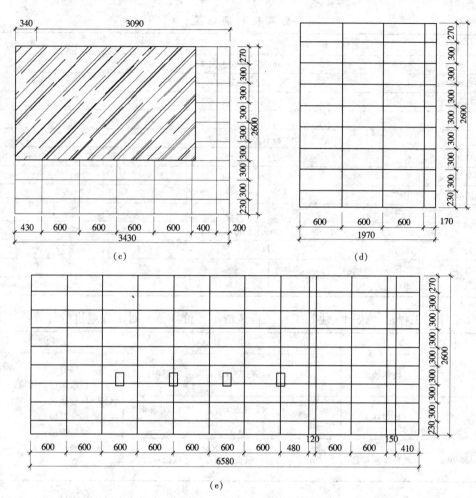

图 3 - 27 （二）　某卫生间墙面排版图

（c）E2 立面排版图；（d）E3 立面排版图；（e）E4 立面排版图

见表 3 - 3、表 3 - 4。材料消耗量表只是一个参考，具体材料用量要根据材料的规格和设计尺寸来确定。

表 3 - 3　　　　　　　　　　　　　　10m² 瓷砖镶贴材料消耗量

材料编号	材料名称	单位	数量	备注
204020	瓷砖 200mm×300mm	块		按照排版用量 2% 损耗
13019	混合砂浆 1:0.1:2.5	m³	0.061	
13077	801 胶素水泥浆	m³	0.002	
301002	白水泥	kg	1.5	
608110	棉纱头	kg	0.1	
13005	水泥砂浆 1:3	m³	0.136	
构造做法	素水泥浆结合层—13mm 厚水泥砂浆找平层—6mm 混合砂浆粘结层—面层			

表 3-4 砂浆材料消耗量

材料编号	材料名称	单位	数量	备注
	$1m^3$ 801 胶素水泥浆			
613206	水	m^3	0.52	
613003	801 胶	kg	21	
301023	水泥 32,5 级	kg	1517	
	$1m^3$ 混合砂浆 1:0.1:2.5			
613206	水	m^3	0.6	
301023	水泥 32,5 级	kg	466	
101022	中砂	t	1.52	
105012	石灰膏	m^3	0.04	
	$1m^3$ 水泥砂浆 1:3			
613206	水	m^3	0.3	
301023	水泥 32,5 级	kg	408	
101022	中砂	t	1.611	

（2）计算工程量。按照《建筑工程工程量清单计价规范》对工程量进行计算。

项目编码	项目名称	单位	计算规则	工作内容
020214003	块料墙面	m^2	按照设计图示尺寸以面积计算	1. 基层清理； 2. 砂浆制作、运输；
020205003	块料柱面	m^2	按照设计图示尺寸以表面积计算	3. 底层抹灰； 4. 结合层镶贴； 5. 面层镶贴； 6. 嵌缝；
020206003	块料零星项目	m^2	按照设计图示尺寸以面积计算	7. 清洁

（3）主要材料用量表。材料的消耗量按照企业的消耗量或参照相关的计价表，结合工程实际确定材料用量。

要求：填写材料用量表。

（4）材料采购及进场检验。

要求：1）学生对瓷砖进行检验，填写检验记录表。

2）填写材料进场检验记录表。

工具：精度为 0.5mm 的钢直尺、精度为 0.05mm 的游标卡尺。

步骤提示：

1）按照设计和相关的标准进行材料采购，要有合格、性能检测报告。

2）瓷砖要送样，经甲方和监理同意后采购，样品材料要进行封样。

3）在选择瓷砖时，可以从外观识别质量。外观缺陷的特征通常有：

a. 尺寸误差，几何尺寸是否标准是判断瓷砖优劣的关键，用卷尺量一量砖面的对角线和四边尺寸以及厚度是否均匀即可判断。

b. 色差，随机开箱抽查几块，放在一起逐一比较，一般有细微差别是正常的，如果十分明显就有问题了，不过不同生产批号的瓷砖也有色差，购买时最好一次将数量买足，否则以后配色很难一致。

　　c. 裂纹，釉下层裂纹，表面龟裂。

　　d. 不平，釉层虽然光亮，但釉层内或釉层中有夹杂物。

　　e. 斑点，釉面颜色中孤立变异色点。

　　f. 外伤，碰碎或深度裂纹，边角不齐。

　　检验瓷砖质量方法：看、掂、听、拼、试。

　　4）材料到现场后要进行抽检，合格后方可使用。

　　5）应对下列材料及其性能指标进行复检：

　　a. 粘结用水泥的凝结时间、安定性和抗压强度。

　　b. 外墙陶瓷面砖的吸水率。

　　c. 寒冷地区外墙陶瓷面砖的抗冻性。

　　（5）施工机具的准备。

　　要求：根据施工任务，填写主要施工机具表。

　　（6）施工。按照任务要求，完成项目操作施工训练。

　　提示：

　　1）技术交底。模拟实际施工现场，由技术人员对施工班组负责人技术交底，技术交底记录一式 2 份。

　　2）陶瓷贴面施工工艺流程如图 3-28 所示。

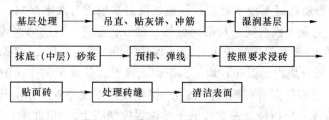

图 3-28　陶瓷贴面施工工艺流程

　　3）陶瓷贴面施工操作要点。

　　a. 基层处理。抹灰前检查基层表面平整度、垂直度和坚实情况，做必要的基层处理。

　　◆ 凡基层有质量缺陷或混凝土构建（墙、柱、梁、板等）有蜂窝、露筋、麻面应按照施工技术方案处理，并经验收合格。

　　◆ 局部凸出或凹进的地方应凿除补平，松散的砂浆应剔除。

　　◆ 混凝土表面应清除隔离剂、油渍，光滑表面应"毛化处理"：即表面的尘土、污垢清理干净；浇水湿润；用 1:1 水泥细砂浆喷洒或用毛刷（横扫）蘸砂浆甩到光滑的基面上。甩点要均匀，终凝后再浇水养护，直至水泥砂浆有较高的强度，用手搬不动为止。也可刷界面剂。

　　◆ 各种墙面的基层处理见一般抹灰。

　　b. 吊垂直，找规矩，做标记。

　　◆ 从墙面及阴阳角的垂直面，用相应的线锤吊全高垂直，吊垂直、找规矩时，应与墙面的窗台、腰线、阳角立边等部位面砖排列方法对称性以及室内地台块料镶贴方正综合考虑，力求整体美观。

◆ 横向以窗口上下标高为准，拉水平交圈通线，找直套方，贴好门窗口处灰饼。

◆ 边角处每个 1.2～1.5m 贴一个 50mm×50mm 的灰饼，然后用 1∶3 水泥砂浆抹竖向或横向冲筋，作为基层抹灰厚度的依据。

c. 基层抹灰。

◆ 抹灰前，应对基层浇水，应充分湿润（混凝土基面应用水灰比为 0.5 内掺 801 胶的素水泥均匀涂刷）。

◆ 抹灰厚度一般为 15mm，用 1∶3 水泥砂浆两遍抹成。第一遍抹灰厚度 6～7mm，用抹子压实，等第一遍干到 7～8 成后，进行第二遍抹灰；第二遍抹灰应按冲筋抹满，用靠尺刮平，低凹处补平，然后用木抹子搓毛，划成麻面，终凝后注意保养。

◆ 基层抹灰应表面平整、立面垂直、阴阳角方正，不符合验收标准的要修整，发现空壳裂缝现象应返工重抹。

d. 弹线排砖。

◆ 在抹灰面上，弹出垂直、水平控制线、图案控制边线。

◆ 再根据实际尺寸和砖的规格画出排板图。

◆ 根据排列形式、砖的规格尺寸和墙面的实际尺寸，进行水平垂直向的试排，试排后，在抹灰面上弹出墙面砖水平、垂直的缝格线，以保证砖横平竖直。

e. 浸砖：对吸水率大的陶瓷饰面砖使用前浸泡，以浸透为准，然后捞出晾干备用，吸水率低于 1% 的瓷质砖可不浸水处理，但施工前对基层进行泼水湿润，以防空鼓。

f. 粘贴：同一立面上挑选同一规格、型号、批号、颜色一致的饰面砖。

粘贴层一般用 1∶1 水泥砂浆或 1∶0.1∶2.5 混合砂浆，厚度 5～7mm。

◆ 在每一分段或分块内的面砖，均应自下而上镶贴。从最下一排砖的下批位置用钉子安装好靠尺板（室内靠尺安装在地面向上第一排整砖的下皮位置上；室外靠尺板安装在当天计划完成的分段或分块内最下一批砖的下批位置控制线上），以此承托第一排面砖。

◆ 在准备好的饰面砖背面刮水泥砂浆，四周呈 45° 倾斜坡，按照分格线粘贴。

◆ 用双手食指和拇指按住面砖，用力均匀，可用木锤和橡皮锤配拍实，对渗出边缘的泥浆应及时刮掉，发现亏泥缺浆应铲下重贴。

◆ 粘贴时，按照竖向分格缝从一端贴到另一端，贴完第一批后，将上口多余的泥浆刮掉，上口必须在同一水平面上。

◆ 以第一排贴好的砖面为基准，贴上基准点（可使用碎块面砖），并用线坠校正，以控制砖面出墙面尺寸和垂直度。

◆ 镶贴应从最低一皮开始，并按基准线挂线，逐排由下向上镶贴。

◆ 有设计要求留缝的，应采用相同宽度的嵌缝条，贴完一行，将嵌缝条起出刮清，垫放在面砖上口逐皮向上进行，如图 3-29 所示。

◆ 粘贴时，应经常用拖线板通过标准点检查垂直、平整度。发现空鼓，应及时掀起加浆重新贴好。

g. 勾缝：等粘贴水泥初凝后，将表面用干净的棉纱或干净的软布擦洗干净，在检查和调整后，用毛刷蘸同色水泥浆涂缝，稍干，将缝内素浆擦均匀擦实。

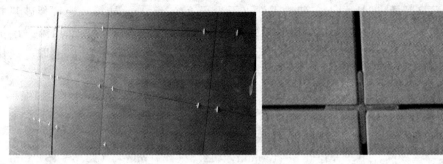

图 3-29　瓷砖留缝嵌缝条示图

h. 清理表面：用棉纱将表面灰浆擦掉，将面砖清理干净。

按照质量检验标准《建筑装饰装修工程质量验收规范》（GB 50210—2001）进行分项工程检验。

适用于内墙饰面砖粘贴工程和高度不大于 100m、抗震设防烈度不大于 8 度，采用满粘法施工的外墙饰面砖粘贴。

（7）成品保护。根据要求和环境特点，对成品进行保护。提出成品保护方案。

要求：提出成品保护方案，并进行成品保护。

（8）质量检验。质量检验标准及方法见外墙面砖镶贴。

要求：小组组织验收，填写分部分项工程质量验收表。

（9）学生总结。学生对照目标进行总结，小组汇报，老师答辩。

（10）评分。包括学生自评、互评、老师评分，填写评分表。

3.2.9.6　拓展项目

目的：通过学生自学，掌握相关知识点，提高自学能力。

1. 胶粘剂粘贴墙面砖施工

（1）当采用粘贴法施工时，基层处理应平整但不应压光。

（2）胶粘剂的配合比应符合产品说明书的要求。

（3）胶液应均匀、饱满地刷抹在基层和瓷砖背面，石材就位时应准确，并应立即挤紧、找平、找正，进行顶、卡固定。

（4）溢出胶液应随时清除。

（5）其他同水泥砂浆粘贴。

2. 室内保温墙面墙砖饰面施工

主要介绍有保温层的墙面墙砖饰面材料要求、构造及施工工艺。

（1）保温层采用挤塑板，面层使用聚合物砂浆复合双层网格布。

1）材料要求。

a. 挤塑板：容重≥40kg/mm³；拉伸强度≥400kPa。

b. 耐碱网布：单位重量≥160g/m²；网空尺寸：（4～6）mm×（4～6）mm；耐碱后强度（5cm 宽）≥750N。

2）施工工艺。

基层处理—吊垂直、套方、弹控制线—挤塑板面刷保温专用胶（等干燥后在进行下步）—粘贴挤塑板—24h以上安装锚固件（不少于6个/m²）—抹第一遍抗裂砂浆并铺覆网布（对接即可）—6h以上抹第二遍抗裂砂浆并铺覆第二层网布—局部用第三层抗裂砂浆找平，使网布被砂浆饱满覆盖（面层总厚度一般4.5~6mm）—7d以上即可用保温系统专用瓷砖粘结砂浆粘贴瓷砖。

（2）保温层采用聚苯板（25kg/mm³），面层使用聚合物砂浆复合钢丝网加强。

1）材料要求。

a. 聚苯板：容重≥25kg/mm³；导热系数≤0.041W/（M·K）。

b. 镀锌钢丝网：单丝直径0.8~1.0mm，（12.5~15）mm×（12.5~15）mm方孔。

c. 锚固件：单个拉拔力≥60kg。

d. 保温用聚合物砂浆：粘结强度≥0.8MPa。

2）施工工艺。

基层处理—吊垂直、套方、弹控制线—粘贴聚苯板—24h后抹第一遍抗裂砂浆（1~2mm）—表干后铺设钢丝网并用锚固件固定（6~8个/m²）—抹第二遍抗裂砂浆，使钢丝网完全被覆盖—养护7d后即可用专用粘结砂浆粘贴面砖。

（3）保温层采用聚苯颗粒保温浆料，面层用抗裂砂浆复合镀锌钢丝网。

1）材料要求。

a. 胶粉聚苯颗粒保温浆料：强度（抗拉抗压）≥0.1MPa；导热系数≤0.059W/（M·K）。

b. 镀锌钢丝网：单丝直径0.8~1.0mm，（12.5~15）mm×（12.5~15）mm方孔。

c. 锚固件：单个拉拔力≥60kg。

d. 保温用聚合物砂浆〔或抗裂剂＋水泥＋砂子（1:1.2:3.6）〕：粘结强度≥0.8MPa，构造如图3-30所示。

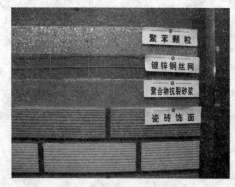

图3-30 保温墙面构造图

2）施工工艺。

按标准工艺要求进行基层处理、弹线、作灰饼等—分遍抹涂施工保温浆料—最后一遍完工后养护5~7d在抹第一层抗裂砂浆（1~2mm）—6h以后铺设镀锌钢丝网并用锚固件固定（6~8个/m²，注意将钢丝网压平，凸起处用别针固定）—抹面层第二遍砂浆（砂浆层厚度为3~4mm）—待面层砂浆完全干燥（7d以上）并对其验收合格后即可按照粘贴外墙面砖要求用专用瓷砖粘结砂浆施工。

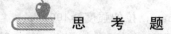 思 考 题

1. 调研市场常用的外墙和内墙面砖材料品牌、种类、规格等，列表并简述主要特性。

2. 试述墙柱面贴墙砖的构造做法。

3. 墙柱面墙面砖施工排砖的要点有哪些？

4. 试述墙柱面墙面砖施工材料配料的方法。

5. 简述墙柱面墙面砖施工排砖的施工工艺和要点。

6. 墙柱面墙面砖施工容易出现的质量问题有哪些？

7. 允许质量偏差有哪些？如何检验？

任务三 墙柱面马赛克饰面的施工

3.3.1 学习目标

(1) 掌握墙柱面马赛克贴面的构造。

(2) 能够阅读施工图，根据现场情况提出图纸中的问题。

(3) 能够编制墙柱面马赛克贴面的施工方案，分析会出现的质量问题，制定相关的防范措施。

(4) 能够按照现场尺寸要求，绘制镶贴施工排板图。

(5) 能够按照施工图设计要求进行配料，掌握材料检验方法，完成材料、机具准备。

(6) 通过组织施工，完成实训项目，掌握马赛克贴面施工的要点和方法，掌握细部的处理方法；了解施工中出现各类问题的处理方法。

(7) 完成相关的施工技术资料的整理。

(8) 掌握质量检验的标准和方法。

3.3.2 施工技术要点和施工工艺等的相关知识

在装饰工程中，随着技术的发展，陶瓷锦砖以它的色彩变化和独特的装饰效果，被广泛应用到外墙装饰、室内卫生间、厨房、游泳池等墙柱面装饰中，其主要特点是坚固耐用、色泽稳定、易清洗、耐腐蚀、防水等，如图 3-31 所示。

图 3-31 陶瓷锦砖装饰墙面实例

3.3.3 马赛克的种类及性能

马赛克是由边长不大于 40mm 且具有多种色彩、不同形状的小块砖按照一定的规格和图案，镶拼在一起而形成的一块相对的大砖。传统的陶瓷马赛克是将小块瓷片反贴在一定规格的牛皮纸上制作而成。随着马赛克制作工艺的发展，人们用玻璃纤维网取代了牛皮纸，砖块则正贴. 在纤维网上，使马赛克的镶贴工艺更加简便。与此同时，新型马赛克的品种也更加丰富，主要有玻璃马赛克、天然石材马赛克和金属马赛克等，见图 3 - 32。

图 3 - 32   马赛克的各式品种示例

1. 陶瓷马赛克

陶瓷马赛克（又称陶瓷锦砖）是最传统的一种马赛克，具有抗腐蚀、耐火、耐磨、吸水率小、抗压强度高、易清洁和永不褪色等特点，可用于工业与民用建筑的门厅、走廊、卫生间、餐厅、厨房、浴室、化验室等的内墙和地面。但较为单调，档次较低。

从表面的装饰方法来看，陶瓷马赛克有施釉与不施釉两种，目前国内生产的马赛克以不施釉的单色无光产品为主。经工厂预拼合的陶瓷锦砖，一般每联的尺寸为 305.5mm×305.5mm，每联的镶贴面积为 0.093m²。当然，由于生产厂家不同，陶瓷锦砖的基本形状、基本尺寸、拼花图案等均有不同，用户可向厂方提供拼花设计图纸，由厂房按图预拼后供用户使用在室内装饰中。

陶瓷马赛克的质量标准规定：无釉锦砖吸水率不大于 0.2%，有釉锦砖吸水率不大于 0.1%；有釉锦砖急冷急热性能好，在 12～140℃ 下热交换一次不裂；锦砖与镶贴衬材（纸等）结合应牢固，不允许脱落，正面贴纸锦砖的脱纸时间（即揭纸时间）不大于 40min；色差要求优等品目测基本一致，合格品目测稍有色差。

2. 玻璃马赛克

与陶瓷马赛克相比，玻璃马赛克在原料、工艺上有所不同，是由小块的半透明玻璃镶拼而成。两者在装饰效果上也不尽相同，一般来说，玻璃马赛克的色彩更为鲜艳，颜色的选择范围更大，并具有透明光亮的特征。玻璃马赛克的运用非常广泛，它是杰出的环保材料，零吸水率，抗酸碱，最适合于装饰近水区域，如卫生间、浴室、游泳池、喷泉、景观水池等。它色彩缤纷亮丽，永不褪色，体积小，是制作艺术拼图和镶嵌画的最好材料，利用不同颜色的玻璃马赛克能设计制作最复杂的拼图。

玻璃马赛克的背面略呈锅底形，并有沟槽，断面呈梯形。这种断面形式及背面的沟槽，一方面增大了单块背后的粘结面积，另一方面也加大了块与块之间的粘结性能，如图 3-33 所示。新型玻璃马赛克的背贴丝网采用玻璃纤维网，这种材料是以玻璃纤维或合成纤维为基准

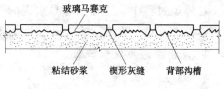

图 3-33 玻璃马赛克的背面沟槽

物经过硅烷偶联剂处理，具有很好的定位性、服帖性和柔软性，是玻璃马赛克、石材马赛克、陶瓷马赛克的理想基材。

玻璃马赛克的常用规格有 20mm×20mm，25mm×25mm，30mm×30mm，厚度为 4～4.3mm。依据玻璃的品种不同，分为以下品种。

（1）熔融玻璃马赛克。是以硅酸盐等为主要原料，在高温下熔化成型并呈乳浊或半乳浊状，内含少量气泡和未熔颗粒的玻璃马赛克。

（2）烧结玻璃马赛克。是以玻璃粉为主原料，加入适量粘结剂等压制成一定规格尺寸的生坯，在一定温度下烧结而成玻璃马赛克。

（3）金星玻璃马赛克。是内含少量气泡和一定量的金属结晶颗粒，具有明显遇光闪烁的玻璃马赛克。

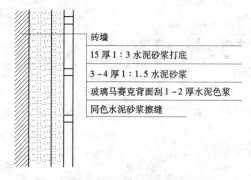

图 3-34 玻璃马赛克墙面粘贴构造

3.3.4 内墙马赛克的饰面构造及材料要求

1. 玻璃马赛克的粘贴构造

玻璃马赛克的粘贴构造见图 3-34。

2. 粘贴常用材料要求

（1）水泥。325 号普通硅酸盐水泥或矿渣硅酸盐水泥。应有出厂证明或复试单，若出厂超过 3 个月，应按试验结果使用。

（2）白水泥。325 号白水泥。

（3）砂子。粗砂或中砂，用前过筛。

（4）陶瓷锦砖（马赛克）、玻璃马赛克。应表面平整，颜色一致，每张长宽规格一致，尺寸正确，边棱整齐，一次进场。锦砖脱纸时间不得大于 40min。

（5）石灰膏。应用块状生石灰淋制，淋制时必须用孔径不大于 3mm×3mm 的筛过滤，并储存在沉淀池中。

熟化时间，常温下一般不少于 15d；用于罩面时，不应少于 30d。使用时，石灰膏内不得含有未熟化的颗粒和其他杂质。

（6）生石灰粉。抹灰用的石灰膏可用磨细生石灰粉代替，其细度应通过 4900 孔/cm² 筛。用于罩面时，熟化时间不应小于 3d。

（7）纸筋。用白纸筋或草纸筋，使用前三周应用水浸透捣烂。使用时宜用小钢磨磨细。

（8）聚乙烯醇缩甲醛（即 801 胶）和矿物颜料等。

3.3.5 陶瓷锦砖贴面容易出现的质量通病及原因

在施工过程中，往往因容易出现的一些质量问题影响到工程装修效果。主要的质量通病有：砖面泛黄、发暗、发花；砖饰面不平、接缝错缝不一致；空鼓、脱落等问题。

1. 缝子歪斜，块粒凹凸

原因：

（1）砖块规格不一，又没有挑选分类使用。

（2）镶贴时控制不严，没有对好缝子及揭纸后没有调缝。

（3）底子灰不够平正，粘贴水泥膏厚度不均匀，砖块贴上墙面后没有用铁抹子均匀拍实。

防治措施：

（1）砖块规格一致，认真挑选分类使用。

（2）镶贴时严格控制，要对好缝子及揭纸后进行调缝。

（3）底子灰要平正，粘贴水泥膏厚度要均匀，砖块贴上墙面后用铁抹子均匀拍实。

2. 表面不平整

防治措施：

（1）定好标高，冲好标筋，控制找平层，结合层砂浆不超高。

（2）冲好标筋，同时在标筋上粘一块瓷粒，以控制高度。

3. 接缝高低不平，缝格不均匀

防治措施：严格选料，同一房间应选用同一规格尺寸的马赛克。

4. 缝隙不顺直，纵横错缝

防治措施：

（1）揭纸后，拉线，用开刀将缝拨顺直，拨匀。

（2）纵横方向拉线，用开刀将错缝拨对整齐。

5. 空鼓、脱落

原因：

（1）基层清洗不干净。

（2）抹底子灰时基层没有保持湿润。

（3）砖块镶贴时没有用毛刷蘸水擦净表面灰尘。

（4）镶贴时，底子灰面没有保持湿润及粘贴水泥膏不饱满和不均匀。

（5）砖块贴上墙面后没有用铁抹子拍实或拍打不均匀。

（6）基层表偏差较大，基层施工或处理不当。

防治措施：

（1）基层清洗干净。

（2）抹底子灰时基层保持湿润。

（3）砖防治措施：铁抹子拍实、拍打均匀，拍至浆嵌挤入缝隙。

（4）基层处理满足要求。

6. 墙面脏

防治措施：

(1) 揭纸后没有将残留纸毛、粘贴水泥浆及时清干净。

(2) 擦缝后没有将残留砖面的白水泥浆彻底擦干净。

3.3.6 陶瓷锦砖粘贴施工的质量检验

按照质量检验标准《建筑装饰装修工程质量验收规范》（GB 50210—2001）进行分项工程检验。

适用于内墙饰面砖粘贴工程和高度不大于 100m、抗震设防烈度不大于 8 度，采用满粘法施工的外墙饰面砖粘贴。

1. 主控项目

(1) 饰面砖的品种、规格、图案、颜色和性能应符合设计要求。

检验方法：观察；检查产品合格证书、进场验收记录、性能检测报告和复验报告。

(2) 面砖粘贴工程的找平、防水、粘结和勾缝材料及施工方法应符合设计要求及国家现行产品标准和工程技术标准的规定。

检验方法：观察；检查产品合格证书、复验报告和隐蔽工程验收记录（防水层隐蔽验收）。

(3) 饰面砖粘贴必须牢固。

检验方法：检查样板件粘结强度检测报告和施工记录。

(4) 满粘法施工的饰面砖工程应无空鼓、裂缝。

检验方法：观察；用小锤轻击检查。

2. 一般项目

(1) 面砖表面应平整、洁净、色泽一致，无裂痕和缺损。

检验方法：观察。

(2) 阳角处搭接方式、非整砖使用部位应符合设计要求。

检验方法：观察。

(3) 面突出物周围的饰面砖应整砖套割吻合，边缘应整齐。墙裙、贴脸突出墙面的厚度应一致。

检验方法：观察；尺量检查。

(4) 面砖接缝应平直、光滑，填嵌应连续、密实；宽度和深度应符合设计要求。

检验方法：观察；尺量检查。

(5) 排水要求的部位应做滴水线（槽）。滴水线（槽）应顺直，流水坡向正确。坡度应符合设计要求。

检验方法：观察；尺量检查。

(6) 面砖粘贴的允许偏差和检测方法见表 3-5。

3. 检验批的划分

(1) 相同材料、工艺和施工条件的室内饰面砖工程每 50 间（大面积房间和走廊施工面积 30m² 为一间）划分为一个检验批，不足 50 间也应划分为一个检验批。

表 3 - 5　　　　　　　　　　　饰面砖工程施工允许偏差和检测方法

项次	项　目	允许偏差（mm）		检　验　方　法
		外墙面砖	内墙面砖	
1	立面垂直度	3	2	用 2m 垂直检测尺检查
2	表面平整度	4	3	用 2m 靠尺和塞尺检查
3	阴阳角方正	3	3	用直角检测尺检查
4	接缝直线度	3	2	拉 5m 线，不足 5m 拉通线，用钢直尺检查
5	接缝高低差	1	0.5	用钢直尺和塞尺检查
6	接缝宽度	1	1	用钢直尺检查

（2）相同材料、工艺和施工条件的室外饰面砖工程每 500～1000m² 应划分为一个检验批，不足 500m² 也应划分为一个检验批。

（3）检验的数量。

1）室内每个检验批应至少抽检 10%，并不得少于 3 间；不足 3 间时应全数检查。

2）室外每个检验批每 100m² 应至少抽检一处，每处不少于 10m²。

3.3.7　项目实训练习

3.3.7.1　目的

通过实训基地真实项目的实训，工学结合，达到本节能力目标的要求。

3.3.7.2　项目任务

某别墅的卫生间装饰用墙面砖饰面，施工图纸同前卫生间装修图，学生按照要求完成项目的训练。

3.3.7.3　项目训练载体

工作室、学校实训基地。

3.3.7.4　教学方法

学生 5～6 人一组，工学结合，理论和实践相结合，边干边学，老师指导，学生为主，完成全部实训内容。

3.3.7.5　分项内容及要求

1. 学生岗位分工

模拟实际施工现场管理组织，学生以小组（项目部）为单位，学生担任不同的岗位，在全面训练的基础上，了解所承担岗位的职责。不同项目学生岗位互换。

要求：以小组为单位填写工程项目施工管理人员名单表。

2. 阅读图纸、查看现场和提出存在的问题

查看现场，了解现场情况，对设计图纸和设计说明进行仔细阅读，提出图纸中的问题，设计和现场有矛盾的地方，由设计单位（老师）给予解答。

老师模拟设置现场一些问题，要求学生解决。

要求：学生填写图纸审核记录表

3. 根据现场图纸画出详细的排版图

要求：按照现场尺寸，完成马赛克的排版图。

4. 材料准备

步骤提示：

（1）材料消耗量表。材料的消耗量按照企业的消耗量或参照相关的计价表，结合工程实际确定，表3-6、表3-7为《江苏省建筑与装饰工程计价表》规定的材料用量。

表3-6   10m² 墙面陶瓷锦砖镶贴材料消耗量

材料编号	材料名称	单位	数量	备注
204020	陶瓷锦砖	m²		按照设计排砖用量+2%损耗
13019	混合砂浆 1:1:2	m³	0.039	
13077	801胶素水泥浆	m³	0.002	
613003	801胶	kg	14.9	
301002	白水泥	kg	2.5	
608110	棉纱头	kg	0.1	
13005	水泥砂浆 1:3	m³	0.142	
613206	水	m³	0.08	
构造做法	素水泥浆结合层—14mm厚水泥砂浆找平层—3mm混合砂浆粘结层—面层			

表3-7   砂浆材料消耗量

材料编号	材料名称	单位	数量	备注
1m³ 801胶素水泥浆				
613206	水	m³	0.52	
613003	801胶	kg	21	
301023	水泥 32,5级	kg	1517	
1m³ 混合砂浆 1:0.1:2.5				
613206	水	m³	0.6	
301023	水泥 32,5级	kg	382	
101022	中砂	t	1.01	
105012	石灰膏	m³	0.32	
水泥砂浆 1:3				
613206	水	m³	0.3	
301023	水泥 32,5级	kg	408	
101022	中砂	t	1.611	

（2）工程量计算方法。工程量计算规则同墙面砖。

（3）主要材料用量计算，填写配料单。

（4）材料采购及进场检验。同室内釉面砖粘贴，填写材料进场检验报告。

5. 施工机具的准备

要求：根据施工任务，填写主要施工机具表。

提示：主要施工机具同墙面砖饰面施工的机具。

6. 施工

提示：

（1）技术交底。模拟实际施工现场，由技术人员对施工班组负责人技术交底，技术交底记录一式 2 份。

（2）陶瓷锦砖贴（玻璃马赛克）面施工工艺流程（图 3-35）。

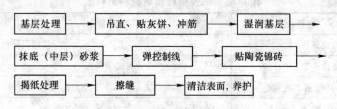

图 3-35　陶瓷锦砖贴面施工工艺流程

（3）陶瓷锦砖贴面施工操作要点。

1）基层处理。抹灰前检查基层表面平整度、垂直度和坚实情况，做必要的基层处理。

a. 凡基层有质量缺陷或混凝土构建（墙、柱、梁、板等）有蜂窝、露筋、麻面应按照施工技术方案处理，并经验收合格。

b. 局部凸出或凹进的地方应凿除补平，松散的砂浆应剔除。

c. 混凝土表面应清除隔离剂、油渍，光滑表面应"毛化处理"，即表面的尘土、污垢清理干净；浇水湿润。用 1∶1 水泥细砂浆喷洒或用毛刷（横扫）蘸砂浆甩到光滑的基面上。甩点要均匀，终凝后再浇水养护，直至水泥砂浆有较高的强度，用手掰不动为止。也可刷界面剂。

2）吊垂直，找规矩，做标记。根据墙面结构平整度找出贴陶瓷锦砖的规矩。

室外：

a. 高层建筑物在外墙面全部贴陶瓷锦砖时，应在四周大角和门窗口边用经纬仪打垂直线找直；多层建筑时，可从顶层开始用特制的大线坠绷铁丝吊垂。

b. 然后根据陶瓷锦砖的规格、尺寸分层设点、做灰饼。

c. 横线则以楼层为水平基线交圈控制，竖向线则以四周大角和层间贯通柱、垛子为基线控制。每层打底时则以此灰饼作为基准点进行冲筋，使其底层灰做到横平竖直、方正。

d. 注意找好突出檐口、腰线、窗台、雨篷等饰面的流水坡度和滴水线（槽）。其深宽不小于 10mm，并整齐一致，而且必须是整砖。

室内：

a. 从墙面及阴阳角的垂直面，用相应的线锤吊全高垂直。

b. 横向以窗口上下标高为准，拉水平交圈通线，找直套方，贴好门窗口处灰饼。

c. 边角处每个 1.2～1.5m 贴一个 50mm×50mm 的灰饼，然后用 1∶3 水泥砂浆抹竖向或横向冲筋，作为基层抹灰厚度的依据。

3）基层抹灰，底子灰一般分两次操作。

a. 先刷一道掺水重15％的801胶水泥素浆。

b. 紧跟着抹头遍水泥砂浆，其配合比为1：2.5或1：3，并掺20％水泥重的801胶，薄薄地抹一层，用抹子压实。

c. 第二次用相同配合比的砂浆按冲筋抹平，用短杠刮平，低凹处事先填平补齐，最后用木抹子搓出麻面。底子灰抹完后，隔天浇水养护。

d. 基层抹灰应表面平整、立面垂直、阴阳角方正，不符合验收标准的要修整，发现空壳裂缝现象应返工重抹。

4）弹线排砖。

a. 贴陶瓷锦砖前应放出施工大样，根据具体高度弹出若干条水平控制线，在弹水平线时，应计算将陶瓷锦砖的块数，使两线之间保持整砖数。

b. 如分格需按总高度均分，可根据设计与陶瓷锦砖的品种、规格定出缝子宽度，再加工分格条。

c. 但要注意同一墙面不得有一排以上的非整砖，并应将其镶贴在较隐蔽的部位。

5）粘贴。

a. 镶贴应自上而下进行。高层建筑采取措施后，可分段进行。在每一分段或分块内的陶瓷锦砖，均为自下向上镶贴。

b. 贴陶瓷锦砖时底灰要浇水润湿，并在弹好水平线的下口上，支上一根垫尺，一般3人为一组进行操作。一人浇水润湿墙面，先刷上一道素水泥浆（内掺水重10％的801胶）；再抹2～3mm厚的混合灰粘结层，其配合比为纸筋：石灰膏：水泥＝1：1：2（先把纸筋与石灰膏搅匀过3mm筛子，再和水泥搅匀），亦可采用1：0.3水泥纸筋灰，用靠尺板刮平，再用抹子抹平；另一人将陶瓷锦砖铺在木托板上（麻面朝上），缝子里灌上1：1水泥细砂子灰，用软毛刷子刷净麻面，再抹上薄薄一层灰浆。然后一张一张递给另一人，将四边灰刮掉，两手执住陶瓷锦砖上面，在已支好的垫尺上由下往上贴，缝子对齐，要注意按弹好的横竖线贴。如分格贴完一组，将米厘条放在上口线继续贴第二组。镶贴的高度应根据当时气温条件而定。

c. 粘贴时，应经常用拖线板通过标准点检查垂直、平整度。发现空鼓，应及时掀起加浆重新贴好。

6）揭纸、调缝。贴完陶瓷锦砖的墙面，要一手拿拍板，靠在贴好的墙面上，一手拿锤子对拍板满敲一遍（敲实、敲平），锦砖（马赛克）粘贴牢固后（约30min后），然后将陶瓷锦砖上的纸用刷子刷上水，便可开始揭纸。揭开纸后检查缝子大小是否均匀，如出现歪斜、不正的缝子，应顺序拨正贴实，先横后竖、拨正拨直为止。

待镶贴干固4～6h后（如时间许可，干固8～12h则好），按设计要求对马赛克进行填缝施工，使用优质填缝剂，并辅以软质刮刀施工。

7）勾缝。将表面用干净的棉纱或干净的软布擦洗干净，在检查和调整后，用毛刷蘸同色水泥浆涂缝，稍干，将缝内素浆擦均匀擦实，并将面砖清理干净。

8）擦缝。粘贴后4～8h，按设计要求对马赛克进行填缝施工，使用优质填缝剂，并辅以软质刮刀施工。先用抹子擦缝水泥浆摊放在需擦缝的陶瓷锦砖上，然后用刮板将水泥浆往缝子里刮满、刮实、刮严，再用麻丝和擦布将表面擦净。遗留在缝子里的浮砂可用潮湿干净的软毛刷轻轻带出，如需清洗饰面时，应待勾缝材料硬化后方可进行。起出米厘条的缝子要用 1：1 水泥砂浆勾严勾平，再用擦布擦净。

9）清洁表面，养护。

软贴法：其他同硬贴法，区别点如下。

a. 抹底子灰时留下约 8～10mm 厚作湿灰层。

b. 将底灰面浇水湿润，按冲筋抹平底子灰（以当班次所能镶贴面积为准），用压尺刮平，用木抹子搓毛压实。

c. 待底子灰面干至八成左右，按硬底铺法进行镶贴。软底镶贴法一般适用于外墙较大面积施工，其特点是对平整度控制有利。

网连接的马赛克镶贴：由于网贴在马赛克的背面，它的施工方法如下。

直接刷水泥，加胶，贴马赛克，最后再勾填缝剂，即它的网最后还是连接在马赛克上的。施工方法相同。

7. 成品保护

根据要求和环境特点，对成品进行保护。提出成品保护方案。

要求：提出成品保护方案，并进行成品保护。

8. 质量检验

要求：小组组织验收，填写分部分项工程质量验收表。

9. 学生总结

学生对照目标进行总结，小组汇报，老师答辩。

10. 评分

包括学生自评、互评、老师评分，填写评分表。

思 考 题

1. 马赛克的种类和特点有哪些？
2. 玻璃马赛克和陶瓷马赛克施工的不同点有哪些？

任务四 墙柱面板材饰面的施工

3.4.1 学习目标

墙柱面板材饰面的构造；施工的材料准备与检验；施工机具；施工工艺及施工要点；质量通病的预防；质量的检验标准及检验方法；技术资料整理。本单元共分 3 个教学情境：墙柱面石材饰面板施工、墙柱面木质饰面板施工、墙柱面金属饰面板施工。

3.4.2 施工技术要点和施工工艺等的相关知识

通过项目活动，掌握墙柱面饰面板面层装饰的构造；能够阅读施工图，根据现场情况提出图纸中的问题；能够编制墙柱面板材面层施工的施工方案，分析会出现的质量问题，制定相关的预防措施；能够按照现场尺寸要求，绘制石材施工排板图；能够按照施工图设计要求进行配料，掌握材料检验方法，完成材料、机具准备；掌握饰面板施工的要点和方法，掌握细部的处理方法；了解施工中出现各类问题的处理方法；完成相关的施工技术资料的整理；掌握质量检验的标准和方法提高综合分析问题解决问题的能够力。提高团队协作能力和职业素质。

墙柱面板材面层材料很多，采用的石材有花岗岩、大理石、青石板和人造石材，采用的瓷板有抛光板和磨边板两种，面积不大于 $1.2m^2$，不小于 $0.5m^2$；金属饰面板有不锈钢板、彩钢板、铝板、铝塑板等品种；各种天然木材饰面板和人造饰面木夹板，主要用在室内。由于板材色彩、花纹丰富，具有很好的装饰效果，广泛用在室内外墙柱面装饰工程中。如图 3-36 所示。

图 3-36 墙柱面板材应用实例

3.4.3 墙柱面石材饰面的施工

此部分内容的学习目标为：

（1）掌握墙柱面石材干挂的构造（粘贴、挂贴、短槽式干挂、背拴干挂）。

（2）能够阅读施工图，根据现场情况对图纸深化设计。

（3）能够按照现场尺寸要求，绘制石材加工图。

（4）能够按照施工图设计要求进行配料，掌握材料检验方法，完成材料、机具准备。

（5）能够编制墙柱面石材施工的施工方案，分析会出现的质量问题，制定相关的防范措施。

（6）通过组织施工，完成实训项目，掌握墙柱面石材施工的要点和方法，掌握细部的处理方法；了解施工中出现各类问题的处理方法。

（7）完成相关的施工技术资料。

（8）能够分析会出现的质量问题，制定相关的防范措施。

在室内外装饰工程中，石材以它独特特点和装修效果，在工程中广泛应用，见图3-37。石材有品种多样、色彩丰富、质感细腻、抗压强度大、吸水率小、耐久性好等优点。

图3-37　墙柱面石材应用实例

3.4.4　石材的相关知识

3.4.4.1　天然花岗岩

　　1. 花岗岩的特点

　　花岗岩构造致密、强度高、密度大、吸水率极低、材质坚硬、耐磨，属硬石材。

　　花岗岩的因其中 SiO_2 的含量常为 60% 以上，因此其耐酸、抗风化、耐久性好，使用年限长。从外观特征看，花岗岩常呈整体均粒状结构，称为花岗结构。品质优良的花岗岩，石英含量高、云母含量少、结晶颗粒分布均匀、纹理呈斑点状、有深浅层次，这也是从外观上区别花岗岩和大理石的主要特征。

　　花岗岩的颜色主要由正长石的颜色和云母、暗色矿物的分布情况而定。其颜色有黑白、黄麻、灰色、红黑、红色等。

　　我国花岗岩的资源极为丰富，储量大、品种多。花色品种有90多个。

　　2. 天然花岗岩板材的分类、规格、等级和标记

　　（1）分类。天然花岗岩板材按形状可分为普型板材（标记为N）和异型板材（标记为S）。按其表面平整加工程度分为以下几种。

1）细面板材（标记为 RB）：粗磨、细磨加工而成，表面平整、光滑，但无光。

2）镜面板材（标记为 PL）：粗磨、细磨抛光加工而成，表面平整光亮、色泽明显、晶体裸露。

3）粗面板材（标记为 RU）：经手工或机械加工，在平整的表面处理出不同形式的凹凸纹路，如具有规则条纹的机刨板，由剁斧人工凿切而成的剁斧板，经火焰喷烧处理表面而成的火烧板和用齿锤人工锤击而成的锤击板等。

（2）板材规格。天然花岗岩板材的规格很多。细面和镜面板材的定型产品规格见表 3 -8。非定型产品板材的规格由设计或施工部门与生产厂家商订。

当用于室外装饰时，细面和镜面花岗岩板材由于其材质的特点，一般都制成厚度为 20mm 的厚板，厚度小于 10mm 的薄板很少采用。

（3）等级。天然花岗石板材根据国家标准《天然花岗石建筑板材》，按规格尺寸允许偏差、平面度允许极限公差、角度允许极限公差、外观质量分为优等品（A）、一等品（B）、合格品（C）。

（4）命名与标记。天然花岗岩板材的命名顺序：荒料产地地名、花纹色彩特征名称、花岗岩（G）。

花岗板材的标记顺序：命名、分类、规格尺寸、等级、标准号。

例如用山东济南黑色花岗岩荒料生产的普通、镜面板材，规格尺寸为 400mm×400mm×20mm，优等品，板材表示如下。

命名：济南青花岗岩。

标记：济南青（G）N PL 400mm×400mm×20mm A JC205。

3．天然花岗岩板材的技术要求

（1）规格尺寸允许偏差。

1）普通板材规格尺寸偏差应符合表 3 -8 的规定。

表 3 -8　　　　　　　普通板材规格尺寸偏差　　　　　　　　单位：mm

分　类		细面和镜面板材			粗面板材		
等级		优等品	一等品	合格品	优等品	一等品	合格品
长度、宽度		0 −1.0	0 −1.5	0 −1.5	0 −1.0	0 −2.0	0 −3.0
厚度	≤15	±0.5	±1.0	+1.0 −2.0	+1.0 −2.0	+2.0 −3.0	+2.0 −4.0
	>25	±1.0	±2.0	+2.0 −3.0			

2）异型板材规格尺寸允许偏差由供需双方商定。

3）板材厚度不大于 15mm，同一块板材上的厚度允许极差为 1.5mm；板材厚度大于 15mm，同一块板材上的厚度允许极差为 3mm。

（2）平面度允许极限公差。

平面度允许极限公差应符合表 3 -9。

表 3-9	平面度允许极限公差					单位：mm
板材长度	细面和镜面板材			粗面板材		
范围	优等品	一等品	合格品	优等品	一等品	合格品
≤400	0.20	0.40	0.60	0.80	1.00	1.20
400～1000	0.50	0.70	0.90	1.50	2.00	2.20
≥1000	0.80	1.00	1.20	2.00	2.50	2.80

（3）角度允许极限公差。

1）普通板材的角度允许极限公差应符合表 3-10 的规定。

表 3-10	普通板材的角度允许极限公差					单位：mm
板材宽度	细面和镜面板材			粗面板材		
范围	优等品	一等品	合格品	优等品	一等品	合格品
≤400	0.40	0.60	0.80	0.60	0.80	1.00
>400			1.00		1.00	1.20

2）拼缝板材正面与侧面的夹角不得大于 90°。

3）异型板材规格尺寸允许偏差由供需双方商定。

（4）外观质量。

1）同一批板材的色调花纹应基本调和。

2）板材正面的外观缺陷应符合表 3-11 的要求。

表 3-11	天然花岗岩板材正面的外观缺陷规定			
名称	规 定 内 容	优等品	一等品	合格品
缺棱	长度不超过 10mm（长度小于 5mm 不计），周边每米长（个）		1	2
缺角	面积不超过 5mm×2mm（面积小于 2mm×2mm 不计），每块板（个）			
裂纹	长度不超过两端顺延板边．总长度的 1/10（长度小于 20mm 的不计），每块板（条）	不允许		
色斑	面积不超过 20mm×30mm（面积小于 15mm×15mm 不计），每块板（条）			
色线	长度不超过两端顺延至板边总长度的 1/10（长度小于 40mm 的不计），每块板（条）		2	3
坑窝	粗面板材的正面出现坑窝		不明显	出现，但不影响使用

（5）物理性能。

1）镜面光泽度。云母较少的天然花岗岩具有良好的开光性，但含云母（特别是黑云母）较多的天然花岗岩，因云母较软，抛光研磨时，云母易脱落，形成凹面，不易得到镜面光泽。

2）物理力学性能。天然花岗岩板材体积密度应不小于 2.50g/cm³，吸水率不大于 1%，干燥压缩强度不小于 60MPa，弯曲强度不小于 60MPa。

3）天然石材的放射性。天然石材中的放射性是引起人们普遍关注的问题。但经检验证明，绝大多数的天然石材中所含放射物质极微，不会对人体造成任何危害。但部分花岗石产品放射性指标超标，会在长期使用过程中对环境造成污染，因此有必要给予控制。

《民用建筑工程室内环境污染控制规范》（GB 50325—2001）3.1.2 条规定民用建筑工程所使用的无机非金属装修材料，包括石材、建筑卫生陶瓷、石膏板、吊顶材料等，进行分类时，其放射性指标限量应符合表 3-12 的规定。4.3.1 条规定Ⅰ类民用建筑工程必须采用 A 类无机非金属建筑材料和装修材料。

表 3-12　无机非金属装修材料放射性指标限量

测定项目	限　量	
	A	B
内照射指数 IRa	≤1.0	≤1.3
外射指数 Ir	≤1.3	≤1.9

3.4.4.2　天然大理石

1．天然大理石的特点

天然大理石是岩浆岩或沉积岩经过地壳内高温高压作用重新结晶而形成的变质岩。因我国云南大理盛产此石而得名。特点如下：

（1）属中硬石材，表面硬度一般不大，比较密实，其密度（容重）一般为每 2500～2600kg/m³。

（2）抗压强度较高，吸水率低。

（3）颜色变化较多，有美丽图案和花纹。

（4）天然大理石一般含有杂质，并且易风化而使表面很快失去光泽，耐磨性差，长期暴露在室外条件下容易失去光泽，掉色甚至裂缝。

（5）所以除少数如汉白玉、艾叶青等质纯杂质少的、较稳定耐久的品种可以用于室外装饰外，一般只用于室内装饰。

2．天然大理石板的规格、等级和标记

（1）板材规格。大理石装饰板材的板面尺寸有标准规格和非标准规格两大类。定型板材为正方形和矩形。国际和国内板材的通用厚度 20mm，称为厚板，随着加工工艺的提高，生产 12mm 以下薄板。

（2）分类。我国标准《天然大理石建筑板材》规定，其板材的形状可分为普通型板材（N）和异型板材（S）两类。普通型板材为正方形或长方形，其他形状的板材为异型板材。

（3）等级。按板材的规格尺寸允许偏差、平面度允许极限公差，角度允许极限公差、外观质量、镜面光泽度分为优等品（A）、一等品（B）、合格品（C）三个等级。

（4）命名和标记。板材的命名顺序为：料的产地地名、花纹色特征名称、大理石代号（M）。

板材的标记顺序为：命名、分类（普通板材 N，异性板材 S）、规格尺寸（长度×宽度×厚度，单位 mm）、等级、标准号。

如广东云浮的雪云大理石荒料生产的普通板材，规格尺寸为 1200mm×600mm×20mm，优等品表示如下。

命名：云浮雪云大理石。

标记：云浮雪云（M）N1200mm×600mm×20mm A GB19766。

3. 天然大理石板材的技术要求

（1）规格尺寸允许偏差。

1）普通板材规格尺寸偏差应符合表 3-13 的规定。

表 3-13　　　　　　　　　　　普通板材规格尺寸偏差　　　　　　　　　　单位：mm

部　位		优等品	一等品	合格品
长度、宽度		0 1.0	0 1.0	0 −1.5
厚度	≤15	+0.5	+1.0	±2.0
	>25	<1.0	−2.0	±2.0

2）异型板材规格尺寸允许偏差由供需双方商定。

3）板材厚度不大于 15mm，同一块板材上的厚度允许极差为 1.0mm；板材厚度大于 15mm，同一块板材上的厚度允许极差为 2mm。

（2）平面度允许极限公差。平面度允许极限公差应符合表 3-14 的要求。

表 3-14　　　　　　　　　　　平面度允许极限公差　　　　　　　　　　单位：mm

板材长度 范围	允　许　极　限　公　差		
	优等品	一等品	合格品
≤400	0.20	0.40	0.50
400～800	0.50	0.60	0.80
≥800～1000	0.70	0.80	1.00
≥1000	0.80	1.00	1.20

（3）角度允许极限公差。

1）普通板材的角度允许极限公差应符合表 3-15 的规定。

表 3-15　　　　　　　　　　普通板材的角度允许极限公差　　　　　　　　单位：mm

板材宽度范围	细　面　和　镜　面　板　材		
	优等品	一等品	合格品
≤400	0.30	0.40	0.60
>400	0.50	0.60	0.80

2）拼缝板材正面与侧面的夹角不得大于 90°。

3）异型板材规格尺寸允许偏差由供需双方商定。

（4）外观质量。

1）同一批板材的色调花纹应基本调和。

2）板材正面的外观缺陷应符合表 3-16。

表 3 - 16 天然花岗岩板材正面的外观缺陷规定

名称	优等品	一等品	合格品
翘曲			
裂纹			
砂眼	不允许	不明显	有，但不影响使用
凹陷			
色斑			
污点			
正面棱缺陷长≤8mm，宽≤3mm			1 处
正面角缺陷长≤3mm，宽≤3mm			1 处

花纹色调、缺陷、板材允许的粘接和修补要符合相关规范规定。

（5）物理性能。

1）镜面光泽度。大理石板材大部分需经抛光处理，抛光面应具有镜面光泽，能清晰地反映出景物。其数值不低于天然大理石建筑板材的镜面光泽度要求。

2）物理力学指标。天然大理石板材为保证其质量，要求体积密度不小于 $2.60g/cm^3$。吸水率不大于 0.75%，干燥状态下的抗压强，干燥压缩强度不小于 20.0MPa，弯曲强度不小于 7.0MPa。

3.4.4.3 天然石材的表面加工处理

石材表面通过不同的加工处理可以形成不同的效果。石材表面的加工方法常有抛光、哑光、机刨纹理、烧毛、剁斧、喷吵等，见图 3 - 38。

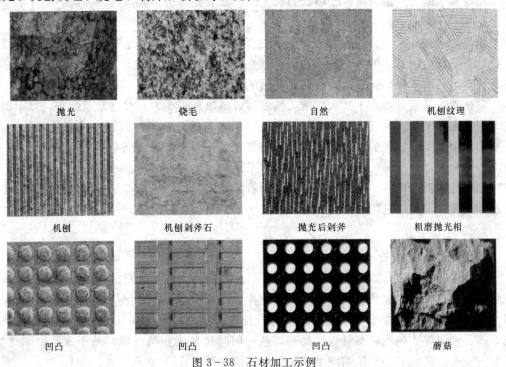

抛光	烧毛	自然	机刨纹理
机刨	机刨剁斧石	抛光后剁斧	粗磨抛光相
凹凸	凹凸	凹凸	蘑菇

图 3 - 38 石材加工示例

1. 抛光

将从大块石料上锯切下的板材通过粗磨、细磨、抛光的工序使板材具有良好的光滑度及较高的反射光线能力。抛光后的石材其固有的颜色、花纹得以充分显示，装饰效果更佳。抛光石材常根据其反射光线能力的强弱即镜面光泽度指标衡量其抛光的程度。抛光石材无论在建筑内外装饰中采用均较多。

2. 哑光

将石材表面研磨使石材具有良好的光滑度、有细微光泽但反射光线较少。

3. 烧毛

用火焰喷射器灼烧锯切下的板材表面，利用组成花岗石的不同矿物颗粒热膨胀系数的差异使其表面一定厚度的表皮脱落形成表面整体平整但局部轻微凸凹起伏的形式。烧毛石材反射光线少，视觉柔和与抛光石材相比石材的明度提高、色度下降。

4. 机刨纹理

通过专用刨石机器将板面加工成特定凸凹纹理状的方法。

5. 剁斧

剁斧是传统的加工方法，常用斧头鉴凿石材表面形成特定的纹理。现代剁斧石概念的外延大大延伸了，常指人工制造出的不规则纹理状的石材。剁斧石一般用手工工具加工，如花锤、斧子、琴子、凿子等。通过锤打、凿打、劈剁、整修、打磨等办法将毛坯加工成所需的特殊质感其表面，可以是网纹面、锤纹面、岩礁面、隆凸面等多种形式。现在，有些加工过程可以使用劈石机、自动锤凿机、自动喷砂机等完成。

6. 喷砂

用砂和水的高压射流将砂子喷到石材上．形成有光泽但不光滑的表面。

7. 其他特殊加工

现代的机械技术为石板的加工提供了更多的可能性，除了上述基本方法外还有一些根据设计意图产生的特殊的加工方法，如在抛光石材上局部烧毛做出光面毛面相接的效果，在石材上钻孔产生类似于穿孔铝板既透非透的特殊效果，如图3-38所示。

对于砂岩及板岩，由于其表面的天然纹理，一般外露面为自然劈开或磨平，显示出自然本色而无需再加工，背面可直接锯平也可采用自然劈开状态。大理石具有优美的纹理，一般均采用抛光、哑光的表面处理以显示出其花纹，而不会采用烧毛工艺隐藏其优点。而花岗石因为大部分品种均无美丽的花纹，可采用上述所有方法。

除进行表面的质感、肌理加工外，大理石、花岗岩、砂岩等可加工成装饰线条，在装饰设计中大量采用，见图3-39。

3.4.4.4 人造石材

1. 聚酯型人造饰面石材

这种人造石材多是以不饱和聚酯为胶凝材料，配以天然大理石、花岗石、石英砂或氢氧化铝等无机粉状、粒状填料，经配料、搅拌、浇筑成型。在固化剂、催化剂作用下发生固化，再经脱模、抛光等工序制成。目前，我国多用此法生产人造石材。使用不饱和聚酯，产品光泽好、色浅、颜料省、易于调色。同时这种树脂粘度低、易于成型、固化快。成型方法有浇筑成型法、压缩成型法和大块荒料成型法。

图 3-39 石材线条加工示例

聚酯型人造石材的主要特点是光泽度高、质地高雅、强度硬度较高、耐水、耐污染、花色可设计性强。缺点是填料级配若不合理，产品易出现翘曲变形。

2. 复合型人造饰面石材

这种人造石材系采用无机和有机两类胶凝材料。先用无机胶凝材料（各类水泥或石膏）将填料粘结成型，再将所成的坯体浸渍于有机单体中（苯乙烯、甲基丙烯酸甲酯、醋酸乙烯、丙烯腈等），使其在一定的条件下聚合而成。

3. 烧结型人造饰面石材

这种人造石材的制造与陶瓷等烧土制品的生产工艺类似。是将斜长石、石英、辉石、方解石粉和赤铁矿粉及部分高岭土按比例混合（一般配比为黏土 40%、石粉 60%），制备坯料，用半干压法成型，经窑炉 1000℃ 左右的高温焙烧而成。这种人造石材因采用高温焙烧，所以能耗大，造价较高，实际应用得较少。

4. 水泥型人造石材

它是以水泥为胶结剂，砂为细骨料，碎大理石为粗骨料，经过成型、养护、研磨、抛光等工序而制成的一种建筑装饰用人造石材。通常所用的水泥为硅酸盐水泥，现在也用铝酸盐水泥作胶结剂，用它制成的人造大理石表面光泽度、花纹耐久性、抗风化、耐火性、防潮性都优于一般的人造大理石。水泥型石材的生产取材方便，价格低廉，颜色可根据需要任意配制，花色品种多，并可在施工使用时拼铺成各种不同的图案。适用于建筑物的地面、墙面、柱面、台面、楼梯踏步等处。

3.4.4.5 天然石材及人造板材的构造

石材施工有粘贴、挂贴和干挂三种方法，对于薄板小规格板块（400mm×400mm 以内，厚度 10mm 以内），可采用粘贴法施工，施工方法同饰面砖施工。下面主要介绍石材挂贴和干挂施工。

1. 石材饰面板的湿法挂贴（湿挂法）

固定石材的传统方法一般以钢筋网固定于结构墙体，石材背面穿孔，通过细钢丝将20～30mm 厚的石板和钢筋网绑扎在一起，石材和墙体间分层浇筑约 50mm 的水泥砂浆，

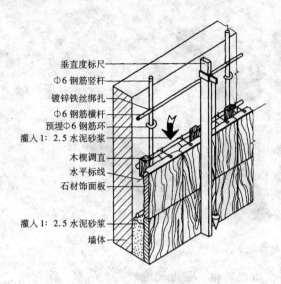

图 3-40 石材墙面钢筋网湿挂法示意图

见图 3-40。

对于较厚的板材，因石材较厚、重量大，铅丝绑扎的做法已不能适用，而是采用连接件搭钩等方法。板与板之间应通过钢销、扒钉等相连。板材与墙体一般通过镀锌锚固件连接锚固，锚固件有扁条锚件、圆杆锚件和线型锚件等。

常用的扁条锚固件的厚度为 3mm、5mm、6mm，宽为 25mm、30mm；圆杆锚固件常用直径为 6mm、9mm；线形锚固件多用 Φ3～5 钢丝。

用镀锌钢锚固件将花岗石板与基体锚固后，缝中分层灌注 1:2.5 水泥砂浆，灌浆层的厚度为 25～40mm，其他做法和大理石板材相同（图 3-41、图 3-42）。

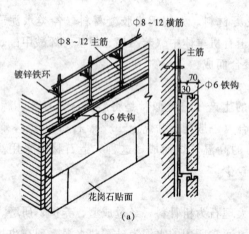

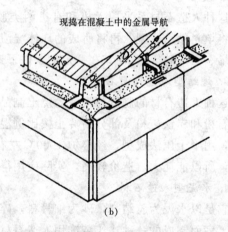

图 3-41 大理石、花岗岩饰面连接构造示意图
(a)砖墙基层；(b)混凝土墙基层

石材饰面板的湿法挂贴，都需要灌注水泥砂浆等胶贴剂。由于它需要逐层浇注并有一定的间隔时间，工效较低。另一方面湿砂浆能透过石材析出"白碱"，影响美观，由于施工速度慢，质量不易控制等问题，除了一些小型工程或墙体基座部分的石材装饰外现在已较少采用。

2. 粘结固定法

以环氧树脂类或其他专用石材胶将薄型石材（常见有 5～12mm，也有 20mm 的）、薄型石材复合板直接粘在牢固的墙面基层，也有以铜丝绑扎后再用胶粘的双重保险做法。这种做法施工速度快、造价相对较低、构造厚度较小，特别适合于室内空间有限、基层牢固、高度有限的内墙（国内常用 3m 以下）。

3. 石板干挂法

现代固定石板的方法，由支撑构架（多为金属构架）与石板组成的不承受主体结构作用的结构体系，固定于主体结构上。干挂法安装固定饰面板，其工效和装饰质量均有明显的提高。

干挂法有直接干挂法和骨架干挂法，直接干挂法是用不锈钢型材或连接件将板块支托并锚固在墙面上，连接件用膨胀螺栓固定在墙面上，上下两层之间的间距等于板块的高度。板块上的凹槽应在板厚中心线上，且

图 3-42 花岗岩蘑菇石挂贴构造实例图

与应用连接件的位置相吻合。干挂石材的方法有短槽式（图 3-43）、通槽式、背拴式（图 3-44）。

图 3-45 为某工程钢筋混凝土柱钢骨架石材干挂施工图。

图 3-43 短槽式干挂花岗岩实例图

图 3-44 背栓式干挂石材实例图

3.4.4.6 石材的排版设计

由于饰面板价格昂贵，而且大部分用在装饰标准较高的工程上，因此对饰面板安装技术要求更为细致、准确，施工前必须对饰面板在墙面和柱面上的分布进行排列分配设计。

1. 根据设计图纸，认真核实结构实际偏差情况

（1）检查基体墙面垂直平整情况，偏差较大的应剔凿或修补，超出允许偏差的，则应在保证基体与饰面板表面距离不小于 5cm 的前提下，重新排列分块。

（2）柱面应先测量出柱的实际高度和柱子中心线，以及柱与柱之间上、中、下部水平通线，确定出柱饰面板边线，才能决定饰面板分块规格尺寸。

（3）对于复杂墙面（如楼梯墙裙、圆形及多边形墙面等），则应实测后放足尺大样校对；对于复杂形状的饰面砖（如梯形、三角形等），则要用黑铁皮等材料放足尺大样。

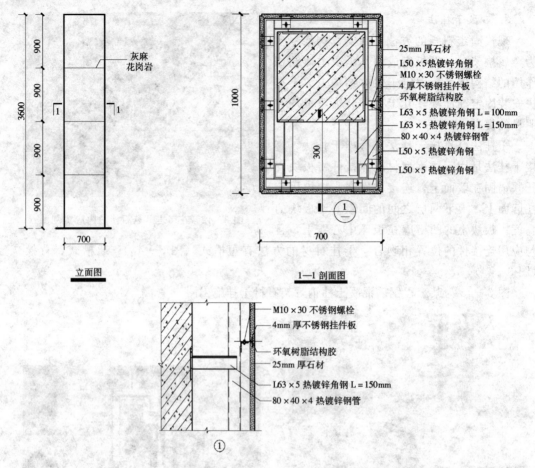

图 3-45 钢筋混凝土柱钢骨架石材干挂施工图

2. 板块的排列

根据上述墙、柱校核实测的规格尺寸，并将饰面板间的接缝宽度包括在内，计算出板块的排列。一般要考虑墙面的凹凸部位、门窗等开口部位的尺寸，应尽量均匀分配块面，并将饰面板的接缝宽度考虑在内，饰面板的常用接缝宽度见表 3-17。

表 3-17　　饰面板的常用接缝宽度

项次	名　称		接缝宽度（mm）
1	天然石	光面、镜面	1
2		粗磨面、麻面、条纹面	5
3		天然面	10
4	人造石	水磨石	2
5		水刷石	10

3. 绘制大样图及节点大样详图

按安装顺序编上号，绘制方块大样图及节点大样详图，作为加工订货及安装的依据。图 3-46 为某电梯厅的墙面石材排列设计图，图 3-47 为某建筑外墙石材排列设计图。

3.4.4.7 作业条件

（1）办理好结构验收。少数工种（水电、通风、设备安装等）的活应做在前面，并准备好加工饰面板所需的水、电源等。

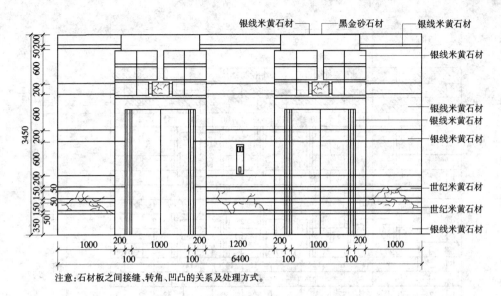

注意:石材板之间接缝、转角、凹凸的关系及处理方式。

图 3-46　某电梯厅的墙面石材排列设计图

（2）内墙面弹好 50cm 水平线（室外墙面弹好 ± 0 和各层水平标高控制线）。

（3）脚手架式吊篮提前支搭好，宜选用双排架子（室外高层宜采用吊篮，多层可采用桥式架子等），其横竖杆及拉杆等应离开门窗口角 150～200mm。架子步高要符合施工要求。

（4）有门窗套的必须把门框、窗框立好（位置准确、垂直、牢固，并考虑安装大理石时尺寸有足够的余量）。同时要用 1:3 水泥砂浆将缝隙堵塞严实。铝合金门窗框边缝所用嵌缝材料应符合设计要求，且塞堵密实并事先粘贴好保护膜。

（5）大理石、磨光花岗石或预制水磨石等进场后应堆放于室内，下垫方木，核对数量、规格，并预铺、配花、编号等，以备正式铺贴时按号取用。

（6）大面积施工前应先放出施工大样，并做样板，经质检部门鉴定合格后，还要经过设计、甲方、施工单位共同认定。方可组织班组按样板要求施工。

（7）对进场的石料应进行验收，颜色不均匀时应进行挑选，必要时进行试拼选用。

（8）墙柱面的基体必须坚实、清洁（无油污、浮浆、残灰等），影响铺贴的过于凸出墙面被部分应凿平，过于凹陷的墙柱面应用 1:3 水泥砂浆分层抹平找平（注意：先浇水湿润后再抹灰）。应符合设计要求，并已通过验收，具有足够的强度、刚度和稳定性。

（9）墙柱面暗装管线、门、窗框完毕，施工前对安装在饰面部位的电气、开关、箱盒、灯具等有关设备的箱洞和采暖、卫生、煤气等管口的标高轴线位置校对，检验合格后方可施工。

（10）水电、暖通、消防、电信及有关设备、管线的预埋工作应施工完成，并做好隐蔽工程验收。

3.4.4.8　材料要求

（1）水泥。32.5 号普通硅酸盐水泥或矿渣硅酸盐水泥。应有出厂证明或复试单，若出厂超过 3 个月，应按试验结果使用。

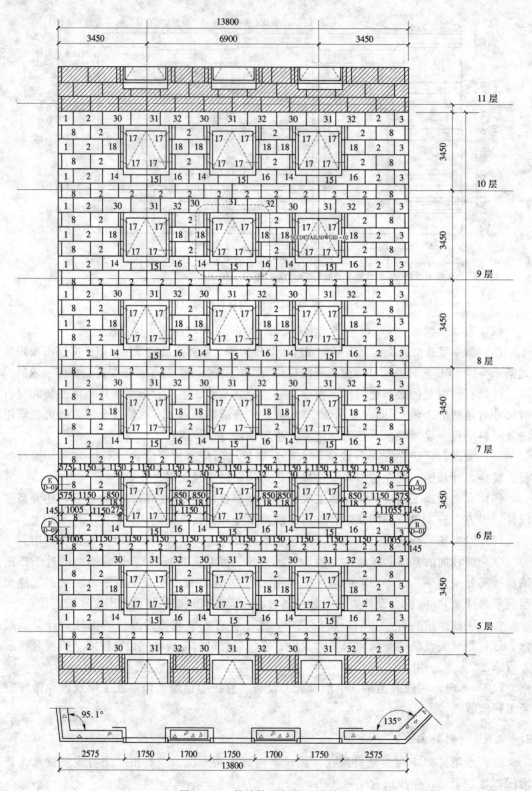

图 3-47　外墙饰面板排列设计图

（2）白水泥。32.5 号白水泥。

（3）砂子。粗砂或中砂，用前过筛。

（4）大理石、磨光花岗石、预制水磨石等品种、规格、颜色和性能都应符合设计要求。天然石材表面不得有隐伤、风化等缺陷，不宜用易褪色的材料包装。石材背面要做防碱背涂处理。石材按照设计和使用环境要求做表面要防护处理。

（5）干挂石材的选用。

1）干挂石材应选用质地坚硬、无风化、无裂缝和隐伤、无明显色差和缺陷的花岗岩，石材的吸水率小于 0.8%，可通过外观观察和敲声来挑选。

2）干挂花岗岩的弯曲强度应经法定检测机构检测确定，其弯曲强度不小于 1.0MPa。

3）为满足强度计算要求，干挂花岗岩板材的厚度必须符合现行标准和设计要求。

4）石材表面抗风化、防腐防污处理方法应根据环境和设计用途确定。

5）干挂石材的技术要求和性能试验方法应符合现行国家标准。

6）石材表面应采用机械加工，加工后表面应用高压水冲洗或用水和刷子清理，严禁用溶剂型化学清洗剂清洗石材。

7）干挂石材连接部位应无崩坏、暗裂等缺陷；其他部位崩边不大于 5mm×20mm，或缺角不大于 20mm 时可修补后使用，但每层修补的石板数不应大于 2%，且安装在立面不明显部位。

8）石材的长度、宽度、厚度、直角、异形角、半圆弧形状、异性材及花纹图案、造型、石板的外形尺寸均应符合设计要求进行加工。石材干挂的单块石板的面积不宜大于 1.5m²。

9）干挂石材表面的色泽应符合设计要求，花纹图案应按照样板检查。石板四周不得有明显色差，火烧板应均匀，不得有暗裂、崩裂。

10）色差控制，要求厂家将石材分层后加工，同一立面的石材须由同一批原材加工，注意色差的控制。同时注意每一面墙体色差过渡要均匀。

（6）石灰膏。应用块状生石灰淋制，淋制时必须用孔径不大于 3mm×3mm 的筛过滤，并储存在沉淀池中。熟化时间，常温下一般不少于 15d；用于罩面时，不应少于 30d。使用时，石灰膏内不得含有未熟化的颗粒和其他杂质。

（7）钢材。按照设计要求选择钢材，材料的材质、型号、厚度、表面防腐处理满足设计要求；在干挂石材中，骨架材料通常型钢比较多，如槽钢、矩形钢管、角钢等。

（8）铁件。按照设计要求选择。

（9）五金连接件。按照设计选择，有不锈钢螺丝、膨胀螺栓、化学锚栓、不锈钢背栓（图 3 -48）等。

（10）挂件。选用不锈钢挂件和铝合金挂件，不锈钢挂件厚度不小于 3mm，铝合金挂件厚度不小于 4mm，见图 3-49、图 3-50。

（11）其他材料。云石胶、AB 结构胶、电焊条、聚苯乙烯泡沫棒、板缝密封用硅酮密封胶、

图 3-48 不锈钢背栓示例

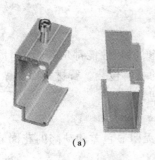
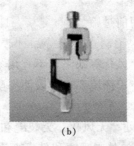

（a）　　　　　　　　　　（b）　　　　　　　　　　（c）

图 3-49　背拴式铝合金挂件图
（a）子母型；（b）G 型挂件；（c）C 型挂件

图 3-50　短槽式不锈钢挂件图

纸胶带、801 胶、矿物颜料、钢筋、铜丝等，都必须符合相关标准要求。

3.4.4.9　施工机具

（1）施工设备：石材切割机、打孔机、磨边机。

（2）常用工具：电动切割机、开孔机、角向砂轮、手枪钻、泥刀、泥板、泥桶、铁锹、托板、锤子、锉刀等。

（3）测量工具：水平仪、水平尺、水平管、计量尺、吊锤、靠尺、墨斗等。

根据工程的大小和人员配备机具数量。

3.4.4.10　天然石材（人造石材）饰面板工程的质量检验

按照质量检验标准《建筑装饰装修工程质量验收规范》（GB 50210—2001）进行分项工程检验。

适用于内墙饰面砖粘贴工程和高度不大于 100m、抗震设防烈度不大于 8 度，采用满粘法施工的外墙饰面砖粘贴。

1. 主控项目

（1）饰面板（大理石、预制水磨石、磨光花岗石）的品种、规格、颜色、图案，必须符合设计要求和有关标准的规定。

检验方法：观察；检查产品合格证书、进场验收记录、性能检测报告和复验报告。

（2）饰面板安装（镶贴）必须牢固，严禁空鼓，无歪斜，缺楞掉角和裂缝等缺陷。

检验方法：观察；手扳检查；检查进场验收记录、隐蔽工程验收记录和施工记录（防水层隐蔽验收、钢筋网隐蔽验收、连接点数量等隐蔽验收）。

2. 一般项目

(1) 表面平整、洁净、色泽一致，无裂纹和缺损。石材表面应无泛碱等污染。

检验方法：观察。

(2) 嵌缝应密实、平直，宽度和深度应符合设计要求，嵌填材料色泽应一致。

检验方法：观察。

(3) 石材应进行防碱背涂处理。与基体之间的灌注材料应饱满、密实。

检验方法：用小锤轻击检查；检查施工记录。

(4) 套割：用整板套割吻合，边缘整齐；墙裙、贴脸等上口平顺，突出墙面的厚度一致。

检验方法：观察；尺量检查。

(5) 有排水要求的部位应做滴水线（槽）。滴水线（槽）应顺直，流水坡向正确。坡度应符合设计要求。

检验方法：观察；尺量检查。

(6) 饰面板粘贴的允许偏差和检测方法见表 3-18。

表 3-18　　大理石、磨光花岗石、预制水磨石饰面工程允许偏差和检测方法

项次	项目	允许偏差（mm）		检验方法
		光面	毛面	
1	立面垂直度	2	2	用 2m 垂直检测尺检查
2	表面平整度	2	3	用 2m 靠尺和塞尺检查
3	阴阳角方正	2	3	用直角检测尺检查
4	接缝直线度	2	2	拉 5m 线，不足 5m 拉通线，用钢直尺检查
5	墙裙、勒脚上口直线度	2		
6	接缝高低差	0.5	0.5	用钢直尺和塞尺检查
7	接缝宽度	1	1	用钢直尺检查

3. 检验批的划分

(1) 相同材料、工艺和施工条件的室内饰面砖工程每 50 间（大面积房间和走廊施工面积 30m² 为一间）划分为一个检验批，不足 50 间也应划分为一个检验批。

(2) 相同材料、工艺和施工条件的室外饰面砖工程每 500~1000m² 应划分为一个检验批，不足 500 m² 也应划分为一个检验批。

4. 检验的数量

(1) 室内每个检验批应至少抽检 10%，并不得少于 3 间；不足 3 间时应全数检查。

(2) 室外每个检验批每 100m² 应至少抽检一处，每处不少于 10m²。

3.4.5 项目实训练习

1. 目的

通过实训基地真实项目的实训，工学结合学习，达到教学目标的要求。

2. 项目任务

某电梯前厅装修图如图 3-51~图 3-54 所示，采用挂贴施工，学生按照要求完成项

目训练。

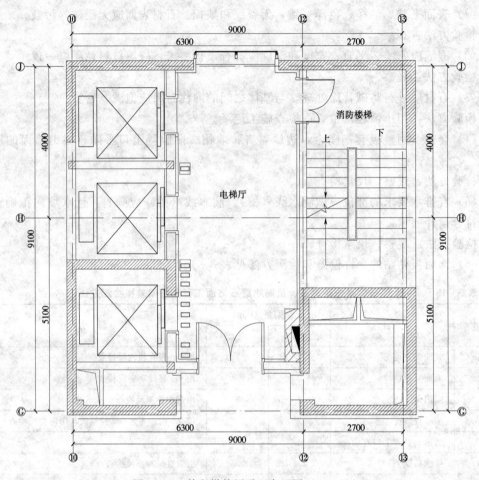

图 3-51 某电梯前厅平面布置图（1：40）

3. 项目训练载体

工作室、学校实训基地。

4. 教学方法

学生 5～6 人一组，完成全部内容的训练。

5. 分项内容及要求

（1）学生岗位分工。

模拟实际施工现场管理组织，学生以小组（项目部）为单位，学生担任不同的岗位，在全面训练的基础上，了解所承担岗位的职责。不同项目学生岗位互换。

要求：以小组为单位填写工程项目施工管理人员名单表。

（2）阅读图纸，查看现场，提出存在的问题。

查看现场，了解现场情况，对设计图纸和设计说明进行仔细阅读，提出图纸中的问题，设计和现场有矛盾的问题等，由设计单位给予解答。

老师模拟设置现场一些问题，要求学生解决。

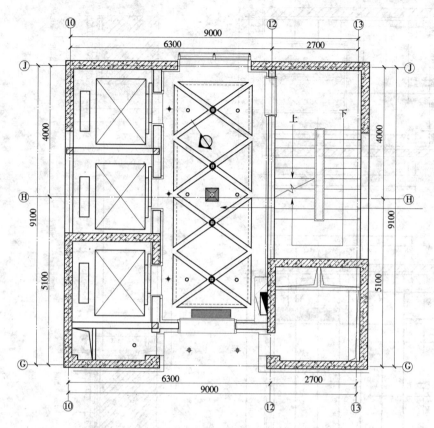

图 3-52　某电梯前厅造型尺寸定位图

要求：学生填写图纸审核记录表。

提示：

1）看装饰材料的品种、规格、颜色、性能要求等是否标注齐全。

2）看构造做法是否满足施工，特别要注意细部的构造做法是否交代清楚。

3）看尺寸标注是否齐全，满足施工要求；平面、立面、剖面、大样等尺寸是否一致。

4）查看现场，现场情况是否和图纸相符，是否存在矛盾的地方。

5）根据现场情况，提出设计中未表达清楚的问题等。

（3）编写施工技术方案。

要求：结合现场实际施工环境、施工图纸、规范等编写施工技术方案。

（4）材料准备。

1）材料需要量计算。根据图纸，计算所需要的材料用量。填写材料计划表和工程量计算表。

步骤提示：

a. 确定材料每平方消耗量。表 3-19 是《江苏省建筑与装饰工程计价表》规定的材料消耗量，以此为参考确定材料及用量。材料消耗量表只是一个参考，主要材料用量要根据材料的规格和设计尺寸来确定。

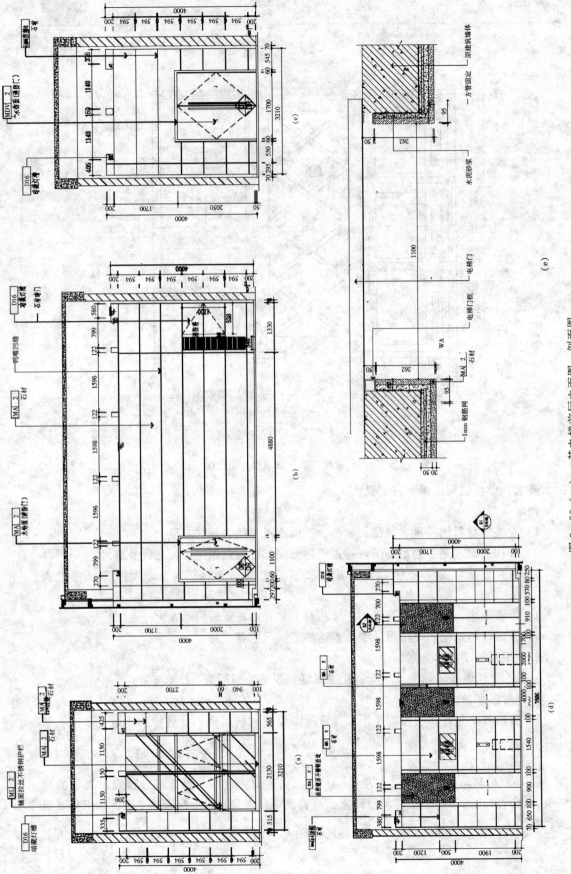

图 3-53（一） 某电梯前厅立面图、剖面图

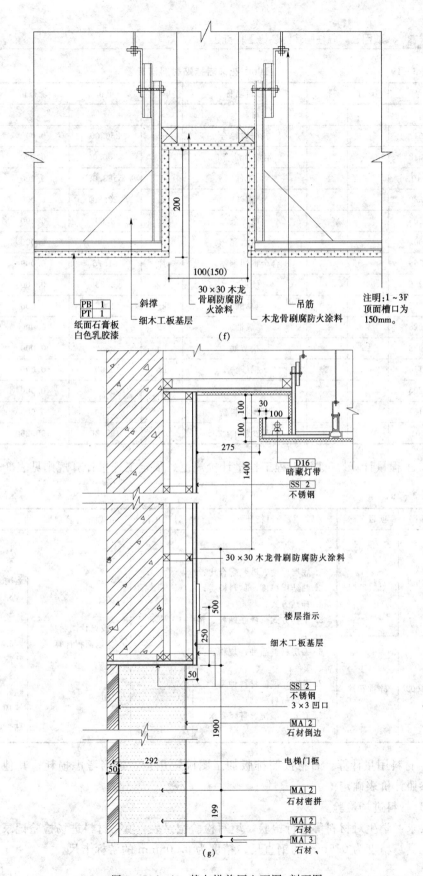

200

100(150)

PB 1
PT 1
纸面石膏板
白色乳胶漆

斜撑

细木工板基层

30×30 木龙
骨刷防腐防
火涂料

吊筋

木龙骨刷腐防火涂料

注明:1～3F
顶面槽口为
150mm。

(f)

100
100
30
100

275

1400

D16
暗藏灯带

SS 2
不锈钢

30×30 木龙骨刷防腐防火涂料

500

楼层指示

250

细木工板基层

50

SS 2
不锈钢
3×3凹口

1900

MA 2
石材倒边

292

电梯门框

50

MA 2
石材密拼

199

MA 2
石材

MA 3
石材、

(g)

图 3-53(二)　某电梯前厅立面图、剖面图

表 3 - 19　　　　　　　　　　　　　10m² 花岗岩挂贴材料消耗量

编号	类别	换	材料名称	单位	单价	现行价	数量
			材料费				
104017			花岗岩综合	m²	250.00	0.000	10.2000
502018			钢筋（综合）	t	2800.00	0.000	0.0110
6 - 40			铁件	t	5583.09	0.000	0.0035
510330			铜丝	kg	22.80	0.000	0.7800
509006			电焊条	kg	3.60	0.000	0.1500
301002			白水泥	kg	0.58	0.000	1.5000
510165			合金钢切割锯片	片	61.75	0.000	0.4200
613256			硬白蜡	kg	3.33	0.000	0.2700
613028			草酸	kg	4.75	0.000	0.1000
603026			煤油	kg	4.00	0.000	0.4000
603038			松节油	kg	3.80	0.000	0.0600
608110			棉纱头	kg	6.00	0.000	0.1000
613206			水	m³	2.80	0.000	0.1400
901167			其他材料费	元	1.00	0.000	14.9200
13004			水泥砂浆 1:2.5	m³	199.26	199.260	0.5500

b. 工程量计算。《建设工程工程量计价规范》规定工程量计算规则见表 3 - 20。

表 3 - 20

项目编码	项目名称	项目特征	计量单位	工程量计算规则	工程内容
020204001	石材墙面	1. 墙体类型； 2. 底层厚度、砂浆配合比； 3. 贴结层厚度、材料种类； 4. 挂贴方式； 5. 干挂方式（膨胀螺栓、钢龙骨）； 6. 面层材料品种、规格、品牌、颜色； 7. 缝宽、嵌缝材料种类； 8. 防护材料种类； 9. 磨光、酸洗、打蜡要求	m²	按设计图示尺寸以面积计算	1. 基层清理； 2. 砂浆制作、运输； 3. 底层抹灰； 4. 结合层铺贴； 5. 面层铺贴； 6. 面层挂贴； 7. 面层干挂； 8. 嵌缝； 9. 刷防护材料； 10. 磨光、酸洗、打蜡
020204002	碎排石材				

c. 材料用量计算。石材按照排版加工图确定用量，适当考虑损耗；其他材料消耗量计算参照计价表确定。

2）材料进场检验。

要求：学生对材料等进行检验，填写检验记录表，填写材料进场检验记录表。

工具：精度为 0.5mm 的钢直尺、精度为 0.05mm 的游标卡尺。

检验提示：按照设计和相关的标准进行材料采购，要有合格的性能检测报告；石材要送样，经甲方和监理同意后采购，样品材料要进行封样；材料到现场后要进行抽检，合格后方可使用。

应对下列材料及其性能指标进行复检：粘结用水泥的凝结时间、安定性和抗压强度、室内用花岗岩的放射性。

3）石材加工大样图。绘制施工大样图，根据装饰设计图纸所提供的石材分块、布局、颜色品种及搭配、表面加工形式、线角处理方案，并结合施工现场结构施工的实际状况等绘制石材加工大样图。

大样图中包括以下内容：

a. 石材的规格尺寸和质量标准。

b. 装饰面的加工形式及部位，并用特殊记号注明。

c. 石材编号、加工数量及余量。

d. 石材的成品保护。

石材加工大样注意下列几点：

a. 装修造型比较复杂，认真熟悉装饰图纸，对节点大样重点研究。

b. 对建筑物墙面安装石材的结构而进行全面测量，了解结构面偏差情况，对设计图纸分格调整，最后画出石材翻样的详图。

c. 对石材按排列顺序编号，依据放样详图加工石材和弹出安装控制线，按编号顺序安装。

（5）施工机具的准备。

选择需要的施工机具，填写主要机具表。

（6）施工。

以小组为单位完成项目训练。

施工步骤及要点提示：

1）技术交底。

要求：

a. 模拟实际施工现场，由技术人员对施工班组负责人技术交底，技术交底一式2份。

b. 掌握技术交底的内容及程序。

2）天然石板（人造石材板）挂贴的施工工艺流程见图3-54。

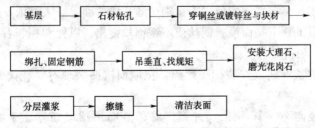

图3-54 天然石板（人造石材板）挂贴的施工工艺流程

3）天然石板（人造石材板）挂贴施工操作要点。

a. 基层处理。抹灰前检查基层表面平整度、垂直度和坚实情况，做必要的基层处理。

◆ 凡基层有质量缺陷或混凝土构建（墙、柱、梁、板等）有蜂窝、露筋、麻面应按照施工技术方案处理，并经验收合格。

◆ 混凝土表面应清除隔离剂、油渍，残留在表面的砂浆、灰土等用钢丝刷净。

◆ 光滑表面应"毛化处理"。浇水湿润，用 1：1 水泥细砂浆喷洒或用毛刷（横扫）蘸砂浆甩到光滑的基面上。甩点要均匀，终凝后浇水养护，直至水泥砂浆有较高的强度，用手掰不动为止；也可刷界面剂或表面凿毛。

b. 剔槽。在石材板上方端面，用切割机开 30～40mm 口，形状像燕尾槽，每块石材不少于两点，大于 600mm 以上的石材应该有两个以上的联结点加以固定。

钻孔、剔凿及固定不锈钢丝按排号顺序将石板侧面钻孔打眼。操作时应钉木架（图 3-55）。直孔的打法是用手电钻头直对板材上端面钻孔两个，孔位距板材两端四分之一处，孔径为 5mm，深 15 mm，孔位距板背面约 8mm 为宜。如板的宽度较大（板宽大于 60cm），中间应再增钻一孔。钻孔后用合金钢镶子朝石板背面的孔壁轻打剔凿，剔出深 4mm 的槽，以便固定不锈钢丝或铜丝，见图 3-56（a）。然后将石板下端翻转过来，同样方法再钻孔两个（或三个）并剔凿 4mm 槽，这叫打直孔。

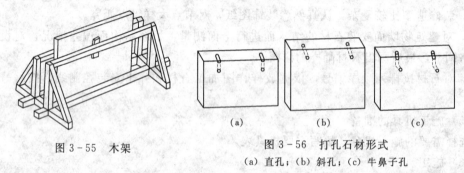

图 3-55　木架

图 3-56　打孔石材形式
(a) 直孔；(b) 斜孔；(c) 牛鼻子孔

另一种打孔法是钻斜孔，孔眼与板面成 35°，见图 3-56（b），钻孔时调整木架木楔，使石板成 35°，便于手钻操作。斜孔也要在石板上下端面靠背面的孔壁轻打剔凿，剔出深 4mm 的槽，孔内穿入不锈钢丝或铜丝，并从孔两头伸出，压入板端槽内备用。

还有一种是钻成牛鼻子孔，方法是将石板直立于木架上，使手电钻直对板上端钻孔两个，孔眼居中，深度 15mm 左右，然后将石板平放，背面朝上，垂直于直孔打眼与直孔贯通鼻子孔，见图 3-56（c）。牛鼻子孔适合于暄脸饰面安装用。

c. 穿钢丝或不锈钢丝。把备好的铜丝或镀锌铅丝剪成长 20cm 左右，铜丝或不锈钢丝一端和钢筋网固定牢固，另一端将铜丝或不锈钢丝顺孔槽弯曲并卧入槽内，使大理石或预制水磨石、磨光花岗石板上、下端面没有铜丝或不锈钢丝突出，以便和相邻石板接缝严密。

d. 绑扎钢筋网。

◆ 先剔出墙上的预埋筋或安装膨胀螺栓，把墙面镶贴大理石、花岗岩或预制水磨石的部位清扫干净。

◆ 先绑扎一道竖向 φ6～10 钢筋，并把绑好的竖筋用预埋筋弯压于墙面。如果没有预埋件，在墙上固定膨胀螺丝作为预埋件。

◆ 横向钢筋为绑扎大理石或预制水磨石、磨光花岗石板材所用，如板材高度为 60cm 时，第一道横筋在地面以上 10cm 处与主筋绑牢，用作绑扎第一层板材的下口固定铜丝或不锈钢丝。第二道横筋绑在 50cm 水平线上 7～8cm，比石板上口低 2～3cm 处，用于绑扎第一层石板上口固定铜丝或不锈钢丝，再往上每 60cm 绑一道横筋即可。横向钢筋电焊在竖向钢筋上。

　　e. 弹线。

　　◆ 首先将大理石或预制水磨石、磨光花岗石的墙面、柱面和门窗套用大线坠从上至下找出垂直（高层应用经纬仪找垂直）。

　　◆ 一般大理石或预制水磨石、磨光花岗石外皮距结构面的厚度应以 5～7cm 为宜。

　　◆ 找出垂直后，在地面上顺墙弹出大理石或预制水磨石板等外廓尺寸线（柱面和门窗套等同）。此线即为第一层大理石或预制水磨石等的安装基准线。

　　◆ 编好号的大理石或预制水磨石板等在弹好的基准线上画出就位线，每块留 1mm 缝隙（如设计要求拉开缝，则按设计规定留出缝隙）。

　　f. 安装大理石或预制水磨石、磨光花岗石。

　　◆ 按部位取石板并持直铜丝或不锈钢丝，将石板就位，石板上口外仰，右手伸入石板背面，把石板下口铜丝或镀锌铅丝绑扎在横筋上。绑时不要太紧可留余量，只要把铜丝或镀锌铅丝和横筋拴牢即可（灌浆后即会锚固）。

　　◆ 把石板竖起，便可绑大理石或预制水磨石、磨光花岗石板上口铜丝或不锈钢丝，并用木楔子垫稳，块材与基层间的缝隙（即灌浆厚度）一般为 30～50mm。

　　◆ 用靠尺板检查调整木楔，再拴紧铜丝或镀锌铅丝，依次向另一方进行。

　　◆ 柱面可按顺时针方向安装，一般先从正面开始。第一层安装完毕再用靠尺板找垂直，水平尺找平整，方尺找阴阳角方正，在安装石板时如出现石板规格不准确或石板之间的空隙不符，应用铅皮垫牢，使石板之间缝隙均匀一致，并保持第一层石板上口的平直。

　　◆ 找完垂直、平整、方正后，用碗调制熟石膏，把调成粥状的石膏贴在大理石或预制水磨石、磨光花岗石板上下之间，使这二层石板结成一整体，木楔处亦可粘贴石膏，再用靠尺板检查有无变形，等石膏硬化后方可灌浆（如设计有嵌缝塑料软管者，应在灌浆前塞放好）。

　　g. 灌浆。

　　◆ 把配合比为 1∶2.5 水泥砂浆放入半截大桶加水调成粥状（稠度一般为 8～12cm），用铁簸箕舀浆徐徐倒入，注意不要碰大理石或预制水磨石板，边灌边用橡皮锤轻轻敲击石板面使灌入砂浆排气。

　　◆ 第一层浇灌高度为 15cm，不能超过石板高度的 1/3；第一层灌浆很重要，因要锚固石板的下口铜丝又要固定石板，所以要轻轻操作，防止碰撞和猛灌。如发生石板外移错动，应立即拆除重新安装。

　　◆ 第一次灌入 15cm 后停 1～2h，等砂浆初凝，此时应检查是否有移动，再进行第二层灌浆，灌浆高度一般为 20～30cm，待初凝后再继续灌浆。

　　◆ 第三层灌浆至低于板上口 5～10cm 处为止。

　　h. 擦缝。全部石板安装完毕后，清除所有石膏和余浆痕迹，用麻布擦洗干净，并按石板颜色调制色浆嵌缝，边嵌边擦干净，使缝隙密实、均匀、干净、颜色一致。

　　柱子贴面：安装柱面大理石或预制水磨石、磨光花岗石，其弹线、钻孔、绑钢筋和安装等工序与镶贴墙面方法相同，要注意灌浆前用木方子钉成槽形木卡子，双面卡住大理石板或预制水磨石板，以防止灌浆时大理石或预制水磨石、磨光花岗石板外胀。

i. 清洁表面，养护。

要求：完成操作，掌握操作要点。

（7）成品保护。

根据现场情况进行成品保护，提出保护方案，并加以执行。

图 3 - 57 柱子石材阳角的
保护示例图

图 3 - 57 所示为某工程石材成品保护的案例，在施工中，往往会出现石材阳角被撞坏的问题，原因是未及时对墙面进行保护。在施工中，石材墙面干挂好之后，应及时用塑料薄膜和美纹胶带纸将阳角用保护板保护起来。

（8）质量检验。

按照质量检验标准对完成的工程进行质量检验。

1）隐蔽工程质量检验。

要求：a. 掌握隐蔽工程验收的内容，包括预埋件（后置埋件）、连接节点、防水层。

b. 掌握隐蔽工程验收的方法。

c. 填写隐蔽工程验收记录。

2）按照质量标准对完成项目进行质量检验。

要求：a. 掌握检验的内容和方法。

b. 填写质量检验记录表。

提示：石材挂贴施工在施工过程中，往往容易出现一些质量问题，影响到工程装修效果。主要的质量通病有：石材表面不清洁有污染、石材湿贴灌浆粘结不牢固（空鼓）、返浆、石材管道边开孔不吻合、石材墙面开孔、安装五金件位置不正确、板板色泽不一致，同一面墙色差较大，板材纹理不通顺，板材存在裂缝，暗伤；板材有缺棱掉角等。

3）质量通病及其防治措施。

a. 质量通病：同一面墙色差较大，板材纹理不通顺，板材存在裂缝，暗伤；板材有缺棱掉角。

原因：加工时没有按照要求选板材；运输施工过程中保护不到位。

防治措施：按照一面墙或一个整体单元选砖加工，尽可能减少色差；做好运输施工过程中材料保护。

b. 质量通病：表面不平整，接缝高低差超过允许误差。

原因：石板本身的质量缺陷；施工中临时固定不好或灌浆不符合要求，出现板的错位。

防治措施：严格材料质量把关；在灌浆过程中按照要求施工。

c. 质量通病：空鼓、脱落。

原因：基层清洗不干净，基层处理不好；灌浆时基层没有保持湿润；灌浆没有捣实。

防治措施：基层清洗干净，光滑表面要"毛化处理"；灌浆前基层要湿润；灌浆按照要求分层灌浆，要振捣密实。

d. 质量通病：墙面脏，返浆。

防治措施：粘贴水泥浆及时清干净；擦缝后没有将残留材料彻底擦干净；石材背面没有做防碱背涂处理。

（9）学生总结。

学生对照目标进行总结，小组汇报，老师答辩。

（10）评分。

包括学生自评、互评、老师评分。

3.4.6　墙柱面天然石材（人造石材）的干挂施工

天然石材干挂包括短槽式、通槽式和背栓式，短槽式和通槽式属于上下、左右安装挂件，将石材通过连接件固定于骨架上；背栓式是在石材背面用紧固件把石材和石材幕墙组件中的连接件连接在一起，再与龙骨连接，并由金属支架组成的横竖龙骨通过埋件连接固定在主体建筑外墙上。

3.4.6.1　目的

通过实训基地真实项目的试训，工学结合学习，达到教学目标的要求。

3.4.6.2　项目任务

对图 3-51～图 3-54 所示某电梯前厅装修图采用干挂（短槽式、背栓式）施工。学生按照要求完成项目训练。

3.4.6.3　项目训练载体

工作室、学校实训基地。

3.4.6.4　教学方法

学生 5～6 人一组，完成全部内容。

3.4.6.5　分项内容及要求

1. 学生岗位分工

模拟实际施工现场管理组织，学生以小组（项目部）为单位，学生担任不同的岗位，在全面训练的基础上，了解所承担岗位的职责。不同项目学生岗位互换。

要求：以小组为单位填写工程项目施工管理人员名单表。

2. 阅读图纸，深化设计

（1）按照图 3-51～图 3-54 所示的平面图和立面图（参照），完成图纸的深化设计及节点设计。

（2）老师全面审核图纸，学生小组之间互审图纸，对设计说明和设计图纸进行仔细阅读，提出图纸中的问题，由设计单位（学生和老师）给予解答。

3. 编写施工方案

要求：结合现场条件及施工图，结合规范等，编写施工技术方案。

4. 材料准备

（1）材料配料。

要求：根据图纸，计算所需要的材料用量，填写材料计划表和工程量计算表。

步骤提示：

1) 材料每平方消耗量（按照设计图纸，主要材料按照实际需要计算用量）。

a. 石材按照排版图加工，考虑适当损耗。

b. 不锈钢挂件、螺栓、五金等按照设计用量加 2% 损耗配料。

c. 钢骨架按照设计用量加 5% 的损耗配料。

2) 工程量计算。计算方法参照《建设工程工程量计价规范》规定的工程量计算规则。

3) 材料用量计算。

(2) 材料进场检验。

要求：

1) 学生对材料等进行质量检验，掌握材料的质量检验标准。

2) 填写材料进场检验记录表。

提示：

1) 采购材料要有材料的产品合格证书、性能的检测报告、进场验收记录和复验报告。

2) 对室内花岗岩放射性进行检测。

工具：精度为 0.5mm 的钢直尺、精度为 0.05mm 的游标卡尺。

5. 施工机具的准备

要求：根据工程的大小和人员配备机具数量，填写主要施工机具表。

提示：

(1) 施工设备：石材切割机、打孔机、磨边机、背拴式石材钻孔机。

(2) 常用工具：电动切割机、开孔机、角向砂轮、手枪钻、泥刀、泥板、泥桶、铁锹、托板、锤子、锉刀等、电锤、台钻。

(3) 测量工具：水平仪、水平尺、水平管、计量尺、吊锤、靠尺、墨斗等。

6. 施工

以小组为单位完成项目训练。

(1) 干挂（短槽式、通槽式）的施工。

1) 技术交底。

要求：

a. 模拟实际施工现场，由技术人员对施工班组负责人技术交底，技术交底一式 2 份。

b. 掌握技术交底的内容及程序。

2) 施工工艺流程，见图 3-58。

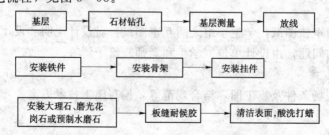

图 3-58　干挂（短槽式、通槽式）的施工工艺流程

3）操作要点。

a. 基层处理。抹灰前检查基层表面平整度、垂直度和坚实情况，做必要的基层处理。

◆ 石材干挂施工前，必须对装饰部位的结构施工质量进行细致的实测实量和必要的处理，以保证装饰工程施工质量符合设计的要求。

几何尺寸的检验：根据设计图纸并结合石材施工大样图，认真核实结构的实际偏差。墙面检查其垂直、平整度，偏差较大时采取剔凿、修补。

◆ 凡基层有质量缺陷或混凝土构建（墙、柱、梁、板等）有蜂窝、露筋、麻面应按照施工技术方案处理，并经验收合格。

b. 测量、挂线。按图纸要求进行测量并放线，用经纬仪打出大角两个面的竖向控制线，在大角上下两端固定挂线的角钢，用钢丝挂竖向控制线，并在控制线的上下作出标记。

根据图纸对给出的轴线、标高及预埋件位置图进行必要的复核，确认预埋件位置是否正确，按花岗岩的布置图进行全面的测量放线。弹线从墙面的中向两侧及上下分格，以避免误差累积。做好垂直方向及水平方向控制线，水平方向控制线需要闭合一圈。

c. 根据现场图纸画出详细的排版图。

要求：◆ 学生按照设计及现场实际尺寸，考虑构造做法，画出排版图。

◆ 提供石材加工单。

◆ 比例 1：100，1：50 。墙面的开关、插座等全部要按照实际大小画出。

工具：绘图纸 A4 白纸，绘图的工具和铅笔。

d. 石材加工。

◆ 石材加工的要求。

● 干挂石材的加工应采用编号法，不同尺寸、规格的加工板材都应及时编号，不得因加工造成混乱。

● 编号应写在石材的边缘，不应写在石材的表面，以免擦洗不掉，污染石材表面。

● 石材加工应在保证无明显色差、瑕疵的情况下，合理套裁切割。

● 干挂石材加工应采用水切割或红外线切割，尺寸允许偏差应符合现行国家、行业标准。

● 加工好的石材应存放于通风好的仓库内，其堆放角度不应小于 85°。

● 根据设计尺寸，将专用模具固定在台钻上，进行石材打孔。

◆ 短槽式安装的石板加工。

● 每块石板的上下边应各开两个短平槽，短平槽长度不应小于 100mm，在其有效长度内槽深度不宜小于 15mm，开槽宽度宜 6mm 或 7mm，不锈钢支撑板不宜小于 3.0mm，铝合金支撑板厚度不宜小于 4.0mm。弧形槽的有效长度不应小于 80mm。

● 两短槽边距离石板两端的距离不应小于石板厚度的 3 倍且不应小于 85mm，也不应大于 180mm。

● 石板开槽后不应有损坏或崩裂现象，槽口应打磨成 45°倒角；槽内应光滑、洁净。

◆ 通槽式安装的石板加工。

● 石板的通槽宽度宜 6mm 或 7mm，不锈钢支撑板不宜小于 3.0mm，铝合金支撑板厚度不宜小于 4.0mm。弧形槽的有效长度不应小于 80mm。

● 石板开槽后不应有损坏或崩裂现象，孔径内应光滑洁净，槽口应打磨成 45°倒角。

e. 安装钢骨架。

◆ 干挂石材构架是石材与建筑主体的连接基础，必须按照设计要求施工。

◆ 构架立柱必须固定在建筑结构墙体、柱面及横梁上，如果没有预埋铁件，用化学锚栓固定，穿墙螺栓要充分拧紧，并有符合设计要求的钢板垫板。

◆ 构架立柱和横梁的连接采用焊接时，必须采用满焊，电焊应符合国家有关标准的规定进行。电焊破坏的镀锌层或其他防锈层必须采用相同性能的防锈涂料覆盖。

◆ 钢骨架机构应设温度变形缝。

◆ 主体建筑结构的抗震缝、伸缩缝、沉降缝等部位的构架设计应充分保证外墙面的功能性和完整性，以免引起变形和破损，并应考虑维修方便。

◆ 安装过程中进行骨架水平和垂直度检查，等调整合格后，最后固定。

f. 干挂石材的安装。

◆ 安装前应对采用的构件、横竖连接件进行检查、测量与调整。干挂石材的左右、上下偏差不应大于 1.5mm。

◆ 构件连接件必须拧紧，各类金属连接件与石材孔、槽间配合要到位，并用专用胶固定，不得留明显缝隙或松动；用嵌缝胶嵌下层石材的上孔，固定连接件，嵌上层石材下孔。

◆ 石材安装自上而下进行，要用水平尺校对检查，保证横平竖直。对不符合要求的要及时调整更换。

◆ 按照设计要求及时对槽缝进行处理。

g. 安装石材。用嵌缝胶嵌下层石材的上孔，固定连接件，嵌上层石材下孔。

h. 清洁表面。石材干挂安装后，应对表面遗留的粘附物及时清洁与保洁。

（2）干挂（背栓式）的施工。

1）技术交底。

要求：

a. 模拟实际施工现场，由技术人员对施工班组负责人技术交底，技术交底一式 2 份。

b. 掌握技术交底的内容及程序。

2）施工工艺流程，见图 3-59。

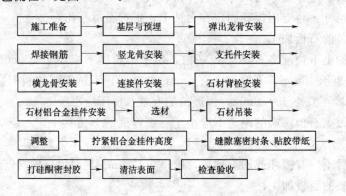

图 3-59 干挂（背栓式）的施工工艺流程

3）施工要点。

a. 基层处理，同短槽式干挂。

b. 测量放线。对土建方提供的基准中心线、标高线进行复测，无误后根据图纸给出的横、竖龙骨的位置和轴线，定出横、竖龙骨位置。先由中间向两端测量，然后由两端向中间复核尺寸。放出的横、竖龙骨位置线误差应符合设计要求。

与主体结构连接的预埋件，预埋件应牢固，位置准确，预埋件的位置误差应按设计要求进行复查。当设计无明确要求时，预埋件的标高偏差不应大于 10mm，预埋件位置差不应大于 20mm。

c. 钢骨架安装。钢伸臂与结构预埋件采用焊接，竖龙骨与钢伸臂、支托件与竖龙骨、横龙骨与支托件、连接件与横龙骨之间连接按照设计图纸施工。要求龙骨定位准确：骨架施工垂直度和平整度要求高，螺栓垫片必须齐全。

◆ 龙骨放线及钢伸臂焊接：将竖龙骨中心线和横龙骨上皮线弹在墙面上，在预埋件上定出钢伸臂，将钢伸臂焊接在预埋件上，焊缝要焊满焊牢并涂刷防锈漆。

◆ 竖龙骨连接：竖龙骨与钢伸臂的连接孔为圆孔，钢伸臂上为横向长孔。由下至上采用不锈钢螺栓把竖龙骨连接在钢伸臂上，要求垫好方垫片，弹簧垫片，螺栓拧紧。上下竖龙骨间用芯筒连接。每排竖龙骨施工完后，在方垫片和钢伸臂间进行防滑移焊接。

◆ 支托件安装：把支托件用不锈钢螺栓（带方垫片和弹簧垫）连接在竖龙骨上，待横龙骨安装调整后再拧紧，进行抗滑移焊接。

◆ 横龙骨安装：每一竖向分区先安装最上、最下两根横龙骨，上下拉好尼龙控制线，根据弹在墙上的横龙骨标高线，由下至上依次安装。支托件和横龙骨连接螺栓为 2 个，要求螺栓必须拧紧，确保标高和平面位置准确。

◆ 连接件安装：根据石材板块大小，连接件分双孔和中孔 2 种。用螺栓把连接件固定在横龙骨上，弹簧垫压平。上连接件的立板上开有 5mm 宽豁口，以便铝合金挂件上的防滑移螺钉拧入豁口，确保每块石材左右稳定。

d. 锚固配套系统及安装。背栓锚固配套系统由三部分组成，即成型背栓孔、不锈钢锚栓和铝合金挂件。

◆ 孔位置的加工：孔位置、孔直径、孔深和扩孔质量按设计要求加工，要严格控制质量，见图 3-60。

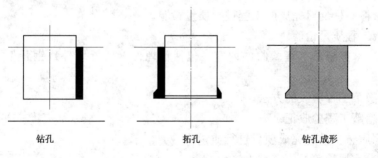

钻孔　　　　　　　　　拓孔　　　　　　　　钻孔成形

图 3-60　孔加工图

◆ 背栓安装：在现场制作 3 个 3.0 m×2.0m 专用的背栓安装平台，把石材平放在平台上，背栓孔部位垫实。把背栓胀管的豁口和背栓螺栓粗头的凸棱对好，放入石材孔内，用专门套管顶住胀管，敲击套管，使背栓胀管锚入石材内，只要胀管外口和石材外切而平齐，背栓就牢固地锚固在石材内，见图 3-61。

应注意：背栓胀管锚入石材内，胀管外口和石材外切而平齐；背栓杆不能转动。

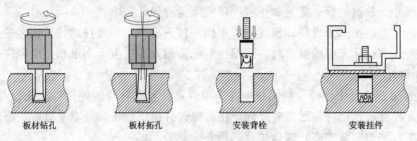

| 板材钻孔 | 板材拓孔 | 安装背栓 | 安装挂件 |

图 3-61 背栓与石材安装图

◆ 挂件安装要点和质量控制：背栓安装验收合格后，垫好高强尼龙垫片，安装高强铝合金挂件，拧紧背栓螺母。施工过程中应注意挂件挂槽内有尼龙防滑垫。上挂件承受石材全部重力，下挂件不承受石材重力，只承受风荷载和地震荷载，控制石材平面位置。上挂件带有高度调节螺栓和防滑移螺钉，下挂件没有。

e. 石材板安装。

◆ 石材运输到现场后，按照图纸验收分区码放。

◆ 石材安装要点：石材安装分区进行，由下至上安装。每一区大角、拐角、分格缝都要挂竖向石材而控制线。大角采用细铁丝，分格缝采用尼龙线。把石材吊装到比安装位置高 150mm 地方，铝合金上、下挂件对准连接件，慢慢落下，控制好竖向板缝宽度。调整上挂件的高度调节螺栓，使石材水平且横向板缝均匀。用靠尺检查石材垂直度和接缝平整度，偏差超过允许范围的，把石材稍微吊起，用专用扳手松开连接件螺栓，调整连接件位置，达到要求后，拧紧螺栓和防滑移螺钉，安装过程中应注意装石材和吊装石材的成品保护和安装时要严格控制缝隙宽度和缝隙顺直。

7. 成品保护

要求：（1）施工完后，根据现场需要进行成品保护。

（2）提出成品保护方案。

8. 质量检验

按照质量检验标准对完成的工程进行质量检验。

（1）隐蔽工程质量检验。

要求：1）掌握隐蔽工程验收的内容，包括预埋件（后置埋件）钢骨架、连接节点、防水层。

2）掌握隐蔽工程验收的方法。

3）填写隐蔽工程验收记录。

（2）按照质量标准对完成项目进行质量检验。

要求：1）掌握检验的内容和方法。

2）填写质量检验记录表。

工具：老师提供检测工具。

9. 学生总结

学生对照目标进行总结，小组汇报，老师答辩。

10. 评分

包括学生自评、互评、老师评分。

思 考 题

1. 挂贴石材墙柱面施工的要点有哪些？
2. 挂贴石材墙柱面施工容易出现哪些质量问题？
3. 石材加工图绘制要点有哪些？
4. 干挂石材墙柱面施工的要点有哪些？
5. 试述干挂石材的构造。
6. 干挂石材隐蔽验收的内容有哪些？

任务五　木龙骨木基层木饰面的施工

3.5.1　学习目标

（1）掌握墙柱面木饰面板的构造。

（2）能够阅读施工图，根据现场情况提出图纸中的问题。对图纸深化设计。

（3）能够按照施工图设计要求进行配料。

（4）能够编制墙柱面木饰面板的施工方案。

（5）能够按照施工要求完成材料、机具准备。

（6）掌握木饰面板施工的要点和方法，掌握细部的处理方法。

（7）完成相关的施工技术资料。

（8）能够分析会出现的质量问题，制定相关的防范措施。

木材与木制品做墙面装饰，使人感到温暖、亲切和舒适，木材天然的纹理变化多样，更显自然、高贵和典雅，在室内装饰中应用广泛。木质饰面板常用于住宅、宾馆、会议室等装修空间，如图 3-62 所示。

图 3-62　木质饰面板的应用实例

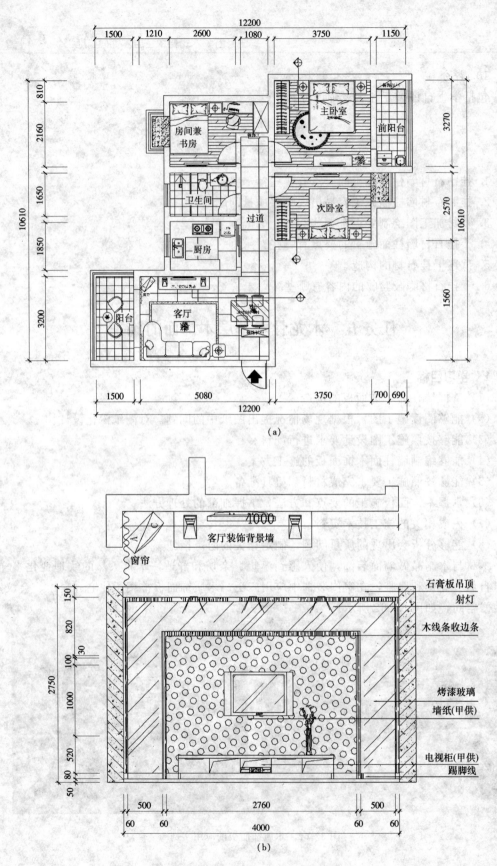

图 3-63(一) 某住宅装修图

(a)平面图;(b)客厅电视背景立面图

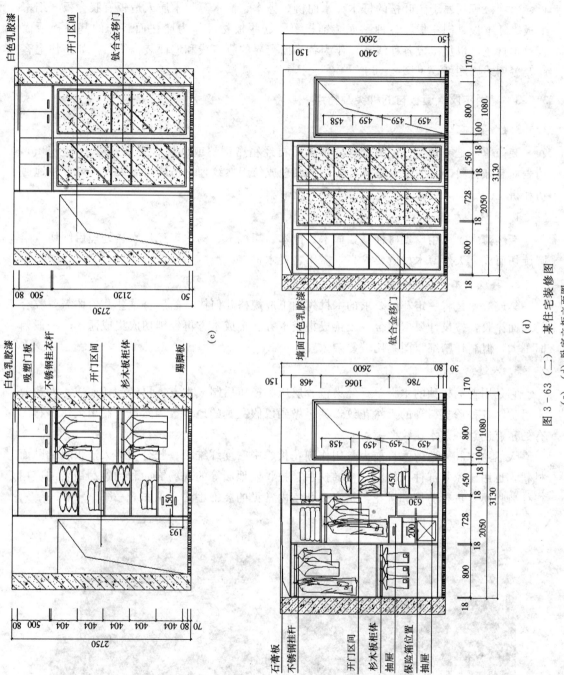

图 3-63（二）　某住宅装修图

(c)、(d) 卧室柜立面图

3.5.2 施工技术要点和施工工艺等的相关知识

在装修中常用的木材和木制品种类比较多，木材有如属于针也松的红松、云杉、冷杉、落叶松等；属于阔叶松的栎木、水曲柳、桦木、榆木等。木质人造板有胶合板、细木工板、纤维板、刨花板、各种贴面装饰板等，这些板材可作为墙柱面装饰的基层板或面板；木材还可以加工成各种线条，作为各界面交界的收口线和墙面装饰线条。如某住宅客厅及餐厅装修图纸，见图3-63。

3.5.3 常用木质人造板材的种类及特点

3.5.3.1 装饰薄木

装饰薄木是木材经一定的处理或加工后再经精密刨切或旋切、厚度一般小于0.8mm的表面装饰材料。它的特点是具有天然的纹理或仿天然纹理，格调自然大方，可方便地剪切和拼花。分为天然薄木、集成薄木和人造薄木三种。

1. 天然薄木

天然薄木是采用珍贵树种，如枫木、橡木、胡桃木、杨木等经过水热处理后刨切或半圆旋切而成。天然薄木材质要求高，需用名贵木材。

2. 集成薄木

集成薄木是将一定花纹要求的木材先加工成规格几何体，然后将这些几何体需要胶合的表面涂胶，按设计要求组合，胶接成集成木方。集成木方再经刨切成集成薄木。一般幅面不大，但制作精细，图案比较复杂。

3. 人造薄木

它是用普通树种的木材单板经染色、层压和模压后制成木方，再经刨切而成。人造薄木可仿制各种珍贵树种的天然花纹，甚至做到以假乱真的地步，当然也可制出天然木材没有的富有创意的艺术花纹图案。

天然薄木和人造薄木目前大量用作刨花板、中密度纤维板、胶合板等人造板材的贴面材料，也用于家具部件、门窗、楼梯扶手、柱、墙地面等的现场饰面和封边。后者的应用往往要将薄木进行剪切和拼花，是家具和室内常见的装饰手法。见图3-64。

图3-64 薄木的应用实例

3.5.3.2　木质装饰板

1. 胶合板

胶合板是用原木旋切成木薄片，经干燥处理后用胶粘剂以各层纤维相垂直的方向粘合，热压制成。通常用奇数层单板，一般为三合板至十五合板。其最外层单板称为表板，正面的表板称为面板，反面的表板称为背板，内层的单板称为芯板或中板。

胶合板的规格常见的规格主要有 1220mm×2440mm×3mm、1220mm×2440mm×5mm；其他规格有 1220mm×1830mm×3mm 或 1220mm×1830mm×5mm；还有 915mm×1830mm×3mm 或 915mm×1830mm×5mm。还有一种专用包门规模为 915mm×2135mm×3mm、1220mm×2135mm×3mm。除此以外的规格胶合板均为小幅面胶合板，装修不常用到。

2. 刨花板

刨花板是将木材加工过程中的边角料、木屑等切削成一定规格的碎片，经过干燥，拌以胶粘剂、硬化剂、防水剂，在一定的温度下压制而成的一种人造板材。刨花板的规格刨花板的规格一般为：1220mm×1830mm、1220mm×2440mm，厚度为 16mm、19mm、22mm、25mm。

3. 纤维板

纤维板是用木材或植物纤维做主要原料，经机械分离成单体纤维，加入添加剂制成板坯，通过热压或胶粘剂组合成人造板。纤维板因做过防水处理，其吸湿性比木材小，形状稳定性、抗菌性都较好。

根据成型时的温度和压力的不同，纤维板有硬质纤维板（又称高密度纤维板）、半硬质纤维板（又称中密度纤维板）、软质纤维板（又称低密度纤维板）。

硬质纤维板的规格一般为 1220mm×1830mm、1220mm×2440mm，厚度为 2.5mm、3mm、4.5mm。

半硬质纤维板的规格一般为：1220mm×1830mm、1220mm×2440mm，厚度为 10mm、15mm、18mm、21mm、24mm。

4. 细木工板

细木工板（俗称大芯板、木工板）是具有实木板芯的胶合板，它将原木切割成条，拼接成芯，外贴面材加工而成，其竖向（以芯板材走向区分）抗弯压强度差，但横向抗弯压强度较高。面材按层数可分为三合板、五合板等，按树种可分为柳桉、榉木、柚木等，质量好的细木工板面板表面平整光滑，不易翘曲变形。

细木工板按结构不同，可分为芯板条不胶拼的和芯板条胶拼的两种，按表面加工状况可分为一面砂光、两面砂光和不砂光三种，按所使用的胶合剂不同，可分为Ⅰ类胶细木工板、Ⅱ类胶细木工板两种，按面板的材质和加工工艺质量不同，可分为一等、二等、三等三个等级。

细木工板的规格一般为 1220mm×2440mm，厚度为 16mm、18mm、22mm 等。

5. 三聚氰胺板

三聚氰胺板，全称是三聚氰胺浸渍胶膜纸饰面人造板。是将带有不同颜色或纹理的纸放入三聚氰胺树脂胶粘剂中浸泡，然后干燥到一定固化程度，将其铺装在刨花板、中密度纤维板或硬质纤维板表面，经热压而成的装饰板。

6．装饰板

随着工厂化加工技术的发展，现场施工装配化程度越来越高，一方面加快了施工进度；另一方面减少了现场污染，提高了环境质量。这种板材包括基层和面层，按照尺寸在工厂将板材加工成型，面层处理完成，省略传统装修中现场进行的原料裁切、钉制、贴面、油漆等过程。

3.5.3.3　木质装饰线

木质装饰线是室内造型设计时使用的重要材料，同时也是非常实用的功能性材料。一般用于天花、墙面装饰及家具制作等装饰工程的平面相接处、相交面、分界面、层次面、对接面的衔接口、收边线、造型线等。其品种和质量对装饰效果有着举足轻重的作用，见图 3－65。

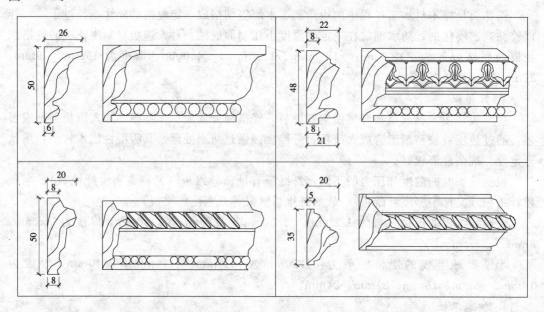

图 3－65　木装饰线角图

3.5.4　木质饰面板饰面的构造

3.5.4.1　基本构造

1．木龙骨木基层板面饰面板的构造

木质饰面板以其特有的纹理，具有极好的装饰效果，在室内装饰工程中即可做护墙板又可做成墙裙。具体做法是首先在墙体内预埋木砖（或后置木楔），再钉立木骨架，最后将饰面板用镶贴、钉、上螺钉等方法固定在骨架上，见图 3－66。

2．干挂木饰面板构造

成品木装饰板采用配件，用干挂的方法固定。见图 3－67。

3.5.4.2　细部构造

木质饰面板细部构造处理，是影响木装修效果及质量的重要因素。

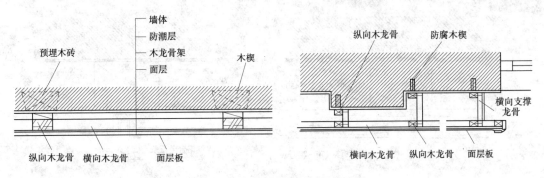

图 3-66 护墙板或墙裙剖面构造图

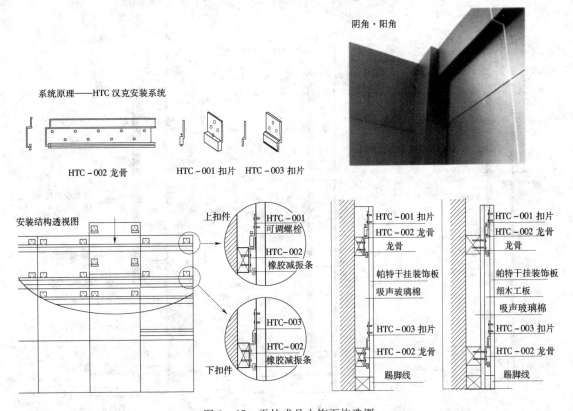

图 3-67 干挂成品木饰面构造图

1. 木质饰面板的板缝处理

木质饰面板的板缝处理方法主要有斜接密缝、平接留缝和压条盖缝。当采用硬木装饰条板为罩面板时，板缝多为企口缝。木质饰面板板缝构造如图 3-68。

2. 木质饰面板与踢脚的连接

对于踢脚板的处理也有多种多样，传统做法一种是饰面板直接到地留出线脚凹口；另一种是木质踢脚板与壁板做平，但上下留线脚。用得最多的还是外凸式与内凹式两种，见图 3-69。成品木饰面与踢脚板之间的处理方法有三种：第一种是一样平，留企口；第二种是踢脚板凸出木饰面；第三种是踢脚板凹进木饰面。

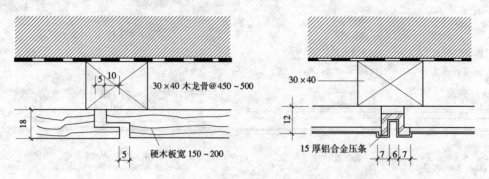

图 3-68 护壁板板缝处理图

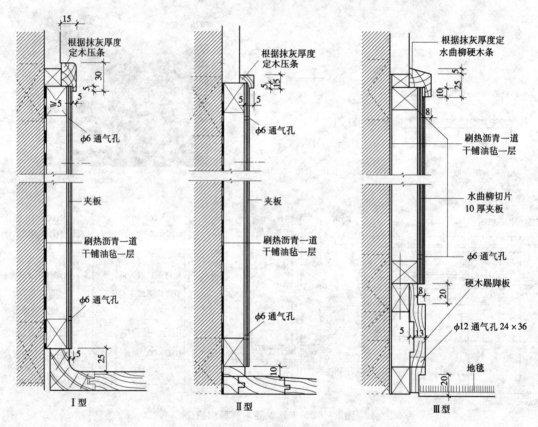

图 3-69 踢脚板的处理图

3. 木质饰面板上部压顶处理

护壁板和木墙裙的上部压顶做法基本相同，只是护壁板通常是做到顶的，上面的压顶可以与顶角的木制线条相合起来，见图 3-70。

4. 木饰阳角、阴角构造处理

阳角和阴角处可采用斜口对接、企口对接、填块等方法，见图 3-71、图 3-72。

3.5.5 木质饰面板常用的施工机具

（1）施工设备：电锯。

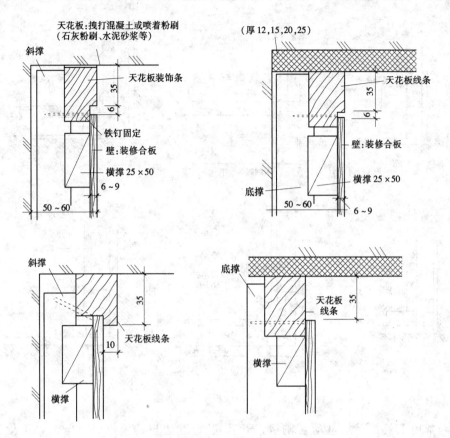

图 3-70　护壁板上部压顶做法示意图

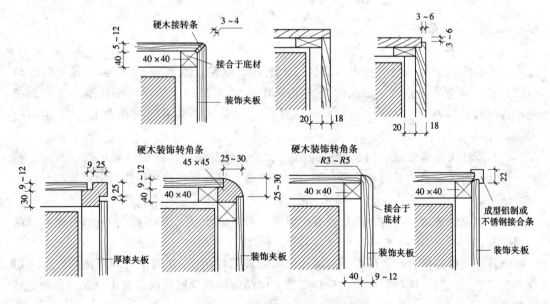

图 3-71　护墙板阳角构造示意图

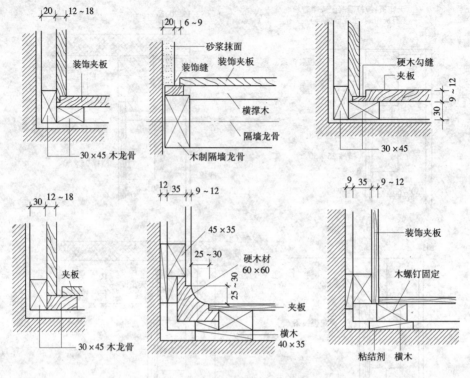

图 3-72 护墙板阴角构造图

（2）常用工具：手提电动切割机、开孔机、磨边机、手枪钻、电锤、手枪钻、冲击钻。

（3）测量工具：水平仪、水平尺、水平管、计量尺、吊锤、靠尺、墨斗等。

3.5.6 施工作业条件

（1）墙柱面粉刷抹灰施工完毕。

（2）墙柱面的基体必须坚实、清洁（无油污、浮浆、残灰等），影响面砖铺贴的凸出墙面被部分应凿平，过于凹陷的墙柱面应用 1:3 水泥砂浆分层抹平找平（注意：先浇水湿润后再抹灰）。应符合设计要求，并已通过验收，具有足够的强度、刚度和稳定性。

（3）墙柱面暗装管线、门、窗框完毕，施工前对安装在饰面部位的电气、开关、箱盒、灯具等有关设备的箱洞和采暖、卫生、煤气等管口的标高轴线位置校对，检验合格后方可施工。

（4）水电、暖通、消防、电信及有关设备、管线的预埋工作应施工前完成并做好隐蔽工程验收。

（5）安装好的窗台板及门窗框与墙体之间的缝隙，用 1:3 的水泥砂浆堵灌密实，铝合金窗框边隙之间嵌填材料应符合设计要求，铺贴面砖前应做好成品保护（如铝合金框贴保护膜）。

（6）大面积施工前，应先做好板墙或样板间，并经有关部门检查验收符合要求。

3.5.7　材料要求

选用的人造木板及饰面人造木板必须是环保材料。主材现场取样做环保复测。《民用建筑工程室内环境污染控制规范》（GB 50325—2001）对人造木板及饰面人造木板的要求规定如下：

（1）民用建筑工程室内用人造木板及饰面人造木板，必须测定游离甲醛的含量或游离甲醛的释放量。

（2）人造木板及饰面人造木板，应根据游离甲醛含量或游离甲醛释放量限量划分为E1 类和 E2 类。见表 3 - 21。

（3）Ⅰ类民用建筑工程的室内装修，必须采用 E1 类人造木板及饰面人造木板。

1）材料表面应平整、边缘整齐、棱角不得缺损，并附有效的产品合格证书和产品检测报告。

2）木龙骨、木饰面板的燃烧性能等级应符合设计要求。

表 3 - 21　甲醛含量或游离甲醛释放量限量含量

类别	限量	检测方法
E1（mg/m³）	≤ 0.12	环境测试舱法测定游离甲醛释放量
E2（mg/100g，干材料）	≤9.0	采用穿孔法测定游离甲醛含量

3）木质饰面板应采用无缺角、翘曲、开裂、污垢、色变、霉变、厚薄均匀的环保产品；图案、纹理、色泽等符合设计要求；含水率符合要求。

3.5.8　施工质量的检验标准

（1）饰面板的品种、规格、颜色和性能应符合设计要求，木龙骨、木饰面板和塑料饰面板的燃烧性能等级应符合设计要求。

（2）饰面板孔、槽的数量、位置和尺寸应符合设计要求。

（3）饰面板安装工程的预埋件（或后置埋件）、连接件的数量、规格、位置、连接方法和防腐处理必须符合设计要求。后置埋件的现场拉拔强度应符合设计要求。饰面板安装必须牢固。

（4）饰面板表面平整、洁净、色泽一致，无裂纹和缺损。

（5）饰面板嵌缝应密实、平直，宽度和深度应符合设计要求，嵌填材料色泽应一致。

（6）饰面板上的孔洞应套割吻合，边缘应整齐。

（7）饰面板安装的质量允许偏差按表 3 - 22 的规定。

表 3 - 22　　　　　　　　　　饰面板安装的质量允许偏差

项次	项　目	允许偏差（mm）	检　验　方　法
1	立面垂直度	1.5	用 2m 垂直检测尺检查
2	表面平整度	1	用 2m 靠尺、塞尺检查
3	阴阳角方正	1.5	用直角检测尺检查
4	接缝直线度	1	拉 5m 线，不足 5m 拉通线，用钢尺检查
5	墙裙、勒脚上口直线度	2	拉 5m 线，不足 5m 拉通线，用钢尺检查
6	接缝高低差	0.5	用钢直尺、塞尺检查
7	接缝宽度	1	用钢直尺检查

3.5.9　项目实训练习

1. 目的

通过实训基地真实项目的实训，工学结合学习，达到教学目标的要求。

2. 项目任务

某餐厅装修图如图3-73，墙面面层装饰材料有木饰面板、壁纸、皮革等装饰材料。本项目主要训练木饰面板的施工。图纸包括平面图、平面尺寸定位图、立面图。

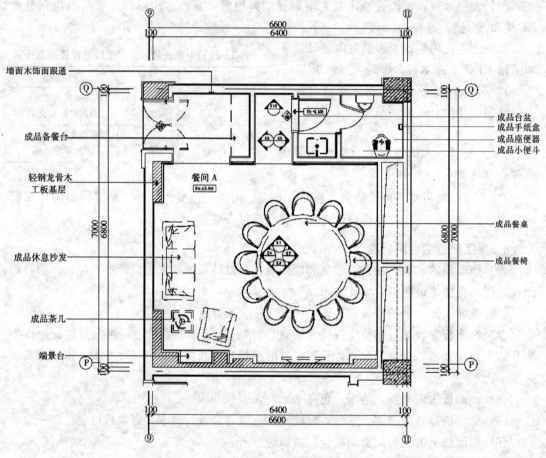

图3-73　某餐厅装饰平面图（1:40）

3. 项目训练载体

工作室、学校实训基地。

4. 教学方法

学生5～6人一组，按照要求完成全部内容。

5. 分项内容及要求

（1）学生岗位分工。

模拟实际施工现场管理组织，学生以小组（项目部）为单位，学生担任不同的岗位，在全面训练的基础上，了解所承担岗位的职责。不同项目学生岗位互换。

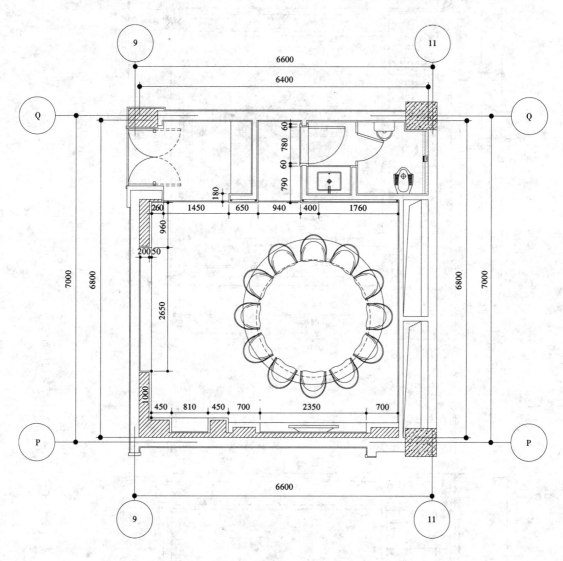

图 3-74 某餐厅装饰平面尺寸定位图（1：40）

要求：以小组为单位填写工程项目施工管理人员名单表。

（2）阅读方案图纸，完成深化设计。

1）学生完成包间的深化设计及节点构造设计。

2）模拟查看现场，了解现场情况。

3）学生小组之间互审图纸，老师全面审核图纸，对设计说明和设计图纸进行仔细阅读，提出图纸中的问题，由设计单位（学生和老师）给予解答。

要求：学生填写图纸审核记录表。

（3）编写施工技术方案。

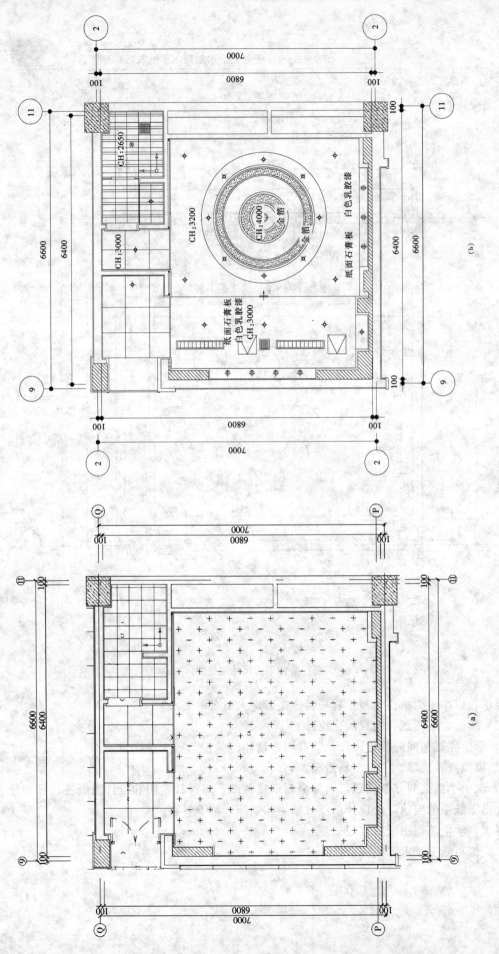

图 3-75（一） 某餐厅装饰楼面图、立面图（1:40）

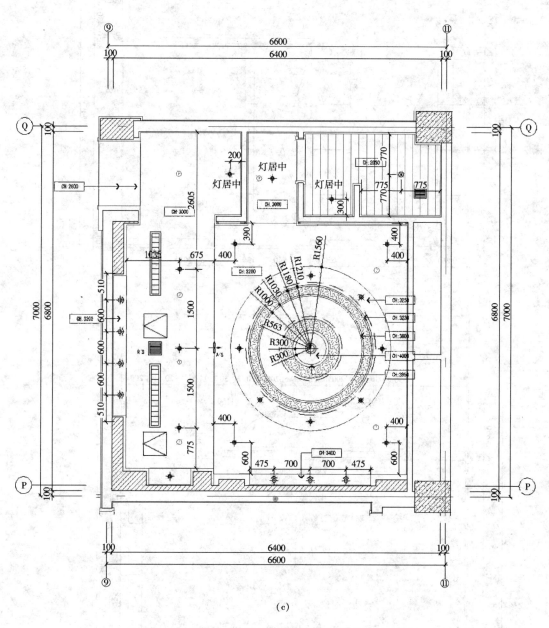

(c)

图 3-75（二）　某餐厅装饰楼面图、立面图（1：40）

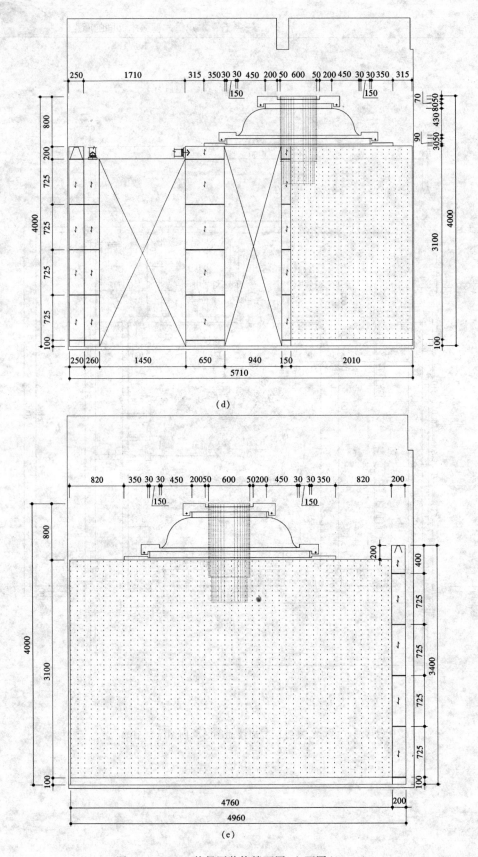

(d)

(e)

图 3-75(三)　某餐厅装饰楼面图、立面图(1∶40)

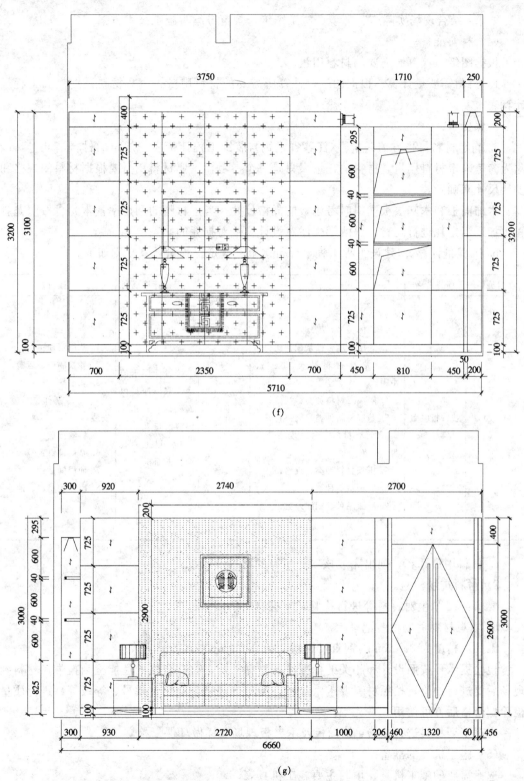

(f)

(g)

图 3-75（四）　某餐厅装饰楼面图、立面图（1:40）

要求：结合现场实际施工环境、施工图纸、规范等编写施工技术方案。

（4）材料准备。

根据图纸，计算所需要的材料用量。

1）材料需要量计算。根据图纸，计算所需要的材料用量。填写材料计划表和工程量计算表。

步骤提示：

a. 确定材料每平方消耗量。《江苏省建筑与装饰工程计价表》规定的材料消耗量，以此为参考确定材料用量。材料消耗量表只是一个参考，主要材料用量要根据材料的规格和设计尺寸来确定。

木饰面板和木基层板配料时考虑板的规格尺寸，考虑材料的利用率；木龙骨按照龙骨间距加适当损耗进行配料。提醒学生注意设计模数对损耗的影响。

b. 工程量计算。《建设工程工程量计价规范》规定工程量计算规则如下。

项目编码	项目名称	项目特征	计量单位	工程量计算规则	工程内容
020207001	装饰板墙面	1. 墙体类型； 2. 底层厚度、砂浆配合比； 3. 龙骨材料种类、规格、中距； 4. 隔离层材料种类、规格； 5. 基层材料种类、规格； 6. 面层材料品种、规格、品牌、颜色； 7. 压条材料种类、规格； 8. 防护材料种类； 9. 油漆品种、刷漆遍数	m^2	按设计图示墙净长乘以净高以面积计算。扣除门窗洞口及单个 $0.3 m^2$ 以上的孔洞所占面积	1. 基层清理； 2. 砂浆制作、运输； 3. 底层抹灰； 4. 龙骨制作、运输、安装； 5. 钉隔离层； 6. 基层铺钉； 7. 面层铺贴； 8. 刷防护材料、油漆

c. 材料用量计算。列出完成该项目所有的材料及用量。

2）材料进场检验。

要求：a. 学生对材料等进行检验，掌握材料的质量标准。

b. 填写材料进场检验记录表。

工具：精度为 0.5mm 的钢直尺、精度为 0.05mm 的游标卡尺等。

检验提示：按照设计和相关的标准进行材料采购，要有合格的性能检测报告；材料到现场后要进行抽检，按照材料要求（品种、型号、规格、颜色、批号、等级等）进行质量检验，合格后方可使用。

应对下列材料进行复检：饰面板及木夹板现场取样做环保复检。

（5）施工机具的准备。

选择需要的施工机具，填写主要施工机具表。

（6）施工。

以小组为单位完成项目训练。

施工步骤及要点提示：

1）技术交底。

要求：

a. 模拟实际施工现场，由技术人员对施工班组负责人技术交底，技术交底一式2份。

b. 掌握技术交底的内容及程序。

2）木龙骨木饰面板施工工艺流程，见图3-76。

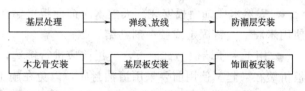

图3-76　木龙骨木饰面板施工工艺流程

3）木龙骨木饰面施工要点。

a. 弹线。根据设计图纸上的尺寸要求，先在墙上划出水平标高，弹出分格线。根据分格线在墙上加木楔或在砌墙时预埋木砖。木砖、木楔的位置应符合龙骨分档的尺寸，龙骨横竖间距一般为300mm，不大于400mm。

图3-77为某工程墙面弹线放样的案例。

b. 防潮层安装。木质墙面必须在施工前进行防潮处理。防潮层的做法一般在基层板或龙骨刷2道防腐油。

c. 木龙骨安装。

◆ 木龙骨的含水率均控制在12％以内，木龙骨应进行防火处理，木龙骨表面一般刷防火涂料，防火处理要满足设计要求和相关规范的要求；涂刷防火涂料，晾干后再拼装。

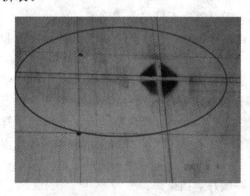

图3-77　成品饰面拼缝策划放样到位图

◆ 根据设计要求，制成木龙骨架，整片或分片拼装。全墙面饰面的应根据房间四角和上下龙骨先找平、找直，按面板分块大小由上到下做好木标筋，然后空挡内根据设计要求钉横竖龙骨。一般采用30mm×40mm或30mm×30mm等截面龙骨。龙骨网格根据面板尺寸确定，一般为 300mm × 300mm、400mm × 400mm等。

◆ 基层龙骨固定：安装木龙骨前应先检查基层墙面的平整度、垂直度是否符合质量要求，如有误差，可在实体墙与木龙骨架间垫衬方木来调整平整度、垂直度。同时要检查骨架与实体墙是否有间隙，如有间隙也应用木块垫实。没有木砖的墙面可用电钻打孔钉木橛，孔深应在40~60mm之间。木龙骨的垫块应与木龙骨用钉牢。龙骨必须与每一块木砖钉牢，在每块木砖上用两枚钉子上下斜角错开与龙骨固定。

d. 基层板安装。

◆ 封钉胶合板，可用气泵气钉枪，用枪钉把木夹板固定在木龙骨上。封钉前，就调整好每块板的拼缝，要求布钉均匀，钉距100~150mm左右。

◆ 固定木夹板，如仍用铁钉钉入，则必须对钉头进行处理，处理方法有两种：一种是先将钉头用锤敲扁，再将钉头钉入木夹板内；另一种是先将钉头钉入木夹板，再用尖头冲将钉头冲入木夹板内 1mm。

e. 饰面板安装。

◆ 天然木质饰面板安装。天然木质饰面板可贴在石膏板上和其他基层上。连接方法可使用木胶、气钉固定或胶粘剂粘结。

● 用于木质墙面的饰面板，使用前应进行挑选，将色泽相同或相近. 木纹一致的饰面板拼装在一起。使用前要采用清油封底，以免在施工中污染表面。

● 按照需要剪裁面板。裁料时，将饰面板平放，用美工刀靠紧直尺，尺幅大的应两人合作进行，划裁用力应均匀，当划至 1/2 以上深度后，即可用力合拢使之顺刀痕裂开，裁下的饰面板边缘应用刨子或砂纸修正刨平或砂光。

● 木纹对接要自然、协调，有特殊要求的拼花、拼角的应试拼，符合设计要求后方能贴面。

● 涂刷粘结木胶。在裁割好的饰面板背面涂刷木胶要均匀，不得堆积和漏刷，贴面时要按照方向顺序贴，同时用压缩气钉固定或无头细钉固定，钉子间距在 120~150mm 左右，粘贴后可用木块衬垫后轻轻敲实。

● 采用万能胶粘贴的，粘结后不能调整，粘结前必须试合。涂刷应基层和饰面板同时进行，刷胶要匀，可用带锯齿的平板顺方向挂平，多余的胶水要去除，根据胶水待干时间进行拦通，粘合时要根据认定的基准线轻轻粘上一边，确定无误后，然后粘上另一边，可用铁锤轻轻敲打木垫块粘实。

◆ 装饰防火饰面板的安装操作要点。

● 除一般要求外，必须是平整干燥的实体面、无缝宽、无凹陷、无空洞。

● 安装必须满足适当的温度和湿度，一般室内温度低于 5℃，高于 40℃，连续阴雨和梅雨季节都不宜安装。

● 贴面时应保持施工现场的整洁，涂刷应基层和饰面板同时进行，上胶要匀，可用带锯齿的平板顺方向挂平，多余的胶水要去除。等饰面板表面胶液发白稍干后将防火饰面板面对准事先画好的基准线轻轻粘上一边，视正确无误后，一面推住粘结点，一面顺序抹平，边放边推直至全部粘上，然后用硬木块在饰面板上敲实粘平，如有气泡应将全部气泡排除后方能敲实。

● 及时清除饰面表面的胶迹、手迹和油污，并做好遮挡保护。

● 冬季施工胶液挥发较慢，切不可用太阳灯等光线或火源烘烤。

（7）成品保护。

要求：1）施工完后，根据现场需要进行成品保护。

2）提出成品保护方案。

提示：图 3-78 为某工程某木饰面成品保护案例。

（8）质量检验。

按照质量检验标准对完成的工程进行质量检验。

1）隐蔽工程质量检验。

要求：a. 掌握隐蔽工程验收的内容，包括木龙骨及基层板的固定、规格尺寸、安装、防火处理及防潮层。

b. 掌握隐蔽工程验收的方法。

c. 填写隐蔽工程验收记录。

2）按照质量标准对完成项目进行质量检验。

要求：a. 掌握检验的内容和方法。

b. 填写质量检验记录表。

工具：老师提供检测工具。

提示：图 3-79 为木饰面工程出现的一些质量问题。

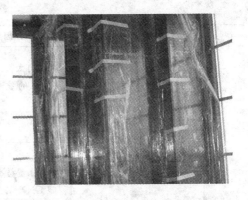

图 3-78　某工程某木饰面成品保护示图

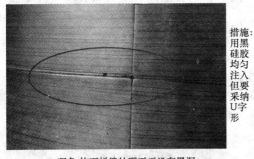

措施：用黑硅胶均匀注入但要采纳 U 字形

现象：饰面拼缝处理不平滑有黑洞

措施：补钉眼腻子调色不准钉头方向应顺木纹方向

现象：饰面板钉眼明显

措施：饰面板不宜密拼应留 V 字槽

现象：饰面板密拼鼓起

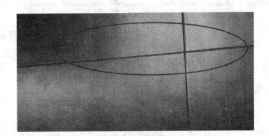

饰面板拼缝完美

图 3-79　木饰面工程的一些质量问题

木制作工程容易出现的质量问题及预防措施，见表 3-23。

表 3-23　　　　　　　　　木制作工程通病现象及预防措施

序号	检查内容	原因分析	预 防 措 施
1	饰面板对头拼接花纹不顺	选用面层材料时不认真；拼接时，大花纹对小花纹或木纹倒用	饰面材料，认真挑选，对接的花纹应选一致，切片板的树芯一致；饰面板的颜色应近似，颜色浅的木板安装在光线较暗处，颜色重的木板安装在光线较强处

续表

序号	检查内容	原因分析	预防措施
2	表面的钉眼明显	所用钉太粗； 固定的纹钉没顺木纹固定； 油漆工修钉眼没修好	根据使用要求选用合适的固定纹钉； 固定纹钉时，应打扁，钉应顺木纹； 油漆工应严格按规范要求对板面修好钉眼
3	线条粗细不一致，颜色不一致，接头不严密，钉裂	木线条选材不当； 施工过于马虎、粗糙，做工不精细	材料进场时，仔细验货，粗细、颜色一致，不合格者坚决予以剔除不用； 木质较硬的线条，应先打孔，然后再用钉子钉牢，以免劈裂
4	饰面板的表面和饰面板接缝处不平	木材的含水率太大，干燥；厚易变形； 未严格按工艺标准加工，龙骨钉板的一面未刨光； 钉板的顺序不当，拼接不严； 钉钉时钉距过大	严格选材，含水率不大于12%，并做防腐处理，罩面装饰板应选用同一品牌、同一批号产品； 木龙骨钉板的一面应刨光，龙骨断面尺寸应一致，交接处要平整，固定在基层要牢固；面板应从下向上逐块铺钉，并以竖向钉钉为好，阳角处板的接头应做成45°坡角，平接处应在木龙骨上，且两块板接头处应刨平、刨直； 固定面板的螺钉间距应为150mm，螺钉应顺木纹钉入板内1mm左右
5	饰面板表面花纹不统一，密拼处有鼓起	技术交底不明确或未作交底；饰面板制作拼缝不可密拼	饰面板现场制作或加工均应作技术交底，明确要求；门套或木饰面高度超过2.4m，均应留V字形缝处理（3m）；在V字形缝中描色要均匀
6	5mm厚饰面板凹型缝中，粗糙严重，色泽不均，观感不好	策划不到位；未作交底	在5mm饰面板凹型拼缝之间先贴一条厚木皮，后批灰、打磨、上色即可
7	浅色木饰面安装使用蚊钉枪直接固定，导致板面有枪头阴形及钉眼，观感不好	交底不清，策划不周，安装人员缺乏常识	使用蚊钉枪固定浅色木饰面板时应先垫一块三夹板条，待白乳胶干透后再拔出蚊钉即可

（9）学生总结。

学生对照目标进行总结，小组汇报，老师答辩。

（10）评分。

包括学生自评、互评、老师评分。

1. 装修中木质板材的种类及特点有哪些？
2. 试述木质饰面板墙柱面装修的构造。
3. 装修中木质墙柱面施工容易出现哪些质量问题？

任务六　金属饰面的施工

3.6.1　学习目标

（1）掌握墙柱面金属饰面板的构造。

（2）能够阅读施工图，根据现场情况提出图纸中的问题。对图纸深化设计。

（3）能够按照施工图设计要求进行配料。

（4）能够编制墙柱面金属饰面板的施工方案。

（5）能够按照施工要求完成材料、机具准备。

（6）掌握金属饰面板施工的要点和方法，掌握细部的处理方法。

（7）完成相关的施工技术资料。

（8）能够分析会出现的质量问题，制定相关的防范措施。

金属材料因其独特的装饰效果，被广泛应用在室内外装饰中。金属材料饰面板具有坚固、耐久、易拆、施工方便等特点。金属饰面板常用的各类不锈钢板、型材、各类铝合金材料（纯铝板、铝塑复合板、蜂窝铝板等）以及压型钢板、镀锌板、铜板等有色金属材料等，其规格、品种、性能、色彩必须符合设计要求和现行国家标准。

不锈钢板有彩色不锈钢板、镜面不锈钢板、花纹不锈钢板；铝合金板有铝合金吸音板、铝合金平板、铝板、铝塑板、蜂窝铝板等。彩色涂层钢板有压型彩色钢板、彩色复合钢板等（见图 3－80）。

3.6.2　建筑装饰用的不锈钢板材

不锈钢是在空气中或化学腐蚀中能够抵抗腐蚀的一种高合金钢，不锈钢具有美观的表面和良好的耐腐蚀性能，不必经过镀色等表面处理。不锈钢是以铬元素为主要元素的合金钢，通常是指含铬 12％的具有耐腐蚀性能的铁基合金。不锈的原因是铬的性质比铁活跃，首先和环境中的氧化和，形成一层和铁紧密结合的致密的氧化膜层，保护合金钢表面。铬含量越高，钢的抗腐蚀性能越好。

不锈钢可以按用途、化学成分及金相组织来大体分类。以奥氏体系类的钢由 18％铬、8％镍为基本组成，各元素的加入量变化的不同，而开发各种用途的钢种。

3.6.2.1　不锈钢板材

建筑装饰用不锈钢制品包括薄钢板、管材、型材及各种异型材。其中，厚度小于 2mm 的薄钢板用得最多，常用的不锈钢薄板的厚度为 0.2～2mm，宽度为 500～1200mm，长度在 1000～3000mm 范围内不等。

图 3-80 金属材料的应用实例

目前市场常用的不锈钢薄板有镜面不锈钢薄板、拉丝不锈钢薄板、镀金不锈钢薄板以及经特种工艺加工的彩色不锈钢薄板、各种肌理的不锈钢薄板和凹凸不锈钢薄板（见图 3-81）。

3.6.2.2　不锈钢铝塑复合板

不锈钢铝塑复合板是由上下两层不锈钢板以及中间的低密度聚乙烯芯层经连续热压复合而成的复合板。采用不锈钢进行复合，表面完全具有不锈钢性能，提高了抗冲击强度、平整度并且生产成本低，为目前不锈钢板厚板的替代产品。品种有拉丝不锈钢塑板、光面不锈钢塑板、镜面不锈钢塑板等。如"开普金"防火铝塑复合板规格：厚度为 3～4mm，宽度≤1000mm，长度为任意长度。

3.6.2.3　彩色涂层钢板

彩色涂层钢板，又称有机涂层钢板，它是以冷轧钢板或镀锌钢板的卷板为基板，经过刷磨、除油、磷化、钝化等表面处理后，在基板的表面形成了一层极薄的膜。该膜对增强

图 3-81 常用的不锈钢薄板示例

基材的耐蚀性和提高漆膜对基材的附着力具有重要作用。经过表面处理的基板在通过辊涂机时，基板的两面被涂覆以各种色彩的有机涂料，再通过烘烤炉加热使涂料固化，故称之为彩色涂层钢板。

彩色涂层钢板表面具有各种颜色和花纹图案，可制成各种形状的压型板材。彩色涂层钢板可用作建筑外墙板、屋面板、护壁板、建筑门窗等，也可用作商业配套、候车亭的瓦楞板，工业厂房大型车间的壁板与崖顶、室内吊顶板等。

3.6.2.4 装饰用铝合金板

1. 铝合金孔型装饰板

铝合金孔型装饰板，使空间具有延伸感，有透光、透气的作用。不同图案、大小疏密的孔型变化使物面产生动感，根据不同外部环境可进行异形处理，令线条更加明快、飘逸，突破传统造型概念，更适合各类现代高级会所、家居装饰、办公等各种场合，是既实用又美观的新型装饰材料。

铝合金孔型装饰板的常用规格有：长（2000mm）×宽（1000mm）×厚（0.8～1.5mm）、长（2400mm）×宽（1200mm）×厚（0.8～1.5mm）。

2. 铝板

铝板由铝合金加工而成，表面可以做成各种涂层处理，设计成所需的图案和色彩，常用的涂漆方法有电泳涂漆、静电粉末涂漆、氟碳喷涂等。

电泳涂漆是在电场作用下将水溶性热固型树脂附着于金属表面后经烘干后形成固态保护膜。电泳涂漆的外观色系多为仿不锈钢、香槟、古铜、黑色、钛色等现逐渐发展到黄、绿、蓝、灰等多种彩色系，表面质感也发展到白色透明、镜面、砂光、亚光、珠光甚至仿木纹等特殊效果。

静电粉末喷涂是应用高压静电产生电晕放电使热固性饱和聚醋类粉末经过喷枪口带上负电荷从而吸附在带正电的铝型材上，经过约 200℃ 的高温烘烤使涂层熔化并发生交联固化成膜。涂层原料有聚氨酯、聚氨树脂、环氧树脂等。粉末喷涂的最大缺点是不耐紫外线照射，它在长期太阳照射下会自然褪色，导致向阳面和背阴面几年后就会产生明显的色差。静电喷涂几乎可以提供任何建筑师想要的颜色。

氟碳喷涂同样也是静电喷涂，只不过涂层固化前为液态。氟碳喷涂以聚偏二氟乙烯（PVDF）树脂为成膜基料、配金属铝粉等色料制成涂料。它具有超越一般涂料的优异的抗紫外线照射、抗粉化、抗裂、抗大气腐蚀等特性，是目前广为使用的、耐候性最佳的涂漆材料。

纳米抗脏自洁氟碳涂层是采用金属建筑涂料中的极品 PVDF＋纳米添加剂：带丙烯酸长链的四氟乙烯聚合物，经过"长链嵌接纳米颗粒"技术，与纳米颗粒连接的长链化合物产生反应活性，深入涂料中，经过高技术的涂装工艺，使表面的纳米颗粒保持长久稳定。

纯铝单板，规格 1.22mm×2.44mm×(0.08～3)mm，按照设计要求工厂加工成型。

3. 铝塑复合板

铝塑复合板是以塑料为芯层外贴铝皮的三层复合材料。塑料盒铝皮之间采用高分子粘结材料，表面处理方法同铝板。铝塑复合板常用厚度有 3mm、4mm。宽度有 1220mm、1250mm、1575mm、1605mm。长度一般为 2440mm，可根据需要定尺加工。

防火铝塑复合板是以优质铝合金涂层板作表面板、防火阻燃聚乙烯（阻燃聚乙烯专用料是以 LDPE/LLDPE 和 EVA 树脂为基础树脂，通过添加一种或多种阻燃剂，经充分混合、熔融塑化而成的一种专用的高分子改性材料）作为芯材，采用先进工艺制造的新型复合材料，是一种环保型绿色建材。例如"开普金"防火铝塑复合板，产品达到了国家防火建筑材料质量监督和试验中心标准《建筑材料燃烧性能分级方法》（GB 8624）的难燃 B1 级或不燃 A 级。该板具有优良的耐火性和物理力学性能，特别在 B1 级难燃和 180° 剥离强度方面达到了优异的性能指标。

《铝塑复合板》（GB/T 17748—1999）规定了铝塑复合板的分类和技术要求如下。

（1）分类。

1）按照产品的用途分为外墙铝塑板和内墙铝塑板。

2）按照表面涂层材质，铝塑板分为氟碳树脂型、聚酯树脂型、丙烯酸树脂型等。

（2）技术要求。

1）厚度要求：外墙板厚度不小于 4mm，内墙板厚度不小于 3mm。

2）原材料的要求：铝塑板所用的铝材应符合 GB/T 3880 要求的防锈铝（内墙板也可采用纯铝）。外墙板所用的铝板厚度不小于 0.5mm，内墙板所用铝板的厚度不小于 0.2mm。外墙板涂层应采用 70％ 的氟碳树脂。

3）尺寸允许偏差见表 3-24。

表 3 - 24 铝塑板尺寸允许偏差

项　　目	允许偏差值	项　　目	允许偏差值
长度（mm）		对角线差（mm）	
宽度（mm）		边沿不直度（mm/m）	
厚度（mm）		翘曲度（mm/m）	

4）外观质量：铝塑板的外观应整洁、涂层不得有漏涂或穿过涂层后的损伤。铝塑板外表面不得有塑料外露，铝塑板装饰面不得有明显的压痕和凹凸等残迹。铝塑板外观缺陷应符合表 3 - 25。

表 3 - 25 铝 塑 板 外 观 缺 陷

缺陷名称	缺陷规定	允 许 范 围	
		优等品	合格品
波纹		对角线差（mm）	
鼓泡		边沿不直度（mm/m）	
疵点		翘曲度（mm/m）	

4. 蜂窝复合铝板

蜂窝复合铝板主要用于建筑外墙，有玻璃钢蜂窝铝板、铝合金蜂窝铝板等。铝合金蜂窝板采用"三明治"结构，表面采用氟碳滚涂处理的铝合金板材，中间是铝蜂窝。总厚度 10～20mm。

随着技术的发展，铝箔表面的加工技术不断完善发展，目前在铝箔表面可以进行雕刻、腐蚀、磨砂、印刷加工。有上千个花色，有银白、金黄、深蓝、粉红、海蓝、瓷白、银灰、咖啡、石纹、木纹等花色系列。可以生产成镜面系列、拉丝系列、图案系列、二次氧化系列、压花系列等。产品有铝木复合板系列，规格为 1.22mm×2.44mm×(2.5～25)mm；铝塑复合板，规格 1.22mm×2.44mm×(1～5)mm；铝铝复合板，规格 1.22mm×2.44mm×(0.2～3)mm；金属高压板，规格 1.22mm×2.44mm×(0.7～1.5)mm。

3.6.2.5 铝合金饰面板的构造做法

1. 铝合金条板安装构造

铝合金条板配有专用龙骨，铝板卡在专用龙骨上，龙骨固定于型钢骨架或木龙骨架上。

2. 铝板（铝塑板）构造

(1) 铝塑板墙面装饰铆接构造，如图 3 - 82、图 3 - 83 所示。

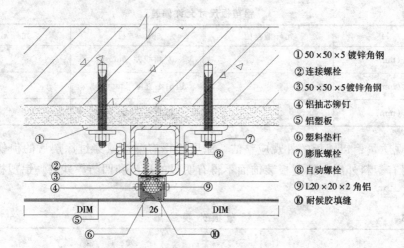

①50×50×5 镀锌角钢
②连接螺栓
③50×50×5 镀锌角钢
④铝抽芯铆钉
⑤铝塑板
⑥塑料垫杆
⑦膨胀螺栓
⑧自动螺栓
⑨L20×20×2 角铝
⑩耐候胶填缝

图 3-82　铝塑板铆接构造示意图

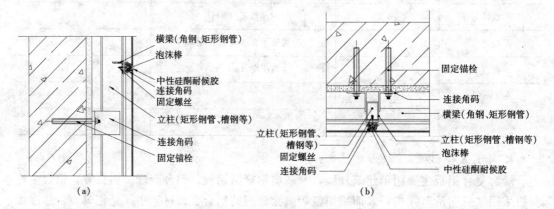

图 3-83　铝塑板铆接构造图
(a) 竖向节点；(b) 横向节点

(2) 铝板 (铝塑板) 圆柱，如图 3-84 所示。

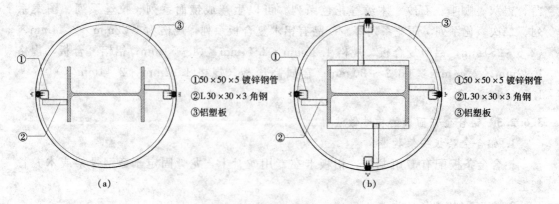

①50×50×5 镀锌钢管
②L30×30×3 角钢
③铝塑板

图 3-84　铝塑板包圆柱示意图
(a) 钢柱外包圆柱 (两拼)；(b) 钢柱外包圆柱 (四拼)

3. 铝塑板粘贴构造

铝合金粘贴构造是将铝素板用专用的胶粘剂（万能胶）粘贴在基层板上。基层板可以是木夹板，也可以是纸面石膏板。构造见图 3-85。

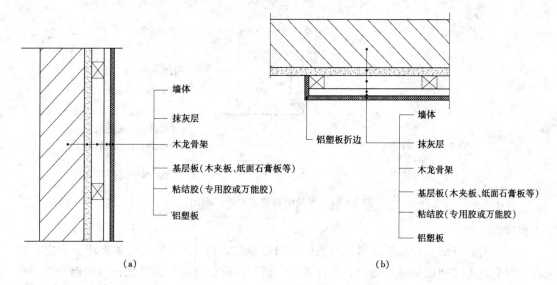

（a） （b）

图 3-85 铝塑板粘贴构造示意图
（a）坚向；（b）横向

3.6.3 不锈钢板构造

不修钢板通常采用卡的方式粘贴在基层板上，见图 3-86；也可采用铆接的方式固定见图 3-87。

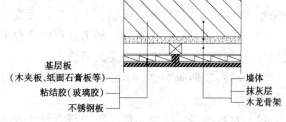

图 3-86 不锈钢粘贴构造示意图

3.6.3.1 金属饰面板常用的施工机具

（1）施工设备：电锯。

（2）常用工具：手提电动切割机、开孔机 、磨边机、手枪钻、电锤、手枪钻、冲击钻。

（3）测量工具：水平仪、水平尺、水平管、计量尺、吊锤、靠尺、墨斗等。

3.6.3.2 作业条件

（1）墙柱面粉刷抹灰施工完毕。

（2）墙柱面的基体必须坚实、清洁（无油污、浮浆、残灰等），影响面砖铺贴的凸出墙面被部分应凿平，过于凹陷的墙柱面应用 1:3 水泥砂浆分层抹平找平（注意：先浇水湿润后再抹灰）。应符合设计要求，并已通过验收，具有足够的强度、刚度和稳定性。

（3）墙柱面暗装管线、门、窗框完毕，施工前对安装在饰面部位的电气、开关、箱盒、灯具等有关设备的箱洞和采暖、卫生、煤气等管口的标高轴线位置校对，检验合格后方可施工。

（4）水电、暖通、消防、电信及有关设备、管线的预埋工作应施工前完成并做好隐蔽

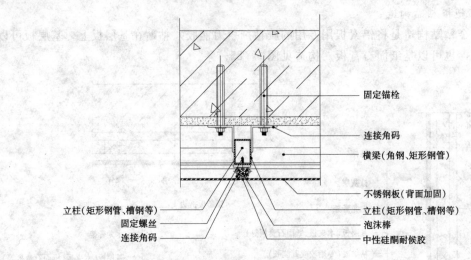

图 3-87 不锈钢板铆接构造示意图

工程验收。

(5) 安装好的窗台板及门窗框与墙体之间的缝隙，用 1:3 的水泥砂浆堵灌密实，铝合金窗框边隙之间嵌填材料应符合设计要求，铺贴面砖前应做好成品保护（如铝合金框贴保护膜）。

3.6.3.3 材料要求

(1) 金属饰面板加工前应认真核对产品的型号、规格、厚薄，金属表面的保护膜应保持完整，各类板材、型材无破损、无划痕、无变形、无凹陷。

(2) 在采购、搬运、储存、加工过程中应轻拿轻放，并堆放在平整的木板垫上，应避免坚硬物件挤压，以免不锈钢受到损伤。

(3) 材料表面应平整、边缘整齐、棱角不得缺损，并附有效的产品合格证书和产品检测报告。

(4) 材料图案、纹理、色泽等应符合设计要求。

3.6.3.4 质量检验标准

(1) 饰面板的品种、规格、颜色和性能应符合设计要求，木龙骨、木饰面板的燃烧性能等级应符合设计要求。

(2) 饰面板孔、槽的数量、位置和尺寸应符合设计要求。

(3) 饰面板安装工程的预埋件（或后置埋件）、连接件的数量、规格、位置、连接方法和防腐处理必须符合设计要求。后置埋件的现场拉拔强度应符合设计要求。饰面板安装必须牢固。

(4) 饰面板表面平整、洁净、色泽一致，无裂纹和缺损。

(5) 饰面板嵌缝应密实、平直，宽度和深度应符合设计要求，嵌填材料色泽应一致。

(6) 饰面板上的孔洞应套割吻合，边缘应整齐。

(7) 饰面板安装的质量允许偏差按表 3-26 的规定。

表 3 - 26　　　　　　　　　　　金属饰面板安装的质量允许偏差

项 次	项 目	允许偏差（mm）	检 验 方 法
1	立面垂直度	1.5	用 2m 垂直检测尺检查
2	表面平整度	1	用 2m 靠尺、塞尺检查
3	阴阳角方正	1.5	用直角检测尺检查
4	接缝直线度	1	拉 5m 线，不足 5m 拉通线，用钢尺检查
5	墙裙、勒脚上口直线度	2	拉 5m 线，不足 5m 拉通线，用钢尺检查
6	接缝高低差	0.5	用钢直尺、塞尺检查
7	接缝宽度	1	用钢直尺检查

3.6.4　项目实训练习

1. 目的

通过实训基地真实项目的实训，工学结合学习，达到教学目标的要求。

2. 项目任务

任务 1：电梯前厅墙面不锈钢板饰面施工图，完成图纸深化设计和构造节点设计，完成项目施工。

任务 2：某工程入口混凝土方柱 600mm×600mm，高度 4.0m，包成不锈钢圆柱，完成图纸深化设计和构造节点设计，完成项目施工。

3. 项目训练载体

工作室、学校实训基地。

4. 教学方法

学生 5～6 人一组，按照任务书的要求完成全部内容。

5. 分项内容及要求

（1）学生岗位分工。

模拟实际施工现场管理组织，学生以小组（项目部）为单位，学生担任不同的岗位，在全面训练的基础上，了解所承担岗位的职责。不同项目学生岗位互换。

（2）阅读方案图纸，查看现场，完成深化设计。

老师提供施工立面和平面造型图纸，模拟查看现场，了解现场情况，完成深化设计及构造设计，小组之间互相审图，提出图纸中的问题，老师全部审核，对存在问题给予解答。

老师模拟设置现场一些问题，要求学生解决。

要求：学生填写图纸审核记录表。

（3）编写施工技术方案。

要求：结合现场实际施工环境、施工图纸、规范等编写施工技术方案。

（4）材料准备。

1）材料需要量计算。根据图纸，计算所需要的材料用量。填写材料计划表和工程量计算表。

步骤提示：

a. 确定材料每平方消耗量。《江苏省建筑与装饰工程计价表》规定的材料消耗量，以此为参考确定材料用量。材料消耗量表只是一个参考，主要材料用量要根据材料的规格和设计尺寸来确定。

不锈钢板和木基层板配料时考虑板的规格尺寸，考虑材料的利用率；木龙骨按照龙骨间距加适当损耗进行配料。提醒学生注意设计模数对损耗的影响。

b. 工程量计算。《建设工程工程量计价规范》规定工程量计算规则如下。

项目编码	项目名称	项 目 特 征	计量单位	工程量计算规则	工程内容
020207001	装饰板墙面	1. 墙体类型； 2. 底层厚度、砂浆配合比； 3. 龙骨材料种类、规格、中距； 4. 隔离层材料种类、规格； 5. 基层材料种类、规格； 6. 面层材料品种、规格、品牌、颜色； 7. 压条材料种类、规格； 8. 防护材料种类； 9. 油漆品种、刷漆遍数	m²	按设计图示墙净长乘以净高以面积计算。扣除门窗洞口及单位 0.3m² 以上的孔洞所占面积	1. 基层清理； 2. 砂浆制作、运输； 3. 底层抹灰； 4. 龙骨制作、运输、安装； 5. 钉隔离层； 6. 基层铺钉； 7. 面层铺贴； 8. 刷防护材料、油漆

c. 材料用量计算。列出完成该项目所有的材料及用量。

2）材料进场检验。

要求：a. 学生对材料等进行检验，掌握材料的质量标准。

b. 填写材料进场检验记录表。

工具：精度为 0.5 mm 的钢直尺、精度为 0.05mm 的游标卡尺等。

检验提示：按照设计和相关的标准进行材料采购，要有合格的性能检测报告；材料到现场后要进行抽检，按照材料要求（品种、型号、规格、颜色、批号、等级等）进行质量检验，合格后方可使用。

（5）施工机具的准备。

选择需要的施工机具，填写主要施工机具表。

（6）施工。

以小组为单位完成项目训练。

施工步骤及要点提示：

1）技术交底。

要求：a. 模拟实际施工现场，由技术人员对施工班组负责人技术交底，技术交底一式 2 份。

b. 掌握不锈钢饰面施工技术交底的内容及程序。

2）施工工艺流程。

a. 不锈钢饰面板粘贴安装施工工艺流程见图 3-88。

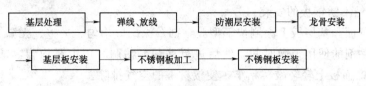

图 3-88 不锈钢饰面板粘贴安装施工工艺流程

b. 不锈钢饰面板铆接连接的安装施工工艺流程见图 3-89。

图 3-89 不锈钢饰面板铆接连接安装施工工艺流程

3）不锈钢饰面施工要点。

a. 基层处理：同木饰面板安装。

b. 弹线、放线：同木饰面板安装。

c. 防潮层安装：安装同木饰面板安装。

d. 不锈钢饰面板骨架安装。

◆ 一般在室内吊顶、隔墙、抹灰、涂饰等分项工程完成后安装，安装现场应保持整洁、有足够的安装距离和光线。

◆ 安装前应对预埋件是否与设计图纸相符，或按照技术方案设置后置埋件。

◆ 基层必须牢固、平整。预埋件、连接件的数量、规格、位置、连接方法必须符合设计要求。

◆ 饰面板采用木龙骨架时，应选用干燥、不变性、不开裂的木材、木质多层板、细木工板、中密度纤维板等，应与基层安装牢固，拼接处应平直、尺寸、平整度符合设计要求。

◆ 饰面板的骨架采用钢结构时，应选用符合设计要求的型钢，焊接牢固，经焊接验收合格后，做表面的防锈处理；有防火要求时，应刷防火涂料处理。

◆ 采用其他材料作为饰面板的骨架时，应满足牢固、平整和相应的设计要求。

e. 不锈钢饰面板加工。

◆ 不锈钢饰面板加工精度要求较高，加工前必须充分熟悉图纸，了解设计意图，绘制加工图纸，安排好加工工期并明确技术要求。

◆ 加工中的卷、折、剪、焊应对照设计要求和基础尺度，在饰面板表面划线后进行。对设计有特殊要求的应增加加工工序，如不锈钢清板折板后产生的弧形角，可以事先在板侧面刨大于90°直角的凹槽，凹槽的深度应视板的厚度而定，一般应控制在2/3之内，深容易折断，浅达不到清角效果。应避免表面划伤和重物坠落造成变形，表面保护膜不应轻易撕掉。

◆ 发纹不锈钢因有纹理方向，在加工剪裁中应根据设计要求，注意纹理方向。

◆ 不锈钢饰面板加工应在专用切板机、折板机上一次完成，尺寸、裁切要严格控制精度。

f. 粘结剂粘不锈钢板的安装。

◆ 面板的背面和基层板上涂刷快干型胶粘剂，涂刷应均匀、平整、无漏洞。

◆ 掌握胶粘剂的使用干燥时间，然后进行粘贴，粘贴时用力要均匀，饰面板到位后，可用小木块在饰面板上轻轻敲实粘牢，使板材下的空气排除。

◆ 接缝处应将连接处的保护膜撕起，对接应密实、平整、无错位、无叠缝；在胶水凝固可做细微的调整，并用胶带纸、绳等辅助材料固定，但不能随意撕移与变动。

◆ 对渗出多余的胶液应及时擦除，避免玷污饰面板表面。

◆ 室内温度低于5℃时，不宜采用粘接剂粘结的安装方法安装，严禁用明火灯具烘烤粘结剂，以免引起火灾。

g. 铆接、焊接和扣接的面板安装。

◆ 不锈钢饰面板边缘应该平直、不留毛边，留缝应符合设计要求，焊接后的打磨抛光应仔细，应保证表面平整无缺陷，接头应尽量安排在不明显部位。

◆ 铆接的连接件应完整。扣接的弧形、线条应扣到基层面，饰面板不易留较大宽度的缝隙；不锈钢饰面板局部受力后容易变形，安装时应整体受力。

◆ 铆接、焊接和扣接必须安装牢固、平整、光泽一致。

h. 打胶。

◆ 打胶前，应对槽缝两侧作封闭处理，可用美纹纸遮挡，缝、槽深的应用泡沫嵌条塞紧，保持5mm厚的勾缝。

◆ 打胶时用力要均匀，行走要自然；接口要吻合，不得堆积、漏打。

◆ 打完后用略宽于槽缝宽度的木工具将多余的胶液刮掉，也可用手指蘸水顺缝道轻轻抹实，使胶缝自然平直。

◆ 胶水凝固后将遮挡的美纹纸轻轻撕掉，并进行一次检查，对漏打或缺陷的缝槽作细微的调整。

（7）成品保护。

不锈钢表面保护在施工过程中不能撕去，施工完后，根据现场需要进行清除。

（8）质量检验。

1）隐蔽工程质量检验。

要求：a. 掌握隐蔽工程验收的内容，包括木龙骨及基层板的固定、规格尺寸、安装、防火处理及防潮层。

b. 掌握隐蔽工程验收的方法。

c. 填写隐蔽工程验收记录。

2）按照质量标准对完成项目进行质量检验。

要求：a. 掌握检验的内容和方法。

b. 填写质量检验记录表。

工具：老师提供检测工具。

（9）学生总结。

学生对照目标进行总结，小组汇报，老师答辩。

（10）评分。

包括学生自评、互评、老师评分。

3.6.5 铝板（铝塑板）饰面板的施工

1. 目的

通过实训基地真实项目的实训，工学结合学习，达到教学目标的要求。

2. 项目任务

某办公楼走道墙面装饰采用铝塑板面层，完成项目训练。

3. 项目训练载体

工作室、学校实训基地。

4. 教学方法

学生5～6人一组，按照任务书的要求完成全部内容。

5. 分项内容及要求

（1）学生岗位分工。

模拟实际施工现场管理组织，学生以小组（项目部）为单位，学生担任不同的岗位，在全面训练的基础上，了解所承担岗位的职责。不同项目学生岗位互换。

要求：以小组为单位填写工程项目施工管理人员名单表。

（2）查看现场，阅读方案图纸，完成深化设计。

根据提供的方案图纸，学生完成构造设计，小组之间相互审图。提出问题，老师答疑。

要求：学生填写图纸审核记录表。

（3）材料准备。

1）材料需要量计算。根据图纸，计算所需要的材料用量。

步骤提示：

a. 确定材料每平方消耗量。

提示：老师提供有关的参考资料，学生根据板材规格尺寸结合设计图纸计算需要量，提醒学生注意设计模数对损耗的影响。

b. 工程量计算。

c. 材料用量计算。

2）材料进场检验。

要求：a. 学生对材料等进行检验，掌握材料的质量标准。

b. 填写材料进场检验记录表。

工具：精度为0.5mm的钢直尺、精度为0.05mm的游标卡尺等。

检验提示：按照设计和相关的标准进行材料采购，要有合格的性能检测报告；材料到现场后要进行抽检，按照材料要求（品种、型号、规格、颜色、批号、等级等）进行质量检验，合格后方可使用。

（4）施工机具的准备。

选择需要的施工机具，填写主要施工机具表。

（5）施工。

以小组为单位完成项目训练。

施工步骤及要点提示：

1）技术交底。

要求：a. 模拟实际施工现场，由技术人员对施工班组负责人技术交底，技术交底一式 2 份。

b. 掌握铝塑板饰面施工技术交底的内容及程序。

2）施工工艺流程。

a. 铝塑板粘贴安装施工工艺流程见图 3-90。

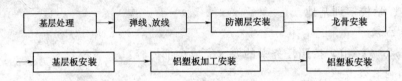

图 3-90 铝塑板粘贴安装施工工艺流程

b. 铝板（铝塑板）饰面板铆接连接的安装施工工艺流程见图 3-91。

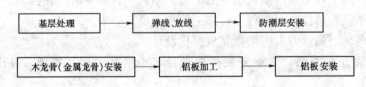

图 3-91 铝板（铝塑板）饰面板铆接连接安装施工工艺流程

3）铝合金板饰面施工要点。

a. 基层处理：同木饰面板安装。

b. 弹线、放线：同木饰面板安装。

c. 防潮层安装：同木饰面板安装。

d. 铝合金板饰面板骨架安装。

◆ 一般在室内吊顶、隔墙、抹灰、涂饰等分项工程完成后安装，安装现场应保持整洁、有足够的安装距离和光线。

◆ 安装前应对预埋件是否与设计图纸相符，或按照技术方案设置后置埋件。

◆ 基层必须牢固、平整。预埋件、连接件的数量、规格、位置、连接方法必须符合设计要求。

◆ 饰面板采用木龙骨架时，应选用干燥、不变性、不开裂的木材、木质多层板、细木工板、中密度纤维板等，应与基层安装牢固，拼接处应平直、尺寸、平整度符合设计要求。

◆ 饰面板的骨架采用钢结构时，应选用符合设计要求的型钢，焊接牢固，经焊接验收合格后，做表面的防锈处理；有防火要求时，应刷防火涂料处理。

◆ 采用其他材料作为饰面板的骨架时，应满足牢固、平整和相应的设计要求。

e. 铝板加工与安装。

◆ **成品与加工**：按设计要求对铝板进行折板、冲孔和表面加工。

● 先进行折板冲孔加工。

● 进行预安装，成功后在写下登记编号，然后进行表面处理。

● 表面进行氟碳树脂处理时应注意氟碳树脂含量不低于 75%。沿海地区及严重酸雨地区，可采用 3~4 道氟碳树脂涂层，其厚度应大于 $40\mu m$；其他地区可采用两道树脂涂层，其厚度应大于 $25\mu m$；氟碳树脂涂层应无起泡、裂纹、剥落等现象。采用表面喷涂的应严格按照喷涂程序做好色彩的调配、喷涂、包装等。色彩处理应一次性加工成功，否则，容易产生色差。

◆ **铝板的安装**：其基础骨架必须符合国家现行规范。固定的方式分为螺丝连接和龙骨卡接两类。将铝板条卡在特制配套的龙骨上，龙骨卡接安装多用于室内，而螺丝连接安装用螺钉固定，其耐久性能好，连接牢固，所以多用于室外安装。

● 根据设计要求加工折板的铝板，经表面氟碳树脂或喷涂处理后，在安装时应根据编号、按顺序用螺钉拧紧在原安装部位，施工人员应戴手套操作，避免上下搬动时与脚手架或其他坚硬物体碰撞，避免尖硬金属件刮伤饰面板表面，在安装前应保存饰面板上的保护膜。

● 安装规格的充孔铝板和光面铝板，应根据设计要求和规范要求安装好主龙骨及专用龙骨，调整好水平，然后用力均匀地将铝板卡在专用龙骨上，安装可从中间向两侧展开，也可从主侧面向次侧面展开。铝板上钻孔应在安装前放在平整的木垫上进行，这样不易变形破坏整体平整度。

● 铝板安装应保持缝槽统一，缝槽应用泡沫条填实填平。

　　4）塑铝复合板的施工与安装操作工艺。塑铝复合板的安装分为粘结剂粘结法和螺钉连接法，前者用专用粘结剂粘结在平整的木质或石膏板、金属板大牛股基层材料上，后者用螺钉固定在金属或木质的骨架上。

　　a. 铝塑板加工过程。

◆ **准备**：应用平整、整洁的操作台，大小视塑铝复合板折板而定；配备硬直尺、手提雕刻机、金属刻刀、铅笔、钉、砂纸等操作用具。

◆ **划线**：将塑铝复合板平放在操作台上，在塑铝复合板内侧用铅笔根据设计要求划线，并用铝合金方管或硬木直尺压住，用手提雕刻机直刀刀尖对准铅笔线，并与铝合金方管或硬木直尺紧靠，调整后将其固定。

◆ **刻线**：手提切割机的雕刻刀经与深度应视铝塑板厚度而定，应刻到下层铝板与中间铝塑连接处的 2/3 为宜。过深会伤及表面铝板，过浅会影响折板的角度。操作时，手持雕刻机要稳，垂直下刀。可先试刀，确定达到预先要求后进行；紧靠金属或木质靠山，推动雕刻机时要用力均匀，推到顶端后，在顺缝槽来回一次，使直角缝舒畅、平滑，然后用刷子及时清除废屑，起掉靠山。

◆ **折板**：用力要均匀，折到设计要求的尺寸后松手，不可上下多次折动，否则容易开裂影响安装质量。

◆ **搬运**：对折好的塑铝复合板要轻搬轻放，表面保护膜尽量不要破损撕毁。塑铝复合板适合在装饰工程现场加工，但必须保持整洁具备充足的光线与操作环境。

b. 安装。

◆ 粘结剂粘结法：在清理基层达到要求后，应在基层表面划线规划；将塑铝复合板内侧和基层表面均匀地刷上胶粘剂，用自制锯齿刮板将胶液刮平并将多余的胶液去除；要根据粘结剂说明书，达到待干程度后方能粘贴。

根据规划线，粘贴时应两手各持一角，先粘住一角，调整好角度后再粘另一角，确定无误后，逐步将整张板粘贴，粘贴时要注意空气的排尽，粘贴后可用木块衬垫后轻轻敲实。尺寸较大的塑铝复合板需两人或两人以上共同完成。室内温度低于 5℃ 时，不宜采用胶粘剂粘接法施工。

◆ 螺钉连接法：用电钻在复合板拧螺钉的位置钻孔，螺钉应拧在不显眼及次要部位，孔径应根据螺钉的规格决定，再用自攻螺钉拧紧，并保持螺钉不外露；接缝宽度应符合设计要求。

5）打胶。

a. 打胶前，应对槽缝两侧作封闭处理，可用美纹纸遮挡，缝、槽深的应用泡沫嵌条塞紧，保持 5mm 厚的勾缝。

b. 打胶时用力要均匀，行走要自然；接口要吻合，不得堆积、漏打。

c. 打完后用略宽于槽缝宽度的木工具将多余的胶液刮掉，也可用手指蘸水顺缝道轻轻抹实，使胶缝自然平直。

d. 胶水凝固后将遮挡的美纹纸轻轻撕掉，并进行一次检查，对漏打或缺陷的缝槽作细微的调整。

（6）成品保护。

铝板（铝塑板）表面保护在施工过程中不能撕去，施工完后，根据现场需要进行清除。

（7）质量检验。

1）隐蔽工程质量检验。

要求：a. 掌握隐蔽工程验收的内容，包括木龙骨及基层板的固定、规格尺寸、安装、防火处理及防潮层。

b. 掌握隐蔽工程验收的方法。

c. 填写隐蔽工程验收记录。

2）按照质量标准对完成项目进行质量检验。

要求：a. 掌握检验的内容和方法。

b. 填写质量检验记录表

工具：老师提供检测工具。

（8）学生总结。

学生对照目标进行总结，小组汇报，老师答辩。

（9）评分。

包括学生自评、互评、老师评分。

思 考 题

1. 不锈钢板的种类及特点有哪些?
2. 试述不锈钢饰面板墙柱面装修的构造。
3. 不锈钢饰面板墙柱面施工容易出现哪些质量问题?
4. 铝板（铝塑板）的表面处理有哪几种? 各自特点是什么?
5. 简述铝板（铝塑板）墙柱面装修的构造。
6. 铝板（铝塑板）墙面的施工要点有哪些?

任务七　墙柱面裱糊与软包的施工

3.7.1　学习目标

（1）掌握墙柱面裱糊的构造。

（2）能够阅读施工图。

（3）能够按照施工图设计要求进行配料，掌握材料检验方法，完成材料、机具准备。

（4）能够编制墙柱面裱糊施工的施工技术方案，分析会出现的质量问题，制定相关的防范措施。

（5）通过组织施工，完成实训项目，掌握墙柱面裱糊施工的要点和方法，掌握细部的处理方法；了解施工中出现各类问题的处理方法。

（6）完成相关的施工技术资料。

（7）能够分析会出现的质量问题，制定相关的防范措施。

3.7.2　墙柱面裱糊的施工

墙面装饰织物是指以棉、麻、毛等为原料，采用纺织形式织成的壁纸或墙布。以其多变的图案、柔软的质地，起到柔化空间，美化空间的作用，深受用户的欢迎。如图 3 - 92 所示。

3.7.2.1　裱糊工程的材料

1. 普通壁纸（纸基涂塑壁纸）

（1）压花涂塑壁纸。压花涂塑壁纸，是在印花涂塑壁纸的工艺基础上，适当加厚涂层用有两个轧纹辊的模压机械，压制而成。

1）干压花壁纸。干压花壁纸是密度较小的一种壁纸，按其表面形状又分为以下几种：

a. 压纹壁纸，使用完全无规则的凹凸图形压制而成，在粘贴后凹凸会有变化，是最普通的一种壁纸。

b. 木纹壁纸，是把经过上光或加有闪光底色的纸，精细压成具有木纹效果的壁纸。

c. 双层压纹壁纸，是在压纹前将两层纸先粘贴在一起，以便产生更明显的凹凸效应，一般只压图形。

d. 浅浮雕装饰壁纸，是一种双层纸粘合在一起的壁纸。在模压时，双层纸间的胶粘剂是湿的，以便使粘贴时保持最大的凸纹。上面一层纸用道林纸或牛皮纸，以加强壁纸的

图 3-92 装饰织物应用实例

强度。这种壁纸，既不上色，也不印图形，一般只压成石状纹理、碎玻璃花纹或几何图形，也可以在粘贴后再刷涂料。

2）湿压纹壁纸。是一种比浮雕装饰壁纸重得多的壁纸。底层由棉绒纤维、松香树脂胶、白瓷土、明矾制成，以湿润状态在轧辊中模压成型，可确保凹凸纹在粘贴后不变形。一般为白色，以便涂刷油漆或水性涂料。此类壁纸又分为以下两种：

a. 浅浮雕型壁纸。

b. 深浮雕型壁纸，是一种用压模压制成的壁纸，起伏高度可达 25mm，故只适用于墙面仿砖、石装饰。

（2）复塑壁纸。复塑壁纸是将聚氯乙烯树脂与增塑剂、颜料、填充料等材料混炼，压延成膜，然后与纸基热压复合，再进行印刷、压纹而成。这种壁纸有单色印刷压光、双色印刷压纹并发泡、沟底印刷压纹等多种产品，可在基本干燥但未干透的基体上铺贴。这种壁纸的规格一般为：宽度有 0.53m，0.9m，1.0m，1.2m 等几种，长度有 10m，15m，30m，50m 几种。

纸基涂塑壁纸遇水或胶水，开始时即自由膨胀，经 5～10min 后胀足，干后又自行收缩。其幅宽方向的膨胀率为 0.5%～1.2%，收缩率为 0.2%～0.8%。裱糊这类壁纸"应先将壁纸用水湿润数分钟"。

2. 浮雕壁纸

浮雕壁纸又称发包壁纸。是以 $100g/m^2$ 的纸作基材，涂塑 $300\sim400g/m^2$ 掺有发泡剂的聚氯乙烯（PVC）糊状料，印花后，再经加热发泡而成，其表面呈凹凸花纹。这种壁纸又分以下两种：

（1）高发泡印花壁纸。这种壁纸发泡率大，表面呈比较凸出的、富有弹性的凹凸花纹，是一种装饰、吸声多功能壁纸。

（2）低发泡印花压花壁纸。这种壁纸是在发泡平面印有图案的品种，使表面形成具有不同色彩的凹凸花纹图案。也称化学浮雕或化学压花壁纸。

塑料壁纸的主要性能见表 3-27。

塑料壁纸的规格分大卷、中卷、小卷三种，见表 3-28。

表 3-27　　　　　　　　　　　　塑料壁纸主要性能

项　　目	一 级 品	二 级 品
施工性	不得有浮起和剥落	不得有浮起和剥落
褪色性（光老化试验）	20h 以上无变色、褪色现象	20h 以上无明显变色、褪色现象
耐磨性	干磨 25 次，湿磨 2 次无明显掉色	干磨 25 次，湿磨 2 次有轻微掉色
湿强度（N/1.5cm）	纵横向≥2.0	纵横向≥2.0

表 3-28　　　　　　　　　　　　塑 料 壁 纸 的 规 格

种　　类	长度（m）	宽度（mm）	每卷面积（m²）
大卷	50	920~1200	46~90
中卷	25~50	760~900	20~45
小卷	10~12	530~600	5~6

3. 麻草壁纸、纺织纤维壁纸

（1）麻草壁纸。麻草壁纸是以纸为基层，以编织的麻草为面层，经复合加工而成的一种新型室内装饰墙纸。它具有阻燃、吸声、散潮湿、不变形等特点，并具有浓郁的自然气息，对人体无任何影响。

麻草壁纸的规格一般为：长 30m，50m，70m，宽 950mm 左右。

（2）纺织纤维壁纸。在我国也称为花色线壁纸。纺织纤维壁纸是目前国际上比较流行的新型壁纸。它是由棉、麻、丝等天然纤维或化学纤维制成各种色泽、花式的粗细纱或织物，用不同的纺纱工艺和花色粘线加工方式，将纱线粘到基层纸上，从而制成花样繁多的纺织纤维壁纸。有时还用编草、竹丝或麻皮条等天然材料，经过漂白或染色再与棉线交织后同基纸粘贴，制成植物纤维壁纸。

这种壁纸材料质感强，立体感强，色调柔和、高雅，具有无毒、吸声、透气等功能。

4. 特种壁纸

特种壁纸也称专用壁纸，是指具有特殊功能的塑料面层壁纸，如耐水壁纸、防火壁纸、抗腐蚀壁纸、抗静电壁纸、自粘型壁纸、金属面壁纸、图景画壁纸、彩色砂粒壁纸、防污壁纸等。

（1）耐水壁纸。耐水壁纸是用玻璃纤维毡纸作基材，以适应卫生间、浴室等墙面的装饰。一般用于卫生间墙面高度和顶棚，墙面下部仍需镶贴瓷砖，以防壁纸接缝处渗水、脱落。

（2）防火壁纸。防火壁纸是用 $100\sim200\text{g/m}^2$ 的石棉纸作基材，在面层 PVC 涂塑材料中掺有阻燃剂，使壁纸具有一定的阻燃防火性能，适用于防火要求较高的建筑和木板面装饰，并且要求壁纸燃烧后，无有毒气体产生。

（3）彩色砂粒壁纸。彩色砂粒壁纸是在基材上撒布彩色砂粒，再喷涂胶粘剂，使表面具有粒粒毛面。

（4）自粘型壁纸。自粘型壁纸在裱糊时，不用刷胶粘剂，只要将壁纸背后的保护膜撕掉，像胶布一样贴于墙面，给施工带来了很大方便，同时更换也较容易。

（5）金属面壁纸。金属面壁纸的装饰效果像安装了金属装饰板一样，具有不锈钢面、黄铜面等多种质感与光泽，这种壁纸裱糊后，有时可以达到以假乱真的地步。

（6）图景画壁纸。图景画壁纸是一种将塑料壁纸的表面图案同图画或风影照结合起来制成的壁纸。为了便于裱糊，生产时将一幅壁纸画分成若干小块，裱糊时按标准的顺序拼贴即可。

5. 玻璃纤维壁布（墙布）

玻璃纤维壁布采用天然石英材料精制而成，集技术、美学和自然属性为一体，高贵典雅，返璞归真，独特的欧洲浅浮雕的艺术风格是其他材料所无法代替的。天然的石英材料造就了玻璃纤维壁布环保、健康、超级抗裂的品质，各种编织工艺凸现了丰富的纹理结构，结合墙面涂饰的色彩变化，是现代家居装修必选的壁饰佳品。其功能特点为：环保、装饰性强、耐擦洗、可消毒、不发霉、防开裂虫蛀、防火性强、应用广泛。

玻璃纤维壁布的品种规格：厚度为 $0.15\sim0.17\text{mm}$，幅宽 $800\sim840\text{mm}$，每平方米质量约 20g 左右。

6. 装饰墙布、化纤装饰墙布

（1）装饰墙布规格及技术性能，见表 3 - 29。

表 3 - 29　　　　　　　　　　　　　　装饰墙布的规格及性能

品　名	规格（mm）	技　术　性　能
装饰墙布	厚度：0.35	冲击韧度：34.7J/cm^2 断裂强度：纵向 770N/（5mm×20mm） 断裂伸长度：纵向 3%，横向 8% 耐磨性：500 次 静电效应：静电值 184V，半衰期 1s 日晒强度：7 级 刷洗强度：3～4 级 湿摩擦：4 级

（2）化纤装饰墙布规格及技术性能，见表 3-30。

表 3-30　　　　　　　　　　　化纤装饰布的规格及性能

品　名	规　格		技　术　性　能	
化纤维装饰贴墙布	厚度：0.15～0.18mm 宽度：820～840mm 长度：50m		技　术　性　能	
"多纶"粘涤棉墙布	厚度：0.32mm 长度：50m 重量：8.5kg/卷 胶粘剂：配套使用 "DL"香味胶水胶粘剂		日晒牢度 摩擦牢度 强度 老化度	黄绿色类 4～5 类 红棕色类 2～3 级 干 3 级，湿 2～3 级 经向 300～40N，纬向 290～40N 3～5 年

7. 无纺墙布

无纺墙布规格性能及性能见表 3-31、表 3-32。

表 3-31　　　　　　　　　　　无纺墙布性能

品　名	规　格		技　术　指　标
	质（重）量 （g/m²）	强度 （MPa）	粘贴牢度 （N/2.5cm）
涤纶无纺墙布	75	2.0	5.5（粘贴在混合砂浆墙面上） 3.5（粘贴在油漆墙面上）
麻无纺墙布	100	1.4	2.0（粘贴在混合砂浆墙面上） 1.5（粘贴在油漆墙面上）

注　表中"粘贴牢度"系指用白胶和化学浆糊粘的牢度。

表 3-32　　　　　　　　　　　无纺墙布的规格

品　名	规　格
涤纶无纺墙布	厚度：0.12～0.18mm；宽度：850～900mm
麻无纺墙布	厚度：0.12～0.18mm；宽度：850～900mm
无纺印花涂塑墙布	厚度：0.8～1mm；宽度：920mm；长度：50m/卷，每箱 4 卷，共 200m 胶粘剂：聚醋酸乙烯乳胶
无纺墙布	厚度：1.0mm 左右；重量：70g/m²

8. 胶粘剂及腻子

胶粘剂及腻子规格性能见表 3-33～表 3-35。

表 3-33　　　　　　　　　墙纸裱糊常用胶粘剂配方　　　　　　　　　％

配方	108 胶	聚醋酸乙烯乳液	羟甲基纤维素溶液（1%～2%）	水
I	100	—	20～30	60～80
II	100	20	—	50
III	—	100	20～30	适量

表 3-34 墙布胶粘剂 %

名称	聚醋酸乙烯乳液	2.5%羟甲基纤维素水溶液
含量	50	50
重量比	60	40

表 3-35 腻子配合比（重量比） %

名称	石膏	滑石粉	熟桐油	竣甲基纤维素溶液（浓度 2%）	聚醋酸乙烯乳液
乳胶腻子	—	5	—	3.5	1
乳胶石膏腻子	10	—	—	6	0.5～0.6
油性石膏腻子	20	—	7	—	50

3.7.2.2 裱糊工程的材料的质量要求

1. 强制性条文

（1）民用建筑工程室内装修中所采用的水性涂料、水性胶粘剂、水性处理剂必须有总挥发性有机化合物（TVOC）和游离甲醛含量的检测报告；溶剂型涂料、溶剂型胶粘剂必须有总挥发性有机化合物（TVOC）、苯、游离甲苯二异芬酸（TDI）聚氨醋类含量的检测报告，并应符合设计要求和《民用建筑工程室内环境污染控制规范》的规定。

（2）民用建筑工程室内装修所采用的稀释剂和溶剂，严禁使用苯、工业苯、石油苯、重质苯及混苯。

2. 材料外观质量

聚氮乙烯塑料壁纸外观质量要求见表 3-36。

表 3-36 聚氮乙烯塑料壁纸外观质量要求

等级	优等品	一等品	合格品
色差	不允许有	不允许有明显差异	允许有差异，但不影响使用
伤痕和皱褶	不允许有	不允许有	允许基纸有明显折印，但壁纸表面不许有死折
气泡	不允许有	不允许有	不允许有影响外观的气泡
套印精度	偏差不大于 0.8mm	偏差不大于 1mm	偏差不大于 2mm
露底	不允许有	不允许有	允许有 2mm 的露底，但不允许密集
漏印	不允许有	不允许有	不允许有影响外观的漏印
污染点	不允许有	不允许有目视明显的污染点	允许有目视明显的污染点，但不允许密集

3. 可洗性要求

可洗性是壁纸、壁布在粘贴后的使用期内应满足可洗涤的性能要求。壁纸可洗性按使用要求可分为可洗、特别可洗和可刷洗三个使用等级，见表 3-37。

表 3 - 37   壁纸可洗性要求

使　用　等　级	指　标
可洗	30 次无外观上的损伤和变化
特别可洗	100 次无外观上的损伤和变化
可刷洗	40 次无外观上的损伤和变化

4. 壁纸国际通用符号

壁纸的国际通用符号表示见表 3 - 38。

表 3 - 38   壁纸国际通用符号

符　　号	意　义	符　　号	意　义
	已上底胶		不需对花
	已上底胶		水平对花
	面底可分		高低对花
	面底可分		调头粘贴
	可洗		调头粘贴
	可洗		调头粘贴
	可洗		耐日照
	可擦洗		

3.7.2.3　裱糊工程施工机具

裱糊用主要施工机具有：裁纸工作台、滚轴、油工刷板、毛刷和钢板尺、线锤、铅笔、美工刀、砂纸、刮板等，见图 3 - 93。

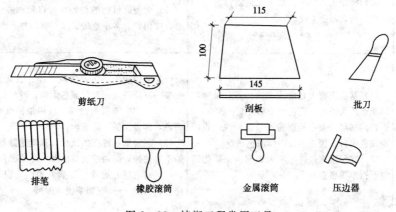

剪纸刀　　　　　　　刮板　　　　　　　批刀

排笔　　　　橡胶滚筒　　　　金属滚筒　　　压边器

图 3 - 93　裱糊工程常用工具

3.7.2.4　壁纸、墙（壁）布裱糊容易出现的质量通病及原因分析

壁纸、墙（壁）布裱糊容易出现的质量通病及原因分析见表 3-39。

表 3-39　　　　　　　　　　　　　质量通病及防治措施

质量通病	原　因　分　析	防　治　措　施
腻子翻皮	（1）腻子胶性小或稠度大； （2）基层的表面有灰尘，隔离剂、油污等； （3）基层表面太光滑，表面温度较高的情况下刮腻子； （4）基层干燥，腻子刮得太厚	（1）调制腻子时可以加入适量的胶液，稠度合适，以使用方便为准； （2）基层表面的灰尘、隔离剂、油污等必须清除干净； （3）在光滑的基层表面或清除油污后，要涂刷 1 层胶粘剂（如乳胶等），再刮腻子； （4）每遍刮腻子不宜过厚，不可在有冰霜、潮湿和高温的基层表面上刮腻子； （5）翻皮的腻子应铲除干净，找出产生翻皮的原因，经采取措施后再重新刮腻子
腻子裂纹	（1）腻子胶性小，稠度较大，失水快，腻子面层出现裂纹； （2）凹陷坑洼处的灰尘、杂物未清理干净，干缩脱落； （3）凹陷洞孔较大时，刮抹的腻子有半眼、蒙头等缺陷，造成腻子不生根或一次刮抹腻子太厚，形成干缩裂纹	（1）在调制腻子时，稠度要适中，胶液应略多些； （2）基层表面特别是孔洞凹陷处，应将灰尘、浮土等清除干净，并涂刷 1 遍胶粘剂，增加腻子粘结力； （3）当洞孔较大时，腻子胶性要略大些，并分层进行，反复刮抹平整、坚实、牢固； （4）对裂缝较大且已脱离基层的腻子，要铲除干净，待基层处理后，再重新刮一遍腻子； （5）对洞口处的半眼、蒙头腻子必须挖出，处理后再分层刮腻子直至平整
表面粗糙、有疙瘩	（1）基层表面的污物未清除干净，凸起部分未处理平整，砂纸打磨不够或漏磨； （2）使用的工具未清理干净，有杂物混入材料中； （3）操作现场周围有灰尘飞扬或污物落在刚粉刷的表面上	（1）基层表面污物应清除干净，特别是混凝土流坠的灰浆或接搓棱印，需用铁铲或电动砂轮磨光，对腻子疤等凸起部分要用砂纸震荡机打磨平整； （2）使用材料要保持洁净，所用工具和操作现场也应清洁，防止污物混入腻子或浆液中； （3）对表面粗糙的粉饰，可以用细砂浆轻轻打磨光滑，或用铲刀将小疙瘩铲除平整，并上底油
透底、咬色	（1）基层表面太光滑或有油污等，浆膜难以覆盖严实而露出底色或个别处颜色改变； （2）基层表面或上道粉饰颜色较深，表面刷浅色浆时，覆盖不住，使底色显露； （3）底层预埋铁件等物未处理或未刷防锈漆及白厚漆覆盖	（1）基层表面油污要清除干净；表面太光滑时可以先喷一遍清胶液；表面颜色太深，可先涂刷一遍浆液； （2）如原粉饰颜色较深，应用细砂纸打磨或刷水起底色，再做刮腻子刷底油； （3）底层如有裸露的铁件，凡能挖除的一定要挖除，如不能挖掉，必须刷防锈漆和白厚漆覆盖； （4）对有透底或咬色弊病的粉刷工程，要进行局部修补，再喷 1~2 遍面浆覆盖即可

质量通病	原 因 分 析	防 治 措 施
裱贴不垂直	（1）裱糊壁纸前未吊垂线，第一张贴得不垂直，依次继续裱糊多张壁纸后，偏离更厉害，有花饰的壁纸问题更严重； （2）壁纸本身的花饰与纸边不平行，未经处理就进行裱贴； （3）基层表面阴阳角抹灰垂直偏差较大，影响壁纸裱贴的接缝和花饰的垂直； （4）搭缝裱贴的花饰壁纸，对花不准确，重叠对裁后，花饰与纸边不平行	（1）壁纸裱贴前，应先在贴纸的墙面上吊一条垂直线，并弹上粉线，裱贴的第一张壁纸，纸边必须紧靠此线边缘，检查垂直无偏差后方可裱贴第二张壁纸； （2）采用接缝法裱贴花饰壁纸时，应先检查壁纸的花饰与纸边是否平行，如果不平行，应将斜移的多余纸边裁割平整，然后再裱贴； （3）采用搭接法裱贴第二张壁纸时，对一般无花饰的壁纸，拼接处只须重叠 2～3cm；对有花饰的壁纸，可将 2 张壁纸的纸边相对花饰重叠，对花准确后，在拼接处用钢直尺将重叠处压实，由上而下一刀裁割到底，将切断的余纸撕掉，然后将拼缝敷平压实； （4）裱贴壁纸的基层裱贴前应先作检查，阴阳角必须垂直、平整、无凹凸，对不符合要求之处，必须修整后才能施工； （5）裱糊壁纸的每一墙面都必须弹出垂直线，越细越好，防止贴斜，最好裱贴 2～3 张壁纸后，就用线锤在接缝处检查垂直度，及时纠正偏差； （6）对于裱贴不垂直的壁纸应撕掉，把基层处理平整后，再重新裱贴壁纸
离缝或亏纸	（1）裁割壁纸未按照量好的尺寸，裁割尺寸偏小，裱贴后不是上亏纸，便是下亏纸； （2）搭缝裱糊壁纸裁割时，接缝处不是一刀裁割到底，而是变换多次刀刃的方向或钢直尺偏移，使壁纸忽胀忽亏，裱糊后亏损部分就造成离缝； （3）裱贴的第 2 张壁纸与第 1 张壁纸拼缝时，未连接准确就压实，或因赶压底层胶液推力过大而使壁纸伸张，在干燥过程中产生回缩，造成离缝或亏纸	（1）下刀裁割壁纸前应复核裱糊墙面实际尺寸，尺压紧纸边后刀刃紧贴尺边，一气呵成，手动均匀，不得中间停顿或变换持刀角度，尤其裁割已裱贴在墙上的壁纸，更不能用力太猛或刀刃变换手势，影响裁割质量； （2）壁纸裁割一般以上口为准，上、下口可比实际尺寸略长 2～3cm，花饰壁纸应将上口的花饰全部统一成一种形状，壁纸裱糊后，在上口线和踢脚线上口压尺，分别裁割掉多余的壁纸； （3）裱糊的每一张壁纸都必须与前一张靠紧，争取无缝隙，在赶压胶液时，由拼缝处横向往外赶压胶液和气泡，不准斜向来回赶压或由两侧向中间推挤，应使壁纸对好缝后不再移动，如果出现位移要及时赶回原来位置； （4）对于离缝或亏纸轻微的壁纸饰面，可用同壁纸颜色相同的乳胶漆在缝隙内点描，漆膜干燥后可以掩盖，对于较严重的部位，可用相同的壁纸补贴或撕掉重贴

续表

质量通病	原 因 分 析	防 治 措 施
花饰不对称	(1) 裱糊壁纸前没有区分无花饰和花饰壁纸的特点，盲目裁割壁纸； (2) 在同一张纸上印有正花和反花、阴花与阳花饰，裱糊时未仔细区别，造成相邻壁纸花饰相同； (3) 对要裱糊壁纸的房间未进行周密的观察研究，门窗口的两边、室内对称的柱子、两面对称的墙，裱糊的壁纸花饰不对称	(1) 壁纸裁割前对于有花饰的壁纸经认真区别后，将上口的花饰全部统一成一种形状，按照实际尺寸留有余量统一裁纸； (2) 在同一张壁纸上印有正花与反花、阴花与阳花时，要仔细分辨，最好采用搭缝法进行裱贴，以避免由于花饰略有差别而误贴，如采用接缝法施工，已裱贴的壁纸边花饰，如为正花，必须将第2张壁纸边正花饰裁割掉； (3) 对准备裱糊壁纸的房间应观察有无对称部位。若有，应认真设计排列壁纸花饰，应先裱贴对称部位。如果房间只有中间1个窗户，裱贴在窗户取中心线，并弹好粉线，向两边分贴壁纸，这样壁纸花饰就能对称，如果窗户不在中间，为使窗间墙阳角花饰对称，也可以先弹中心线向两侧裱糊； (4) 对花饰明显不对称的壁纸饰面，应将裱糊的壁纸全部铲除干净，修补好基层，重新裱贴
搭缝	未将2张壁纸连接缝推压分开，造成重叠	(1) 在裁割壁纸时，应保证壁纸边直而光洁，不出现凸出和毛边，对塑料层较厚的壁纸更应注意，如果裁割时只将塑料层割掉而留有纸基，会给搭缝弊病带来隐患； (2) 裱糊无收缩性的壁纸，不准搭接。对于收缩性较大的壁纸，粘贴时可适当多搭接一些，以便收缩后正好合缝，因此，壁纸裱糊前应先试贴，掌握壁纸的性能，方可取得良好的效果； (3) 有搭缝弊病的壁纸工程，一般可用钢直尺压紧在搭缝处，用刀沿尺边割边搭接的壁纸，处理平整，再将面层壁纸粘贴好
翘边（张嘴）	(1) 基层有灰尘、油污等，基层表面粗糙、干燥或潮湿，使胶液与基层粘贴不牢，壁纸卷翘起来； (2) 胶粘剂胶性小，造成纸边翘起，特别是阴角处，第2张壁纸粘贴在第一张壁纸的塑料面上，更易出现翘起； (3) 阳角处裹过阳角的壁纸少于2cm，未能克服壁纸的表面张力，也易起翘； (4) 涂胶不均匀，或胶液过早干燥	(1) 基层表面的灰尘、油污等必须清除干净，含水率不得超过20%，若表面凸凹不平，必须用腻子刮抹平整； (2) 根据不同的壁纸选择不同的粘结胶液； (3) 阴角壁纸搭缝时，应先裱贴压在里面的壁纸，再用粘性较大的胶粘剂粘贴面层壁纸，搭接宽度一般不大于3mm，纸边搭在阴角处，并且保持垂直无毛边； (4) 严禁在阴角处甩缝，壁纸裹过阳角应不小于2cm，包角壁纸必须使用粘性较强的胶粘剂，要压实，不能有空鼓和气泡，上、下必须垂直，不能倾斜，有花饰的壁纸更应注意花纹与阳角直线的关系； (5) 将翘边壁纸翻起来，检查产生原因，属于基层有污物的，待清理后，补刷胶粘剂粘牢；属于胶粘剂粘性小的，应换用粘性较大的胶粘剂粘贴，如果壁纸翘边已坚硬，除了应使用较强的胶粘剂粘贴外，还应加压，待粘牢平整后，才能去掉压力

质量通病	原因分析	防治措施
空鼓（气泡）	（1）周边墙纸过早压实、空气不易排出；或赶压无顺序，或持纸上墙时未从上往下按顺序敷平，带进空气而又未排出； （2）往返挤压胶粘剂次数过多，胶粘剂干结失去粘结作用，或挤压时用力过大，胶粘剂被赶挤过薄，墙纸粘结不牢；或用力过小，胶粘剂过厚，长期难以干结，形成胶囊状，或胶粘剂涂刷厚薄不匀，并有漏刷； （3）基层过分干燥或含水率超过要求，或基层面不洁净； （4）裱糊作业时，有局部阳光直射或通风不均，使墙纸粘贴胶粘剂凝固时间不一； （5）石膏板或木板面及不同材料基层接头处嵌缝不密实，糊条粘贴不牢，或石膏板面纸基起泡、脱落，或木板面有较大节疤及油脂未经处理； （6）白灰面或其他基层面强度低而又疏松，本身有裂纹空鼓，或洞孔、凹陷处未用腻子分遍刮抹修补平整，存在未干透或不紧密弊病	（1）墙纸上墙时应从上而下按顺序紧贴基层面敷平，并注意先从中间向两边轻轻而有顺序的一板接一板（或用毛巾等）使墙纸附着于基层上，不使空气积存于墙纸与基层间，不得先将墙纸周边先压实、再压中间； （2）赶压胶粘剂时用力应均匀并按顺序；当接缝对好以后，应从接缝一边向另一边并稍朝下一板接一板地将胶粘剂赶压至厚薄均匀； （3）基层过分干燥时，应先刷1遍底油或底胶或涂料，不得喷水湿润基层面，如果基层含水率过高，应采取措施（如加强通风、安装空调机、吸湿机，或喷吹热风等）使其含水率不超过规定时，才可开始施工； （4）应避免在阳光直射或穿堂风劲吹，以及室内温度、湿度差异过大条件下作业； （5）石膏板或木板面及不同材料基层面接头处必须密实，糊条必须粘贴牢固和平整；如果石膏板面纸基泡脱落，必须铲除干净，重新补贴，如果木材面有较大节疤及油脂，可用棉纱蘸酒精消除油脂，再刮腻子修补平整； （6）基层洞孔和凹陷不平过大处，必须分遍塞腻子或刮腻子，干燥后再塞刮第2遍，直至平整密实干燥为止，切忌一遍成活；如果基层疏松、裂缝、空鼓，必须进行彻底处理至符合要求止； （7）如果墙纸面空鼓，应用医疗用注射器穿过墙纸、抽出空气，如果空鼓原因还有基层潮湿，应待其干燥后，再用注射器按原针孔将胶粘剂注入空鼓部位，先用手指盖住针孔使胶粘剂不流出，同时用手将胶粘剂往针孔四周外压挤，使胶粘剂附着整个空鼓面，以后再将多余胶粘剂从针孔处挤出并及时擦抹干净，至赶压平整粘贴牢固为止
皱褶、波纹	（1）墙纸材质不良，厚薄及膨胀收缩不一； （2）墙纸保管不善，平放时墙纸被转折受压过久，形成死褶； （3）基层干湿不一，或胶粘剂涂刷厚薄不匀，或施工作业环境差异过大，墙纸同时处于干结、膨胀、收缩状态，造成皱褶和波纹	（1）选用材质优良、湿胀干缩均匀、厚薄一致的墙纸，墙纸浸水润湿程度也必须均匀一致； （2）墙纸应卷成筒平放（除发泡和复合墙纸等应竖放外），不能打折受压存放； （3）基层应控制干湿一致，胶粘剂厚薄应均匀，施工环境应相同，使墙纸膨胀收缩和干结时间相同； （4）墙纸裱糊时必须注意先敷平整后，才能开始按顺序用力均匀地赶压。如果墙纸已出现皱褶和波纹，应将墙纸轻轻揭开，用手或橡胶刮板等慢慢地敷平，必要时可用中低温电熨斗熨平整后再补胶重新裱糊。如果墙纸已干结，则应将墙纸铲除干净，基层重新处理后返工再贴

3.7.2.5　壁纸、墙（壁）布裱糊质量标准

（1）壁纸、墙（壁）布的种类、规格、图案、颜色和燃烧性能等级必须符合设计要求及国家现行的有关规定。

（2）裱糊工程基层处理质量应符合要求。

（3）裱糊后各幅拼接应横平竖直，拼接处花纹、图案应吻合；距离墙面1.5m处，正视检查拼缝不离缝、不搭接、不显拼缝。

（4）壁纸、墙（壁）布应粘贴牢固，不得有漏贴、补贴、脱层、空鼓和翘边。

（5）裱糊后的壁纸、墙（壁）布表面应平整，色泽应一致，不得有波纹起伏、气泡、裂缝、皱褶及污斑，斜视时应无胶痕。

（6）复合压花壁纸的压痕及发泡壁纸的发泡层应无损伤。

（7）壁纸、墙（壁）布与各种装饰线、设备线盒应交接严密。

（8）壁纸、墙（壁）布边缘应平直整齐，不得有纸毛、飞刺。

（9）壁纸、墙（壁）布阴角处搭接应顺光，阳角处应无接缝。

3.7.3 项目实训练习

3.7.3.1 墙柱面壁纸裱糊工程施工

1. 目的

通过实训基地真实项目的实训，工学结合，达到本节能力目标的要求。

2. 项目任务

完成图3-73～图3-75所示某餐厅包间壁纸裱糊施工。

3. 项目训练载体

工作室、学校实训基地。

4. 教学方法

学生5～6人一组，按照任务书的要求完成全部内容。

5. 分项内容及要求

按提供的施工图纸（在壁纸选择时，建议不同小组选用不同材质壁纸）分项，按要求进行。

（1）学生岗位分工。

模拟实际施工现场管理组织，学生以小组（项目部）为单位，学生担任不同的岗位，在全面训练的基础上，了解所承担岗位的职责。不同项目学生岗位互换。

要求：以小组为单位填写工程项目施工管理人员名单表。

（2）阅读图纸，提出存在的问题。

模拟查看现场，了解现场情况，对设计图纸和设计说明进行仔细阅读，提出图纸中的问题，设计和现场有矛盾的问题等，由老师给予解答。

老师模拟设置现场一些问题，要求学生解决。

要求：学生填写图纸审核记录表。

（3）编写施工技术方案。

要求：结合现场实际施工环境、施工图纸、规范等编写施工技术方案。

（4）材料准备。

1）编制材料计划。

a. 确定材料每平方消耗量。表3-40是《江苏省建筑与装饰工程计价表》规定的材料消耗量，以此为参考确定材料及用量。材料消耗量表只是一个参考，主要材料用量要根据材料的规格和设计尺寸来确定。

表 3-40   10m² 墙面壁纸裱糊不对花材料消耗量

编号	类别	换	材料名称	单位	单价	现行价	数量
			人工费				
000010			油漆工（一类工）	工日	28.00	0.000	1.4200
			材料费				
608133			墙纸（中）	m²	10.50	0.000	11.0000
613106			聚醋酸乙烯乳液	kg	5.23	0.000	1.2500
609032			大白粉	kg	0.48	0.000	1.2000
613219			羧甲基纤维素	kg	4.56	0.000	0.1500

b. 工程量计算。《建设工程工程量计价规范》规定工程量计算规则如下。

项目编码	项目名称	项目特征	计量单位	工程量计算规则	工程内容
020509001	墙纸裱糊	1. 基层类型； 2. 裱糊构件部位； 3. 腻子种类； 4. 刮腻子要求； 5. 粘结材料种类； 6. 防护材料种类； 7. 面层材料品种、规格、品牌、颜色	m²	按设计图示尺寸以面积计算	1. 基层清理； 2. 刮腻子； 3. 面层铺粘； 4. 刷防护材料
020509002	织锦缎裱糊				

c. 材料用量计算。壁纸根据实际规格尺寸和现场实际尺寸计算用量，其他材料消耗量计算参照计价表确定。

墙纸订货要有计划，防止分批进货时有产生色差现象。

2）材料进场检验。

要求：学生对材料等进行检验，填写检验记录表，填写材料进场检验记录表。

工具：精度为 0.5 mm 的钢直尺。

检验提示：

a. 壁纸、墙布、壁布都应注明商标，附有产品合格证，并标明出厂日期、质量等级。产品应整洁，图案清晰正确、无色差，外表完好无损。

b. 裱糊面材应符合设计规定，在进购材料时，尽量一次备足同批的面材，以免不同批次的材料产生色差。

3.7.3.2 施工机具的准备

要求：（1）按照要求，填写主要施工机具表。

（2）掌握裱糊工程需要的施工工具。

3.7.3.3 施工

学生以小组为单位完成实训内容；完成内业技术资料整理；施工过程照片拍摄。

1. 技术交底

要求：（1）模拟实际施工现场，由技术人员对施工班组负责人技术交底，技术交底一式 2 份。

（2）掌握墙柱面裱糊施工技术交底的内容及程序。

提示：裱糊工程应待水电及设备、顶墙上、门窗（包括门窗套）的涂饰工程完工后进行。

2. 壁纸裱糊主要施工工序

壁纸裱糊主要施工工序见表 3-41。

表 3-41　　　　　　　　　　　　壁纸裱糊主要施工工序

项次	工序名称	抹灰面混凝土			石膏板面			木料面		
		复合壁纸	PVC壁纸	带背胶壁纸	复合壁纸	PVC壁纸	带背胶壁纸	复合壁纸	PVC壁纸	带背胶壁纸
1	清扫基层、填补缝隙磨砂纸	+	+	+	+	+	+	+	+	+
2	接缝处糊条				+	+	+	+	+	+
3	找补腻子、磨砂纸				+	+	+	+	+	+
4	满刮腻子、磨平	+			+					
5	涂刷涂料一遍							+	+	+
6	涂刷底胶一遍	+	+	+	+	+	+	+	+	+
7	墙面划准线	+	+	+	+	+	+	+	+	+
8	壁纸浸水润湿		+	+		+	+		+	+
9	壁纸涂刷胶粘剂	+			+			+		
10	基层涂刷胶粘剂	+	+	+	+	+	+	+	+	+
11	纸上墙、裱糊	+	+	+	+	+	+	+	+	+
12	拼缝、搭接、对花	+	+	+	+	+	+	+	+	+
13	赶压胶粘剂、气泡	+	+	+	+	+	+	+	+	+
14	裁边		+			+			+	
15	擦净挤出的胶液	+	+	+	+	+	+	+	+	+
16	清理修整	+	+	+	+	+	+	+	+	+

注　1. 表中"+"号表示应进行的工序。

　　2. 不同材料的基层相接处应糊条。

　　3. 混凝土表面和抹灰表面必要时可增加满刮腻子遍数。

　　4. "裁边"工序，在使用宽为 920mm，1000mm，1100mm 等需重叠对花的 PVC 压延壁纸时进行。

壁纸裱糊主要施工工序用图表示，见图 3-94。

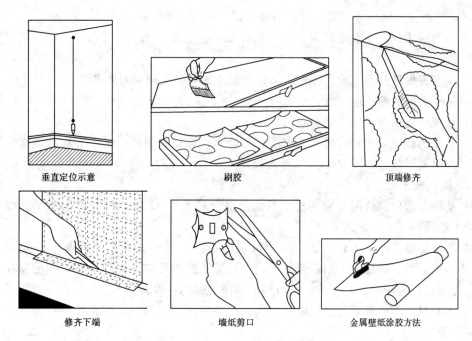

垂直定位示意	刷胶	顶端修齐
修齐下端	墙纸剪口	金属壁纸涂胶方法

图 3-94 壁纸裱糊过程示意图

3. 施工要点

（1）基层处理。基层处理是直接影响墙面装饰效果的关键，应认真做好处理工作。对各种墙面总的要求是：平整、清洁、干燥，颜色均匀一致，应无空隙、凸凹不平等缺陷。裱糊工程基层、基体表面处理方法见表 3-42。

表 3-42　　　　　　　　　　　基层或基体表面的处理方法

序号	基层或基体的表面类型	处 理 方 法						
		确定含水率	刷洗或漂洗	干刮	干磨	钉头补防锈油	填充接缝、钉孔裂缝	刷胶
1	混凝土	+	+	+			+	+
2	泡沫聚苯乙烯	+					+	
3	石膏面层	+		+			+	+
4	石灰面层	+		+			+	+
5	石膏板	+				+	+	+
6	加气混凝土板	+					+	+
7	硬质纤维板	+					+	+
8	木质板	+			+		+	+

1）裱糊前，应将基层表面污垢、尘土清扫干净。泛碱部位应使用 9% 稀醋酸溶液中和、清洗。麻点和缝隙用胶腻子嵌实填平，用木砂纸磨平。

2）附着牢固、表面平整的旧溶剂型油漆墙面，裱糊前应用电动砂皮机打毛。建筑基层的处理如下：

a. 建筑物的混凝土或抹灰基层墙面在刮腻子前应涂刷抗碱封闭底漆。

b. 旧墙面在裱糊前应清除疏松的旧装修层，并刷涂界面剂。

3）基层应按设计要求处理到位，水泥砂浆找平层含水率不大于 8%；木质基层的含水率不大于 12%。

4）基层表面平整度、垂直度、阴阳角方正应达到高级抹灰的要求。

5）基层表面的颜色应一致。

6）裱糊前应用封闭底胶涂刷基层。

7）基层的腻子应平整、坚实、牢固、无粉化、起皮和裂缝；腻子的粘结强度应符合《建筑室内用腻子》（JG/T 3049）N 型的规定。

（2）满批腻子。

1）基层处理后，应用橡胶刮板在基面上满刮腻子 1～2 遍，纵横批匀刮平。腻子干后，用木砂纸打磨平整、光滑。

2）木基层要求接缝不显接搓，接缝钉眼应用腻子补平并满刮油性腻子一遍（第一遍），用砂纸磨平。第二遍可用石膏腻子找平，腻子的厚度应尽量薄。木料面的基层，裱糊前应先涂刷一遍色铅油，使其颜色与周围墙面的颜色一致。

3）不同材料的相接处，应用绵纸带或穿孔纸带粘贴封口，以防止裱糊后的壁纸面层被拉裂撕开。

（3）涂刷防潮封闭底漆。为了防止壁纸受潮脱胶，一般对要裱糊塑料壁纸、壁布、纸基塑料壁纸、金属壁纸的墙面涂刷防潮底漆。防潮底漆用酚醛清漆与汽油、松节油来调配，其配比为清漆：汽油（松节油）＝1：3。

（4）裁纸。壁纸应根据基层实际尺寸进行测量计算所需用量，并按所需长度每边放长 20～30mm 余量，在工作台上进行裁剪。对于有图案的材料，无论顶棚还是墙面均应从粘贴的第一张开始对花，墙面从上而下。裁剪按顺序编号，平放待用，裱糊时按编号顺序粘贴。

（5）刷胶。涂刷胶粘剂顺序，应根据不同的面层材料进行操作。

1）裱糊 PVC 壁纸，应先将壁纸放入水槽中浸泡约 3min 取出，抖落多余的水分，静置约 20min，使之充分伸胀。裱糊时，应在基层表面涂刷胶粘剂。裱糊顶棚时，基层和壁纸背面都应均匀涂刷胶粘剂。

2）裱糊复合壁纸严禁浸水，应先将壁纸背面涂刷胶粘剂，放置数分钟。裱糊时，基层表面也应涂刷胶粘剂。从刷胶到最后上墙的时间一般控制在 5～8min。

3）带背胶的壁纸，应在水中浸泡数分钟后裱糊。裱糊顶棚时，带背胶的壁纸应涂刷一道稀释的胶粘剂。

4）金属壁纸应采用专用的壁纸粉胶。刷胶前，应先准备一卷未开封的发泡壁纸或长度大于壁纸宽的圆筒，一边裁剪好的金属壁纸背面刷胶，一边将刷过胶的部分向上卷在发泡壁纸卷上。

5）壁纸刷胶应放在工作台上进行，每次刷胶后，应将台面沾污的胶液擦净，以防止污染下一幅壁纸。

（6）裱糊。

1）裱糊墙面，墙面应采用整幅裱糊，从背光阴角起，距墙阴角 15mm 处，作为裱糊时的准线。以后每粘贴2～3幅应用线锤检查垂直度，并随时调整纠正。墙面上有门窗的应增加门窗两边的垂直线。

2）墙面应采用整幅裱糊，并统一预排对花拼缝。不足一幅的应裱糊在较暗或不明显的部位。

3）裱贴壁纸时，先垂直面后水平面，先细部后大面，垂直面是先上后下，先长墙面后短墙面，首先要垂直，后对花拼缝，水平面是先高后低。阳角处应包角不得有接缝，阴角处接缝应顺光搭接。具体的贴法如下：

a. 贴垂直时先上后下，贴水平面时先高后低，裱糊时，第一幅壁纸一边应沿基准线粘贴端正，另一边在阴角处转过5mm粘贴。

b. 从第二幅起应由上而下进行，上端齐线，先在侧面对准花型，拼缝到底，然后对中间大面，用干净湿毛巾轻压面底、卷底、皱褶和接触局部气泡等，经纠正后才能用塑料刮板或毛巾、毛刷、海绵块压实，使壁纸或墙布与基层粘贴紧密。

c. 边角处可用小辊压实，挤出的胶粘剂应用湿白棉丝擦净。个别挤不掉的气泡，可用针尖在气泡上扎孔后再压实，多余的边纸应用锋利壁纸刀沿钢尺外侧切割整齐。

d. 阴角处接缝应搭接，操作方法是：先贴压在里边的壁纸，并在阴角转过5mm左右，然后再贴外面顺光的一幅，接缝留在阴角交角处，要齐直粘贴紧密。阳角处应包角压实，不留接缝。

e. 对需要重叠对花的各类壁纸，应先裱糊对花，然后再用钢尺对齐用锋利壁纸刀一次裁切，不得重割。接着挑去余边，用刮板将接缝处压实平正。如系可直接对花的壁纸，则不必剪裁。

f. 壁纸的粘贴一般均应按同一方向进行。

g. 排压气泡时，对于压延壁纸可用塑料刮板刮平；对于发泡及复合壁纸则应用毛巾、海绵或毛刷拼平。

3.7.3.4　成品保护

施工完后，根据现场需要进行成品保护。

提示：

（1）裱糊施工时和施工后干燥前，应防止穿堂风劲吹和温度的忽然变化。现场清理干净后关闭门窗（定期开窗换气），禁止闲人进入，更不能做临时料房和休息室，避免污染和损坏。

（2）施工过程中严禁非操作人员随意触摸成品。

（3）安装电气、附墙设备和搬运物品时，应注意保护壁纸和墙布，防止污染和损坏。

（4）严禁在已贴好的壁纸、墙布的顶棚、墙面钻眼打洞。若确因局部使用需要的设计变更，也应对相邻部位采取保护措施。施工后认真修复，以确保壁纸、墙布的完整。

（5）在油漆、涂料修补和地面磨石及清理时，要注意保护好成品，防止污染、碰撞与损坏墙面。

（6）软包相邻部位需要作油漆或其他喷涂时，应用纸带或废报纸进行遮盖，避免交叉污染。

（7）箔类裱糊完成后，要及时用气泡垫、包装膜等包装材料包裹，其包装袋、胶带等要有规律捆扎，同批成品要用一种材料包装，对容易碰撞部位要采取措施重点防护。

3.7.3.5　质量检验

要求：（1）按照质量标准对完成项目进行检验，掌握检验的方法和内容。

（2）填写质量检验记录。

工具：老师提供检测工具。

3.7.3.6　学生总结

学生对照目标进行总结，小组汇报，老师答辩。

3.7.3.7　评分

包括学生自评、互评、老师评分。

3.7.4　墙柱面墙布和壁布裱糊工程的项目实训

1. 目的

通过实训基地真实项目的实训，工学结合，达到本节能力目标的要求。

2. 项目任务

餐厅包间壁纸裱糊施工。

3. 项目训练载体

工作室、学校实训基地。

4. 教学方法

学生 5~6 人一组，按照任务书的要求完成全部内容。

5. 分项内容及要求

（1）学生岗位分工。

模拟实际施工现场管理组织，学生以小组（项目部）为单位，学生担任不同的岗位，在全面训练的基础上，了解所承担岗位的职责。不同项目学生岗位互换。

要求：以小组为单位填写工程项目施工管理人员名单表。

（2）阅读图纸，查看现场，提出存在的问题。

模拟查看现场，了解现场情况，对设计图纸和设计说明进行仔细阅读，提出图纸中的问题，设计和现场有矛盾的问题等，由老师给予解答。

要求：学生填写图纸审核记录表。

（3）编写施工技术方案。

要求：结合现场实际施工环境、施工图纸、规范等编写施工技术方案。

（4）材料准备。

1）编制材料计划。

a. 确定材料每平方消耗量。表 3-43《江苏省建筑与装饰工程计价表》规定的材料消耗量，以此为参考确定材料及用量。材料消耗量表只是一个参考，主要材料用量要根据材料的规格和设计尺寸来确定。

表 3 - 43　　　　　　　　　　　　10m² 墙面织锦缎裱糊材料消耗量

序号	编号	类别	换	材料名称	单位	单价	现行价	数量
1				人工费				
2	000010			油漆工（一类工）	工日	28.00	0.000	1.8500
3				材料费				
4	608190			织锦缎	m²	33.93	0.000	11.5800
5	613106			聚醋酸乙烯乳液	kg	5.23	0.000	1.2500
6	609032			大白粉	kg	0.48	0.000	1.2000
7	613219			羧甲基纤维素	kg	4.56	0.000	0.1500

b. 工程量计算。《建设工程工程量计价规范》规定工程量计算规则如下。

项目编码	项目名称	项 目 特 征	计量单位	工程量计算规则	工程内容
020509001	墙纸裱糊	1. 基层类型； 2. 裱糊构件部位； 3. 腻子种类； 4. 刮腻子要求； 5. 粘结材料种类； 6. 防护材料种类； 7. 面层材料品种、规格、品牌、颜色	m²	按设计图示尺寸以面积计算	1. 基层清理； 2. 刮腻子； 3. 面层铺粘； 4. 刷防护材料
020509002	织锦缎裱糊				

c. 材料用量计算。壁布根据实际规格尺寸和现场实际尺寸计算用量，其他材料消耗量计算参照计价表确定。

订货要有计划，防止分批进货时有产生色差现象。

2）材料进场检验。

要求：学生对材料等进行检验，填写检验记录表，填写材料进场检验记录表。

工具：精度为 0.5mm 的钢直尺。

检验提示：壁纸、墙布、壁布都应注明商标，附有产品合格证，并标明出厂日期、质量等级。产品应整洁，图案清晰正确、无色差，外表完好无损。

（5）施工机具的准备。

要求：a. 按照要求，填写主要施工机具表。

b. 掌握施工所需要的施工机具。

（6）施工。

学生以小组为单位完成实训内容；完成内业技术资料整理；施工过程照片拍摄。

1）技术交底。

要求：a. 模拟实际施工现场，由技术人员对施工班组负责人技术交底，技术交底一式 2 份。

b. 掌握墙柱面裱糊施工技术交底的内容及程序。

提示：裱糊工程应待水电及设备、顶墙上、门窗（包括门窗套）的涂饰工程完工后进行。

2）墙布裱糊主要施工工序，见表3－44。

表3－44 墙布裱糊施工工序

序号	工序名称	抹灰面混凝土面	石膏板面	木料面	序号	工序名称	抹灰面混凝土面	石膏板面	木料面
1	清扫基层、填补缝隙磨砂纸	＋	＋	＋	8	基层涂刷胶粘剂	＋	＋	＋
2	接缝处糊条		＋	＋	9	布上墙、裱糊	＋	＋	＋
3	找补腻子、磨砂纸		＋	＋	10	拼缝、搭接、对花	＋	＋	＋
4	满刮腻子、磨平	＋			11	赶压胶粘剂、气泡	＋	＋	＋
5	涂刷涂料一遍				12	擦净挤出的胶液	＋	＋	＋
6	涂刷底胶一遍	＋	＋		13	清理修整	＋	＋	＋
7	墙面划准线	＋	＋						

注 1. 表中"＋"号表示应进行的工序。

2. 不同材料的基层相接处应糊条。

3. 混凝土表面和抹灰表面必要时可增加满刮腻子遍数。

3）墙布裱糊施工要点。

a. 基层处理，方法同壁纸裱糊。

b. 裱糊墙布应先将墙布背面清理干净，裱糊时，胶粘剂只需刷在基层表面，墙布背面不需涂刷胶粘剂。

c. 裱糊绸缎等可增加色布夹层。先将绸缎和色布按需要长度放长30～50mm剪好，把色布平铺在工作台面上刷上胶粘剂，待半干时，将绸缎往色布上对齐粘贴，垫上牛皮纸用胶质辊筒压实、压平。如有皱纹压不平，可垫上湿布用熨斗熨平。绸缎面沾有胶粘剂应及时用干净湿白棉丝擦净。色布颜色应接近绸缎底版颜色，微淡一些更佳。裱糊绸缎也可不加色布夹层，用绸缎直接粘贴。

d. 墙布裱糊方法与壁纸裱糊方法基本相同，不同处有以下几点：

◆ 墙布、绸缎粘贴位置正确后，应用胶质辊筒压实、压平。

◆ 裱糊需要裁边的墙布，在基面涂刷胶粘剂时，应比墙布宽度缩进100mm。

裱糊时，后幅墙布往前幅墙布重叠30～50mm（以能裁去余边为准），把重叠部分叠服压裁齐，然后翻开两边涂刷胶粘剂（应薄而匀）；再把两边合拢贴平，垫上牛皮纸，用干软毛巾轻擦压实。不裁边的墙布拼缝应对密贴实。

◆ 挑选墙布品种时，不宜选花纹、图案易变形的品种。

◆ 凡受潮后产生收缩性的墙布，应预潮后粘贴。

◆ 裱糊对花时，严禁横拉一斜扯，以防止整幅墙布歪斜变形。绸缎的粘贴均应按同一方向进行。

◆ 墙布弹线应用浅色粉线。

4）玻璃纤维壁布涂料面层施工工艺流程及施工要点。

新型的玻璃纤维壁布不仅环保、防火、耐久，而且装饰的可选择性广，与涂料面层结合后，装饰效果佳，可洗性能强等特点。主要操作工艺如下：

基层处理—封底—定位—设置垂直控制线—刷胶—铺贴壁布—滚刷面层涂料—养护。

a. 基层处理。按施工方案处理，达到平整、牢固、干燥、无粉尘、阴阳角垂直。

b. 封底。批刮好腻子的墙面，打磨平整后宜作封底处理；木质墙面的钉、金属面需刷防锈漆作封闭处理。

c. 定位、墙面设置垂直控制线。一般用线锤在墙面挂线定位，用直尺和铅笔画出垂直控制线。

d. 滚刷专用胶。从画好垂直控制线的墙面开始，每次滚刷宽度一般在 $1.1\sim1.2\text{m}$（比壁布 1m 门幅略宽），要求滚刷均匀，用刮胶板轻轻刮过墙面，使胶在墙面分布更均匀，同时，刮去多余的胶；禁止将胶直接涂刷在壁布反面，影响铺贴质量。

e. 铺贴壁布。沿墙面已画好垂直控制线的地方开始粘贴壁布，在上、下墙角处，留出 3cm 左右的裁减量；如需左、右（或上、下）裁减拼接，两张壁布重叠量在 5cm 左右，使重叠处花纹一致后才能裁减拼接；为了防止阴阳角处出现圆角、空鼓，铺贴时要将壁布裁开粘贴，使粘贴后的阴阳角方正、平直。凡壁布粘贴后，随即用刮板自上而下、有规律地轻抹壁布表面，使壁布平整、不皱褶、不变形。同时，用毛巾擦净壁布表面多余的胶水。

f. 滚刷涂料。铺贴好的壁布必须待底胶干透后，才能滚刷涂料，涂料宜采用与壁布相配套的专用涂料；先滚刷底涂，底涂应掺 $10\%\sim15\%$ 的水稀释，有利于增加流动性和渗透壁布；待底涂干燥后，滚刷第一遍面层涂料；如需要，在第一遍面涂干燥后，再滚刷第二遍面涂。滚刷涂料要均匀，每个墙面每一遍滚刷应尽量一次完成，防止产生接痕。

g. 养护。壁布面涂层施工完毕一月内不应清洗，并防止外物撞击墙体，壁布涂料墙面干燥时间越长，表面越牢固，装饰效果越好。

（7）成品保护。

施工完后，根据现场需要进行成品保护。

（8）质量检验。

要求：1）按照质量标准对完成项目进行检验，掌握检验的方法和内容。

2）填写质量检验记录。

工具：老师提供检测工具。

（9）学生总结。

学生对照目标进行总结，小组汇报，老师答辩。

（10）评分。

包括学生自评、互评、老师评分。

3.7.5 墙柱面箔类和金属壁纸裱糊工程的施工

金属壁纸上面的金属箔非常薄，十分容易损坏，所以在裱糊金属壁纸时需要特别小心。基层必须处理得特别平整、洁净，若稍有一点不平或附有灰尘，在金属壁纸裱糊之后，都有可能将金属壁纸戳破，而且粉尘及不平之处就会明显地暴露出来。因此，对金属壁纸的裱糊技术，要求特别严格。

1. 目的

通过实训基地真实项目的实训，工学结合，达到本节能力目标的要求。

2. 项目任务

餐厅包间壁纸裱糊施工。

3. 项目训练载体

工作室、学校实训基地。

4. 教学方法

学生5～6人一组，按照任务书的要求完成全部内容。

5. 分项内容及要求

（1）学生岗位分工。

模拟实际施工现场管理组织，学生以小组（项目部）为单位，学生担任不同的岗位，在全面训练的基础上，了解所承担岗位的职责。不同项目学生岗位互换。

要求：以小组为单位填写工程项目施工管理人员名单表。

（2）阅读图纸，查看现场，提出存在的问题。

模拟查看现场，了解现场情况，对设计图纸和设计说明进行仔细阅读，提出图纸中的问题，设计和现场有矛盾的问题等，由老师给予解答。

要求：学生填写图纸审核记录表。

（3）编写施工技术方案。

要求：结合现场实际施工环境、施工图纸、规范等编写施工技术方案。

（4）材料准备。

1）编制材料计划。

a. 确定材料每平方消耗量。表3-45是《江苏省建筑与装饰工程计价表》规定的材料消耗量，以此为参考确定材料及用量。材料消耗量表只是一个参考，主要材料用量要根据材料的规格和设计尺寸来确定。

表3-45　　　　　　　　　　10m² 墙面金属壁纸裱糊材料消耗量

序号	编号	类别	换	材料名称	单位	单价	现行价	数量
1				人工费				
2	000010			油漆工（一类工）	工日	28.00	0.000	1.5500
3				材料费				
4	608082			金属墙纸	m²	17.10	0.000	11.5800
5	613106			聚醋酸乙烯乳液	kg	5.23	0.000	1.2500
6	609032			大白粉	kg	0.48	0.000	1.2000
7	613219			羧甲基纤维素	kg	4.56	0.000	0.1500

b. 工程量计算。《建设工程工程量计价规范》规定工程量计算规则如下。

项目编码	项目名称	项目特征	计量单位	工程量计算规则	工程内容
020509001	墙纸裱糊	1. 基层类型； 2. 裱糊构件部位； 3. 腻子种类； 4. 刮腻子要求； 5. 粘结材料种类； 6. 防护材料种类； 7. 面层材料品种、规格、品牌、颜色	m²	按设计图示尺寸以面积计算	1. 基层清理； 2. 刮腻子； 3. 面层铺粘； 4. 刷防护材料
020509002	织锦缎裱糊				

c. 材料用量计算。壁纸根据实际规格尺寸和现场实际尺寸计算用量，其他材料消耗量计算参照计价表确定。

订货要有计划，防止分批进货时有产生色差现象。

2）材料进场检验。

要求：学生对材料等进行检验，填写检验记录表，填写材料进场检验记录表。

工具：精度为 0.5mm 的钢直尺。

检验提示：壁纸、墙布、壁布都应注明商标，附有产品合格证，并标明出厂日期、质量等级。产品应整洁，图案清晰正确、无色差，外表完好无损。

（5）施工机具的准备。

要求：1）按照要求，填写主要施工机具表。

2）掌握施工所需要的施工机具。

（6）施工。

学生以小组为单位完成实训内容；完成内业技术资料整理；施工过程照片拍摄。

1）技术交底。

要求：a. 模拟实际施工现场，由技术人员对施工班组负责人技术交底，技术交底一式 2 份。

b. 掌握墙柱面裱糊施工技术交底的内容及程序。

提示：裱糊工程应待水电及设备、顶墙上、门窗（包括门窗套）的涂饰工程完工后进行。

2）金属壁纸施工要点。

a. 基层处理。

◆ 检查验收木饰面、胶合板、墙体表面等是否有缝隙、毛刺、掀岔等，刷底漆一道，作封碱处理。

◆ 基层为纸面石膏板材料的，则贴缝材料只能选用穿孔纸带，不能使用玻璃纤维纱网胶带。

b. 刮腻子。

◆ 首先要先将基层的针眼、接缝补平。

◆ 干燥后用 60 号砂皮打磨平整，再满批油性石膏腻子一道。

◆ 干燥后用 120 号砂皮打磨平整，再满批硝基腻子两道；如需刮第三遍腻子，必须和第二遍腻子垂直。

◆ 干燥后用 600 号水砂皮打磨平整，刷底漆三道，并用 1000 号水砂皮磨平后，刷面漆两道。

◆ 完成品需表面平整、光滑、细腻，无颗粒、流坠，平整度应符合规范要求。

c. 刷胶。金属壁纸在润湿后要立即刷胶。金属壁纸的背面及基层表面应当同时刷胶。采用的胶粘剂应当是金属壁纸专用的胶粘剂，不得使用其他的胶粘剂来替代。刷胶时应该注意以下几点：

◆ 金属壁纸在刷胶时应该特别慎重，千万不要将壁纸上的金属箔折坏。最好将事先裁好并浸过水的金属壁纸，一边在其背上刷胶，一边将刷过胶的部分（使胶面朝上）卷在未开封的发泡壁纸筒上（因发泡壁纸未曾开封，故其圆筒上比较柔软平整，不致将金属箔折坏）。但卷前一定要将发泡壁纸筒扫净、擦净，不得有任何浮灰、尘土、砂粒或其他垃圾存在。

◆ 刷胶应厚薄均匀，不要漏刷、滑刷，不要裹边、起堆。

◆ 基层表面的刷胶宽度，应该比金属壁纸宽出 30 mm 左右。

d. 上墙裱糊。上墙裱糊时要注意以下几点：

◆ 裱糊金属壁纸前必须将基层再清扫一遍，并用洁净的软布将基层表面仔细地擦净。

◆ 金属壁纸可以采用对缝裱糊工艺（因为金属壁纸收缩率很小，所以可以用对缝裱糊），也可以采用搭缝裱糊工艺。

◆ 由于一般的金属壁纸带有花纹图案，所以需要对花拼贴。施工时需要两个人配合操作，一个人负责对花拼缝，一个人负责用手托已上好胶的金属壁纸卷，逐渐放展，一边对缝裱糊粘贴，一边用橡胶刮板将金属壁纸刮平。刮的时候应当从壁纸的中部向两边压刮，使胶液向两边滑动从而使壁纸裱糊粘贴均匀。刮的时候应当注意用力要均匀、适中，刮板的面应该放平，不得用刮板的尖端刮压，防止金属壁纸被刮伤。

◆ 当刮金属壁纸的时候，若两幅壁纸之间有小的缝隙存在，则应当用刮板在后粘贴的壁纸面上向先粘贴的壁纸一边轻轻地刮，这样可以使缝隙逐渐缩小，直至小缝完全闭合为止。

3）裱糊箔类施工要点。

a. 基层处理。

◆ 检查验收木饰面、胶合板、墙体表面等是否有缝隙、毛刺、掀岔等，刷底漆一道，作封碱处理。

◆ 干燥后用 60 号砂皮打磨平整，再满批石膏腻子一道。

◆ 干燥后用 120 号砂皮打磨平整，再满批硝基腻子两道。

◆ 干燥后用 600 号水砂皮打磨平整，刷底漆三道，并用 1000 号水砂皮磨平后，刷面漆两道。

◆ 完成品需表面平整、光滑、细腻，无颗粒、流坠，平整度应符合规范要求。

b. 胶粘剂。检验合格后的基层应刷涂专用金箔胶粘剂，按规定比例调兑，并视实际情况进行喷涂或刷涂。

c. 箔类裱糊及细部处理。贴箔时，箔与箔接缝重叠部位不应大于 5～8mm，扫箔后接缝要横平竖直，无起渣、松皱、重叠、漏贴、划痕等，色泽要求一致。箔面完成后封漆，漆面应无漏刷（漏喷）、咬色，1m 正视喷点均匀，刷纹通畅，无流坠、疙瘩气泡等，完工后 30d 内箔色无明显变化。

（7）成品保护。

施工完后，根据现场需要进行成品保护。

（8）质量检验。

要求：1）按照质量标准对完成项目进行检验，掌握检验的方法和内容。

2）填写质量检验记录。

工具：老师提供检测工具。

（9）学生总结。

学生对照目标进行总结，小组汇报，老师答辩。

（10）评分。

包括学生自评、互评、老师评分。

 思 考 题

1. 裱糊施工的顺序是什么？
2. 裱糊工程施工容易出现哪些质量问题？
3. 裱糊工程施工对基层的要求有哪些？
4. 如何组织裱糊工程施工？
5. 金属壁纸的施工顺序是什么？
6. 金箔工程施工对基层有哪些要求？

任务八　墙柱面软包的施工

3.8.1　学习目标

（1）掌握墙柱面软包的构造。

（2）能够阅读施工图。

（3）能够按照施工图设计要求进行配料，掌握材料检验方法，完成材料、机具准备。

（4）能够编制墙柱面软包施工的施工技术方案，分析会出现的质量问题，制定相关的防范措施。

（5）通过组织施工，完成实训项目，掌握墙柱面裱糊施工的要点和方法，掌握细部的处理方法；了解施工中出现各类问题的处理方法。

（6）完成相关的施工技术资料。

（7）能够分析会出现的质量问题，制定相关的防范措施。

3.8.2　施工技术要点和施工工艺等的相关知识

软包墙面的材料由芯材和面材构成。

1. 芯材

芯材通常采用阻燃型泡沫塑料或矿渣棉，其主要品种有：

（1）软质聚氯乙烯泡沫塑料板。聚氯乙烯泡沫塑料具有质轻、导热系数低、不吸水、不燃烧、耐酸碱、耐油及良好的保温、隔热、吸声、防震等性能。软质聚氯乙烯泡沫塑料板的产品规格及技术性能见表 3 - 46。

（2）矿渣棉，俗称矿棉。利用工业废料矿渣为主要原料制成的棉丝状无机纤维，其具有质轻、热导率低、不燃、防蛀、价廉、耐腐蚀、化学稳定性强、吸声性能好等特点。矿渣棉软板和中硬板的规格及技术性能见表 3 - 47。

表 3-46　　　　　　　　　　聚氯乙烯泡沫塑料板的产品规格、性能

规格 （mm×mm×mm）	技术性能					
	表观密度 （kg/m³）	抗张强度 （MPa）	体积收缩率 （%）	吸水性 （kg/m³）	可燃性	热导率 [W/(m·K)]
450×50×17 500×500×55	10.0	>0.1	<15	<1		0.054

表 3-47　　　　　　　　　　矿渣棉制品规格与性能

产品名称	规格 （mm×mm×mm）	技术性能					
		表观密度 （kg/m³）	热导率 [W/(m·K)]	吸湿率 （%）	使用温度 （℃）	沥青含量 （%）	胶含量 （%）
矿棉半硬板	1000×700× （40~70）	80~120	<0.041	2	<400		2.5~3.5
矿棉软板		<120	<0.37		<400		

2. 面材

面材通常采用装饰织物和人造革（皮革），其主要品种有：

（1）织物。做软包的饰面材料的纺织品的种类繁多。一般地讲，有纯棉装饰墙布，有人造纤维和人造纤维与棉、麻混纺的并经一定处理后而得到功能不同、外观各异的装饰布。人造纤维装饰布及混纺装饰布具有质轻、美观、无毒无味、透气、易清洗、耐用、强度大，耐酸碱腐蚀等特点。但有的面料因人造纤维本身的特性而易起静电吸灰，本身不具有防火难燃性能的人造纤维织物和混纺织物需进行难燃处理。

（2）人造革（皮革）。人造革（皮革）可以因需要加工出各种厚薄和色彩的制品，柔韧而富有弹性，有令人快适的触感，且耐火性、耐擦洗清洁性较好。

3. 软包工程材料有害物质

民用建筑工程所使用的无机非金属装修材料其放射性指标和人造木板游离甲醛和甲醛释放量指标要符合《民用建筑工程室内环境污染控制规范》的规定。

4. 软包用主要施工机具

软包用施工机具主要有电焊机、手电钻、专用夹具、刮刀、钢板尺、裁刀、刮板、毛刷、排笔、长卷尺、锤子等。

5. 软包质量标准

（1）软包的面料、内衬材料及边框的材质、颜色、图案、燃烧性能等级和木材的含水率应符合设计要求及国家现行标准的有关规定。

（2）软包工程的安装位置及构造做法应符合设计要求。

（3）软包工程的龙骨、衬板、边框应安装牢固，无翘曲，拼缝应平直。

（4）单块软包面料不应有接缝，四周应绷压严密。

（5）软包工程表面应平整、洁净，无凹凸不平及皱褶；图案应清晰、无色差，整体应协调美观。

（6）软包边框应平整、顺直、接缝吻合。其表面涂饰质量应符合本规程涂饰的有关

规定。

（7）软包墙面装饰工程的允许偏差及检验方法见表 3 - 48。

表 3 - 48　　　　　　　　软包墙面装饰工程的允许偏差及检验方法

项　次	项　目	允许偏差（mm）	检　验　方　法
1	上口平直	2	拉 5m 线（不足 5m 的拉通线）用尺量检查
2	表面垂直	2	吊线尺量检查
3	压缝条间距	2	尺量检查

3.8.3　项目实训练习

1. 目的

通过实训基地真实项目的实训，工学结合，达到本节能力目标的要求。

2. 项目任务

完成图 3 - 73～图 3 - 75 所示的餐厅包间墙面软包（硬包）施工。

3. 项目训练载体

工作室、学校实训基地。

4. 教学方法

学生 5～6 人一组，按照任务书的要求完成全部内容。

5. 分项内容及要求

（1）学生岗位分工。

模拟实际施工现场管理组织，学生以小组（项目部）为单位，学生担任不同的岗位，在全面训练的基础上，了解所承担岗位的职责。不同项目学生岗位互换。

要求：以小组为单位填写工程项目施工管理人员名单表。

（2）阅读施工图纸，完成图纸深化设计。

根据立面造型设计，完成构造节点的设计，小组之间审核，老师全面审核，提出问题。

要求：学生填写图纸审核记录表。

（3）编写施工技术方案。

要求：结合现场实际施工环境、施工图纸、规范等编写施工技术方案。

（4）材料准备。

1）编制材料计划。

a. 确定材料每平方消耗量。表 3 - 49～表 3 - 51 是《江苏省建筑与装饰工程计价表》规定的材料消耗量，以此为参考确定材料及用量。材料消耗量表只是一个参考，主要材料用量要根据材料的规格和设计尺寸来确定。

b. 工程量计算。《建设工程工程量计价规范》规定工程量计算规则同装饰饰面板计算。

c. 材料用量计算。软包装饰布根据布实际规格尺寸和现场加工实际尺寸计算用量，其他材料消耗量计算参照计价表确定。

订货要有计划，防止分批进货时有产生色差现象。

表 3-49　　　　　　　　　　　**10m² 墙面木龙骨材料消耗量**

编号	类别	换	材料名称	单位	单价	现行价	数量
			人工费				
000010			泥工（一类工）	工日	28.00	0.000	2.3800
			材料费				
401029			普通成材	m³	1599.00	0.000	0.0710
511533			铁钉	kg	3.60	0.000	0.3700
611001			防腐油	kg	1.71	0.000	0.3000

表 3-50　　　　　　　　　　　**10m² 墙面软包面层材料消耗量**

编号	类别	换	材料名称	单位	单价	现行价	数量
			人工费				
000010			泥工（一类工）	工日	28.00	0.000	1.9000
			材料费				
608139			人造革	m²	8.84	0.000	12.0000
613084			海绵 δ=20	m²	6.18	0.000	10.5000
613225			万能胶	kg	14.92	0.000	2.2000

表 3-51　　　　　　　　　　　**100m 线条安装材料消耗量**

序号	编号	类别	换	材料名称	单位	单价	现行价	数量
1				人工费				
2	000010			木工（一类工）	工日	28.00	0.000	2.2700
3				材料费				
4	405032			红松平线 B=20	m	1.88	0.000	108.0000
5	613106			聚醋酸乙烯乳液	kg	5.23	0.000	0.2800
6	901167			其他材料费	元	1.00	0.000	4.7800

2）材料进场检验。

要求：学生对材料等进行检验，填写检验记录表，填写材料进场检验记录表。

工具：精度为 0.5mm 的钢直尺。

检验提示：壁纸、墙布、壁布都应注明商标，附有产品合格证，并标明出厂日期、质量等级。产品应整洁，图案清晰正确、无色差，外表完好无损。

（5）施工机具的准备。

要求：1）按照要求，填写主要施工机具表。

2）掌握施工所需要的施工机具。

（6）施工。

学生以小组为单位完成实训内容；完成内业技术资料整理；施工过程照片拍摄。

1）技术交底。

要求：a. 模拟实际施工现场，由技术人员对施工班组负责人技术交底，技术交底一式 2 份。

b. 掌握墙柱面软包制作及安装施工技术交底的内容及程序。

2）直接铺贴法的施工要点。

a. 基层处理。

◆ 筑墙体及柱体表面时的基层处理：在结构墙、柱上预埋木砖或木楔，并用 1：3 水泥砂浆做找平层，厚度 20mm 左右，然后做防潮处理。

◆ 在墙面细木上铺贴软包时的基层处理：在墙面细木装修基本完成，边框油漆达到实干时方可进行软包施工。

◆ 根据设计图纸要求对基层进行分格，并将软包的实际尺寸与造型落实到基层上。

◆ 将软包底板拼缝并批刷腻子打磨平整。

◆ 根据设计要求在底板上制作软包分格块。

◆ 将制作好的分格块铺贴到基层上并固定好。

b. 墙筋木龙骨安装法施工要点。

◆ 基层处理：同直接铺贴法。

◆ 在建筑墙（柱）面上安装墙筋木龙骨（一般采用截面 20～50mm 的木方条），用钉将墙筋木龙骨固定在墙、柱体的预埋木砖或木楔上。木砖或木楔的间距与墙筋的排布尺寸应一致，一般为 400～600mm。按设计图要求或软包平面造型形式进行划分，常见为 400～450mm 见方。

◆ 在固定好的墙筋木龙骨上铺钉夹板作基层板。并保证夹板的接缝设置在墙筋上。

◆ 面层固定：面层的铺装方法主要有整体铺装法和分块固定两种形式。此外尚有成卷铺装法、压条法、平铺泡钉压角法等。

● 整体铺装法：用钉将填塞了软包材料的人造革（皮革）包固定在墙筋位置上，用电化铝帽头钉按分格尺寸进行固定。也可采用不锈钢、铜和木条进行压条分格固定。

● 分块固定（预制软包块安装法）：是按设计图先制作好一块块的软包块，然后拼装到木基层墙面的指定位置。其所用主要材料有九厘板、泡沫塑料块或矿渣棉块、织物。见图 3－95。

硬包是直接将饰面材料（人造革、皮革、织物）等固定在木集层板上。

制作软包块：按软包分块尺寸裁九厘板，并将四条边用刨刨平。也可在四周钉装

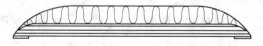

图 3－95　软包预制块示意

饰条，边口刨边。以规格尺寸大于九厘板 50～80mm 的织物面料和泡沫塑料块置于九厘板上，将织物面料和泡沫塑料沿九厘板斜边卷到板背，在展平顺后用钉固定。定好一边，再展平铺顺拉紧织物面料，将其余三边都卷到板背固定，为了使织物面料经纬线顺直，固定时宜用码钉枪打码钉，码钉间距不大于 30mm，备用。

安装软包预制块：在木基层上按设计图划线，标明软包预制块及装饰木线（板）的位置。将软包预制块用塑料薄膜包好（成品保护用），镶钉在墙、柱面做软包的位置。用气枪钉钉牢。每钉一颗钉用手抚一抚织物面料，使软包面既无凹陷、起皱现象，又无钉头挡手的感觉。连续铺钉的软包块，接缝要紧密，下凹的缝应宽窄均匀一致且

顺直。

c. 五合板外包人造革或织锦缎做法。

◆ 将450mm见方的五合板板边用刨刨平，沿一个方向的两条边刨出斜面。

◆ 用刨斜边的两边压入人造革或织锦缎，压长20～30mm，用铁钉钉于木墙筋上。钉头没入板内，另两侧不压织物钉于墙筋上。

◆ 将织锦缎或人造革拉紧，使其平伏在五合板上，边缘织物贴于下一条墙筋上20～30mm，再以下一块斜边板压紧织物和该板上包的织物，一起钉入木墙筋，另一侧不压织物钉牢。以这种方法安装完整个墙面。

d. 直接在木基层上做软包（图3-96）。

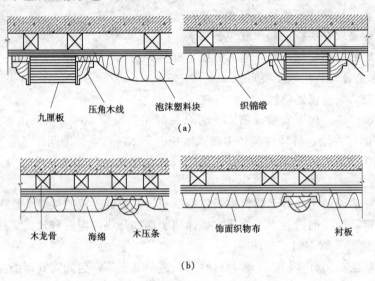

图3-96　直接在木基层上做软包示意图

e. 安装贴脸或装饰边线。根据设计规定，加工好贴脸或装饰边线后便可进行装饰板的安装工作。首先试拼，达到设计效果后，便可与基层固定和安装贴脸或装饰边线，最后涂刷镶边、油漆。

f. 修整软包墙面，除尘清理，粘贴保护膜和处理胶痕。

（7）成品保护。

施工完后，根据现场需要进行成品保护。

提示：用塑料薄膜对完成工程成品保护，塑料薄膜待工程交工时撕掉。

要求：1）按照质量标准对完成项目进行检验，掌握检验的方法和内容。

2）填写质量检验记录。

工具：老师提供检测工具。

（8）学生总结。

学生对照目标进行总结，小组汇报，老师答辩。

（9）评分。

包括学生自评、互评、老师评分。

思 考 题

1. 软包施工的顺序是什么？
2. 软包工程的施工要点有哪些？
3. 简述软包工程的材料及构造。

任务九　墙柱面涂饰饰面的施工

3.9.1　学习目标

掌握涂饰相关基本知识。

3.9.2　技术要点、施工工艺等相关知识

涂料类饰面是指在墙柱面基层上，经批刮腻子处理后，使墙面平整，然后将所选定的建筑涂料涂刷其上，所形成的一种饰面。

涂料类饰面是各种饰面做法中最为简便、经济的一种。装饰涂料与其他饰面材料相比具有质轻、色彩鲜明、附着力强、施工简便、省工省料、维修方便、质感丰富、价廉质好以及耐水、耐污染、耐老化等特点。由于涂料经济合理，涂料饰面虽耐久性略差，但维修改新方便，因而在建筑装饰中的应用十分广泛。

1. 涂料的分类

建筑涂料种类繁多，分类的方法也多种多样。

（1）按建筑物涂刷部位分，有外墙涂料、顶棚涂料、内墙涂料、屋面涂料、地面涂料等。

（2）按涂料状态分，有溶剂型涂料、乳液型涂料、水溶性涂料、粉末涂料等。

（3）按涂料的特殊功能分，有防火涂料、防结露涂料、防水涂料、防虫涂料、防霉涂料、防静电涂料、弹性涂料等。

（4）按涂料的装饰质感分，有薄质涂料、复层涂料、厚质涂料。

2. 涂料饰面的基本构造

涂料饰面一般分为 3 层，即底涂层、中涂层和面涂层。

（1）底涂层。底涂层俗称刷底漆或封底涂层，其主要目的是增加涂层与基层之间的粘附力，同时还可以进一步清理基层表面的灰尘，使一部分悬浮的灰尘颗粒固定于基层。另外，底涂层还兼具基层封闭剂的作用，用于防止木材、水泥砂浆层中的可溶性盐等物质渗出表面，造成对饰面层的破坏。所以封底涂料通常采用抗碱性能好的合成树脂乳液及其与无机高分子材料的混合物或溶剂型合成树脂。

（2）中涂层。中涂层即中间层，也称主层涂料，是整个涂层构造中的成型层。其目的是通过适当的工艺，形成具有一定厚度的、匀实饱满的涂层，既能保护基层，又能通过这一涂层形成所需的装饰效果。例如，复层凹凸花纹涂料和浮雕涂料就是通过主层涂料产生立体花纹和图案的。因此，主层涂料的质量如何对于饰面层的保护作用和装饰效果的影响

很大。为了增强中涂层的作用，近年来往往采用厚涂料、白水泥、砂粒等材料配制中间造型层的涂料。主层涂料主要采用以合成树脂为基料的厚质涂料。

（3）面涂层。面涂层即罩面层，其作用是体现涂层的色彩和光感。它能保护主层涂料，提高饰面层的耐久性和耐污染能力。为了保证色彩均匀，并满足耐久性、耐磨性等方面的要求，罩面涂料至少涂刷两遍。罩面涂料主要采用丙烯酸系乳液涂料，其次采用溶剂型丙烯酸树脂和丙烯酸一聚氨酯的清漆和磁漆。

3. 涂料类饰面常用工具、机具

涂料饰面工程施工的涂料涂饰用工具、机具如图3-97、图3-98所示。

滚筒刷　　　　　　　　　　　　　羊毛刷

图3-97　涂饰用工具

4. 涂饰工程的主要施工工序

涂饰工程一般涂刷流程见图3-99。

（1）清理现场，用铺垫（报纸等）遮盖地面及不便移动的家具，用封闭胶带将不同色彩区域分开。

（2）按涂料说明书要求调稀，搅拌均匀，同一种颜色的漆，用量在一桶以上时，须先混合均匀再分装取用。

（3）刷涂自上而下，先垂直方向，后水平方向均匀涂刷，最后以垂直方向轻轻梳理刷痕。

（4）辊涂：先用滚筒以"之"字形涂刷，然后以垂直方向依次辊涂，最后可用羊毛刷以垂直方向梳理滚筒刷痕。

（5）喷涂：涂膜成膜厚、遮盖率高、质量好、光洁度高、附着力强。设备小巧、搬运方便、压缩机小、重量轻。

（6）涂刷过程中如需停顿，需将刷子或滚筒及时浸没在涂料或水中，涂刷完成后立即用清水洗净所有用具以便再用。

5. 涂饰工程质量检验一般规定

（1）适用范围。适用于水性涂料涂饰、溶剂型涂料涂饰、美术涂饰等分项工程的质量验收。

（2）涂饰工程验收时应检查下列文件和记录。

1）涂饰工程的施工图、设计说明及其他设计文件。

2）材料的产品合格证书、性能检测报告和进场验收记录。

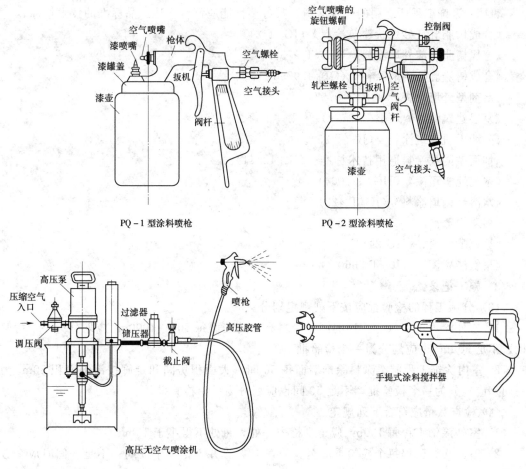

PQ-1型涂料喷枪

PQ-2型涂料喷枪

高压无空气喷涂机

手提式涂料搅拌器

图 3-98 涂饰用机具

清理现场

涂料搅拌均匀

刷涂

辊涂

喷涂

清洗用具

图 3-99 涂饰工程一般涂刷流程示意图

说明：涂饰工程所选用的建筑涂料，其各项性能应符合下述产品标准的技术指标。

《合成树脂乳液砂壁状建筑涂料》（JG/T 24）。

《合成树脂乳液外墙涂料》（GB/T 9755）。

《合成树脂乳液内墙涂料》（GB/T 9756）。

《溶剂型外墙涂料》（GB/T 9757）。

《复层建筑涂料》（GB/T 9779）。

《外墙无机建筑涂料》（JG/T 25）。

《饰面型防火涂料通用技术标准》（GB 12441）。

《水泥地板用漆》（HG/T 2004）。

《水溶性内墙涂料》（JC/T 423）。

《多彩内墙涂料》（JG/T 003）。

《聚氨酯清漆》（HG 2454）。

《聚氨酯磁漆》（HG/T 2660）。

3）施工记录。

（3）分项工程的检验批应按下列规定划分。

1）室外涂饰工程每一栋楼的同类涂料涂饰的墙面每 $500\sim1000m^2$ 应划分为一个检验批，不足 $500m^2$ 也应划分为一个检验批。

2）室内涂饰工程同类涂料涂饰墙面每 50 间（大面积房间和走廊按涂饰面积 $30m^2$ 为一间）应划分为一个检验批，不足 50 间也应划分为一个检验批。

（4）检查数量应符合下列规定。

1）室外涂饰工程每 $100m^2$ 应至少检查一处，每处不得小于 $10m^2$。

2）室内涂饰工程每个检验批应至少抽查 10%，并不得少于 3 间；不足 3 间时应全数检查。

（5）涂饰工程的基层处理应符合下列要求。

1）新建筑物的混凝土或抹灰层基层在涂饰涂料前应涂刷抗碱封闭底漆。

2）旧墙面在涂饰涂料前应清除疏松的旧装修层，并涂刷界面剂。

3）混凝土或抹灰基层涂刷溶剂型涂料时，含水率不得大于 8%；涂刷乳液型涂料时，含水率不得大于 10%。木材基层的含水率不得大于 12%。

说明：不同类型的涂料对混凝土或抹灰基层含水率的要求不同，涂刷溶剂涂料时，参照国际一般做法规定为不大于 8%；涂刷乳液型涂料时，基层含水率控制在 10% 以下时装饰质量较好，同时，国内外建筑涂料产品标准对基层含水率的要求均在 10% 左右，故规定涂刷乳液型涂料时基层含水率不大于 10%。

4）基层腻子应平整、坚实、牢固；无粉化、起皮和裂缝；内墙腻子的粘结强度应符合《建筑室内用腻子》（JG/T 3049）的规定。

5）厨房、卫生间墙面必须使用耐水腻子。

6）涂饰工程的材料在环保方面的质量要求如下。

a. 民用建筑工程室内装修中所采用的水性涂料、水性胶粘剂、水性处理剂必须有总挥发性有机化合物（TVOC）和游离甲醛含量的检测报告；溶剂型涂料、溶剂型胶粘剂必须有总挥发性有机化合物（TVOC）、苯、游离甲苯二异芬酸（TDI）聚氨酯类含量的检测报告，并应符合设计要求和《民用建筑工程室内环境污染控制规范》的规定。

b. 民用建筑工程室内装修所采用的稀释剂和溶剂，严禁使用苯、工业苯、石油苯、重质苯及混苯。

任务十 室内木质罩面板涂饰的施工

3.10.1 学习目标

（1）熟悉各种木质饰面涂料的特点，能根据具体情况进行涂料的选择。

（2）学生在老师的指导下，按照国家和省、区、市颁发的规范、标准和规定等，能够编写木饰面涂饰施工方案及施工组织设计。

（3）学生在老师的指导下，能够编制材料、机具、人力的计划，并实施和检查反馈。

（4）在规定的时间内完成墙柱面木饰面涂饰装饰施工材料的准备及检验、机具的准备及检验；按照规范标准进行施工，对已完工程进行检查、记录和评价反馈，自觉保持安全和健康工作环境；掌握施工工艺和方法。

（5）对施工中出现的问题，会协调解决。

（6）能够对质量进行检验。

3.10.2 施工技术要点和施工工艺等的相关知识

室内木质装饰包面属于板材内墙饰面，它是我国传统的木制作装修工艺，广泛用于中高级建筑装饰工程，如木护墙、木墙裙、木隔板、木顶棚、门套窗套等。随着工厂化加工的发展，木饰面现在在工厂成品化，在现场只是组装，减少现场施工带来的环境污染。

3.10.2.1 室内木质罩面板涂料的品种及特点

1. 酚醛树脂漆

酚醛树脂漆是指以酚醛树脂或改性酚醛树脂作为主要成膜物质的一种液体涂料。酚醛树脂漆是一种价格低廉的涂料，涂饰方便，刷涂性能好，漆膜柔韧，光泽度较高，漆膜附着力强，绝缘性好，漆膜耐久性、耐磨性、耐水性、耐热性、耐腐蚀性、耐化学药品性、耐酸碱性等较好，但是色彩较深，漆膜质脆，耐气候性较差，容易产生泛黄、粉化，且漆液中含有大量植物油料，涂层干燥结膜较慢，稍有粘性，不爽手，容易粘附灰尘，导致漆膜表面粗糙，不能砂磨、抛光，其综合性能不如硝基漆，常用于普通木质品的罩面涂料。

酚醛树脂漆主要包括酚醛清漆、酚醛磁漆、酚醛底漆、酚醛地板漆等。

（1）酚醛清漆。酚醛清漆仍然普遍应用，品种很多。在实际生产中，酚醛清漆不能与硝基清漆、丙烯酸清漆、聚氨酯清漆等面漆配套使用，否则容易产生漆膜皱皮、咬底等缺陷。

（2）酚醛磁漆。酚醛磁漆的品种很多，可以分为有光磁漆、半光磁漆、无光磁漆等。

2. 醇酸树脂漆

醇酸树脂漆是指以醇酸树脂或改性醇酸树脂作为主要成膜物质的一种液体涂料。醇酸树脂漆在普通涂料中应用最广泛，能够与大多数涂料混合使用，不发生任何化学反应。醇酸树脂漆适应性强，色彩较浅，涂饰方便，可以刷涂、喷涂、浸涂，保光性和保色性优异，漆膜坚韧，丰满厚实，光泽高，绝缘性好，价格低廉，漆膜附着力、耐久性、耐热性、耐水性、耐油性、耐气候性、耐溶剂性等较好，其综合性能大大超过油性漆、油基漆，但是漆膜质软，不宜砂磨、抛光，漆膜耐碱性和耐水性较差，容易泛黄，常用于普级、中级木质品的罩面涂料。

醇酸树脂漆的品种很多，用途也各不相同，如通用醇酸树脂漆、外用醇酸树脂漆、内用醇酸树脂漆、快干醇酸树脂漆、醇酸树脂防锈漆、醇酸树脂绝缘漆、醇酸树脂皱纹漆等。

在木质品涂饰中，用量最大的是通用醇酸树脂漆，主要包括醇酸清漆、醇酸磁漆等。

（1）醇酸清漆。醇酸清漆应用最为广泛，品种很多。在实际生产中，醇酸清漆不能与丙烯酸清漆、聚氨酯清漆等强溶剂涂料配套使用，否则容易产生漆膜皱皮、咬底等缺陷。另外，醇酸清漆的固体成分含量在50%以上，在常温下涂层即可干燥结膜（白干），还可以在低温下（40～60℃）或高温下（60～80℃）干燥结膜，但是漆液流平性较差，几分钟后就不宜再进行刷涂，操作人员必须具备一定的操作技巧。

（2）醇酸磁漆。醇酸磁漆品种很多，它是彩色木质家具、木门窗等非常重要的一种彩色涂料，涂饰方便，可以刷涂、喷涂，以喷涂为宜，刷涂效果差一些。由于醇酸树脂对颜料具有较好的润湿性，光泽高，保色性好，因此，醇酸磁漆是色漆中性能较好的一种，常用于室内外要求较高的木质品，近年来已经逐渐替代耗油量大的油性调和漆，并占有明显的优势地位。

3. 硝基漆

硝基漆是指以硝化棉或改性硝化棉作为主要成膜物质的一种液体涂料。硝基漆是一种普遍使用的装饰性极好的涂料，涂饰方便，可以刷涂、擦涂、喷涂、淋涂，以喷涂为宜。由于硝基漆极易干燥，且大多数采取喷涂作业，因此，习惯上叫做"喷漆"。

硝基漆是一种溶剂挥发型快干性涂料，其组分中的固体成分含量非常低（大约15%～30%），形成漆膜仅仅依靠涂料中溶剂的挥发即可实现，涂层干燥结膜迅速，注意其挥发速度的快慢对于漆膜质量具有重要的意义。另外，由于强溶剂的大量挥发，对涂饰环境的污染严重，损害操作人员的身体健康。

硝基漆漆膜形成后，仍然能够被原来溶剂溶解，因此，漆膜是可逆的，可以用原来溶剂将漆膜溶解成为原来的涂料，叫做"再生漆"，便于修复。

硝基漆主要包括硝基清漆、硝基磁漆、硝基底漆、硝基腻子等。

4. 聚氨酯树脂漆

聚氨酯树脂漆是指以聚氨基甲酸酯树脂作为主要成膜物质的一种液体涂料。聚氨酯树脂漆具有独特的性能，涂层干燥后就像玻璃一样，被形象地称为"玻璃漆"、"树脂漆"，已经成为木质品涂饰中最主要的涂料品种。在涂料工业中，聚氨酯树脂漆具有非常全面的综合性能，与木材、金属、非金属等具有良好的附着力，尤其是室内木质品装饰效果极为突出。

聚氨酯树脂漆是一种装饰性非常优异的新型涂料，粘度较低，涂饰方便，可以刷涂、喷涂、淋涂，生产效率高，工人体力劳动强度低，比硝基漆省力，可以替代硝基漆作为木质品涂饰的罩面涂料。

聚氨酯树脂漆的固体成分含量较高（约 50%～60%），比硝基漆高出 1 倍以上，涂层较厚，涂层干燥结膜较慢，在常温下涂层即可干燥结膜（白干），还可以在低温下或高温下烘烤干燥结膜，在 0℃ 以下，如果加入适量的催化剂，也可以快速固化，施工季节适应性较强。

聚氨酯树脂漆漆膜是一种不溶不熔的高聚物，漆膜是不可逆的，不可以用原来溶剂将漆膜溶解成为原来的涂料。如果漆膜受到损伤，修复困难。

（1）685 聚氨酯木器漆。685 聚氨酯木器漆目前是国内木器涂料中生产厂家最多、生产量最大、应用最普遍的涂料品种，广泛用于中高级木质品。在实际施工中，必须注意底漆的抗溶剂性及底面漆之间的配套性。聚氨酯清漆应该用同系列的聚氨酯底漆作为封闭底漆，不能用油性漆、虫胶清漆、酚醛清漆、醇酸清漆、硝基清漆等作为封闭底漆，尤其是不能用未经过脱蜡处理的虫胶清漆。因为，如果用未经过脱蜡处理的虫胶清漆作为封闭底漆，涂层干燥过程中，蜡质会移向漆膜表面，在漆膜表面形成隔离层，影响漆膜附着力，容易产生漆膜剥落。

（2）PU 聚酯漆。PU 聚酯漆属于羟基固化型聚氨酯树脂漆。由于 PU 聚酯漆的底面漆配套性有特殊要求，因此，必须专门配备相应的 PU 聚酯底漆、PU 聚酯面漆。PU 聚酯漆是聚氨酯树脂漆中发展最快的一种新型涂料，广泛流行，并自成一个系列。PU 聚酯漆可以分为底漆系列、面漆系列两种类型。底漆系列主要有填孔剂、封闭底漆、封边底漆、中层底漆、普通透明底漆、耐黄变透明底漆、白色底漆、有色底漆等；面漆系列主要有清漆、色漆、普通透明面漆、耐黄变透明面漆、亮光漆、亚光漆等。

5. 亚光漆

亚光漆是指用各种树脂漆作为主要原料，加入适量的消光剂，或增加颜料用量，或选择亚光树脂，经过充分搅拌均匀后制成的一种新型液体涂料。

亚光漆漆膜手感细腻滑爽，富有材质感，色彩逼真，无强烈刺眼的光泽，光照下不产生眩光，光泽柔和，类似蛋壳，可以减少光线对眼睛的刺激，不损害人的视力，它能够给人以典雅、古朴、含蓄、宁静、柔和、舒适、温馨的感觉，别具一格。这种方法符合人体工程学的原理，在国内外应用非常普遍。

亚光漆有硝基亚光漆、聚氨酯亚光漆等。

3.10.2.2 室内木质罩面板涂饰施工的主要工序

1. 木料表面施涂溶剂型混色涂料的主要工序

木料表面施涂溶剂型混色涂料的主要工序见表 3-52。

表 3-52　　　　　木料表面施涂溶剂型混色涂料（油漆）的主要工序

项次	工　序　名　称	普通级涂料	中级涂料	高级涂料
1	清扫、起钉子、除油污等	+	+	+
2	铲去脂囊、修补平整	+	+	+
3	磨砂纸	+	+	+

续表

项次	工序名称	普通级涂料	中级涂料	高级涂料
4	节疤处点漆片	+	+	+
5	干性油或带色干性油打底	+	+	+
6	局部刮腻子、磨光	+	+	+
7	腻子处涂干性油	+		
8	第一遍满刮腻子		+	+
9	磨光		+	+
10	第二遍满刮腻子			+
11	磨光			+
12	刷涂底涂料		+	+
13	第一遍涂料	+	+	+
14	复补腻子	+	+	+
15	磨光	+	+	+
16	湿布擦净		+	+
17	第二遍涂料	+	+	+
18	磨光（高级涂料用水砂纸）		+	+
19	湿布擦净		+	+
20	第三遍涂料		+	+

注 1. 表中"＋"号表示应进行的工序。
2. 高级涂料做磨退时，宜用醇酸涂料涂刷，并根据涂膜厚度增加1～2遍涂料和磨退、打砂蜡、打油蜡、擦亮等工序。
3. 木料及胶合板内墙、顶棚表面施涂溶剂型混色涂料的主要工序同本表。

2. 木料表面施涂清漆的主要工序

木料表面施涂清漆的主要工序见表3-53。

表3-53　　　　　　　　　　木料表面施涂清漆的主要工序

项次	工序名称	中级清漆	高级清漆	项次	工序名称	中级清漆	高级清漆
1	清扫、起钉子、除油污等	+	+	13	磨光	+	+
2	磨砂纸	+	+	14	第二遍清漆	+	+
3	润粉	+	+	15	磨光	+	+
4	磨砂纸	+	+	16	第三遍清漆	+	+
5	第一遍满刮腻子	+	+	17	磨水砂纸		+
6	磨光	+	+	18	第四遍清漆		+
8	磨光	+	+	19	磨光		+
7	第二遍满刮腻子		+	20	第五遍清漆		+
9	刷油色	+	+	21	磨退		+
10	第一遍清漆	+	+	22	打砂蜡		+
11	拼色	+	+	23	打油蜡		+
12	复补腻子	+	+	24	擦亮		+

注　表中"＋"号表示应进行的工序。

3. 质量检验

溶剂型涂料涂饰工程质量验收内容适用于丙烯酸酯涂料、聚氨酯丙烯酸涂料、有机硅丙烯酸涂料等溶剂型涂料涂饰工程。

（1）主控项目。

1）溶剂型涂料涂饰工程所选用涂料的品种、型号和性能应符合设计要求。

检验方法：检查产品合格证书、性能检测报告和进场验收记录。

2）溶剂型涂料涂饰工程的颜色、光泽、图案应符合设计要求。

检验方法：观察。

3）溶剂型涂料涂饰工程应涂饰均匀、粘结牢固，不得漏涂、透底、起皮和反锈。

检验方法：观察；手摸检查。

4）涂饰工程的基层处理应符合下列要求：

a. 新建筑物的混凝土或抹灰基层在涂饰涂料前应涂刷抗碱封闭底漆。

b. 旧墙面在涂饰涂料前应清除疏松的旧装修层，并涂刷界面剂。

c. 混凝土或抹灰基层涂刷溶剂型涂料时，含水率不得大于8%。木材基层的含水率不得大于12%。

d. 基层腻子应平整、坚实、牢固，无粉化、起皮和裂缝；内墙腻子的粘结强度应符合《建筑室内用腻子》（JG/T 3049—1998）的规定。

e. 厨房、卫生间墙面必须使用耐水腻子。

检验方法：观察；手摸检查；检查施工记录。

（2）一般项目。

1）色漆的涂饰质量和检验方法应符合表3-54的规定。

表3-54　　　　　　　　　　　色漆的涂饰质量和检验方法

项次	项　　目	普通涂饰	高级涂饰	检验方法
1	颜色	均匀一致	均匀一致	观察
2	光泽、光滑	光泽基本均匀，光滑无挡手感	光泽均匀一致，光滑	观察、手摸检查
3	刷纹	刷纹通顺	无刷纹	观察
4	裹棱、流坠、皱皮	明显处不允许	不允许	观察
5	装饰线、分色线直线度允许偏差	2mm	1mm	拉5m线，不足5m拉通线，用钢直尺检查

注　无光色漆不检查光泽。

2）清漆的涂饰质量和检验方法应符合表3-55的规定。

表3-55　　　　　　　　　　　清漆的涂饰质量和检验方法

项次	项　　目	普通涂饰	高级涂饰	检验方法
1	颜色	基本一致	均匀一致	观察
2	木纹	棕眼刮平、木纹清楚	棕眼刮平、木纹清楚	观察
3	光泽、光滑	光泽基本均匀，光滑无挡手感	光泽均匀一致，光滑	观察、手摸检查
4	刷纹	无刷纹	无刷纹	观察
5	裹棱、流坠、皱皮	明显处不允许	不允许	观察

3）涂层与其他装饰材料和设备衔接处应吻合，界面应清晰。

检验方法：观察。

3.10.3　项目实训练习

本项目实训将多种混色和清漆涂饰一起综合训练。

1．目的

通过实训基地真实项目的实训，工学结合，达到本节能力目标的要求。

2．项目任务

餐厅木饰面油漆施工。采用聚酯漆，底漆一遍，面漆三遍。

3．项目训练载体

工作室、学校实训基地。

4．教学方法

学生 5～6 人一组，按照任务书的要求完成全部内容。

5．分项内容及要求

（1）学生岗位分工。

模拟实际施工现场管理组织，学生以小组（项目部）为单位，学生担任不同的岗位，在全面训练的基础上，了解所承担岗位的职责。不同项目学生岗位互换。

要求：以小组为单位填写工程项目施工管理人员名单表。

（2）阅读施工图纸。

阅读图纸，提出问题。

要求：学生填写图纸审核记录表。

（3）编写施工技术方案。

要求：结合现场实际施工环境、施工图纸、规范等编写施工技术方案。

（4）材料准备。

1）编制材料计划。

a．确定材料每平方消耗量。表 3－56 是《江苏省建筑与装饰工程计价表》规定的材料消耗量，以此为参考确定材料及用量。材料消耗量表只是一个参考，主要材料用量要根据材料的规格和设计尺寸来确定。

表 3－56　　　　　　　　　　10m² 墙面聚酯漆材料消耗量

序号	编号	类别	换	材料名称	单位	单价	现行价	数量
1				人工费				
2	000010			油漆工（一类工）	工日	28.00	0.000	3.6500
3				材料费				
4	601069			聚氨酯清漆	kg	14.25	0.000	3.1400
5	601125			清油	kg	10.64	0.000	0.1800
6	603045			油漆溶剂油	kg	3.33	0.000	0.3800
7	613056			二甲苯	kg	3.42	0.000	0.4000
8	609032			大白粉	kg	0.48	0.000	0.9400
9	607018			石膏粉 325 目	kg	0.45	0.000	0.2700

b. 工程量计算。《建设工程工程量计价规范》规定的工程量计算规则如下。

项目编码	项目名称	项目特征	计量单位	工程量计算规则	工作内容
020504001	木板、纤维板、胶合板油漆	1. 腻子种类 2. 刮腻子要求 3. 防护材料种类 4. 油漆品种、刷漆遍数	m²	按设计图示尺寸以面积计算	1. 基层清理 2. 刮腻子 3. 刷防护材料、油漆

c. 材料用量计算。涂料根据产品说明配置，其他材料消耗量计算参照计价表确定。

2）材料进场检验。

要求：a. 学生对材料等进行检验，掌握检验的内容及材料的质量标准。

b. 填写材料进场检验记录表。

（5）施工机具的准备。

选择需要的施工机具，填写主要机具表。

（6）施工。

以小组为单位完成项目训练。

施工步骤及要点提示：

1）技术交底。

要求：a. 模拟实际施工现场，由技术人员对施工班组负责人技术交底，技术交底一式2份。

b. 掌握技术交底的内容及程序。

2）木基层的处理。

a. 表面及缝隙的灰尘、浮土、污垢及粘着的砂浆，用刷子、刮刀除尽。如粘有防水材料，可用铲刀刮去，再点漆片，防止以后防水材料咬透漆膜引起涂饰材料变色或不干。油脂和胶溃可用肥皂水清洗后再用清水洗净。

b. 表面树脂，做深色油漆，可用5％～6％碳酸钠水溶液或3％～5％火碱溶液清洗。如做浅色油漆，应用溶剂（25％丙酮水溶液）去脂。面积较大继续渗出松脂的脂囊、虫眼等应挖除，并用同种木材顺木纹粘贴镶嵌。

c. 做浅色、本色的中高级清漆装饰的木料表面，如有色斑和不均匀色调，可用漂白的方法消除。即用排笔或油刷蘸漂白液均匀涂刷木料表面，使其净白，然后用2％浓度的肥皂水或稀盐酸溶液清洗，再用清水洗净。常用漂白液有：

◆ 双氧水混合液，其配比为15％～30％，浓度的双氧水溶液：25％浓度的氨水溶液＝100：（5～10）。

◆ 漂白粉液，其配比为5％浓度的碳酸钾和碳酸钠各1/2的水溶液：漂白粉＝100：5。

d. 经清理后的木料面，用1号或0号木砂纸顺木纹打磨平整（对硬刺、木丝、毛刺等不易打磨处，可用排笔刷少许酒精，使木刺等边硬后打磨），但不得将棱角磨圆。

e. 为防止节疤处树脂渗出，可用漆片在节疤处点涂1～4遍。

3）溶剂型混色涂料施工操作工艺及要点。

工艺流程：

基层处理—刷清油打底—局部刮腻子—磨光—满刮腻子—磨光、刷第一遍调和漆—磨光—安装玻璃—刷第二遍调和漆—磨光—刷最后一遍调和漆—清理交工。

溶剂型混色涂料施工操作要点：

a. 基层处理。在施涂前，应除去木质表面的灰尘、油污胶迹、木毛刺等，对缺陷部位进行填补、磨光、脱色处理。

b. 刷清油打底。严格按先上后下、先左后右、从外到里的涂刷顺序，要刷到刷匀。

c. 局部刮腻子、磨光。清油干透后，用牛角漆刮将所有钉孔、裂缝、节疤桦头间隙、拼缝、合页孔隙及边棱残缺等用腻子填嵌平整。嵌刮腻子时，牛角漆刮与木料面夹角宜为 $50°\sim60°$，来回一次压实刮平。腻子干后，用 1 号木砂纸磨平磨光，不得将棱角磨圆和磨破油膜，磨后用油刷由上而下将浮屑和粉尘揩干净。

d. 满刮腻子。用板刮或漆刮，先将腻子按条状平行地刮在物面上，再横向将腻子匀开，最后纵向刮平，厚度宜薄不宜厚。刮腻子时，漆刮与物面的夹角宜为 $30°\sim40°$，用力应均匀，来回次数不宜过多。

e. 磨光。腻子干透后，用 1 号木砂纸顺木纹打磨平整光滑，线脚处用砂纸角或对折的砂纸边部打磨，不得漏磨和磨穿。木基层上尖锐的阳角宜磨成微小的圆角。磨完后清扫干净，并用湿布粉尘揩干净，晾干。

f. 刷第一遍调和漆。用刷过清油的油刷操作，涂刷应与木纹方向一致，顺序同刷清油打底，线角处不宜刷得过厚，内外分色的分界线应刷得齐直。操作时注意如下。

油刷蘸漆时，应少蘸、勤蘸，油刷浸入漆内不宜超过毛长的 2/3，蘸好后将油刷两面各在漆桶边轻拍一下，既可使多余的漆回桶，避免滴落玷污其他物面，又能可防止在立面上形成流坠。

小面积狭长木条可用油刷侧面上油，刷到后再用平面（大面）理顺。

在门芯板或大面积木料上面涂刷，可采用"开油"（延长每隔 $50\sim60$mm 刷一长条）、"横油、斜油"（横向和斜向刷开）、"理油"（最后沿长向轻轻理顺）。

涂刷时，油刷应拿稳，条路应准确，接头处油刷应轻刷，不显刷痕，漆面应均匀平滑，色泽一致。刷完后应检查有无漏刷处。

g. 复补腻子。混色漆干透后，对底腻子收缩处或有残缺处，用稍硬较细的加色腻子嵌补、批刮一次。

h. 打砂纸。待腻子干透后，用 1 号砂纸打磨。

i. 刷第二遍调和漆。使用新砂纸时，须将两张砂纸对磨，把粗大砂粒磨掉，防止划破油漆膜。

j. 刷最后一遍调和漆。要注意油漆不流坠、光亮均匀、色泽一致。注意成品保护。

k. 冬期施工。室内应在采暖条件下进行，室温保持均衡，温度不宜低于 5℃，相对湿度不宜大于 60%。设专人负责开关门窗以利排湿通风。

4）清漆涂料施工操作要点。

a. 基层处理。清扫、起钉子、除去油污、铲去脂囊，注意不要刮出毛刺，修整后，应用腻子嵌实平整，用木砂纸磨平，节疤处点 $2\sim3$ 遍漆片。

b. 基层磨砂纸。将基层打磨光滑，顺木纹打磨，先磨线角，后磨四口平面，直到光滑为止。

c. 润色油粉。按设计规定的颜色配好油粉，用棉纱团（硬木用吐丝头）蘸油粉，在表面由外至内、从左做到右、从上而下分段来回多次揩擦物面，有棕眼处应擦进棕眼，物面上的颜色应均匀一致，擦好后即用竹花（刮竹时刮下的丝绒），将物面上多余的粉擦净，线角处擦不干净的，用羊角刀剔清，应掌握快、洁、匀、净四个要领。

d. 磨砂纸。待油粉干后，用 0 号木砂纸轻轻顺木纹打磨平整，打到光滑为止，并保护好棱角，磨完后将粉尘揩干净。

e. 满批油腻子。颜色要浅于样板 1～2 成，腻子油性大小适宜。用开刀将腻子刮入钉孔、裂纹等内，刮腻子时要横抹竖起，腻子要刮光，不留散腻子。待腻子干透后，用 0 号木砂纸轻轻顺纹打磨，磨至光滑，用湿布擦粉尘。

f. 刷油色。因油色涂刷时易被木料吸收，不易刷匀，涂刷后要求颜色一致、不盖木纹，因此涂刷时应注意以下几点：

◆ 动作要快，顺木纹涂刷，收刷、理油时都要轻快，不可留下接头刷痕。

◆ 在一个面上涂刷时，油色不得沾到未刷的面上，如沾到应及时擦干净，以确保刷面色泽一致。

◆ 每个刷面要一次刷好，应先从小面着手，最后刷到大面部位，接头处应刷匀。如刷面较大，宜两人配合操作。

◆ 油色干透后，不宜磨砂纸，应用干净揩布或油刷揩擦。

g. 刷第一道清漆。刷法与刷油色相同，但应略加些汽油以便消光和快干，并应使用已磨出口的旧刷子。待漆干透后，用 0 号旧砂纸彻底打磨一遍，将头遍漆面先基本打磨掉，再用湿布擦干净。

h. 修补腻子。如刷面上有局部缝隙和棱角不全处，可用油性略大的带色腻子复补。操作时必须使用牛角板刮复补平整，不得损伤漆膜。

i. 修色、磨光。木料表面的黑斑、节疤、腻子疤和材色不一致，应用加色漆片进行修色，深色应修浅，浅色应提深，如有木纹断去处，应绘出木纹。待漆膜干透后用 0 号木砂纸或旧砂纸，顺木纹轻轻往返打磨至漆面上的光亮基本上打磨掉，再用湿布将粉尘擦净待干。

j. 刷第二、第三道清漆。周围环境要整洁，操作同刷第一道清漆，但动作要敏捷，多刷多理，涂刷饱满、不流不坠、光亮均匀。涂刷后一道清漆前应打磨消光。

k. 冬期施工。室内应在采暖条件下进行，室温保持均衡，温度不宜低于 5℃，相对湿度不宜大于 60%。设专人负责开关门窗以利排湿通风。

5）混色磁漆磨退施工操作工艺。

工艺流程：

基层处理—刷清油打底—局部批腻子、磨光、满批腻子、磨光—满批第二道腻子、磨光—刷第一道磁漆—修补腻子—刷第二、三、四道磁漆—磨退—打砂蜡—擦上光蜡—清理交工。

混色磁漆磨退施工操作要点：

a. 基层处理。将表面油污、灰浆等污物清除后，用砂纸将表面磨光、磨平、除去木毛、毛搓、阳角要倒棱、磨圆、上下一致。

b. 刷清油打底。严格按先上后下、先左后右、从外到里的涂刷顺序，要涂刷均匀、不可漏刷。

c. 局部刮腻子、磨光。清油干透后，用牛角漆刮将所有钉孔、裂缝、节疤桦头间隙、拼缝、合页孔隙及边棱残缺等用腻子填嵌平整，拌和腻子时可加适量磁漆。嵌刮腻子时，牛角刮面与木料面夹角宜为50°～60°，来回一次压实刮平。腻子干后，用1号木砂纸磨平磨光，不得将棱角磨圆和磨破油膜，磨后用油刷由上而下将浮屑和粉尘揩干净。

d. 满刮腻子。加适量磁漆，腻子要调得稍稀，要刮光刮平。用板刮或漆刮，先将腻子按条状平行地刮在物面上，再横向将腻子匀开，最后纵向刮平，厚度宜薄不宜厚。刮腻子时，漆刮与物面的夹角宜为30°～40°，用力应均匀，来回次数不宜过多。

e. 磨砂纸。腻子干透后，用1号木砂纸顺木纹打磨平整光滑，线脚处用砂纸角或对折的砂纸边部打磨，不得漏磨和磨穿。木基层上尖锐的阳角宜磨成微小的圆角。磨完后清扫干净，并用湿布将粉尘揩干净，晾干。

f. 满批第二道腻子、磨光。要求平整、光滑、阴角要直，大面可用钢片刮板刮，小面用铲刀刮。

g. 刷第一道磁漆。涂料要调得稍稀，可加入适量的稀释剂后涂刷，要刷得均匀，不得漏刷和流坠。漆干后打磨。

h. 修补腻子。将不平之处补平，干后局部磨平，磨光并擦净浮尘。

i. 刷第二、第三、第四道磁漆。不需加稀料，不得漏刷，流坠，夏季间隔6h，春秋季间隔12h，冬季间隔24h，可根据漆膜厚度增加1～2遍涂刷。

j. 磨退。用经热水泡软后的320～400号水砂纸（打磨大面时可将水砂纸包橡皮后磨），蘸肥皂粉溶解的水进行磨退。磨时应用力均匀，将刷纹基本磨平，从有光磨至无光，注意不应磨破棱角。打磨砂纸要在涂刷完7d后进行。磨好后用湿布擦净待干。

k. 打砂蜡。将砂蜡用煤油调成糊状，涂满木饰表面用棉丝来回揉擦，至出现暗光，要上下光亮一致，不得磨破棱角，然后用棉纱蘸汽油将浮蜡擦净。

l. 擦上光蜡。擦匀、擦到、擦净、不要过厚，达到光泽明亮为止。

m. 冬期施工。室内应在采暖条件下进行，室温保持均衡，温度不宜低于5℃，相对湿度不宜大于6%。设专人负责开关门窗以利排湿通风。

n. 为了提高磁漆表面涂饰质量，减少颗粒、流坠、刷纹等通病，可把刷漆改为无气喷涂，常用的施工工艺可采用美国进口的喷涂设备，它可在无气的情况下把磁漆涂料加压到240kg/cm²。

6）丙烯酸清漆磨退施工操作工艺。

工艺流程：

基层处理—润油粉—满批色腻子—磨光—刷第一道醇酸清漆—点漆片修色、磨光—刷第二道醇酸清漆—磨光—刷第三道醇酸清漆—磨光—刷第四道醇酸清漆—磨光—刷第一道丙烯酸清漆—磨光、刷第二道丙烯酸清漆—磨光—打砂蜡—擦上光蜡—清理交工。

丙烯酸清漆磨退施工操作要点：

a. 基层处理。清除表面尘土油污后，用砂纸将表面磨平磨光。

b. 润油粉。将油粉调成粥状，用30～40cm长磨绳头来回揉擦，边角要擦到、擦净，线角要用刮板剔净。

c. 满批色腻子。色腻子要刮到、刮净，不应漏刮。

d. 磨光。打磨平整擦净浮尘。

e. 刷第一～四道醇酸清漆。涂膜厚薄均匀，不得漏刷，流坠，夏季间隔6h，春秋季间隔12h，冬季间隔24h，有条件时时间稍长一点更好。

f. 点漆片修色。对钉眼、节疤进行拼色，使整个表面颜色一致。

g. 刷第一、第二道丙烯酸清漆。用羊毛排笔顺纹涂刷，涂膜要厚度适中、均匀一致，不得流淌、过边、漏刷。第一道至第二道刷漆时间间隔同e。

h. 磨水砂纸。涂料刷4～6h后用280～320号水砂纸打磨，要磨光、磨平并擦去浮粉。

i. 打砂蜡。将砂蜡用煤油调成糊状，涂满表面用棉丝来回揉擦，至出现暗光，要上下光亮一致，不得磨破棱角，然后用干净棉丝蘸汽油将浮蜡擦净。

j. 擦上光蜡。用干净白布将上光蜡包在里面，收口扎紧，用手揉擦，擦均、擦到、擦净、达到光泽饱满为止。

k. 冬期施工。室内应在采暖条件下进行，室温保持均衡，温度不宜低于5℃，相对湿度不宜大于6%。设专人负责开关门窗以利排湿通风。

（7）成品保护。

要求：1）施工过程前和施工完后，根据现场需要进行成品保护。

2）提出成品保护方案。

（8）质量检验。

按照标准对完成的工程进行质量检验。

要求：1）按照质量标准对完成项目进行检验，掌握检验的方法和内容。

2）填写质量检验记录。

（9）学生总结。

学生对照目标进行总结，小组汇报，老师答辩。

（10）评分。

包括学生自评、互评、老师评分。

思 考 题

1. 木饰面溶剂型涂料的种类有哪几种？
2. 简述木饰面混色油漆的施工工艺及要点。
3. 简述木饰面清水油漆的施工工艺及要点。
4. 调查装饰材料市场，试述木饰面油漆的种类和特点。

任务十一　混凝土及抹灰内墙柱面乳胶漆涂刷的施工

3.11.1　学习目标

（1）熟悉各种墙面饰面涂料的特点，能根据具体情况进行涂料的选择。

（2）学生在老师的指导下，按照国家和地区颁发的规范、标准和规定等，能够编写墙面涂饰施工方案及施工组织设计。

（3）学生在老师的指导下，能够编制材料、机具、人力的计划，并实施和检查反馈。

（4）在规定的时间内完成墙柱面饰面涂饰装饰施工材料的准备及检验、机具的准备及检验；按照规范标准，进行施工，对已完工程进行检查、记录和评价反馈，自觉保持安全和健康工作环境；掌握施工工艺和方法。

（5）对施工中出现的问题，会协调解决。

（6）能够对质量进行检验。

3.11.2　施工技术要点和施工工艺等的相关知识

内墙涂料的主要功能是装饰和保护室内墙面及顶面，使其美观整洁。内墙涂料应能满足业主对视觉艺术的不同需求，因而要求色彩品种丰富，质地平滑细腻，色调柔和。由于墙面多带有碱性，室内温度也较高，内墙涂料需耐碱；为保持内墙洁净，有时要洗擦，为此必须有一定的耐水、耐洗刷性；而内墙涂料的脱粉，更会给人情绪带来不快，故内墙涂料应具有良好的耐粉化性能。内墙涂料还需要有良好的透气性和吸湿排湿性，在温度变化时不结露、不挂水。为保持室内的清新美观，内墙可能需要多次粉刷翻修。因此，要求涂料产品便于施工、价格合理、重涂性好。

3.11.2.1　内墙乳胶漆的种类

根据我国颁布的建筑内墙涂料国家标准，内墙涂料基本上有下列四类：

第一类：合成树脂乳液内墙涂料，俗称合成树脂乳胶漆。

第二类：合成树脂乳液砂壁状建筑涂料，俗称彩砂涂料、砂胶涂料或彩砂乳胶漆。

第三类：复层建筑涂料，俗称凹凸复层涂料或复层浮雕花纹涂料。

第四类：水溶性内墙涂料。

1. 乳胶漆

以高分子合成树脂乳液为主要成膜物质的墙面涂料称为乳液型墙面涂料，是采用乳液型基料，将填料及各种助剂分散其中而成的一种内外墙都适用的水性建筑涂料。按涂料质感，可分为薄质乳液涂料、厚质涂料和彩色砂壁状涂料、水乳型合成树脂涂料。

其特点是无毒、不燃、不污染环境、透气性好，涂膜耐水、耐碱、耐候等性能良好。

乳胶漆的种类很多，通常以合成树脂乳液来命名的，主要品种有聚醋酸乙烯乳胶漆、乙—丙乳胶漆、苯—丙乳胶漆、丙烯酸酯乳胶漆、聚氨酯乳胶漆等。

乳胶漆色彩丰富，色调多样，可根据需要，按比例自由调兑，是营造室内效果的首选装饰材料，见图 3-100。

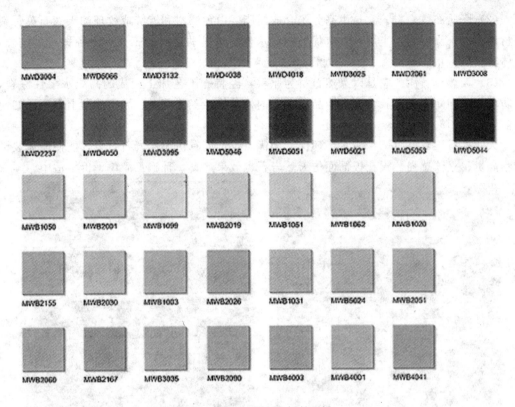

图 3-100　乳胶漆色卡示例

2. 聚乙烯醇类水溶性内墙涂料

（1）聚乙烯醇水玻璃涂料。聚乙烯醇水玻璃涂料是以水溶性树脂聚乙烯醇的水溶液和水玻璃为胶结料，加入一定的体质颜料和少量助剂，经搅拌、研磨而成的水溶性涂料。这是国内生产较早、使用最普遍的一种内墙涂料。俗称"106"内墙涂料。

这种涂料无毒、无味、不燃，有一定的粘结力，涂膜干燥快、表面光洁平滑、不起粉，能形成一层类似无光漆的涂膜。

聚乙烯醇水玻璃涂料的品种有奶白色、湖蓝色、果绿色、淡青色、天蓝色等，适用于住宅、商店、医院、旅馆、剧场、学校等建筑的内墙装饰。

（2）聚乙烯醇半缩醛涂料。聚乙烯醇半缩醛涂料是以聚乙烯醇与甲醛不完全缩合反应而生成的聚乙烯醇半缩醛水溶液为基料，加入颜料、填料及其他助剂，经混合、搅拌、研磨、过滤等工序制成的涂料，俗称"803"内墙涂料。

聚乙烯醇半缩醛涂料具有无毒、无味、干燥快、遮光力强、涂层光洁，在冬季较低温度下不易结冻、涂刷方便、装饰性好、耐湿擦性好、墙面有较好的附着力等优点。

3. 其他内墙装饰涂料

近年来，一些仿天然材料的涂料和绿色环保型涂料，以及其他具有独特效果的内墙涂料竞艳于涂料市场。其中有：

（1）膨胀珍珠岩涂料。它是一种粗质喷涂料，有类似小拉毛的效果，但质感比拉毛强，可拼花、喷出彩色图案，对基层要求低、遮盖力强。

（2）厚质布纹涂料。它是由高分子合成树脂、白色颜料和能够成纹理的天然石英骨料等材料组成，涂层附着牢固，具有优异的耐水性，可借助简单的工具加工各种所需纹理，立体感很强。

（3）天然真石漆。它是以天然石材为原料，经特殊工艺加工而成的高级水溶性涂料，以防潮底漆和防水保护膜为配套产品，在室内外装修、工艺美术、城市雕塑上有广泛的使用前景，见图3-101。

天然真石漆具有阻燃、防水、环保三大优点，饰面有仿天然岩石效果，能使墙体装饰典雅高贵、立体感强，天花板饰面仿天然岩石也效果逼真，且施工简单、价格适中。

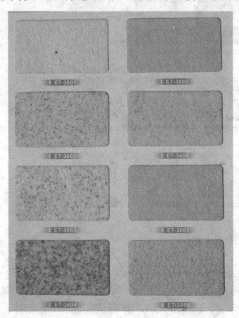
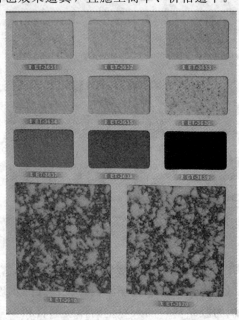

图3-101 真石漆色卡示例

（4）马来漆、板岩漆、幻影漆、金银箔艺术漆。它们都是目前新型的装饰涂料，具有令人炫目的肌理质感，漆膜光亮、平滑圆润、无毒、无异味、有良好的耐洗擦性。它们以风格迥异的纹理和独具匠心的颜色搭配，进入涂料装饰新的境界，见图3-102。

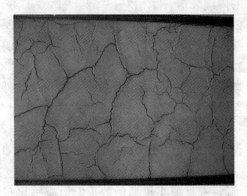

图3-102 艺术漆示例

3.11.2.2　内墙涂料饰面的构造做法

内墙涂料饰面的构造做法，因涂料类型、墙体基层的不同而各不相同。图 3-103 为合成树脂乳液内墙涂料在砖墙基层上的构造做法，图 3-104 为复层建筑涂料在纸面石膏板基层上的构造做法。读者可根据墙体基层材料及涂料类型的不同绘制相应的构造详图。

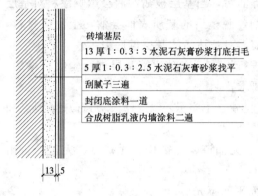

图 3-103　合成树脂乳液内墙涂料
在砖基层上的构造

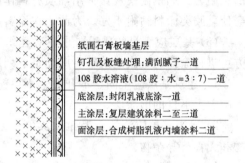

图 3-104　复层建筑涂料在纸面石膏板
基层上的构造图

3.11.2.3　建筑涂料施工的基本要求

1. 环境条件

涂料的干燥、结膜，都需要在一定的气温和湿度条件下进行。不同类型的涂料有其最佳的成膜条件。为了保证涂层的质量，应注意施工环境条件。

（1）气温。通常溶剂型涂料宜在 5～30℃气温条件下施工。水乳型涂料宜在 10～35℃气温条件下施工。

（2）湿度。建筑涂料适宜的施工湿度为 30%～60%，在高湿或降雨之前一般不宜施工。通常情况下，湿度低有利于涂料的成膜和提高施工进度；但如果湿度太低，空气太干燥，溶剂型涂料溶剂挥发过快，水乳型涂料干燥也快，均会使结膜不够完全，因此也不宜施工。

（3）太阳光。不要在阳光直接照射下施工，尤其在夏天，阳光照射下基层表面温度太高，脱水或脱溶剂过快，会使成膜不良，影响涂层质量。

（4）风。在大风下不宜施工，大风会加速溶剂或水分的蒸发过程，使成膜不良，又会沾污尘土。

2. 对基层的要求

基层及基层处理在装修涂饰工程中是非常重要的一个环节，基层的干燥程度、基底的碱性、油迹及粘附杂物的清除、孔洞填补等情况的处理好坏，均会对施工质量带来很大影响。

（1）表面平整度。基层表面应平整，不得有大的孔洞、裂缝等，否则会影响涂层装饰质量。

（2）基层碱性。新浇混凝土或新抹的水泥砂浆，它的 pH 都很高，随着水分的蒸发和碳化，其碱性将逐渐降低，但其降低速度一般很缓慢。基层中的碱性成分与水分一起蒸发出来，对表面的涂料会带来影响，因此其表面的涂料施工，一般宜在 pH 小于 10 后施工。

（3）含水率。装饰涂料涂饰的基层，必须做到尽可能的干燥，这对涂层质量有利，一般在含水率小于 10%（基层表面泛白）时，才能进行涂料施工。不同涂料对基层含水率要求不一样，溶剂型涂料要求含水率低些（小于 8%）；水乳型涂料则可适当高些。

（4）基层表面沾污。基层表面不得被油质等沾污，当基层被沾污后会影响涂料对基层的粘附力。如钢制模板，常用油质材料作脱膜剂，脱模后的基质表面会沾污上油质材料，会使乳胶类涂料粘附不好。为此，在涂料施工前需对被沾污的基层彻底去污。

（5）基层应满足的质量要求。对建筑基层进行涂饰，应对建筑基层进行验收合格后，方可进行涂饰施工。建筑基层应满足下列质量要求：

1）建筑基层应牢固、不开裂、不掉粉、不起砂、不空鼓、无剥离、无石灰爆裂点和无附着力不良的旧涂层。

2）建筑基层应清洁，表面无灰尘、无浮浆、无油迹、无锈斑、无霉点、无盐类析出物和无青苔等杂物。

3）建筑基层的允许偏差见表 3-57，且表面平而不光。

表 3-57　　　　　　　　　　建筑基层表面允许偏差和检验方法

项次	项　目	允许偏差（mm）		检验方法
		普通级	高级	
1	表面平整	≤4	≤2	用 2m 靠尺和塞尺检查
2	立面垂直	≤5	≤3	用 2m 垂直检测尺检查
3	阴阳角垂直	≤4	≤2	用 2m 垂直检测尺检查
4	阴阳角方正	≤4	≤2	用 200mm 方尺检查
5	分格缝深浅一致和横平竖直	≤3	≤1	拉 5m 线不足 5m 拉通线，用钢直尺检查

3.11.2.4　建筑基层涂饰施工基层的处理方法

为使外墙混凝土和抹灰基层在涂饰后规定的使用年限内能保持洁净少污染，规定墙面做必要的建筑技术处理及墙面设计的具体要求是：

（1）凡外窗台两端应粉出挡水坡端，檐口、窗台底部都必须按技术标准完成滴水线构造措施：

1）女儿墙及阳台的压顶，其粉刷面应有指向内侧的泛水坡度。

2）对坡屋面建筑物的檐口，应超出墙面，防止雨水沾污墙面。

3）对于涂刷面积较大的墙面，应作墙面装饰性分格设计，具体分格构成及尺寸由设计给定。

4）对于墙管道与设备（如空调室外机组、脱排机等）应作合理的建筑处理，以减少对外墙饰面的污染。

（2）混凝土和抹灰基层表面必须平整，所有污垢、油渍、砂浆流痕以及其他杂物等均匀应清除干净，粘附着的隔离剂、应用碱水（火碱：水=1:10）清刷墙面，然后用清水冲刷干净。

（3）混凝土和抹灰基层喷（刷）胶水。混凝土墙面在刮腻子前应先喷、刷一道胶水（重量比为水：乳液＝5：1），以增强腻子与基层表面的粘结性，喷（刷）应均匀一致，不得有遗漏处。

（4）混凝土和抹灰基层的孔洞、缺陷需修补完整基面必须坚固，无疏松、脱皮、起壳、粉漆等现象。

（5）如基层不牢或需在陈旧涂层表面重新涂刷时，必须先除去粉化、破碎、生锈、变脆、起鼓等部分，涂刷界面剂，然后用腻子进行修补，再用砂纸磨平磨光。

（6）纸面石膏板的螺丝钉宜略埋入板面，但不得损坏纸面，钉眼处应作防锈处理，并用清水调制的石膏腻子抹平。

3.11.2.5 混凝土及抹灰墙面内墙涂饰施工工序

（1）混凝土及抹灰内墙表面薄涂料工程的主要工序。混凝土及抹灰内墙表面薄涂料工程的主要工序见表3-58。

表 3-58　　　　　　　　混凝土及抹灰内墙表面薄涂料工程的主要工序

项次	工序名称	水性薄涂料			乳液薄涂料			溶剂型薄涂料			无机薄涂料
		中级	高级	普通	中级	高级	普通	中级	高级	普通	中级
1	清扫	＋	＋	＋	＋	＋	＋	＋	＋	＋	＋
2	填补缝隙、局部刮腻子	＋	＋	＋	＋	＋	＋	＋	＋	＋	＋
3	磨平	＋			＋			＋	＋	＋	＋
4	第一遍满刮腻子	＋	＋		＋	＋		＋	＋		＋
5	磨平	＋	＋		＋	＋		＋	＋		＋
6	第二遍满刮腻子		＋		＋	＋		＋	＋		
7	磨平		＋		＋	＋		＋	＋		＋
8	干性油打底							＋	＋	＋	
9	第一遍涂料	＋	＋	＋	＋	＋	＋	＋	＋	＋	＋
10	复补腻子		＋		＋	＋		＋	＋		＋
11	磨平（光）	＋		＋	＋	＋		＋	＋	＋	
12	第二遍涂料	＋	＋	＋	＋	＋	＋	＋	＋	＋	＋
13	磨平（光）				＋	＋		＋	＋	＋	
14	第三遍涂料							＋	＋	＋	
15	磨平（光）								＋		
16	第四遍涂料								＋		

注　1. 表中"＋"号表示应进行的工序。

　　2. 机械喷涂可不受表中施涂遍数的限制，以达到质量要求为准。

　　3. 高级内墙、顶棚薄涂料工程，必要时可增加刮腻子的遍数及1～2遍涂料。

　　4. 石膏板内墙、顶棚表面薄涂料工程的主要工序除板缝处理外，其他工序同本表。

　　5. 湿度较高或局部遇明水的房间，应用耐水性的腻子和涂料。

（2）建筑基层涂饰工程施工顺序。

建筑基层涂饰工程施工应按"底涂层、中涂层、面涂层"的要求进行施工，每一遍涂饰材料应涂饰均匀，各层涂饰材料必须结合牢固，对有特殊要求的工程可增加面涂层次数。

对于干燥较快的涂饰材料，大面积涂饰时，应由多人配合操作，流水作业，顺同一方向涂饰，应处理好接搓部位。

外墙涂饰施工应由建筑物自上而下进行；材料的涂饰施工分段应以墙面分格缝、墙面阴阳角或落水管为分界线。

3.11.2.6　施工机具

1. 涂饰工程的设备

每班组以 8～10 人为宜，可有选择地按表 3 - 59 配备。

表 3 - 59　　　　　　　　　　　　每班组主要机具配备一览表

序号	机械设备名称	规格型号	功率	数量	性能	适用的涂饰基层及涂饰材料
1	油漆搅拌机	JIZ—SD05	13A	1	良好	各种基层和涂饰材料
2	空气压缩机		10HP	1	良好	各种基层和涂饰材料
3	单斗喷枪	WF71	2.5P	2	良好	各种基层和涂饰材料
4	砂纸打磨机	SIB—FY —93×185	160W	4	良好	各种基层和涂饰材料
5	电动砂轮机	3GB—4000	3kW	2	良好	金属表面涂饰溶剂型
6	高压无气喷涂机	PWD—8L	2.2kW	1	良好	各种基层和涂刷材料

2. 建筑基层涂饰常用工具

刮刀、钢丝刷、腻子刮板、漆刷、排笔、羊毛辊筒、海绵辊筒、不锈钢抹子、不锈钢压子、阴阳角抿子及辅助工具。

3.11.2.7　混凝土表面和抹灰表面施涂的技术要求

（1）施涂前应将基体或基层的缺棱掉角处，用 1∶3 的水泥砂浆（或聚合物水泥砂浆）修补；表面麻面及缝隙应用腻子填补齐平。

（2）外墙涂料工程分段进行时，应以分格缝、墙的阴角处或水落管等为分界线。

（3）外墙涂料工程，同一墙面应用同一批号的涂料，每遍涂料不宜施涂过厚；涂层应均匀，颜斗距墙面 50cm 左右。先喷涂门窗口，然后横向回旋转喷墙面，防止漏喷和流淌，顶棚和墙面一般喷两遍成活，两遍时间相隔约 2h，喷涂行走路线，如图 3 - 105、图 3 - 106 所示。若顶棚与墙面喷涂不同颜色的涂料时，应先喷涂顶棚，后喷涂墙面。喷涂前，用纸或塑料布将门窗扇及其他装饰体遮盖住，避免污染。

（4）刷涂。刷涂可使用排笔，先刷门窗口，然后竖向、横向涂刷两遍，其间隔时间约为 2h。要求接头严密，流平性好，颜色均匀一致。

（5）注意事项。乳胶漆不适应基层有裂缝的墙面。喷枪的操作使用应在教师的指导下进行，以防出现操作事故。

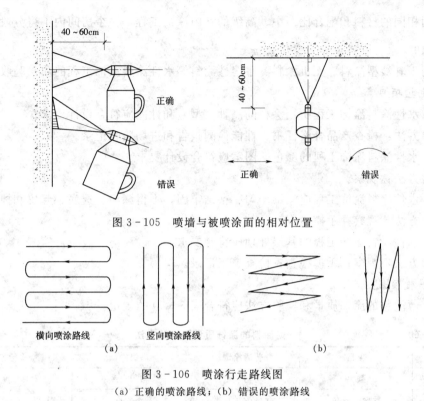

图 3-105　喷墙与被喷涂面的相对位置

横向喷涂路线　　竖向喷涂路线
（a）　　　　　　　　　　　　　　　（b）

图 3-106　喷涂行走路线图
（a）正确的喷涂路线；（b）错误的喷涂路线

3.11.2.8　建筑基层涂饰材料使用前应满足的条件

（1）在整个施工过程中，涂饰材料的施工黏度应根据施工方法、施工季节、温度、湿度等条件严格控制，应有专人按说明书负责调配，不得随意加稀释剂或水。

（2）双组分涂饰材料的施工，应严格按产品说明书规定的比例配制，根据实际使用量分批混合，并按说明书要求静置一段时间，并在规定的时间内用完。

（3）外墙涂饰，同一墙面同一颜色应用相同批号的涂饰材料。当同一颜色批号不同时，应预先混匀，以保证同一墙面不产生色差。

（4）针对涂饰的机具不同，应采取的不同的控制方法。

1）采用传统的施工辊筒和毛刷进行涂饰时，每次蘸料后宜在匀料板上来回滚匀或在桶边舔料。涂饰时涂膜不应过厚或过薄，应充分盖底，不透虚影，表面均匀。

2）采用喷涂时应控制涂料黏度和喷枪的压力，保持涂层厚薄均匀，不露底、不流坠、色泽均匀，确保涂层的厚度。

3.11.2.9　建筑基层涂饰施工时的养护规定

（1）室外饰面在涂饰前为避免风雨及烈日应作适当的遮盖、保养。

（2）冬期与夏期的涂饰施工应按本规程进行。

（3）为达到建筑涂饰工程的质量要求，必须保证基层养护期、施工工期及涂层养护期。

（4）室外涂饰工程如分段进行施工时，应按分格缝、墙角或落水管等为分界线，同一墙面应用相同的材料和配合比。中、高级的室内涂饰工程，一个房间内不得分段施工。

3.11.2.10 水性涂料涂饰工程质量检验

适用于乳液型涂料、无机涂料、水溶性涂料等水性涂料涂饰工程的质量验收。

1. 主控项目

（1）水性涂料涂饰工程所用涂料的品种、型号和性能应符合设计要求。

检验方法：检查产品合格证书、性能检测报告和进场验收记录。

（2）水性涂料涂饰工程的颜色、图案应符合设计要求。

检验方法：观察。

（3）水性涂料涂饰工程应涂饰均匀、粘结牢固，不得漏涂、透底、起皮和掉粉。

检验方法：观察；手摸检查。

（4）水性涂料涂饰工程的基层处理应符合要求。

检验方法：观察；手摸检查；检查施工记录。

2. 一般项目

（1）薄涂料的涂饰质量和检验方法应符合表3-60的规定。

表3-60　　　　　　　　　薄涂料的涂饰质量和检验方法

项次	项目	普通涂饰	高级涂饰	检验方法
1	颜色	均匀一致	均匀一致	观察
2	泛碱、咬色	允许少量轻微	不允许	
3	流坠、疙瘩	允许少量轻微	不允许	
4	砂眼、刷纹	允许少量轻微砂眼、刷纹通顺	无砂眼，无刷纹	
5	装饰线、分色线直线度允许偏差（mm）	2	1	拉5m线，不足5m拉通线，用钢直尺检查

（2）厚涂料的涂饰质量和检验方法应符合表3-61的规定。

表3-61　　　　　　　　　厚涂料的涂饰质量和检验方法

项次	项目	普通涂饰	高级涂饰	检验方法
1	颜色	均匀一致	均匀一致	观察
2	泛碱、咬色	允许少量轻微	不允许	
3	点状分布	—	疏密均匀	

（3）复合涂料的涂饰质量和检验方法应符合表3-62的规定。

表3-62　　　　　　　　　复合涂料的涂饰质量和检验方法

项次	项　目	质　量　要　求	检验方法
1	颜色	均匀一致	观察
2	泛碱、咬色	不允许	
3	喷点疏密程度	均匀，不允许连片	

（4）涂层与其他装修材料和设备衔接处应吻合，界面应清晰。

检验方法：观察。

3.11.3 项目实训练习

3.11.3.1 室内装饰涂料市场调研及建筑物涂料装饰工程测量

1. 目的

通过调研，了解目前室内装饰涂料的种类及特点，了解涂料装饰效果。

2. 工具、设备及环境要求

（1）数码相机。

（2）调研三个涂料行业的品牌。

（3）调研涂料内装涂料工程3个（不同的装饰材料及效果）。

3. 分项能力标准及要求

根据要求观察不同建筑物：

（1）每组观察不同效果的建筑物3栋（室内和室外）。

（2）拍摄照片，要有立面、局部立面大样的照片。

（3）小组分析总结。

4. 步骤提示

（1）仔细观察建筑物并拍照。

（2）搜集涂料的相关资料。

5. 教学安排

以小组为单位，每个小组4人。

3.11.3.2 内墙面涂饰工程施工

本项目实训将多种混色和清漆涂饰一起综合训练。

1. 目的

通过实训基地真实项目的实训，工学结合，达到本节能力目标的要求。

2. 项目任务

将图3-76～图3-78所示餐厅壁纸换成乳胶漆，满皮腻子两遍，乳胶漆两遍。

3. 项目训练载体

工作室、学校实训基地。

4. 教学方法

学生5～6人一组，按照任务书的要求完成全部内容。

5. 分项内容及要求

（1）学生岗位分工。

模拟实际施工现场管理组织，学生以小组（项目部）为单位，学生担任不同的岗位，在全面训练的基础上，了解所承担岗位的职责。不同项目学生岗位互换。

要求：以小组为单位填写工程项目施工管理人员名单表。

（2）阅读施工图纸。

阅读图纸，提出问题。

要求：学生填写图纸审核记录表。

（3）编写施工技术方案。

要求：结合现场实际施工环境、施工图纸、规范等编写施工技术方案。

（4）材料准备。

1）编制材料计划。

a. 确定材料每平方消耗量。下面是《江苏省建筑与装饰工程计价表》规定的材料消耗量（表 3-63），以此为参考确定材料及用量。材料消耗量表只是一个参考，主要材料用量要根据材料的规格和设计尺寸来确定。

表 3-63 $10m^2$ 内墙面乳胶漆材料消耗量

序号	编号	类别	换	材料名称	单位	单价	现行价	数量
1				人工费				
2	000010			油漆工（一类工）	工日	28.00	0.000	0.9800
3				材料费				
4	601106			乳胶漆（内墙）	kg	7.85	0.000	3.4300
5	613003			801 胶	kg	2.00	0.000	1.0000
6	601125			清油	kg	10.64	0.000	0.3500
7	613219			羧甲基纤维素	kg	4.56	0.000	0.2300
8	609032			大白粉	kg	0.48	0.000	3.4200
9	105002			滑石粉	kg	0.45	0.000	3.4200
10	301002			白水泥	kg	0.58	0.000	1.7300

b. 工程量计算。《建设工程工程量计价规范》规定，工程量计算规则同装饰饰面板的计算规则。

项目编号	项目名称	项目特征	计量单位	工程量计算规则	工程内容
020507001	刷喷涂料	1. 基层类型 2. 腻子种类 3. 刮腻子要求 4. 涂料品种、刷喷遍数	m^2	按设计图示尺寸以面积计算	1. 基层清理 2. 刮腻子 3. 刷、喷涂料

c. 材料用量计算。涂料根据产品说明配置，其他材料消耗量计算参照计价表确定。

2）材料进场检验。

要求：a. 学生对材料等进行检验，掌握检验的内容及材料的质量标准。

b. 填写材料进场检验记录表。

（5）施工机具的准备。

选择需要的施工机具，填写主要机具表。

（6）施工。

老师安排，学生选择两种乳胶漆进行施工。

1）技术交底。

要求：a. 模拟实际施工现场，由技术人员对施工班组负责人技术交底，技术交底一式2份。

b. 掌握技术交底的内容及程序。

2）合成树脂乳液内墙涂料。施工操作工艺流程，基层处理：填补缝隙，局部刮腻子—磨平，第一遍满刮腻子，磨平—第二遍满刮腻子，磨平—涂饰底层涂料—复补腻子—磨平—局部涂饰底层涂料，滚、刷第一遍面层涂料。喷涂第二遍面层涂料。

施工操作要点：

a. 填补缝隙、局部刮腻子。用石膏腻子将墙面缝隙及坑洼不平处分遍找平。操作时要横平竖起，填实抹平，并将多余腻子收净，待腻子干燥后用砂纸磨平，并把浮尘扫净。

b. 石膏板面接缝处理。接缝处应用嵌缝腻子填塞满，再上一层玻璃网格布、麻布或绸布条，用乳液或胶粘剂将布条粘在拼缝上，粘贴时应把布条拉直、贴平，贴好后刮石膏腻子时要盖过布条的宽度。

c. 满刮腻子。根据墙体基层的不同和使用要求的不同，刮腻子的遍数和材料也不同，一般情况为三遍。刮腻子时应横竖刮，并注意接搓和收头时腻子要刮净，每遍腻子干后应磨砂纸，将腻子磨平，磨完后将浮尘清理干净。如面层要涂刷带颜色的浆料时，则腻子亦要掺入适量与面层带颜色相协调的颜料。

d. 滚、刷第一遍水溶性涂料。应先顶棚后墙面，先上后下顺序进行。

e. 喷涂第二遍水溶性涂料。如果采用喷涂，喷涂时喷头距墙面宜为20cm，移动速度要平稳，使涂层厚度均匀。如顶板为槽型板时，应先喷凹面四周的内角，再喷中间平面。

室内刷（喷）耐擦洗涂料时，要注意外观检查，并参照产品说明书去处理和涂刷即可。

（7）成品保护。

要求：1）施工过程前和施工完后，根据现场需要进行成品保护。

2）提出成品保护方案。

（8）质量检验。

按照标准对完成的工程进行质量检验。

要求：1）按照质量标准对完成项目进行检验，掌握检验的方法和内容。

2）填写质量检验记录。

工具：老师提供检测工具。

（9）学生总结。

学生对照目标进行总结，小组汇报，老师答辩。

（10）评分。

包括学生自评、互评、老师评分。

 思 考 题

1. 内墙面涂饰的种类有哪些？

2. 内墙面薄涂料施工的主要工序有哪些？

3. 简述施工前中成品保护的范围及方法。

任务十二 混凝土及抹灰外墙柱面乳胶漆涂刷的施工

3.12.1 学习目标

（1）熟悉各种墙面饰面涂料的特点，能根据具体情况进行涂料的选择。

（2）学生在老师的指导下，按照国家和地区颁发的规范、标准和规定等，能够编写外墙面涂饰施工方案及施工组织设计。

（3）学生在老师的指导下，能够编制材料、机具、人力的计划，并实施和检查反馈。

（4）在规定的时间内完成墙柱面饰面涂饰装饰施工材料的准备及检验、机具的准备及检验；按照规范标准，进行施工，对已完工程进行检查、记录和评价反馈，自觉保持安全和健康工作环境；掌握施工工艺和方法。

（5）对施工中出现的问题，会协调解决。

（6）能够对质量进行检验。

3.12.2 施工技术要点和施工工艺等的相关知识

3.12.2.1 外墙涂料的要求

1. 装饰效果良好

外墙立面的色彩供人们欣赏，因而要求涂料颜色与周围环境相协调，且绚丽多彩。外墙涂料还应具有一定的保色性，能较长时间地保持其良好的装饰功能。

2. 耐水性、耐候性、耐污染性好

外墙面经常受到雨水冲刷，因而涂料应具有一定的耐水性，以免水分浸入墙体而影响使用。又因外墙一直暴露在空气中，经常受日光、雨水、风沙、温度变化等自然条件的反复作用，故要求涂料具有良好的耐候性，不致由于这些作用而发生开裂、剥落、脱粉和变色等现象。同时，大气中的灰尘及其他物质沾污涂层会减弱其装饰效果，因而要求外墙装饰涂料的耐污染性好，方能不易被这些物质沾污或沾污后容易被清除。

3. 施工及维修方便

建筑物外墙面积很大，要求涂料施工操作方便。同时，外墙涂料常遭受自然环境的侵蚀，须定期维护和处理，这就要求维修方便，重涂容易，以保持涂层良好的装饰效果。

4. 价格合理

装饰要求高的外墙涂料一般用于少量的高级建筑工程，价格可以稍高一些，但大量的民用建筑造价不高，因而中、低档的外墙涂料价格应便宜些。外墙涂料应尽量采用资源丰富、价格便宜的原材料配制，既可以降低造价，又有利于涂料的推广应用。

3.12.2.2 外墙涂料的种类

根据我国颁布的建筑装饰涂料国家标准，外墙建筑涂料基本上有下列三类：

（1）合成树脂乳液外墙涂料：俗称乳胶漆。

（2）合成树脂乳液砂壁状建筑涂料：俗称彩砂涂料。

（3）复层建筑涂料：俗称凹凸复层涂料或复层浮雕花纹涂料。

3.12.2.3　外墙涂料饰面的构造做法

外墙涂料饰面的构造做法，因涂料类型及墙体基层的不同而各不相同。图 3 - 107 为合成树脂乳液砂壁状建筑涂料在混凝土基层上的构造做法，图 3 - 108 为复层建筑涂料在基层上的构造做法。可根据墙体基层材料及涂料类型的不同绘制相应的构造详图。

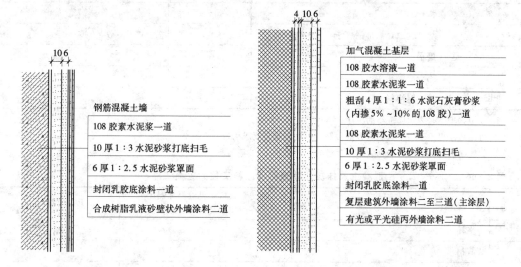

图 3 - 107　合成树脂乳液砂壁状外墙　　　　图 3 - 108　复层建筑外墙涂料在加气
涂料在混凝土基层上的构造　　　　　　　混凝土基层上的构造

3.12.2.4　外墙施工工序

1. 不同等级抹灰表面涂装的主要工序

不同等级抹灰表面涂装的主要工序见表 3 - 64。

表 3 - 64　　　　　　　　　　　不同等级抹灰表面涂装的主要工序

工序	工序名称	中级涂装	高级涂装	工序	工序名称	中级涂装	高级涂装
1	清扫	+	+	9	复补腻子	+	+
2	填补缝隙、磨砂纸	+	+	10	磨光	+	+
3	第一遍满刮腻子	+	+	11	第二遍涂料	+	+
4	磨光	+	+	12	磨光	+	+
5	第二遍满刮腻子		+	13	第三遍涂料		+
6	磨光		+	14	磨光		+
7	干性油打底	+	+	15	第四遍涂料		+
8	第一遍涂料	+	+				

注　1. 表中"＋"号表示应进行的工序。

　　2. 如涂刷乳胶漆，在每一遍满刮腻子之前应刷一遍乳胶水溶液。

　　3. 第一遍满刮腻子前，如加刷干性油时，应用油性腻子涂抹。

2. 混凝土及抹灰外墙表面薄涂料工程的主要工序

混凝土及抹灰外墙表面薄涂料工程的主要工序见表3-65。

3. 混凝土及抹灰外墙表面厚涂料工程的主要工序

混凝土及抹灰外墙表面厚涂料工程的主要工序见表3-66。

表3-65 混凝土及抹灰外墙表面薄涂料工程的主要工序

工序	工 序 名 称	乳液薄涂料	溶剂型涂料	无机薄涂料
1	修补	+	+	+
2	清扫	+	+	+
3	填补缝隙，局部刮腻子	+	+	+
4	磨平	+	+	+
5	第一遍涂料	+	+	+
6	第二遍涂料	+	+	+

注 1. 表中"＋"号表示应进行的工序。

2. 机械喷涂可不受表中涂料遍数的限制，以达到质量要求为准。

3. 如施涂两遍涂料后，装饰效果不理想时，可增加1～2遍涂料。

表3-66 混凝土及抹灰外墙表面厚涂料工程的主要工序

工序	工 序 名 称	合成树脂乳液厚涂料 合成树脂乳液砂壁状涂料	无机厚涂料
1	修补	+	+
2	清扫	+	+
3	填补缝隙，局部刮腻子	+	+
4	磨平	+	+
5	第一遍厚涂料	+	+
6	第二遍厚涂料		+

注 1. 表中"＋"号表示应进行的工序。

2. 机械喷涂可不受表中涂料遍数的限制，以达到质量要求为准。

3. 合成树脂乳液和无机厚涂料有云母状、砂粒状。

4. 砂壁状建筑涂料必须采用机械喷涂方法施涂，否则将影响装饰效果，砂粒状厚涂料宜采用喷涂方法施涂。

4. 混凝土及抹灰外墙表面复层涂料工程的主要工序

混凝土及抹灰外墙表面复层涂料工程的主要工序见表3-67。

表3-67 混凝土及抹灰外墙表面复层涂料工程的主要工序

工序	工 序 名 称	合成树脂孔液复层涂料	硅溶胶类复层涂料	水泥系复层涂料	反映固化型复层涂料
1	清扫	+	+	+	+
2	填补缝隙，局部刮腻子	+	+	+	+
3	磨平	+	+	+	+
4	第一遍满刮腻子	+	+	+	+
5	磨平	+	+	+	+

续表

工序	工序名称	合成树脂孔液复层涂料	硅溶胶类复层涂料	水泥系复层涂料	反映固化型复层涂料
6	第二遍满刮腻子	+	+	+	+
7	磨平	+	+	+	+
8	施涂封底涂料	+	+	+	+
9	施涂主层涂料	+	+	+	+
10	滚压	+	+	+	+
11	第一遍罩面涂料	+	+	+	+
12	第二遍罩面厚涂料	+	+	+	+

注　1. 表中"＋"号表示应进行的工序。
　　2. 如为半球面点状造型时，可不进行滚压工序。
　　3. 水泥系主层涂料喷涂后，先干燥 12h，再洒水养护 4h 后，再干燥 12h 才能施罩面涂料。

3.12.3　项目实训练习

3.12.3.1　室外装饰涂料市场调研及建筑物涂料装饰工程测量

1. 目的

通过调研，了解目前室内装饰涂料的种类及特点，了解涂料装饰效果。

2. 工具、设备及环境要求

（1）数码相机。

（2）调研三个涂料行业的品牌。

（3）调研涂料内装涂料工程 3 个（不同的装饰材料及效果）。

3. 分项能力标准及要求

根据要求观察不同建筑物：

（1）每组观察不同效果的建筑物 3 栋（室内和室外）。

（2）拍摄照片，要有立面、局部立面大样的照片。

（3）小组分析总结。

4. 步骤提示

（1）仔细观察建筑物并拍照。

（2）搜集涂料的相关资料。

5. 教学安排

以小组为单位，每个小组 4 人。

3.12.3.2　外墙面涂饰工程施工实训

1. 目的

通过实训基地真实项目的实训，工学结合，达到本节能力目标的要求。

2. 项目任务

建筑外立面采用外墙涂料，满皮腻子两遍，乳胶漆两遍。

3. 项目训练载体

工作室、学校实训基地。

4. 教学方法

学生 5~6 人一组，按照任务书的要求完成全部内容。

5. 分项内容及要求

（1）学生岗位分工。

模拟实际施工现场管理组织，学生以小组（项目部）为单位，学生担任不同的岗位，在全面训练的基础上，了解所承担岗位的职责。不同项目学生岗位互换。

要求：以小组为单位填写工程项目施工管理人员名单表。

（2）阅读施工图纸。

阅读图纸，提出问题。

要求：学生填写图纸审核记录表。

（3）编写施工技术方案。

要求：结合现场实际施工环境、施工图纸、规范等编写施工技术方案。

（4）材料准备。

1）确定材料每平方消耗量。下面是《江苏省建筑与装饰工程计价表》规定的材料消耗量，以此为参考确定材料及用量（表 3 - 68）。材料消耗量表只是一个参考，主要材料用量要根据材料的规格和设计尺寸来确定。

表 3 - 68　　　　　　　　　　　　　10m² 外墙面乳胶漆材料消耗量

序号	编号	类别	换	材料名称	单位	单价	现行价	数量
1				人工费				
2	000010			油漆工（一类工）	工日	28.00	0.000	1.9300
3				材料费				
4	601014			苯丙清漆	kg	15.84	0.000	1.0000
5	601015			苯丙乳胶漆	kg	5.45	0.000	4.0000
6	301002			白水泥	kg	0.58	0.000	3.0000
7	613003			801 胶	kg	2.00	0.000	2.0000
8	901167			其他材料费	元	1.00	0.000	0.9700

2）工程量计算。《建设工程工程量计价规范》规定，工程量计算规则同装饰饰面板的计算规则。

项目编号	项目名称	项目特征	计量单位	工程量计算规则	工程内容
020507001	刷喷涂料	1. 基层类型； 2. 腻子种类； 3. 刮腻子要求； 4. 涂料品种、刷喷遍数	m²	按设计图示尺寸以面积计算	1. 基层清理； 2. 刮腻子； 3. 刷、喷涂料

3）材料用量计算。涂料根据产品说明配置，其他材料消耗量计算参照计价表确定。

4）材料进场检验。

要求：a. 学生对材料等进行检验，掌握检验的内容及材料的质量标准。

b. 填写材料进场检验记录表。

（5）施工机具的准备。

选择需要的施工机具，填写主要机具表。

（6）施工。

老师安排，学生选择两种乳胶漆进行施工。

施工要点提示：

1）基层处理：同内墙面。

2）合成树脂乳液外墙涂料、溶剂型涂料、无机建筑涂料施工操作工艺。

外墙涂料施工工艺流程：

清理基层—填补缝隙—局部刮腻子—磨平—涂饰底层涂料—第一遍面层涂料—第二遍面层涂料。

外墙涂料施工操作要点：

a. 满刮腻子的配合比为重量比（适用于外墙、厨房、厕所、浴室的腻子），其配合比为：聚醋酸乙烯乳液∶水泥∶水＝1∶5∶1。

b. 室外刷（喷）防水涂料应先刷边角，再刷大面，均匀地涂刷一遍，待干后再涂刷第二遍，直至涂刷均匀、不透底。

c. 砖混结构的外窗台、漩脸、窗套、腰线等部位在抹罩面灰时，应乘湿刮一层白水泥膏，使之与面层压实并结合在一起，将滴水线（槽）按位置预先埋设好，并乘灰层未干，紧跟着涂刷第二遍白水泥浆（配合比为白水泥加水重20％界面剂胶的水溶液拌匀成浆液），涂刷时可用油刷或排笔，自上而下涂刷，要注意勤刷，严防污染。

d. 预制混凝土阳台底板、阳台分户板、阳台栏板涂刷的一般作法：清理基层，刮水泥腻子找平，磨平，用水泥腻子重复找平，刷外墙涂料，直至涂刷均匀、不透底。

e. 冬期施工：利用冻结法抹灰的墙面不宜进行涂刷；喷（刷）聚合物水泥浆应根据室外温度掺入外加剂（早强剂），外加剂的材质应与涂料材质配套，外加剂的掺量应有试验决定；冬期施工所用的外墙涂料，应根据材质使用说明和要求去组织施工及使用，严防受冻；外檐涂刷早晚温度低不宜施工。

3）合成树脂乳液砂壁状建筑涂料施工操作工艺。

工艺流程：

清理基层—填补缝隙—局部刮腻子—磨平—涂饰底层涂料—根据设计进行分格—喷涂主层涂料。涂饰第一遍面层涂料、涂饰第二遍面层涂料。

合成树脂乳液砂壁状建筑涂料施工操作要点：

a. 大墙面喷涂施工宜按1.5而左右分格，然后逐格喷涂。

b. 底层涂料可用辊涂，刷涂或喷涂工艺进行。喷涂主层材料时应按装饰设计要求，通过试喷确定涂料粘度、喷嘴口径、空气压力及喷涂管尺寸。

c. 主层涂料喷涂和套色喷涂时操作人员宜以二人一组，施工时一人操作喷涂，一人在相应位置配合，确保喷涂均匀。

4）复层涂料的施工操作工艺。

工艺流程：

清理基层—填补缝隙—局部刮腻子—磨平—涂饰底层涂料—涂饰中间层涂料—（滚压）—第一遍面层涂料—第二遍面层涂料。

复层涂料施工操作要点：

a. 底涂层涂料可用辊涂或喷涂工艺进行。喷涂中间层涂料时，应控制涂料的粘度，并根据凹凸程度不同要求选用喷枪嘴口径及喷枪工作压力，喷射距离宜控制在 40～60cm，喷枪运行中喷嘴中心线垂直于墙面，喷枪应沿被涂墙面平行移动，运行速度保持一致，连续作业。

b. 压平型的中间层，应在中间层涂料喷涂表干后，用塑料辊筒将隆起的部分表面压平。

c. 水泥系的中间涂层，应采取遮盖养护，必要时浇水养护。干燥后，采用抗碱封底涂饰材料，再涂饰罩面层涂料 2 遍。

（7）成品保护。

施工完后，根据现场需要进行成品保护。

要求：1）涂饰工程施工前，根据现场需要进行成品保护。

2）提出成品保护方案。

（8）质量检验。

按照标准对完成的工程进行质量检验，并填写质量检验记录和隐蔽工程质量检验记录。

（9）学生总结。

学生对照目标进行总结，小组汇报，老师答辩。

（10）评分。

包括学生自评、互评、老师评分。

 思　考　题

1. 外墙涂料的种类有哪些？

2. 外墙涂料的施工要点有哪些？

3. 目前市场上的外墙涂料的种类有哪些？

项目四　建筑幕墙装饰装修工程施工

【知识点】　本部分详细介绍了建筑幕墙的结构构造，讲述了建筑幕墙的施工工艺及方法，饰面材料的性能及技术要求，放工机具、质量标准、通病防治及施工的安全防范措施等。

【教学目标】

（1）能够识读建筑幕墙工程的施工图低，做好图纸会审等的准备工作以及会审纪要的签证工作。

（2）学生在老师的指导下，按照国家和地区颁发的规范、标准和规定等，能够读懂和理解建筑幕墙的施工组织设计。

（3）学生在老师的指导下，能够编制建筑幕墙材料、机具、人力的计划，并实施和检查反馈。

（4）通过操作掌握材料的准备及检验、机具的准备及检验。

（5）掌握施工工艺和方法。

（6）了解隐蔽工程的验收内容，对已完工程进行检查、记录和评价反馈，自觉保持安全和健康工作环境。

（7）会办理施工现场的技术签证及资料的整理。

（8）对施工中出现的问题，会协调解决。

（9）能够对质量进行检验和控制。

任务一　建筑幕墙的基本知识

4.1.1　学习目标

掌握类建筑幕墙的组成材料的技术及要求、基本构造及施工工艺及要点。

4.1.2　建筑幕墙的特点、施工技术要求及工艺要点

4.1.2.1　建筑幕墙的特点

幕墙是悬挂在建筑主体结构外侧的轻质围护墙。幕墙一般不承受其他构件的荷载，只承受自重和风荷载。建筑幕墙具有施工快捷和较强的装饰性等特点，是高档建筑物外立面常用的装饰饰面，如图4-1所示。

1. 幕墙的优点

（1）造型美观，装饰效果好。幕墙打破了传统的建筑造型模式，窗与墙在外形上没有明显界线，从而丰富了建筑造型。

图 4-1　建筑幕墙的应用实例

（2）质量轻。减轻了主体结构的荷载。幕墙材料的质量一般为 $30 \sim 50 kg/m^2$。

（3）施工安装简便，工期较短。幕墙构件大部分是在工厂加工而成，因而减少了现场安装操作的工序，缩短了建筑装饰工程，乃至整个建筑工程的工期。

（4）维修方便。幕墙构件多由单元构件组合而成，局部有损坏时可以很方便地维修或更换，从而延长了幕墙的使用寿命。

基于上述优点，幕墙得以广泛应用。

2. 幕墙的缺点

（1）材料及施工技术要求高，工艺复杂，造价较高。

（2）有的幕墙材料（如玻璃幕墙、金属幕墙）存在光污染问题。

（3）玻璃材料容易破损下坠伤人。

这些缺点对幕墙的应用有着一定的制约。因此，幕墙装饰工程的实施应慎重考虑，且需进行严格的安全设计和施工管理。

4.1.2.2　建筑幕墙的分类

1. 按照面板的材料划分

（1）玻璃幕墙。面板材料是玻璃的建筑幕墙。代号 BL。

玻璃幕墙按照支承结构形式分为骨架式玻璃幕墙、全玻璃幕墙、点支式玻璃幕墙。骨架式玻璃幕墙分为全隐玻璃幕墙、半隐玻璃幕墙、明框玻璃幕墙。全玻璃幕墙分按照其构造分为落地式和吊挂式。

（2）金属板幕墙。面板材料是金属板材的建筑幕墙。金属板有单层铝板（DL）、铝塑复合板（SL）、蜂窝铝板（FW）、彩色涂层钢板（CG）、不锈钢板（BG）等。

（3）石材幕墙、面板材料是天然建筑石材的建筑幕墙。石材幕墙按照面板的支承形式分为钢销式（GX）、短槽式（DC）、通槽式（TC）、背栓式（BS）等。

（4）瓷板幕墙。以瓷板（吸水率平均值 $E \leqslant 0.5\%$ 干压陶瓷板）为面板的建筑幕墙。

（5）陶板幕墙。以陶板（吸水率平均值 $3\% < E \leqslant 10\%$ 挤压陶瓷板）为面板的建筑幕墙。

（6）微晶玻璃幕墙。以微晶玻璃板（通体板材）为面板的建筑幕墙。

2. 按照工厂加工程度和安装工艺划分

（1）构建式建筑幕墙。现场在主体结构上安装立柱、横梁和各种面板的建筑幕墙。

（2）单元式幕墙。由各种墙面板和支承框架在工厂制成完整的幕墙结构基本单位，直接安装在主体结构上的建筑幕墙。

3. 按照幕墙的构造和性能划分

（1）双层幕墙。由外层幕墙、热通道和内层幕墙（或门、窗）构成，且在热通道内能够形成空气有序流动的建筑幕墙。

（2）外通风双层幕墙。进出通风口设在外层。通过合理配置进出风口使室外空气进入热通道并有序流动的双层幕墙。

（3）内通风双层幕墙。进出通风口设在内层。利用通风设备使室内空气进入热通道并有序流动的双层幕墙。

（4）封闭式建筑幕墙。要求具有阻止空气渗透和雨水渗透功能的建筑幕墙。

（5）开放式建筑幕墙。不要求具有阻止空气渗透和雨水渗透功能的建筑幕墙。包括遮挡式和开缝式建筑幕墙。

4.1.2.3 建筑幕墙的性能及分级

按照《建筑幕墙》（GB/T 21086—2007）的性能及分级如下。

1. 风压变形性能

风压变形性能系指幕墙在与其垂直的风压作用下保持正常功能，不发生任何损坏的能力。幕墙的风压性能指标应根据幕墙所受的风荷载标准值确定，建筑幕墙抗风压分级见表4-1。

表4-1　　　　　　　　　　　　　建筑幕墙抗风压性能分级

分级代号	1	2	3	4	5	6	7	8	9
分级指标值 P_3(kPa)	$1.0 \leqslant P_3 < 1.5$	$1.5 \leqslant P_3 < 2.0$	$2.0 \leqslant P_3 < 2.5$	$2.5 \leqslant P_3 < 3.0$	$3.0 \leqslant P_3 < 3.5$	$3.5 \leqslant P_3 < 4.0$	$4.0 \leqslant P_3 < 4.5$	$4.5 \leqslant P_3 < 5.0$	$P_3 \geqslant 5.0$

注 1. 9级时需同时标注 P_3 的测试值。如：属9级（5.5kPa）。

2. 分级指标值 P_3 为正、负风压测试值绝对值的较小值。

2. 水密性能

在风雨同时作用下，幕墙透过雨水的能力。水密性能分级值见表4-2。

表4-2　　　　　　　　　　　　　建筑幕墙水密性能分级

分级代号		1	2	3	4	5
分级指标值 ΔP(Pa)	固定部分	$500 \leqslant \Delta P < 700$	$700 \leqslant \Delta P < 1000$	$1000 \leqslant \Delta P < 1500$	$1500 \leqslant \Delta P < 2000$	$\Delta P \geqslant 2000$
	可开启部分	$250 \leqslant \Delta P < 350$	$350 \leqslant \Delta P < 500$	$500 \leqslant \Delta P < 700$	$700 \leqslant \Delta P < 100$	$\Delta P \geqslant 1000$

注 6级时需同时标注固定部分和开启部分 ΔP 的测试值。

3. 气密性能

在风压作用下，其开启部分为关闭状态时的幕墙透过空气的性能。建筑幕墙开启部分气密性能分级见表4-3。

表 4-3　　　　　　　　　　　　　　　建筑幕墙开启部分气密性能分级

分 级 代 号	1	2	3	4
分级指标值 q_L/[m³/(m·h)]	$4.0 \geqslant q_L > 2.5$	$2.5 \geqslant q_L > 1.5$	$1.5 \geqslant q_L > 0.5$	$q_L \leqslant 0.5$

建筑幕墙整体（含开启部分）气密性能分级见表 4-4。

表 4-4　　　　　　　　　　　　　　　建筑幕墙整体气密性能分级

分 级 代 号	1	2	3	4
分级指标值 q_A/[m³/(m²·h)]	$4.0 \geqslant q_A > 2.0$	$2.0 \geqslant q_A > 1.2$	$1.2 \geqslant q_A > 0.5$	$q_A \leqslant 0.5$

4. 热工性能

热工性能指幕墙两侧存在空气温度差的条件下，幕墙阻抗从高温一侧向低温一侧传热的能力。建筑幕墙传热系数分级见表 4-5。

表 4-5　　　　　　　　　　　　　　　建筑幕墙传热系数分级

分 级 代 号	1	2	3	4	5	6	7	8
分级指标值 K [W/(m²·h)]	$K \geqslant 5.0$	$5.0 > K \geqslant 4.0$	$4.0 > K \geqslant 3.0$	$3.0 > K \geqslant 2.5$	$2.5 > K \geqslant 2.0$	$2.0 > K \geqslant 1.5$	$1.5 > K \geqslant 1.0$	$K < 1.0$

注　8 级时需同时标注 K 的测试值。

5. 空气声隔声性能

空气声隔声性能指通过空气传到幕墙外表面的噪音，经幕墙反射、吸收及其他能量转化后的减少量。建筑幕墙空气声隔声性能分级见表 4-6。

表 4-6　　　　　　　　　　　　　　　建筑幕墙空气声隔声性能分级

分 级 代 号	1	2	3	4	5
分级指标值 R_w/(dB)	$25 \leqslant R_w < 30$	$30 \leqslant R_w < 35$	$35 \leqslant R_w < 40$	$40 \leqslant R_w < 45$	$R_w \geqslant 45$

注　5 级时需同时标注 R_w 测试值。

6. 平面内变形性能

在地震及大风作用下，建筑物各层之间产生相对的位移时，幕墙构件就会产生水平的强制位移，幕墙的平面内变形性能，表征幕墙全部构件在建筑物层间变位、强制幕墙变形后应予保持的性能。建筑幕墙平面内变形性能分级见表 4-7。

表 4-7　　　　　　　　　　　　　　　建筑幕墙平面内变形性能分级

分 级 代 号	1	2	3	4	5
分级指标值 γ	$\gamma < 1/300$	$1/300 \leqslant \gamma < 1/200$	$1/200 \leqslant \gamma < 1/150$	$1/150 \leqslant \gamma < 1/100$	$\gamma \geqslant 1/100$

注　表中分级指标为建筑幕墙层间位移角。

7. 耐撞击性能

耐撞击性能表征幕墙对冰雹、大风时飞来物、人的动作、鸟等的撞击外力的耐力，用撞击外力的运动量值分级。建筑幕墙耐撞击性能分级见表 4-8。

表 4 - 8　　　　　　　　　　　　建筑幕墙耐撞击性能分级

	分级指标	1	2	3	4
室内侧	撞击能量 E(N·m)	700	900	>900	—
	降落高度 H(mm)	1500	2000	>2000	—
室外侧	撞击能量 E(N·m)	300	500	800	>800
	降落高度 H(mm)	700	1100	1800	>1800

注　1. 性能标注时应按：室内侧定级值/室外侧定级值。例如：2/3 为室内 2 级，室外 3 级。
　　2. 当室内的定级值为 3 级时标注撞击能量实际测试值，当室外侧定级值为 4 级时标注撞击能量实际测试值。例如：1200/1900 为室内 1200N·m，室外 1900N·m。

8. 光学性能

有采光功能要求的幕墙，其透光折减系数不应低于 0.45。有辨色要求的幕墙，其颜色透视指数不宜低于 R_a80。建筑幕墙采光性能分级指标透光折减系数 T_t 应符合表 4 - 9 的要求。

表 4 - 9　　　　　　　　　　　　建筑幕墙采光性能分级

分级代号	1	2	3	4	5
分级指标值 T_t	$0.2 \leqslant T_t < 0.3$	$0.3 \leqslant T_t < 0.4$	$0.4 \leqslant T_t < 0.5$	$0.5 \leqslant T_t < 0.6$	$T_t \geqslant 0.6$

注　5 级时需同时标注 T_t 的测试值。

4.1.2.4　幕墙的组成材料

幕墙一般由结构框架、饰面板、紧固件和填衬材料组成。其中，饰面板材料将在后面的项目中分别介绍。结构框架、紧固件和填衬材料是各类幕墙的共用材料，了解和掌握这些材料在各种应力状态和不同使用条件下的工作性能，有利于提高质量，节约材料，降低造价。

1. 钢材

钢材在幕墙材料中占很重要的地位。比较大的幕墙工程，要以钢结构为主要骨架材料，铝合金幕墙与建筑物的连接构件大部分采用钢材，使用的钢材以碳素结构钢为主。它是延性材料中力学性能比较典型的材料。幕墙高度超过 40m 时，钢构件宜采用高耐候结构钢。应在钢材表面涂刷防腐涂料。

用做幕墙的钢材骨架是主要的受力构件。钢构件的断面形状通常有槽钢、工字钢、方钢管、圆钢管、角钢等。型钢的截面尺寸及相关参数、连接方法应经过计算确定。普通碳素钢材容易锈蚀，使用前应做除锈、防锈处理，通常采用热镀锌处理。克服上述缺点也可采用耐候结构钢或不锈钢构件，但造价相对提高。

2. 不锈钢

不锈钢是指在钢中加铬元素，且形成钝化状态，具有不锈特性的。不锈钢的品种多，幕墙用的不锈钢材料应具有一定的强度，耐腐蚀性好、韧性较大及具有良好焊接性能。玻璃幕墙采用的不锈钢宜采用奥氏体不锈钢，幕墙用的不锈钢品种有 0Cr13、0Cr17Ti、0Cr18Ni9、Cr18Ni8、1Cr18Ni9Ti、Cr18Ni12Mo2Ti、Cr18Mn8Ni5、1Cr17Ni13Mo2Ti、Cr17Mo2Ti 等。

3. 铝合金材料

铝合金材料是幕墙工程大量使用的材料，幕墙金属杆件以铝合金建筑型材为主，幕墙面板也大量使用单层铝板、铝塑复合板、蜂窝铝板等。铝合金经高温成型、表面处理后是幕墙工程大量使用的材料，特点是便于成型加工、强度高、耐腐蚀、质量轻、表面光滑、美观。是明框、半隐框、隐框玻璃幕墙的主材。型材规格的选用应通过强度计算确定。

材料进场应提供型材产品合格证、型材力学性能检验报告（进口型材应有国家商检部门的商检证），资料不全均不能进场使用。

检查铝合金型材外观质量；材料表面应清洁，色泽应均匀，不应有皱纹、裂纹、起皮、腐蚀斑点、气泡、电灼伤、流痕、发粘以及膜（涂）层脱落等缺陷存在，否则应予以修补，达到要求后方可使用。

型材作为受力杆件时，其型材壁厚应根据使用条件，通过计算选定，幕墙用受力杆件型材的最小实测壁厚应大于3.0mm。一个铝合金型材的表面质量应符合表4-10。

表4-10　　　　　　　　　　　　铝合金型材的表面质量

项次	项　目	质量要求	检验方法
1	明显划伤和长度>100mm的轻微划伤	不允许	观察
2	长度<100mm的轻微划伤	<2条	用钢尺检查
3	擦伤总面积	≤500mm²	用钢尺检查

按照设计图纸，检查型材尺寸是否符合设计要求。玻璃幕墙采用的铝合金型材应符合现行国家标准《铝合金建筑型材》中高精级和《铝及铝合金氧化—阳极氧化膜的总规范》的规定。铝合金壁厚采用分辨率为0.05mm的游标卡尺测量，应在杆件同一截面的不同部位量测，不少于5个，并取最小值。氧化膜厚度按设计要求为AA15级，铝合金型材膜厚应符合表4-11。型材角度允许偏差应符合表4-12高精级的规定。

表4-11　　　　　　　　　　　　铝合金型材膜厚

类　别	最小平均膜厚（μm）	最小局部膜厚（μm）	测量工具
阳极氧化膜厚	不应小于15	≥12	膜厚检测仪
粉末静电喷涂涂层厚度	不应小于60	≤120且≥40	膜厚检测仪
电泳涂漆复合膜厚	不应小于21	—	膜厚检测仪
氟碳喷涂层厚	不应小于30	≥25	膜厚检测仪

注　1. "局部膜厚"指在型材装饰面上某个面积不大于1cm²的考察面内作若干（不少于3次）膜厚测量所得的测量值的平均值。

　　2. "平均膜厚"指在型材的装饰面上测量出的若干次（不少于5次）局部膜厚的平均值。

表4-12　型材角度允许偏差

级别	允许偏差	级别	允许偏差
普精级	±2°	超高精级	±0.5°
高精级	±1°		

注　当允许偏差要求（＋）或（－）时，其偏差由供需双方协商确定。

型材长度小于等于6m时，允许偏差为＋15mm，长度大于6m时允许偏差由双方协商确定。

4. 紧固件

幕墙构件是由面板、铝合金建筑型材拼合连接成基本构件后，运到工地通过安装形成幕墙体系。因此，幕墙制作、安装过程中连接占有重要的地位，任何幕墙结构都会遇到连接问题。除隐框玻璃幕墙中玻璃与铝框的连接采用硅酮密封胶胶结外，其余幕墙采用紧固件连接。

紧固件把两个以上的金属或非金属构件连接在一起，连接方法分不可拆卸连接和可拆卸连接两类。铆合属于不可拆卸连接，螺纹连接属于可拆卸连接。

紧固件有普通螺栓、螺钉、螺柱、螺母，不锈钢螺栓、螺钉、螺柱、螺母及抽芯铆钉。

5. 密封胶

铝合金玻璃幕墙用的密封胶有结构密封胶、建筑密封胶（耐候胶）、中空玻璃二道胶、防火密封胶等。结构玻璃装配使用的结构密封胶只能是硅酮密封胶，它的主要成分是二氧化硅，把玻璃固定在铝框上，将玻璃承受的荷载和间接作用，通过胶缝传递到铝框上。结构密封胶是固定玻璃并使其与铝框有可靠连接的胶粘剂，同时也把玻璃幕墙密封起来。要求结构密封胶对建筑物环境中的每一个因素，包括热应力、风荷载、气候变化、地震作用等均有相应的抵抗能力。

（1）建筑密封胶（耐候胶）。建筑密封胶主要有硅酮密封胶、丙烯酸酯密封胶、聚氨酯密封胶和聚硫密封胶。聚硫密封胶与硅酮结构密封胶相容性差，不宜配合使用。建筑幕墙耐候胶要满足相关的技术标准的要求。

1）玻璃幕墙接缝用密封胶、彩色钢板用建筑密封胶。《玻璃幕墙接缝用密封胶》（JC/T 882—2001）、《彩色钢板用建筑密封胶》（JC/T 884—2001）对技术要求规定如下。

a. 外观。外观要求密封胶应为细腻、均质膏状物，不应有气泡、结皮或凝胶。

密封胶的颜色与供需双方商定的样品相比，不得有明显差异。多组分密封胶各组分的颜色应有明显差异。

b. 密封胶的适用期指标由供需双方商定。

c. 物理力学性能。

◆ 玻璃幕墙接缝用密封胶的物理力学性能见表 4-13。

表 4-13　　　　　　　　　幕墙玻璃接缝用密封胶的物理力学性能

序　号	项　　目		技　术　指　标			
			25LM	25HM	20LM	20HM
1	下垂度（mm）	垂直	≤3			
		水平	无变形			
2	挤出性（mL/min）		≥80			
3	表干时间（h）		≤3			
4	弹性恢复率（%）		≥80			
5	拉伸模量（MPa）	标准条件	≤0.4 和 ≤0.6	>0.4 或 >0.6	≤0.4 和 ≤0.6	>0.4 或 >0.6
		−20℃				
6	定伸粘结性		无破坏			

续表

序 号	项 目	技 术 指 标			
		25LM	25HM	20LM	20HM
7	热压·冷拉后的粘结性	无破坏			
8	浸水光照后的定伸粘结性	无破坏			
9	质量损失率（%）	≤10			

注 1. 试验基材选用无镀膜浮法玻璃。根据需要也可选用其他基材，但粘结试件一侧必须选用浮法玻璃。当基材需要涂敷底涂料时，应按生产厂要求进行。

    2. 实际工程用基材的粘结性应按 GB 16776—1997 附录 A 进行相容性试验。

◆ 彩色钢板用建筑密封胶的物理力学性能应符合表 4 - 14 的规定。

表 4 - 14　　　　　　　　　彩色钢板用建筑密封胶的物理力学性能

序 号	项 目		技 术 指 标				
			25LM	25HM	20LM	20HM	12.5E
1	下垂度（mm）≤	垂直	3				
		水平	无变形				
2	表干时间（h）≤		3				
3	挤出性 mL/min≥		80				
4	弹性恢复率（%）≥		80		60		40
5	拉伸模量（kPa）	23℃	≤0.4 和	>0.4 或	≤0.4 和	>0.4 或	—
		—20℃	≤0.6	>0.6	≤0.6	>0.6	
6	定伸粘接性		无破坏				
7	浸水后定伸粘接性		无破坏				
8	热压·冷拉后的粘结性		无破坏				
9	剥离粘结性	剥离强度（N/mm）	1.0				
		粘结破坏面积（%）≤	25				
10	紫外线处理		表面无粉化、龟裂，—25℃无裂纹				

2）石材幕墙接缝用密封胶。

GB/T 883—2001 对石材幕墙接缝用密封胶的技术要求作了规定。

a. 外观。

◆ 产品应为细腻、均匀膏状物，不应有气泡、结皮或凝胶。

◆ 产品的颜色与供需方商定的样品相比，不得有明显差异。多组分产品各组分的颜色应有明显差异。

b. 密封胶适用期指标：由供需双方商定（仅适用于多组分）。

c. 物理力学性能：密封胶的物理力学性能应符合表 4 - 15 的规定。

表 4-15　　　　　　　　　　石材幕墙接缝用密封胶的物理力学性能

序　号	项　　目		技　术　指　标				
			25LM	25HM	20LM	20HM	12.5E
1	下垂度（mm）≤	垂直	3				
		水平	无变形				
2	表干时间（h）≥		3				
3	挤出性（mL/min）≥		80				
4	弹性恢复率（%）≥		80		60		40
5	拉伸模量（MPa）	23℃	≤0.4 和	>0.4 或	≤0.4 和	>0.4 或	—
		−20℃	≤0.6	>0.6	≤0.6	>0.6	
6	定伸粘结性		无破坏				

（2）硅酮结构密封胶。铝合金隐框玻璃幕墙是采用硅酮密封胶胶缝固定玻璃的幕墙，主要成分是二氧化硅。《建筑用硅酮结构密封胶》（GB 16776—1997），对硅酮结构密封胶的技术要求作了规定。

　　a. 外观。

　　◆ 外观要求密封胶应为细腻、均质膏状物，无结块、凝胶、结皮及不易迅速分解的析出物。

　　◆ 多组分密封胶各组分的颜色应有明显差异。

　　b. 物理力学性能见表 4-16。

表 4-16　　　　　　　　　　硅酮结构密封胶的物理力学性能

序　号	项　　目			技　术　指　标
1	下垂度	垂直放置（mm）≤		3
		水平放置		不变形
2	挤出性（s）≤			10
3	适用期（min）≥			20
4	表干时间（h）≤			3
5	邵氏硬度			30～60
6	拉伸粘接性	拉伸粘结强度（MPa）≥	标准条件	0.45
			90℃	0.45
			−30℃	0.45
			浸水后	0.45
			水—紫外线光照后	0.45
7		粘接破坏面积（%）≤		5
		热失重（90%）≤		10
		龟裂		无
		粉化		无

隐框、半隐框幕墙所采用的结构粘结材料必须是中性硅酮结构密封胶，硅酮结构密封胶必须在有效期内使用。

（3）中空玻璃二道密封胶。中空玻璃一道密封胶为聚异丁烯密封胶，它不透气、不透水，但没有强度。第二道密封胶有聚硫密封胶和硅酮密封胶。由于聚硫密封胶在紫外线照射下容易老化，只能用于以镶嵌槽夹持法安装玻璃的明框幕墙用中空玻璃。隐框幕墙用中空玻璃的二道密封胶必须采用硅酮密封胶。《中空玻璃用弹性密封胶》（JC/T 486—2001）对中空玻璃用二道密封胶作了规定。

1）外观。

a. 密封胶不应有粗粒、结块和结皮，无不易迅速分解的析出物。

b. 两组分产品两组分的颜色应有明显差异。

2）物理力学性能见表 4 - 17。

表 4 - 17　　　　　　　　　　　中空玻璃密封胶物理性能

序　号	项　　目	技　术　指　标		
		PS类（聚硫类）	SR类（硅酮类）	
		20HM级	20HM级	25HM级
1	密度（g/cm³） A 组分 B 组分	规定值±0.1 规定值±0.1		
2	黏度（Pa·s） A 组分 B 组分	规定值±10% 规定值±10%		
3	适用期（min）	≥30		
4	表干时间（h）	≤2		
5	下垂度，mm(20mm) 槽	≥2		
6	弹性恢复率（%）	拉伸 160　≥60	拉伸 200　≥60	
7	变动温度下粘结性/内聚性	拉伸—压缩±20%不破坏	拉伸—压缩±25%不破坏	
8	拉伸 160%时弹性模量（MPa） 23±2℃ −20±2℃	≥0.4 ≥0.6	≥0.6 ≥0.6	
9	热空气—水循环后定伸粘结 性能	定伸 160%不破坏	定伸 160%不破坏	
10	紫外线辐射—水浸后持久拉 伸粘结性能	持久拉伸 160%不坏	定伸 160%不破坏	
11	水蒸气渗透率［g/(m²·d)］	≤15	—	

（4）防火密封胶。用于穿楼层管道与楼板孔的缝隙及幕墙防火层与楼板接缝处密封。

白云粘结厂 SS607 硅酮阻燃密封胶性能参数见表 4-18。

表 4-18　　　　　　　　　　　SS607 硅酮阻燃密封胶性能参数

性　能	指　标	实　测　值	试　验　方　法
颜色	黑、灰、白等多种颜色	—	供需双方认可
下垂度（mm）	≤3	0	GB/T 13477
挤出性（s）	≤5	3	GB/T 13477
表干时间（min）	≤180	35	GB/T 13477
固化时间（d）	7～14	11	GB/T 13477
硬度（HsA）	20～80	55	GB/T 531
剥离强度（N/mm）	≥1.0	1.2	GB/T 13477
剪切强度（N/mm²）		1.7	GB/T 13936
撕裂强度（N/mm）		4.2	GB/T 529
拉伸粘结强度（MPa）		0.7	GB/T 13477
最大强度伸长率（%）		69	GB/T 13477
位移能力（%）	±7.5	±7.5	ASI'MC 719
加热失重（%）	≤5	2.2	GB 16776
老化试验	FV-0 级	FV-0 级	GB/T 2408

4.1.2.5　幕墙构造

1. 幕墙的组成

幕墙组成如图 4-2 所示。

2. 幕墙与主体结构连接节点

幕墙与主体结构连接节点类型如图 4-3 所示。

3. 幕墙与主体结构连接节点

幕墙与主体结构连接节点如图 4-4～图 4-9 所示。

4. 幕墙上、下边节点

幕墙上、下边节点结构如图 4-10 所示。

5. 幕墙转角节点

幕墙转角节点如图 4-11、图 4-12 所示。

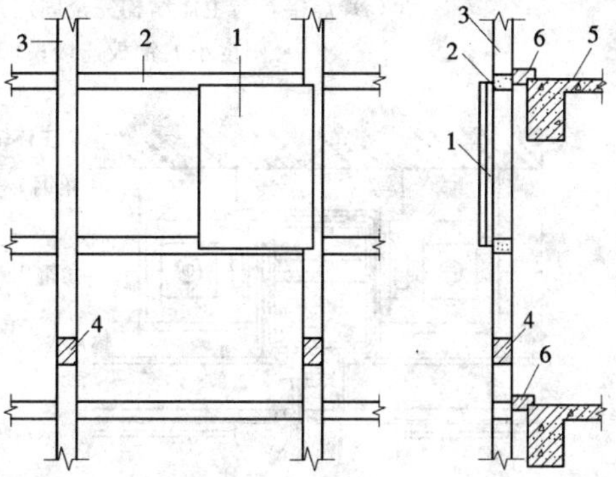

图 4-2　幕墙组成示意图

1—幕墙构件；2—横梁；3—立柱；4—立柱
活动接头；5—主体结构；
6—立柱悬挂点

4.1.2.6　建筑幕墙工程验收

1. 幕墙工程验收时应检查下列的文件和记录

（1）幕墙工程的施工图、结构计算书、设计说明及其他设计文件。

（2）建筑设计单位对幕墙工程设计的确认文件。

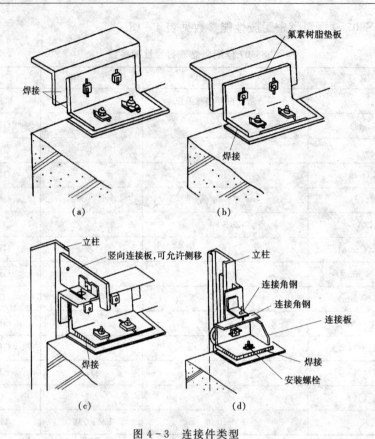

图 4-3 连接件类型

(a) 焊接，与主体结构完全固定；(b) 有树脂垫片，可以滑动；(c) 用侧向
刚度小的钢板连接；(d) 可以调整标高，允许侧向移动

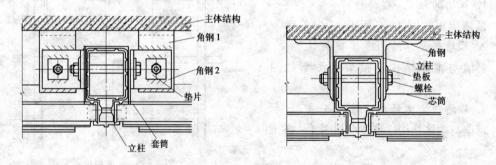

图 4-4 立柱和主体结构连接节点图

（3）幕墙工程所用各种材料、五金配件、构件及组件的产品合格证书、性能检测报告、进场验收记录和复验报告。

（4）幕墙工程所用硅酮结构胶的认定证书和抽查合格证明；进口硅酮结构胶的商检证；国家指定检测机构出具的硅酮结构胶；相容性和剥离粘结性试验报告；石材用密封胶的耐污染性试验报告。

（5）后置埋件的现场拉拔强度检测报告。

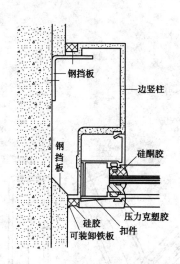

图 4-5　立柱与墙交接安装图

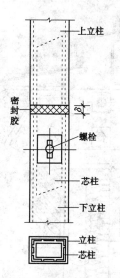

图 4-6　立柱活动接头图

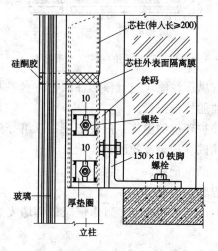

图 4-7　立柱与楼板安装图

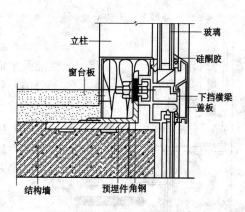

图 4-8　横梁与窗台安装图

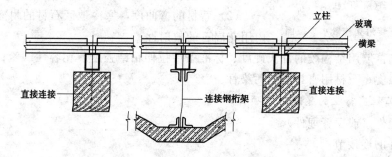

图 4-9　立柱与主体结构连接图

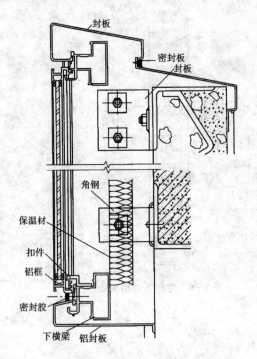

图 4-10　幕墙上、下边节点图

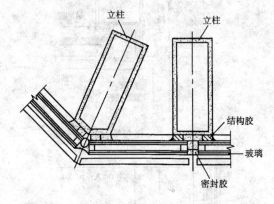

图 4-11　135°转角立柱（水平截面）

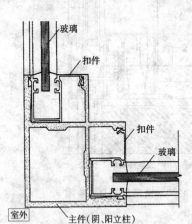

图 4-12　90°转角立柱（水平截面）

（6）幕墙的抗风压性能、空气渗透性能、雨水渗漏性能及平面变形性能检测报告。

（7）打胶、养护环境的温度、湿度记录；双组分硅酮结构胶的混匀性试验记录及拉断试验记录。

（8）防雷装置测试记录。

（9）隐蔽工程验收记录。

（10）幕墙构件和组件的加工制作记录；幕墙安装施工记录。

2. 幕墙工程应复验的材料及其性能指标

（1）铝塑复合板的剥离强度。

（2）石材的弯曲度，寒冷地区石材的耐冻融性，室内用花岗石的放射性。

（3）玻璃幕墙用结构胶的邵氏硬度、标准条件拉伸粘结强度、相容性试验；石材用结构胶的粘结强度；石材用密封胶的污染性。

3. 幕墙工程应验收的隐蔽工程项目

（1）预埋件（或后置埋件）。

（2）构件的连接节点。

（3）变形缝及墙面转角处的构造节点。

（4）幕墙防雷装置。

（5）幕墙防火构造。

4. 各分项工程检验批划分的规定

（1）相同设计、材料、工艺和施工条件的幕墙工程每 $500\sim1000m^2$ 应划分为一个检验批，不足 $500m^2$ 也应划分为一个检验批。

（2）同一单位工程的不连续的幕墙工程应单独划分检验批。

（3）对于异型或有特殊要求的幕墙，检验批的划分应根据幕墙的结构、工艺特点及幕墙工程规模，由监理单位（或建设单位）和施工单位协商确定。

5. 决定检查数量的规定

（1）每个检验批每 $100m^2$ 应至少抽查一处，每处不得小于 $10m^2$。

（2）对于异型或有特殊要求的幕墙工程，应根据幕墙的结构和工艺特点，由监理单位（或建设单位）和施工单位协商确定。

（3）幕墙及其连接件应具有足够的承载力、刚度和相对于主体结构的位移能力。幕墙构架立柱的连接金属角码与其他连接件应采用螺栓连接，并应有防松动措施。

4.1.2.7 建筑幕墙的防火要求

幕墙的防火除应符合现行国家标准《建筑设计防火规范》（GB J16）和《高层民用建筑设计防火规范》（GB 50045）的有关规定外，还应符合下列规定：

（1）应根据防火材料的耐火极限决定防火层的厚度和宽度，并应在楼板处形成防火带。

（2）防火层应采取隔离措施。防火层的衬板应采用经防腐处理且厚度不小于 1.5mm 的钢板，不得采用铝板。

（3）防火层的密封材料应采用防火密封胶。

（4）防火层与玻璃不应直接接触，一块玻璃不应跨两个防火分区。

任务二 石材幕墙的施工

4.2.1 学习目标

（1）能够识读石材幕墙工程施工图纸，做好图纸会审图纸的准备工作以及会审纪要的签证工作。

（2）学生在老师的指导下，按照国家和地区颁发的规范、标准和规定等，能够读懂和理解幕墙施工组织设计。

（3）学生在老师的指导下，能够编制石材幕墙材料、机具、人力的计划，并实施和检查反馈。

（4）通过操作掌握材料的准备及检验、机具的准备及检验。

（5）掌握施工工艺和方法。

（6）了解隐蔽工程的验收内容，对已完工程进行检查、记录和评价反馈，自觉保持安全和健康工作环境。

（7）会办理施工现场的技术签证及资料的整理。

（8）对施工中出现的问题，会协调解决。

（9）能够对质量进行检验和控制。

4.2.2　施工技术要点和施工工艺等的相关知识

花岗石、大理石饰面板是装饰建筑墙面或柱面的高档装饰材料，装饰效果之强，为其他材料所望尘莫及，故当代高级建筑的墙、柱饰面，多采用石材饰面，如图 4-13 所示。

图 4-13　石材幕墙实例

4.2.2.1　石材的质量要求

（1）幕墙石材宜选用岩浆岩，可采用沉积岩、变质岩。采用疏松和带孔洞石材时，应有可靠的技术依据。

（2）石材面板应符合表 4-19 的要求。

表 4-19　　　　石材面板的弯曲强度、吸水率、最小厚度和单块面积要求

项　　目	天然花岗石	天然大理石	其　他　石　材	
（干燥及水饱和）弯曲强度标准值（MPa）	≥8.0	≥7.0	≥8.0	$8.0 \geqslant f \geqslant 4.0$
吸水率（%）	≤0.6	≤0.5	≤5	≤5
最小厚度（mm）	≥25	≥35	≥35	≥40
单块面积（m²）	不宜大于 1.5	不宜大于 1.5	不宜大于 1.5	不宜大于 1.0

（3）花岗石板材的弯曲强度应经法定检测机构检测确定，其弯曲强度标准值不应小于 8.0MPa。

（4）石板的表面处理方法应根据环境和用途决定。表面加工质量和加工尺寸应符合设计和现场施工要求。

（5）为满足等强度计算的要求，火烧石板的厚度应比抛光石板厚 3mm。

（6）石材的技术要求应符合下列现行行业标准的规定。

1)《天然花岗岩荒料》（JC 204）。

2)《天然花岗石建筑板材》（GB/T 186010）。

（7）石材表面应采用机械进行加工，加工后的表面应用高压水冲洗或用水和刷子清

理，严禁用溶剂型的化学清洁剂清洗石材。

（8）石材的主要性能试验方法应符合下列现行国家标准的规定。

1）《天然饰面石材试验方法干燥、水饱和冻融循环后压缩强度试验方法》（GB/T 9966.1）。

2）《天然饰面石材试验方法弯曲强度试验方法》（GB/T 9966.2）。

3）《天然饰面石材试验方法体积密度、真密度、真气孔率、吸水率试验方法》（GB/T 9966.3）。

4）《天然饰面石材试验方法耐磨性试验方法》（GB/T 9966.4）。

5）《天然饰面石材试验方法肖氏硬度试验方法》（GB/T 9966.5）。

6）《天然饰面石材试验方法耐酸性试验方法》（GB/T 9966.6）。

7）《天然饰面石材试验方法检测板材挂件组合单元挂装强度》（GB/T 9966.7）。

8）《天然饰面石材试验方法用均匀静态压差检测石材挂装系统结构强度试验方法》（GB/T 9966.8）。

（9）宜采用高密度和中密度石材。石材体积密度宜符合表 4-20 的规定。

表 4-20　　　　　　　　　　　石 材 体 积 密 度

石材种类	花岗岩	大理岩	砂岩	石灰岩
$\rho(t/mm^3)$	≥2.5	≥2.6	≥2.4	≥2.1

（10）石材放射性关系到人身安全，应符合现行国家标准《建筑材料放射性核素限量》（GB 6566）的规定。

（11）用于严寒地区和寒冷地区的石材，其冻融系数不宜小于 0.8。

（12）岩浆岩石材面板宜进行表面防护处理，非岩浆岩石材面板应进行表面防护处理。防护处理应在石材面板机械加工、加工面清洗和干燥完成后进行。对于处在大气污染较严重的或处在酸雨环境下的石材面板，应根据污染物的污染程度及石材的矿物化学性质、物理性质选用适当的防护产品对石材进行防护。

4.2.2.2　石材幕墙的构造

墙面石材干挂法是当代花岗石饰面板墙面装修通过长期施工实践，经发展改进而形成的一种新型的施工工艺。它是一种利用高强度螺栓和耐腐蚀、高强度的柔性连件，将石材面板挂在建筑物结构的外表面的石材固定方法。在石材与结构表面间留有 40～50mm 的空腔，采暖设计时可填入保温材料。

石材幕墙干挂法构造基本上可分为以下几类：直接干挂式、骨架干挂式、单元干挂式和预制复合板干挂式，石材幕墙干挂按照挂贴形式分为短槽式、通槽式、背栓式。

1．短槽式石材幕墙干挂法构造

（1）短槽式分为直接式和骨架式两大类，如图 4-14、图 4-15 所示。

（2）石板墙面转角节点结构如图 4-16 所示。

2．背栓式石材幕墙构造

背栓式干挂体系不仅适用于天然石材、人造石材（如微晶玻璃、瓷板、陶板）、各类

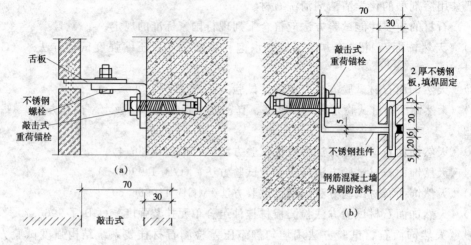

图 4-14 直接式干挂石材幕墙构造图（短槽式）

(a) 二次直接法；(b) 直接做法

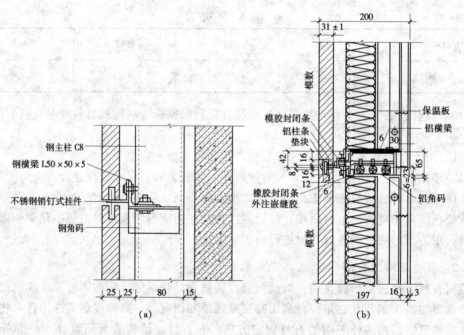

图 4-15 骨架式干挂石材幕墙构造图（短槽式）

(a) 不设保温层；(b) 设保温层

烧制板材、人造纤维板、高压层压板、玻化砖，还可用于单层、夹胶和中空玻璃及光电电池板的挂装。

（1）背栓式干挂体系安装优点。与传统挂接体系相比背栓式干挂体系具有以下结构及安装优点：

1）整个体系传力简捷、明确。在正常使用状态下，充分利用板材抗弯强度，通过静力计算精确得到其承载能力，控制破坏状态。

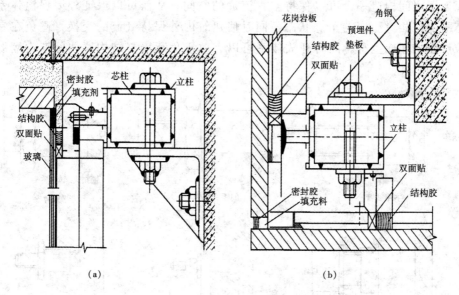

图 4-16　石板幕墙转角节点结构图（短槽式）

(a) 阴角；(b) 阳角

2) 板材之间独立安装、独立受力，不会产生因相互连接而造成的不可确定性应力积累、应力集中致使板材变形或破坏，提高其长期荷载作用下的使用寿命。

3) 充分实现了柔性结构的设计意图，在主体结构产生大位移或温差较大的情况下不会在幕墙板材内部产生附加应力，故而特别适用于超高层建筑结构或具有抗震要求的结构上，耐候性能更强。

4) 通过对比性试验证明，背挂体系与传统销钉、销板体系相比，在同等受力状态下，板材规格尺寸相同，背挂体系承载能力高于后者 3~4 倍，相应位移量仅为后者一半，故而具有更高的安全及储备性能。

5) 与传统销钉、销板体系相比，板材厚度可以减少 1/30。

6) 安装时只需要 4 个直径在 11~13mm 左右的圆孔，对板材内部结构无破坏性影响，保证板材的整体性、安全性强。基材适用性强，可应用在各种软质薄型板材、脆性板材中，拓展了幕墙材料的选择性。

7) 工厂化施工程度高，板材主墙后调整工作量少，从而大大提高了施工安全性及成品保护率，施工效率比原有体系可提高 30%~40%，施工强度降低 50% 以上。

8) 全机械方式锁定，深入基材内部，不需用任何有机胶合材料，有效避免材料老化及化学材料污染隐患，结合更加持久。

9) 板材独立安装，拆换方便。

10) 背栓干挂体系可实现开放式幕墙安装系统，在不影响建筑立面效果的前提下，达到有效的保温节能功效，不但降低了建设成本，而且减少了幕墙长期维护的费用。

开放式幕墙系统是目前应用较为广泛的幕墙体系，其利用内外等压原理，在外墙面板和保温层之间构造一个可以保持空气流通的空间，从而可以保证外墙保温体系在使用状态下保持相对稳定的干燥状态，同时使建筑内外保持气流的交换，避免在室内墙体部位产生结露或生霉。同时开放体系可以有效避免幕墙与结构墙体间产生潮湿积累现象。

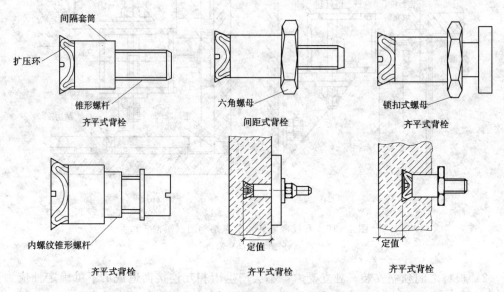

图 4-17　各类石材背栓示意图

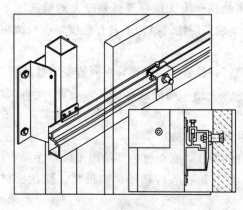

图 4-18　幕墙体系组装图

（2）石材背栓。扩压环式背栓有间距式、齐平式、锁扣式和内螺纹式四种类型，它们由锥形螺杆、扩压环和间隔套管组成。其中间距式背栓固定时，还需要一个六角螺母，材质为铝合金或不锈钢。背栓被无膨胀力地植入底部为锥形的螺栓孔内，通过机械结合保障达到最佳的受力状态，从而获得更好的安全性能，可以用于固定较薄的石材（石材厚度＜20mm）。图 4-17 为各类石材背栓示意图。

（3）背栓式石材幕墙构造。某工程背栓式幕墙组装图见图 4-18～图 4-22。

4.2.2.3　石材幕墙工程的质量验收及检验方法

表 4-21 的内容适用于建筑高度不大于 100m、抗震设防烈度不大于 8 度的石材幕墙工程。

1. 主控项目

（1）石材幕墙工程所用材料的品种、规格、性能和等级应符合设计要求及国家现行产品标准和工程技术规范的规定。石材的弯曲强度应不小于 8.0MPa；吸水率应小于 0.8%。石材幕墙的铝合金挂件厚度不应小于 4.0mm，不锈钢挂件厚度不应小于 3.0mm。

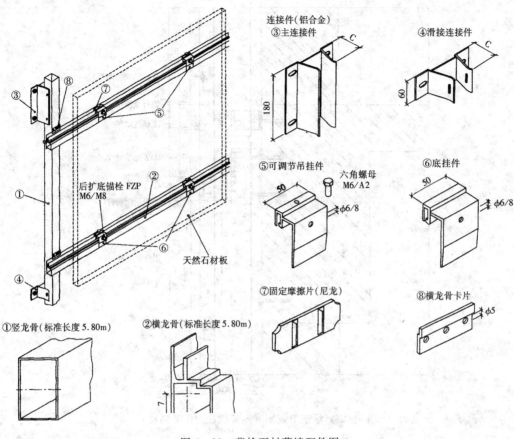

图 4-19　背栓石材幕墙配件图

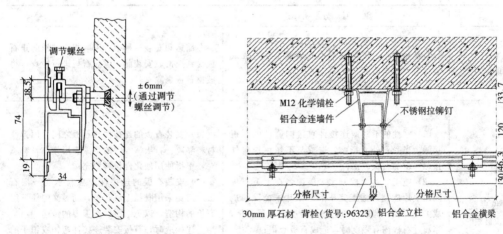

图 4-20　石板安装调节示意图　　　　图 4-21　横剖节点图（连接螺栓为化学锚栓）

　　检验方法：观察，尺量检查，检查产品合格证书、性能检测报告、材料进场验收记录和复验报告。

　　（2）石材幕墙的造型、立面分格、颜色、光泽、花纹和图案应符合设计要求。

　　检验方法：观察。

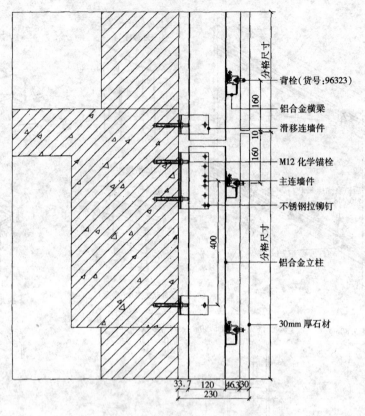

图 4-22　纵剖节点图（连接螺栓为化学锚栓）

表 4-21　　　　　　　　石材幕墙工程质量验收及检验方法

现象	原因分析	防治措施
石板有缺棱掉角现象	石板在储运、安装过程中受到撞击，造成缺棱掉角，甚至出现裂纹	在储运和安装过程中，采取相应措施防止石板受到撞击。安装前，应对石板进行检查，将破损石板剔除
石板安装节点部位破损	（1）刚性的不锈钢连接件直接同脆性的石板接触，当受到外力影响，造成与不锈钢连接件接触部位的石板破损； （2）施工中，为控制水平缝隙，在上下石板间用垫片控制，施工完毕后，垫片未撤除，造成上层石板的荷载，通过垫片传递到下层石板，当超过石板固有强度时，造成石板破损； （3）安装石板的连接件松动或销子直接顶到下层石板，将上层石板荷载传递到下层石板上，当受到风荷载或结构变动时，造成下层石板破损	（1）安装石板的连接件与石板之间应用弹性材料隔离，石板槽穴间的空隙应用弹性材料填充，不得使用硬化性材料填充； （2）安装石板的连接件应独自承受一层石板，避免采用既托上层石板，同时又勾住下层石板的构造，以免上下层石板力的传递，当采用上述构造时，石板安装连接件弯钩或销子的槽、孔应比弯钩、销子略宽和深，以免上层石板的荷载通过弯钩、销子顶压在下层石板的槽、孔底上； （3）石板安装后，应将缝隙中的垫片撤除

（3）石材孔、槽的数量、深度、位置、尺寸应符合设计要求。

检验方式：检查进场验收记录或施工记录。

（4）石材幕墙主体结构上的预埋件和后置埋件的位置、数量及后置埋件的拉拔力应符合设计要求。

检验方法：检查拉拔力检测报告和隐蔽工程验收记录。

（5）石材幕墙的金属框架立柱与主体结构预埋件的连接、立柱与横梁的连接、连接件与金属框架的连接、连接件与石材面板的连接必须符合设计要求，安装必须牢固。

检验方法：手扳检查；检查隐蔽工程验收记录。

（6）金属框架和连接件的防腐处理应符合设计要求。

检验方法：检查隐蔽工程验收记录。

（7）石材幕墙的防雷装置与主体结构防雷装置可靠连接应符合设计要求。

检验方法：观察；检查隐蔽工程验收记录和施工记录。

（8）石材幕墙的防火、保温、防潮材料的设置应符合设计要求，填实应密实、均匀、厚度一致。

检验方法：检查隐蔽工程验收记录。

（9）各种结构变形缝、墙角的连接节点应符合设计要求和技术标准的规定。

检验方法：检查隐蔽工程验收记录和施工记录。

（10）石材表面和板缝的处理应符合设计要求。

检验方法：观察。

（11）石材幕墙的板缝注胶应饱满、密实、连续、均匀、无气泡，板缝宽度和厚度应符合设计要求和技术标准的规定。

检验方法：观察；尺量检查；检查施工记录。

（12）石材幕墙应无渗漏。

检验方法：在易渗漏部位进行淋水检查。

2. 一般项目

（1）石材幕墙表面应平整、洁净，无污染、缺损和裂痕，颜色和花纹应协调一致、无明显色差、无明显修痕。

检验方法：观察。

（2）石材幕墙的压条应平直、洁净、接口严密、安装牢固。

检验方法：观察；手扳检查。

（3）石材接缝应横平竖直、宽窄均匀；阴阳角石板压向应正确，板边合缝顺直；凸凹线出墙厚度应一致，上下口应平直；石材面板上洞口、槽边应套割吻合，边缘应整齐。

检验方法：观察；尺量检查。

（4）石材幕墙的密封胶缝应横平竖直、深浅一致、宽窄均匀、光滑顺直。

检验方法：观察。

（5）石材幕墙上的滴水线、流水坡向应正确、顺直。

检验方法：观察；用水平尺检查。

（6）石材幕墙安装的允许偏差和检验方法应符合表 4-22 的规定。

表 4 – 22　　　　　　　　　石材幕墙安装的允许偏差和检验方法

项次	项　目		允许偏差（mm）		检 验 方 法
			光面	麻面	
1	幕墙垂直度	幕墙高度≤30m	10		用经纬仪检查
		30m＜幕墙高度≤60m	15		
		60m＜幕墙高度≤90m	20		
		幕墙高度＞90m	25		
2	幕墙水平度		3		用水平仪检查
3	板材立面垂直度		3		用水平仪检查
4	板材上沿水平度		2		用1m水平尺和钢直尺检查
5	相邻板材板角错位		1		用钢直尺检查
6	幕墙表面平整度		2	3	用垂直检测尺检查
7	阳角方正		2	4	用直角检测尺检查
8	接缝直线度		3	4	拉5m线，不足5m拉通线，用钢直尺检查
9	接缝高低差		1		用钢直尺和塞尺检查
10	接缝宽度		1	2	用钢直尺检查

4.2.3　项目实训练习

4.2.3.1　石材幕墙材料市场调研及石材幕墙工程测量

1. 目的

（1）了解石材幕墙的常用材料、性能特点及市场价位。

（2）了解石材的分格和细部的处理方法。

2. 工具、设备及环境要求

（1）数码相机、笔、记录表及笔记本。

（2）以 3～5 人为小组，实地参观建材市场、石材生产厂家，搜集整理石材饰面板的花色品种资料，进行市场调研，并整理成册。

（3）参观测量石材幕墙工程 3～5 个。了解石材的品种、石材板的分格、板缝处理、细部处理（阳角、阴角、门窗洞口等），画出简图。

3. 分项能力标准及要求

（1）完成石材饰面板市场调研一份，内容包括各种石材面板的外观、性能、品牌及价格。要求提供产品的照片图样或实物小样。

（2）调研工程石材幕墙照片一组（包括每个工程的立面、细部处理照片），资料来源可为现场照片或装饰装修资料集。

（3）调研体会（主要收获和提出问题）。

4. 步骤提示

（1）分组进行，小组内同学分工明确，可针对不同品种或调研地点进行分工。

（2）参观建材市场或石材生产厂家，收集所有石材面板材料的信息，整理信息并汇总。

（3）参观有代表性的石材幕墙建筑，观察其外墙所用材料，并用数码相机记录在案。

（4）查阅有关石材幕墙的图书资料，并与上述（3）中所拍的现场照片相结合，完成资料图片一组，并配上相应的说明。

5. 注意事项

（1）调研时要准备好纸笔，注意记录材料的品牌及价格。

（2）现场参观时，注意石材幕墙的造型及细部设计。搜集资料要注意资料的完整配套性，必要时可借助相机现场拍摄第一手资料。

4.2.3.2　花岗石石材幕墙工程施工

1. 目的

通过实训基地真实项目的实训，工学结合，达到本节能力目标的要求。

2. 项目任务

某工程为外装修为石材幕墙，装饰施工图（局部）如图 4-23 所示，完成项目施工。

3. 项目训练载体

工作室、学校实训基地。

4. 教学方法

学生 5～6 人一组，按照任务书的要求完成全部内容。

5. 分项内容及要求

（1）学生岗位分工。

模拟实际施工现场管理组织，学生以小组（项目部）为单位，学生担任不同的岗位，在全面训练的基础上，了解所承担岗位的职责。不同项目学生岗位互换。

要求：以小组为单位填写工程项目施工管理人员名单表。

（2）阅读图纸，提出存在的问题。

模拟查看现场，了解现场情况，对设计图纸和设计说明进行仔细阅读，提出图纸中的问题，设计和现场有矛盾的问题等，由老师给予解答。

熟悉幕墙构造，了解材料。

老师模拟设置现场一些问题，要求学生解决。

要求：学生填写图纸审核记录表。

（3）熟悉石材幕墙施工技术方案。

老师提供石材幕墙施工技术方案案例，学生学习理解要点。

要求：了解材料的要求、施工流程及施工要点。

（4）根据现场图纸，画出详细的石材排版及加工图。

学生按照排砖要求，画出石材加工排版图。

工具：绘图纸 A4 白纸，绘图的工具和铅笔。

要求：比例 1∶100、1∶50，每人完成一份作业。

（5）材料准备。

1）根据图纸，计算所需要的材料用量，填写材料计划表和工程量计算表。

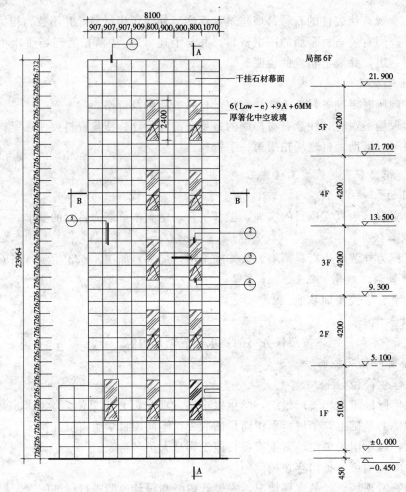

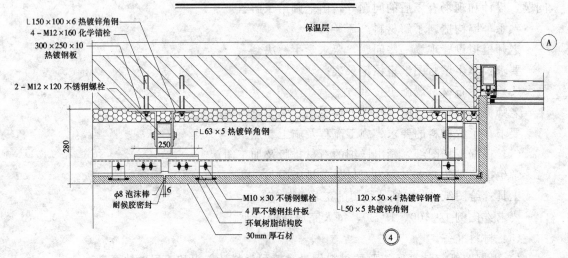

图 4 - 23（a）　石材幕墙实训图

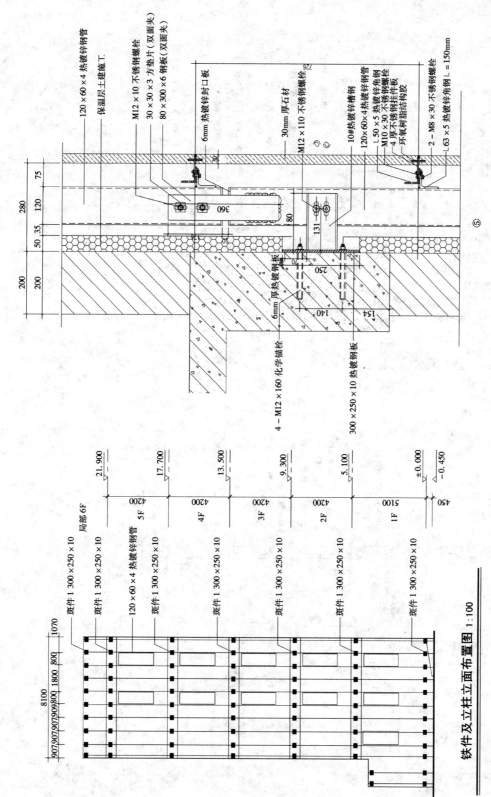

图 4-23（b） 石材幕墙实训图

铁件及立柱立面布置图 1:100

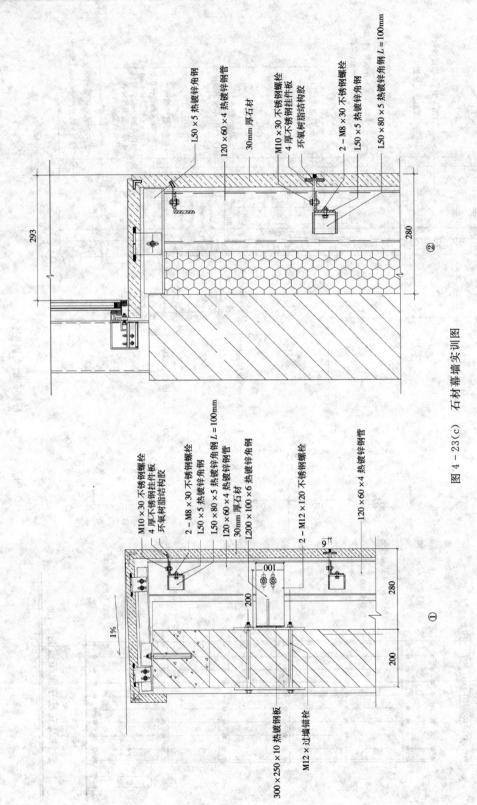

图 4－23（c） 石材幕墙实训图

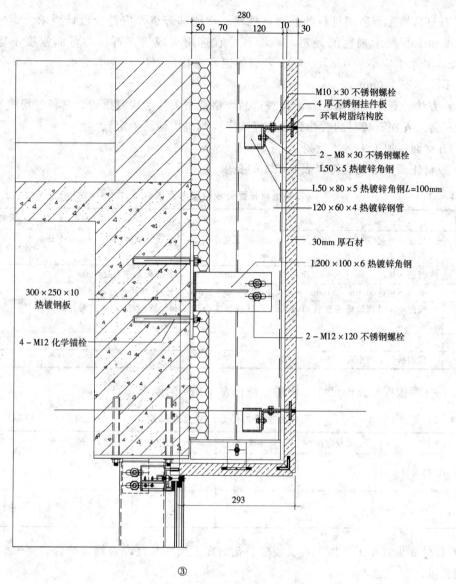

图 4-23（d）　石材幕墙实训图

步骤提示：

a. 工程量计算按照框外围面积计算。

b. 计算所有材料用量。

c. 分析图纸，列出所有材料的实际用量。

2）材料进场检验。

要求：a. 学生对材料等进行检验，填写检验记录表。

b. 填写材料进场检验记录表。

工具：精度为 0.5mm 的钢直尺、精度为 0.05mm 的游标卡尺。

提示：

a. 石材幕墙工程所用材料的品种、规格、性能和等级，应符合设计要求及国家现行产品标准和工程技术规范的规定。幕墙石材宜选用火成岩，石材的弯曲强度不应小于 8.0MPa；吸水率应小于 0.8%。石材幕墙的铝合金挂件厚度不应小于 4.0mm，不锈钢挂件厚度不应小于 3.0mm。

检验方法：观察，尺量检查，检查产品合格证书、性能检测报告、材料进场验收记录和复验报告（花岗石板材的弯曲强度应经法定检测机构检测确定）。

b. 石材面板加工工艺质量要求。

◆ 板材正面的外观应符合表 4-23 的要求。

表 4-23　　　　　　　　　　　　每块板材正面外观缺陷的要求

项　目	规　定　内　容	质量要求
缺棱	长度不超过 10mm，宽度不超过 1.2mm（长度小于 5mm 不计，宽度小于 1.0mm 不计），周边每米长允许个数（个）	1
缺角	面积不超过 5mm×2mm（面积小于 2mm×2mm 不计），每块板允许个数（个）	1
色斑	面积不超过 20mm×30mm，（面积小于 10mm×10mm 不计），每块板允许个数（个）	1
色线	长度不超过两端顺延至板边总长的 1/10（长度小于 40mm 的不计），每块板允许条数（条）	2
裂纹		不允许
窝坑	粗面板的正面出现窝坑	不明显

◆ 石材面板板材外形尺寸允许误差符合表 4-24 的要求。

表 4-24　　　　　　　　石材面板板材外形尺寸允许误差　　　　　　　　单位：mm

项　目	长度、宽度	对角线差	平面度	厚　度	检测方法
亚光面、镜面板	±1.0	±1.5	1	+2.0 −1.0	卡尺
粗面板	±1.0	±1.5	2	+3.0 −1.0	卡尺

◆ 石材面板宜在工厂加工，安装槽、孔的加工尺寸及允许误差应符合表 4-25、表 4-26 的要求。

表 4-25　　　　　　　　　　石材面板孔加工尺寸及允许误差　　　　　　　　单位：mm

石材面板固定形式		孔　径		孔中心线到板边的距离	孔底到板面保留厚度		检测方法
		孔类别	允许误差		最小尺寸	误差	
背栓式	M6	直孔	+0.4 −0.2	最小 50	8.0	−0.4 +0.1	卡尺 深度尺
		扩孔	±0.3 软质石材+1/−0.3				
	M8	直孔	+0.4 −0.2				
		扩孔	±0.3 软质石材+1/−0.3				

表 4 - 26　　　石材面板通槽（短平槽、弧形短槽）、短槽和蝶形背卡槽允许偏差　　　单位：mm

项　目	通槽（短平槽、弧形短槽）		短　槽		碟 形 背 卡		检测方法
	最小尺寸	允许偏差	最小尺寸	允许偏差	最小尺寸	允许偏差	
槽宽度	7.0	±0.5	7.0	±0.5	3	±0.5	卡尺
槽有效长度（短平槽槽底处）	—	±2	100	±2	180		卡尺
槽深（槽角度）	—	槽深/20	—	矢高/20	45°	+5° 0	卡尺 量角器
两（短平槽）槽中心线距离（背卡上下两组槽）	—	±2		±2		±2	卡尺
槽外边到板端边距离（碟形背卡外槽到与其平行板端边距离）	—	±2	不小于板材厚度和85，不大于180	±2	50	±2	卡尺
内边到板端边距离	—	±3	—	±3	—		卡尺
槽任一端侧边到板外表面距离	8.0	±0.5	8.0	±0.5	—		卡尺
槽任一端侧边到板内表面距离（含板厚偏差）	—	±1.5		±1.5	—		卡尺
槽深度（有效长度内）	16	±1.5	16	±1.5	垂直10	+2 0	深度尺
背卡的两个斜槽石材表面保留宽度	—		—		31	±2	卡尺
背卡的两个斜槽槽底石材保留宽度	—		—		13	±2	卡尺

表 4 - 27　　　　　　　细面和镜面板材正面质量的要求

项　目	规 定 内 容
划伤	宽度不超过 0.3mm（宽度小于 0.1mm 不计），长度小于 100mm，不多于 2 条
擦伤	面积总和不超过 500mm²（面积小于 100mm² 不计）

注　1. 石材花纹出现损坏的为划伤。

　　2. 石材花纹出现模糊现象的为擦伤。

c. 细面和镜面板材正面质量的要求符合表 4 - 27 的规定。

d. 石材幕墙材料应选用耐气候性的材料。金属材料和零配件除不锈钢外，钢材应进行表面热镀锌处理，铝合金应进行表面阳极氧化处理。

e. 硅酮结构密封胶、硅酮耐候密封胶必须有与所接触材料的相容性试验报告。橡胶条应有成分分析报告和保质年限证书。用于石材幕墙的硅酮结构密封胶还应有证明无污染的试验报告。

（6）施工机具的准备。

按照要求，填写主要施工机具表。

提示：吊篮或脚手架、电焊机、手电钻、冲击电钻、螺丝刀、胶枪、小型切割机、割胶刀、电动自攻螺钉钻、射钉枪、铝型材切割机、活动扳手、吊车、卷扬机、手动葫芦等。

现场主要检测仪器：经纬仪、水准仪、激光垂准仪、2m 靠尺、卡尺、深度尺、钢卷尺、塞尺等。

（7）施工。

按照要求以小组为单位完成图纸内容。

石材幕墙施工工艺：测量放线—石材幕墙预埋件定位—立柱和横向主梁准备—立柱和横向主梁安装—横梁安装—主要附件安装—安装层间保温防火材料—安装石材面板—安装幕墙伸缩缝、沉降缝、防震缝和封口节点—填缝、注石材专用密封胶（开敞式无此步骤）—石材幕墙收边收口—清洗幕墙—竣工验收。

具体施工步骤如下。

1）测量放线。

a. 石材幕墙金属框的分格与面板的分格可以一致，可以不一致，测量放线时，应按照复测放线后的轴线和标高基准，严格按石材幕墙金属框分格图用垂准仪和水平仪进行梁、柱和墙体分格线的测量放线。在测量竖向垂直度时，每隔 4 条或 5 条轴线选取一条竖向控制轴线，各层均由初始控制线向上投测，形成每根立柱的分格垂直线。

b. 石材幕墙包梁时，应根据标高水平基准线设置横向主梁水平基准钢线。石材幕墙包柱时，应根据轴线基准线设置立柱垂直基准钢线。墙体上的石材幕墙应根据标高水平基准线和立柱分格垂直线设置标高水平基准钢线和立柱垂直基准钢线。

c. 检查测量误差。如误差超过图纸规定，应及时向设计师反映，经设计变更后方可继续施工。

d. 石材幕墙分格轴线的测量应与主体结构测量相配合，如果石材幕墙金属框的分格与面板的分格不一致时，其面板的分格线应在金属框安装后重新测量放线，其偏差应及时调整，不得累积。应定期对石材幕墙的安装定位基准进行校核。

e. 对高层建筑的测量应在风力不大于 4 级时进行。

2）石材幕墙预埋件定位。

a. 检查预埋件：根据复测放线和变更设计后的石材幕墙施工设计图纸逐个找出预埋件，清除埋件表面的覆盖物和埋件内的填充物，并检查预埋件与主体结构结合是否牢固、位置是否正确。

b. 如预埋件偏差过大，应对预埋件进行纠偏处理。预埋件偏差超过 300mm 或由于其他原因无法现场处理时，应经建筑设计单位、业主、监理等有关方面共同协商，提出技术处理方案，经签证后按方案施工。

3）立柱和横向主梁准备。

a. 采用钢方管或铝型材的立柱和包梁的横向主梁的所有孔位应在车间加工，立柱和横向主梁安装前应检查安装孔位是否符合施工设计图纸的尺寸。除图纸规定的现场配钻孔外，如孔位不对，应退回加工车间重新加工。

b. 以立柱和包梁横向主梁的支承点螺栓安装孔中心线为基准，在立柱外平面上划出标高水平基准线；在横向主梁外平面上划出定位基准线。将立柱和横向主梁截面分中，在外平面上划出中心线。

c. 将转接件（角码）和芯套安装在立柱或包梁的横向主梁上。检查角码是否成 90°，如果误差太大，应立即更换。如果立柱或横向主梁外伸长度较大，允许在两侧用螺栓或沉头螺钉将芯套固定，但螺栓的数量不得少于 2 个，每侧沉头螺钉数量不得少于 3 个，伸缩缝不能设在暴露位置。

d. 立柱和包梁的横向主梁截面的主要受力部分的厚度，应符合下列规定：

◆ 铝合金型材截面开口处的厚度不应小于 3mm，闭口部位的厚度不应小于 2.5mm；孔壁与螺钉之间直接采用螺纹受力连接时，其局部厚度尚不应小于螺钉的公称直径。

◆ 热轧钢型材截面有效受力部位的厚度不应小于 3.0mm；冷成形薄壁钢方管截面有效受力部位的厚度，不宜小于 2.5mm，不应小于 2.0mm。

e. 上下立柱或包梁的左右横向主梁之间应有不小于 15mm 的间隙，闭口截面立柱或横向主梁应采用芯套连接。芯套长度不应小于 250mm；芯套与立柱或横向主梁应紧密接触。芯套的一端与立柱或横向主梁之间应采用不锈钢螺栓固定。

f. 立柱与墙体的连接可每层设一个支承点，也可按设计需要加密。

4）立柱安装。

a. 安装第一层墙体立柱。

◆ 石材幕墙第一层墙体基准立柱的安装：基准立柱是墙体两侧的第一根立柱。立柱安装应自下而上地进行，石材幕墙第一层墙体基准立柱的下方为地面或楼板面。将第一层基准立柱安放在地面或楼板面上，上部以立柱外平面上划出的标高水平基准线和立柱中心线定位，下部用垫块调整。当立柱外平面上的标高水平基准线和立柱中心线与放线后的立柱垂直分格钢线和水平标高钢线重合时，立即将立柱的转接件（角码）点焊到埋板上；如有误差，可用转接件（角码）在三维方向上调整立柱位置，直至重合。

◆ 石材幕墙第一层墙体中间立柱的安装：由于一处墙体的竖向分格较多，为了减少积累误差，应采用分中定位安装工艺：如果分格为偶数，应先安装中间一根立柱，然后向两侧延伸；如果分格为奇数，应先安装中间一个分格的两根立柱，然后向两侧延伸。安装工艺与第一层基准立柱相同。

◆ 第一层墙体立柱的调整。在一层墙体立柱安装完毕后，应统一调整立柱的相对位置。立柱安装标高偏差不应大于 2mm，轴线前后偏差不应大于 2mm，轴线左右偏差不应大于 2mm。

◆ 墙体立柱安装就位、立柱调整后应及时紧固，并拆除用于立柱安装就位的临时设置。

b. 安装各层墙体立柱。

◆ 墙体基准立柱的安装：将各层墙体基准立柱插入下一层墙体基准立柱的芯套上，在伸缩缝处加一块宽 15mm 的填片，复测下立柱的标高水平基准线与上立柱的标高水平基准线，保证立柱上下间伸缩缝间隙符合设计要求，并不小于 15mm，偏差不大于 2mm。当立柱上部外平面上的标高水平基准线和立柱中心线与放线后的立柱垂直分格钢线和水平标高钢线重合时，立即将立柱的转接件（角码）点焊到埋板上。

◆ 墙体中间立柱的安装：将各层墙体中间立柱按分中定位工艺插入下一层墙体中间立柱的芯套上，在伸缩缝处加一块宽15mm的填片，保证立柱上下间伸缩缝间隙符合设计要求，并不小于15mm，偏差不大于2mm。其他安装工艺与第一层墙体中间立柱相同。

◆ 立柱的调整。在一层墙体立柱安装完毕后，应统一调整立柱的相对位置。

◆ 立柱安装就位、调整后应及时紧固，并拆除用于立柱安装就位的临时设置。然后密封立柱伸缩缝。

◆ 包梁的横向主梁的安装：横向主梁的起点和终点为轴线的中心立柱，横向主梁的中心线为复测放线后的梁中水平基准线。安装工艺与基准立柱相同。支承点的数量应符合施工设计图纸的要求。

5）横梁安装。

a. 测量放线。以该层标高线为基准，按图纸分格计算石材幕墙拼缝中心线至横梁上平面的距离，拉出水平定位线。

b. 安装连接件。采用钢结构构件时，将连接件的一端按水平定位线在横梁背面用焊接方式与钢立柱固定，另一端用不锈钢螺栓与横梁固定。横梁两端与连接件的螺钉孔，一端为圆孔，另一端为椭圆孔。横梁应安装牢固。

c. 当安装完一层横梁时，应进行检查、调整、校正，使其符合质量要求，并及时固定。

d. 同一根横梁两端或相邻两根横梁的水平标高偏差不应大于1mm。同层标高差：当一幅幕墙宽度小于等于35m时，不应大于4mm；当一幅幕墙宽度大于35m时，不应大于6mm。

6）检查立柱横梁组件质量。幕墙竖向和横向构件组装的允许偏差见表4-28，合格后，进入下一道工序。

7）主要附件安装。

a. 焊接连接钢件。

◆ 幕墙框架安装检查合格后，应检查所有固定螺栓是否全部拧紧。然后按图纸和焊接工艺将所有连接钢件的转接件、连接件与垫片、螺栓与螺母焊接，并涂防锈漆。焊接应牢固可靠、焊缝密实，不得有漏焊、虚焊，焊缝高度应符合设计要求。现场焊接处表面应先去焊渣（疤），再刷涂两道防锈漆和一道面漆。在焊接中转接件等已损坏的防锈层，应按上述规定重新补涂。

◆ 对每个连接钢件进行隐蔽工程验收，并做好记录。

b. 按设计要求安装防雷装置：防雷装置应通过转接件与主体结构的防雷系统可靠连接。

c. 按设计要求安装防火层。防火材料应用锚钉固定牢固。防火层应平整、连续、形成一个不间断的隔层，拼接处不留缝隙。对每个防火节点应进行隐蔽工程验收，并做好记录。

d. 开敞式石材幕墙在安装面板前应按设计要求做好防水层，并做好隐蔽工程验收记录。

表 4 - 28　　　　　　　　幕墙竖向和横向构建组装的允许偏差　　　　　　　单位：mm

项　目	尺　寸　范　围	允许偏差（不大于）		检　测　方　法
		铝构件	钢构件	
相邻两竖向构件间距尺寸（固定端头）	—	±2.0	±3.0	钢卷尺
相邻两横向构件间距尺寸	间距≤2000mm	±1.5	±2.5	钢卷尺
	间距＞2000mm	±2.0	±3.0	
分格对角线差	对角线长≤2000mm	3.0	4.0	钢卷尺或伸缩尺
	对角线长＞2000mm	3.5	5.0	
竖向构件垂直度	高度≤30mm	10	15	经纬仪或铅垂仪
	高度≤60mm	15	20	
	高度≤90mm	20	25	
	高度≤150mm	25	30	
	高度＞150mm	30	35	
相邻两横向构件的水平高差	—	1.0	2.0	钢板尺或水平仪
横向构件水平度	构件长≤2000mm	2.0	3.0	水平仪或水平尺
	构件长＞2000mm	3.0	4.0	
竖向构件直线度	—	2.5	4.0	2m靠尺
竖向构件外表面平面度	相邻三立柱	2	3	经纬仪
	宽度≤20m	5	7	
	宽度≤40m	7	10	
	宽度≤60m	9	12	
	宽度＞60m	10	15	
同高度内横向构件的高度差	长度≤35m	5	7	水平仪
	长度＞35m	7	9	

8）石材面板安装。

a. 各项隐蔽工程验收合格后方可进行面板安装。

b. 检查石材面板。石材面板表面应干净无污物、无损坏，规格、尺寸符合设计要求。并有检验合格证，火烧板的厚度应比磨光石材面板厚 3mm。

c. 石材面板安装工艺。

◆ 石材幕墙面板的分格与立柱不同时，应重新进行放线测量，并设置分格钢线。

◆ 复查石材表面质量是否符合设计要求。

◆ 根据工程进度和作业面确定石材面板的安装顺序。

◆ 石材面板应自下而上严格按编号顺次安装。为了避免色差过大。石材面板加工图编号一般从左下角或右下角开始，自下而上进行编号，加工次序都按加工图加工。所以石材面板安装应对号入座。当安装时发现相邻的两块石材面板色差较大，应及时采取更换措施。

◆ 面板应与横梁或立柱可靠连接。连接件与面板、横梁或立柱之间应采取限位措施；托板（挂件）挂钩与石材之间宜设置弹性垫片。

◆ 槽式面板安装：用卡尺检验石材面板是否平整，复查槽口的加工尺寸是否符合设计要求，然后安装托板（挂件见图4-24）。

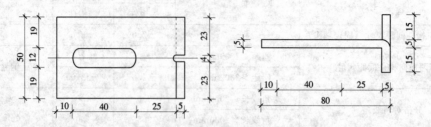

图4-24　不锈钢平板挂件

◆ 背栓式面板安装：用专用设备（带钻石镶面、水冷却的钻头）在石材背面钻圆柱状孔，钻孔直径及深度按厂商提供的参数执行，孔中心线到板边的最小距离为50mm，然后安装锚栓。锚栓分为齐平式锚栓和间距式锚栓两种。使用齐平式锚栓时，首先将锚栓放入已钻好的孔中，然后推进套管固定安装锚栓；使用间距式锚栓时，首先将锚栓放入已钻好的孔中，然后拧紧螺帽固定安装锚栓。

◆ 固定石材面板。按设计要求将已装好托板（挂件）的石材板块预安装在框格上。用水平钢线、垂直钢线和角尺在三维空间调整石材面板，要求四周接缝均匀，上下、左右石材面板处在一个平面内，角尺上下、左右推移时，没有明显阻碍。调整结束后注石材专用胶。

9）石材面板安装质量检查。石材面板挂装系统安装偏差应符合表4-29的规定。

表4-29　　　　　　　　　　　　石材面板挂装系统安装偏差　　　　　　　　　　　　单位：mm

项　目	通槽长勾	通槽短勾	短槽	背卡	背栓	检测方法
托板（转接件）标高		±1.0			—	卡尺
托板（转接件）前后高低差		≤1.0			—	卡尺
相邻两托板（转接件）高低差		≤1.0			—	卡尺
托板（转接件）中心线偏差		≤2.0			—	卡尺
勾锚入石材槽深度偏差		+1.0 0			—	深度尺
短勾中心线与托板中心线偏差	—	≤2.0	—		—	卡尺
短勾中心线与短槽中心线偏差	—	≤2.0	—		—	卡尺
挂勾与挂槽搭接深度偏差		+1.0 0			—	卡尺
插件与插槽搭接深度偏差		+1.0 0			—	卡尺
挂勾（插槽）中心线偏差					≤2.0	钢直尺
挂勾（插槽）标高			—		±1.0	卡尺
背栓挂（插）件中心线与孔中心线偏差					≤1.0	卡尺
背卡中心线与背卡槽中心线偏差		—		≤1.0	—	卡尺
左右两背卡中心线偏差				≤3.0	—	卡尺
通长勾距板两端偏差	±1.0		—			卡尺

续表

项 目		通槽长勾	通槽短勾	短槽	背卡	背栓	检测方法
同一行石材上端水平偏差	相邻两板块			≤1.0			水平尺
	长度≤35m			≤2.0			
	长度>35m			≤3.0			
同一列石材边部垂直偏差	相邻两板块			≤1.0			卡尺
	长度≤35m			≤2.0			
	长度>35m			≤3.0			
石材外表面平整度	相邻两板块高低差			≤1.0			卡尺
相邻两石材缝宽（与设计值比）				±1.0			卡尺

10）安装幕墙伸缩缝、沉降缝、防震缝和封口节点。

a. 安装幕墙伸缩缝、沉降缝、防震缝结构。

b. 安装幕墙四周与主体结构之间的上、下、左、右封口和墙面转角封口。

11）注密封胶。填缝密封工序可在板块组件安装完毕或完成一定单元，并检验合格后进行。注胶工艺如下：

a. 清洁胶缝：采用双布净化法，擦拭石材板缝。用过的棉布不能重复使用，应及时更换。

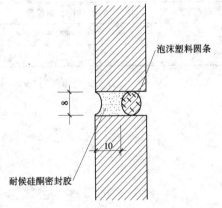

泡沫塑料圆条

耐候硅酮密封胶

图4-25 石材干挂嵌缝处理图

b. 在接缝间隙填充泡沫条，应用限位器控制填充深度，保证胶缝厚度为5～6mm。泡沫条宜用矩形截面，宽度尺寸应比胶缝宽1mm，如图4-25所示。

c. 在接缝间隙两边贴保护胶纸（美纹纸）。严格遵循保护胶纸的粘贴工艺。

d. 胶缝注胶。注胶时，应保持胶体的连续性，防止气泡和夹渣。一旦发现气泡应挖掉重注。

e. 刮平。为了增加胶缝弹性，胶缝表面宜成凹面弧形，凹面深度应小于1mm。

f. 表面清理。注胶结束后，应及时撕去保护胶纸，将废保护胶纸放入容器内，不得乱丢。被污染的石材表面，应用刮刀清理。

12）注意事项。花岗石的钻孔、金属固定件安装等操作一定要在教师的指导监护下完成，施工操作过程要注意手电钻等工具的操作安全，穿戴好必要的安全防护服。

（8）成品保护。

施工过程及施工完后，根据现场需要进行成品保护。

（9）质量检验。

按照质量检验标准对完成的工程进行质量检验。

1）隐蔽工程质量检验。

要求：a. 掌握隐蔽工程验收的内容，包括预埋件（后置埋件）钢骨架、连接节点、防水层。

　　b. 掌握隐蔽工程验收的方法。

　　c. 填写隐蔽工程验收记录。

　　2）按照质量标准对完成项目进行质量检验。

　　要求：a. 掌握检验的内容和方法。

　　b. 填写质量检验记录表。

　　工具：老师提供检测工具。

　　提示：幕墙组件就位后允许偏差应符合表 4 - 30 的要求。

表 4 - 30　　　　　　　　　　　　幕墙组件就位后允许偏差　　　　　　　　　　　　单位：mm

项　目		允　许　偏　差	检　测　方　法
竖缝及墙面垂直度（幕墙高度 H）	$H \leqslant 30m$	$\leqslant 10$	激光仪或经纬仪
	$30m < H \leqslant 60m$	$\leqslant 15$	
	$60m < H \leqslant 90m$	$\leqslant 20$	
	$90m < H \leqslant 150m$	$\leqslant 25$	
	$H > 150m$	$\leqslant 30$	
幕墙平面度		$\leqslant 2.5$	2m 靠尺、钢板尺
竖缝直线度		$\leqslant 2.5$	2m 靠尺、钢板尺
横缝直线度		$\leqslant 2.5$	2m 靠尺、钢板尺
缝宽度（与设计值比较）		± 2	卡尺
两相邻面板之间接缝高低差		$\leqslant 1.0$	深度尺

　　（10）学生总结。

　　学生对照目标进行总结，小组汇报，老师答辩。

　　（11）评分。

　　包括学生自评、互评、老师评分。

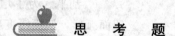

思　考　题

　　1. 外墙常用的石材面板有哪些？

　　2. 石材幕墙的特点有哪些？

　　3. 简述短槽式幕墙和背栓式幕墙的构造。

　　4. 石材幕墙的施工要点有哪些？

任务三　玻璃幕墙的施工

4.3.1　学习目标

　　（1）能够识读元件式幕墙工程施工图纸，做好图纸会审图纸的准备工作以及会审纪要的签证工作。

（2）学生在老师的指导下，按照国家和地区颁发的规范、标准和规定等，能够读懂和理解幕墙施工组织设计。

（3）学生在老师的指导下，能够编制元件式玻璃幕墙材料、机具、人力的计划，并实施和检查反馈。

（4）通过操作掌握材料的准备及检验、机具的准备及检验。

（5）掌握施工工艺和方法。

（6）了解隐蔽工程的验收内容，对已完工程进行检查、记录和评价反馈，自觉保持安全和健康工作环境。

（7）会办理施工现场的技术签证及资料的整理。

（8）对施工中出现的问题，会协调解决。

（9）能够对质量进行检验和控制。

4.3.2　施工技术要点和施工工艺等的相关知识

玻璃幕墙采用玻璃作为饰面材料，覆盖建筑物的表面，如同罩在建筑物外表的一层帷幕。玻璃幕墙一般由结构框架、填衬材料和幕墙玻璃所组成，如图4-26所示。

图4-26　玻璃幕墙实例

4.3.2.1　玻璃幕墙的种类

1. 构件式玻璃幕墙

幕墙是用一根根元件（立挺、横梁）安装在建筑物主框架上形成框格体系，再镶嵌玻璃，最终组装成幕墙。

2. 单元式玻璃幕墙

由玻璃板与支承框架在工厂制成完整的玻璃幕墙结构基本单位，直接安装在主体结构上的建筑幕墙。

3. 全玻璃幕墙

由玻璃面板和玻璃肋构成的建筑幕墙。

4. 点支式玻璃幕墙

由玻璃面板、点支撑装置和支撑结构构成的建筑幕墙。

4.3.2.2　玻璃幕墙材料要求

玻璃幕墙的玻璃是建筑的外围护材料，它直接制约幕墙的各种性能，同时也是幕墙艺术风格的主要体现者，因此选用玻璃是幕墙设计的重要内容。幕墙应选择热工性能良好、抗冲击能力强的特种玻璃，通常有钢化玻璃、吸热玻璃、镜面反射玻璃和中空玻璃等。对玻璃的要求如下。

1. 玻璃幕墙材料的要求

（1）幕墙玻璃宜采用安全玻璃，应符合下列规范标准的规定。

1）夹层玻璃（GB 9962）。

2）浮法玻璃（GB 11614）。

3）中空玻璃（GB/T 11944）。

4）建筑用安全玻璃防火玻璃（GB 15763.1）。

5）建筑用安全玻璃第 2 部分钢化玻璃（GB 15763.2）。

6）幕墙用钢化玻璃与半钢化玻璃（GB 17841）。

7）着色玻璃（GB/T 18701）。

8）镀膜玻璃第 1 部分阳光控制镀膜玻璃（GB/T 18915.1）。

9）镀膜玻璃第 2 部分低辐射镀膜玻璃（GB/T 18915.2）。

10）热弯玻璃（JG/T 915）。

（2）幕墙玻璃的公称厚度应经过强度和刚度验算后确定，单片玻璃、中空玻璃的任一片玻璃厚度不宜小于 6mm。夹层玻璃的单片玻璃厚度不宜小于 5mm，夹层玻璃、中空玻璃的两片玻璃厚度差不应大于 3mm。

（3）幕墙玻璃边缘应进行磨边和倒角处理。

（4）幕墙玻璃的反射比不应大于 0.3。

（5）幕墙用中空玻璃的间隔铝框可采用连续折弯型或插角型。中空玻璃气体层厚度不应小于 9mm，宜采用双道密封，其中明框玻璃幕墙的中空玻璃可采用丁基密封胶和聚硫密封胶，隐框和半隐框玻璃幕墙的中空玻璃应采用丁基密封胶和硅酮结构密封胶。

（6）幕墙用钢化玻璃宜经过热浸处理。

2．幕墙玻璃加工尺寸及允许偏差

（1）玻璃面板边长尺寸允许偏差、对角线允许偏差应分别符合表 4 - 31、表 4 - 32 的要求。

表 4 - 31　　　　　　　玻璃面板边长尺寸允许偏差　　　　　　单位：mm

玻璃厚度	允　许　偏　差		检测方法
	边长≤2000	边长＞2000	
5～12	±1.5	±2.0	钢卷尺

表 4 - 32　　　　　　　玻璃面板对角线允许偏差　　　　　　单位：mm

玻璃厚度	允　许　偏　差		检测方法
	长边边长≤2000	长边边长＞2000	
5～12	≤2.0	＜3.0	钢卷尺

（2）钢化玻璃与半钢化玻璃板的弯曲度要求应符合表 4 - 33 的要求。

表 4 - 33　　　　　　　钢化玻璃与半钢化玻璃面板弯曲　　　　　　%

弯曲变形种类	弯曲度最大值		检测方法
	水平法	垂直法	
弓形变形（mm/mm）	0.3	0.5	钢直尺
波形变形（mm/300mm）	0.2	0.3	钢直尺

（3）夹层玻璃板的边长尺寸允许偏差及对角线允许偏差应分别符合表 4-34、表 4-35 的要求。干法夹层玻璃的厚度允许偏差不能超过原片允许偏差和中间层允许偏差（中间层总厚度小于 2mm 时其允许偏差不予考虑，中间层总厚度大于 2mm 时其允许偏差为 ±0.2mm）之和。弯曲度不应超过 0.3%。

表 4-34　夹层玻璃板边长允许偏差

单位：mm

允 许 偏 差		检测方法
边长≤2000	边长>2000	
±2.0	±2.5	钢卷尺

表 4-35　夹层玻璃对角线允许偏差

单位：mm

允 许 偏 差		检测方法
长边长度≤2000	长边长度>2000	
<2.5	<3.5	钢卷尺

（4）中空玻璃板的边长、厚度尺寸允许偏差及对角线允许偏差应分别符合表 4-36、表 4-37 的要求。

表 4-36　中空玻璃板边长尺寸允许偏差

单位：mm

允 许 偏 差			检测方法
边长<1000	1000≤边长<2000	边长>2000	
±2.0	+2.0　-3.0	±3.0	钢卷尺

表 4-37　中空玻璃面板厚度尺寸允许偏差

单位：mm

公称厚度 T	允许偏差	检测方法
$T<22$	±1.5	卡尺
$T\geqslant22$	±2.0	卡尺

（5）单向热弯玻璃的尺寸和形状允许偏差应符合表 4-38～表 4-42 的要求。

表 4-38　热弯玻璃高度允许偏差

单位：mm

允 许 偏 差		检测方法
高度≤2000	高度>2000	
±3.0	±5.0	平放状态，钢卷尺

表 4-39　热弯玻璃面板弧长允许偏差

单位：mm

允 许 偏 差		检测方法
弧长≤1500	弧长>1500	
±3.0	±5.0	钢卷尺

表 4-40　热弯玻璃面板弧长吻合度

单位：mm

吻 合 度		检测方法
弧长≤2400	弧长>2400	
±3.0	±5.0	钢卷尺

表 4-41　热弯玻璃面板弧面弯曲偏差

单位：mm

允 许 偏 差			检测方法
弧长≤1200	1200<弧长≤2400	弧长>2400	
2.0	3.0	5.0	钢卷尺

表 4-42　热弯玻璃面板弧面扭曲偏差

单位：mm

高度 H	弧　　长		检测方法
	弧长≤2400	弧长>2400	
$H\leqslant1800$	3.0	5.0	钢卷尺
$1800<H\leqslant2400$	5.0	5.0	钢卷尺
$H>2400$	5.0	6.0	钢卷尺

4.3.2.3 元件式玻璃幕墙的构造及要求

1. 元件式明框玻璃幕墙的构造

元件式玻璃幕墙是在工厂制作的一根根元件（立柱、横梁）和一块块玻璃，再运往工地将立柱用连接件安装在主体结构上，再在立柱上安装横梁，形成幕墙镶嵌槽框格后安装固定玻璃。如图 4-27 所示。

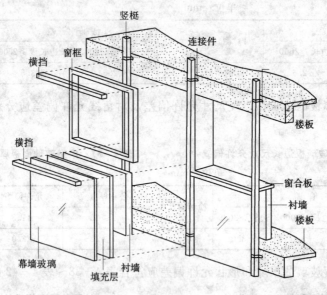

图 4-27 元件式玻璃幕墙构造示意图

整个幕墙的组装包括立柱和主体的连接、横梁和立柱的连接、玻璃和骨架的连接、细部处理等。

（1）铝合金型材框料。按照镶嵌槽组成的方式，可分为整体镶嵌槽式、组合镶嵌槽式、混合镶嵌槽式，如图 4-28 所示。铝合金型材的断面尺寸根据设计计算选择，型号有 115，120、130，160，180 等。铝合金断桥框料满足节能隔热的要求，如图 4-29 所示。

（2）立柱和建筑主体的连接。立柱与主体结构之间的连接一般采用热镀锌连接角码，固定时一般用两个角码，连接角码的一条肢与预埋件或后置埋件（化学锚栓固定的方式）焊接，另一条肢与立柱相连，如图 4-30 所示。角钢与立柱间的固定，宜采用不锈钢螺栓连接，不少于 2 个，同时要用隔离垫层隔开，以避免两种金属间直接接触的电化学腐蚀。与基体固定，务必牢靠，能承受设计要求的抗拔力。

预埋件的位置有三种形式：梁顶面、梁侧面、梁底面。

立柱的固定方式有两种：一种是上端固定，杆件受拉；另一种是下固定，杆件受压，要考虑长细比。图 4-31 为上端固定图。

（3）立柱和横梁的连接。立柱和横梁连接通过连接角码连接，角码的一肢用不锈钢螺栓固定于立柱，另一肢和横梁连接，如图 4-32 所示。

（4）玻璃和骨架连接。安装玻璃方法有三种：干式装配［图 4-33（a）］、湿式装配

274

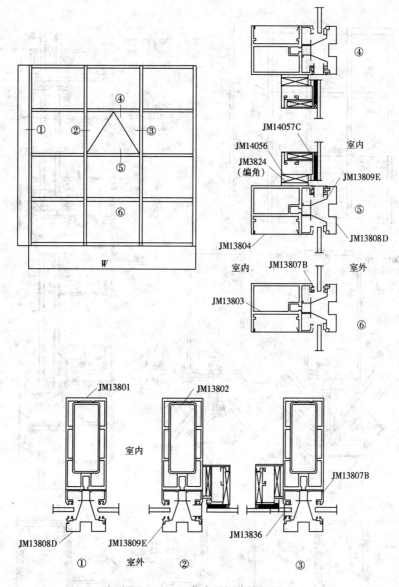

图 4-28　组合式明框幕墙框料

[图 4-33（b）]，混合装配 [图 4-33（c）、图 4-33（d）]。混合装配又分为从外侧安装玻璃从内侧安装玻璃两种。所谓干式装配是采用密封条嵌入玻璃与槽壁的空隙将玻璃固定，封条的样式随型材断面形状而异；湿式装配是在玻璃与槽壁的空内注入密封胶填缝，密封胶固化后将玻璃固定，并将缝隙密封起来；混合装配是一侧空嵌密封条，另一侧空腔注入密封胶填缝密封固定。从内侧安装玻璃时，外侧先固定密封，玻璃定位后，对内侧空腔注入密封胶填缝固定；从外侧安装玻璃时，先在内侧固定密条，玻璃定位后，对外侧空腔注入密封胶填缝固定。湿式装配的水密、气密性能优于干装配，而且当使用的密封胶为硅酮密封胶时，其寿命远较密封条为长。

275

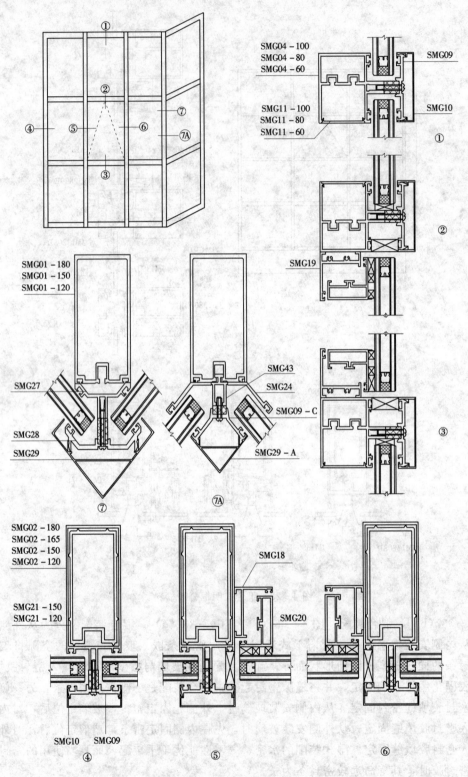

图 4-29 组合式隔热型材

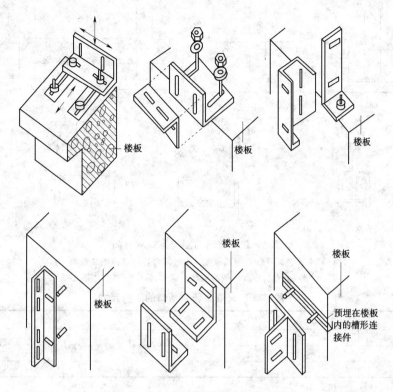

图 4-30　玻璃幕墙连接件示意图

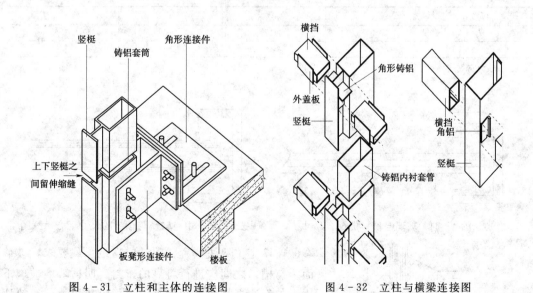

图 4-31　立柱和主体的连接图　　　　图 4-32　立柱与横梁连接图

明框玻璃幕墙装配玻璃面板与型材槽口的配合尺寸应符合表 4-43 及表 4-44 的要求。最小配合尺寸见图 4-34～图 4-36。应经过计算确定,满足玻璃面板温度变化和幕墙平面内变形的要求。

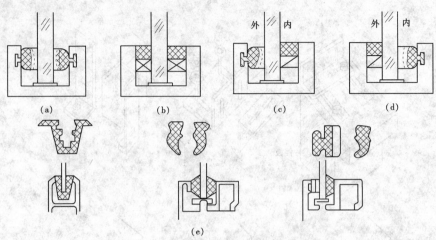

图 4-33 玻璃的固定方式示意图

（a）干式装配；（b）湿式装配；（c）混合装配（内侧装玻璃）；
（d）混合装配（外侧装玻璃）；（e）常用玻璃密封条

表 4-43	单层玻璃、夹层玻璃与槽口的配合尺寸			单位：mm
厚度	a	b	c	检测方法
6	＞3.5	＞15	＞5	卡尺
8～10	＞4.5	＞16	＞5	卡尺
12 以上	＞5.5	＞18	＞5	卡尺

注 夹层玻璃以总厚度计算。

表 4-44	中空玻璃与槽口的配合尺寸			单位：mm
厚度	a	b	c	检测方法
$6+d_a+6$	≥5	≥17	≥5	卡尺
$8+d_a+8$ 以上	≥6	≥18	≥5	卡尺

注 d_a 为空气层厚度。

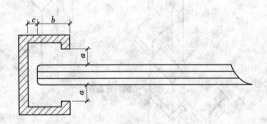

图 4-34 玻璃与槽口的配合尺寸

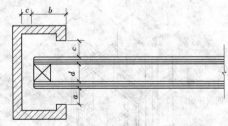

图 4-35 中空玻璃与槽口的尺寸配合示意图

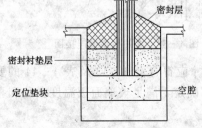

图 4-36 明框玻璃安装图

　　玻璃定位垫块位置、数量应满足承载要求，玻璃面板与槽口之间应进行可靠的密封。明框幕墙玻璃下边缘与下边框槽底之间应采用硬橡胶垫块衬托，垫块数量应为 2 个，厚度不应小于 5mm，每块长度不应小于 100mm。

　　2. 元件式隐框玻璃幕墙的构造

　　（1）铝合金型材框料。

隐框玻璃幕墙立柱和横梁规格型号比较多，和明框玻璃幕墙一样通过计算确定，隐框玻璃幕墙有 120、130、140、150、160、180 等规格，如图 4-37 所示。

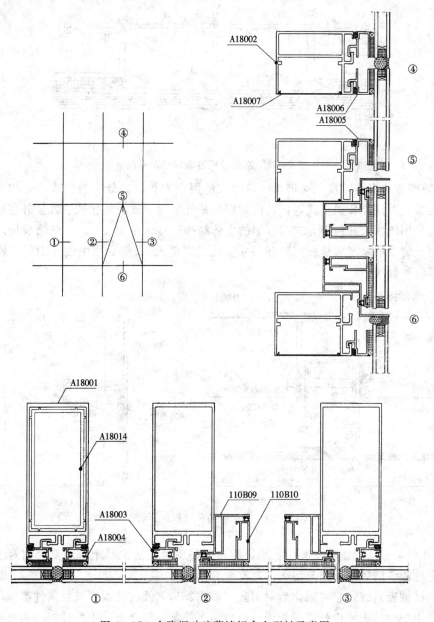

图 4-37　全隐框玻璃幕墙铝合金型材示意图

（2）立柱和主体的连接，同明框玻璃幕墙。

（3）立柱和横梁的连接，同明框玻璃幕墙。

（4）玻璃和骨架的连接。

1）首先要制作一个从外面看不见框的玻璃板块。玻璃板块由玻璃、附框和定位胶条、粘结材料组成（图 4-38）。附框通常采用铝合金型材制作，然后用双面贴胶带将玻璃与附框定位，再现注硅酮结构胶。待结构胶固化并达到强度后，方可进行现场的安装工作。

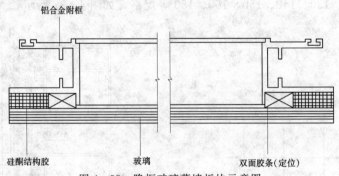

图 4-38 隐框玻璃幕墙板块示意图

2）玻璃板块安装。按照玻璃板块与骨架的固定方式，又分为内嵌式、外扣式、外挂内装固定式、外挂外装固定式等，目前常用的是外装固定式、外扣式、外挂外装固定式。

主要采用压块、挂钩等方式与幕墙的主体结构连接，见图 4-39。玻璃板块之间形成的横缝与竖缝中填塞泡沫垫杆（垫杆尺寸应比缝宽稍大），然后用中性硅酮耐候密封胶灌注，做好防水处理。

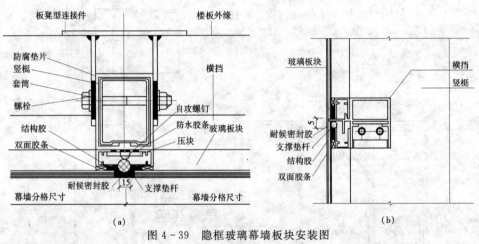

图 4-39 隐框玻璃幕墙板块安装图
(a) 压块连接；(b) 挂钩连接

3）在玻璃板块的制作安装中，结构胶和耐候密封胶的选择十分重要，它对于隐框幕墙的安全性能、防风雨性能及耐久性都有着直接的影响。

中性硅酮密封胶，它在固化后对阳光、雨水、臭氧及高低温等气候条件都能适应。粘结玻璃选用中性硅酮结构胶，在使用前，玻璃、胶条、铝合金、中性硅酮结构胶要进行相容性实验，合格后才能使用。

3．半隐框幕墙

半隐框玻璃幕墙包括横隐竖不隐或竖隐横不隐，是明框与隐框构造方式的结合，是将玻璃板块两对边嵌在金属框内，另两对边用结构胶粘结在金属框上，形成半隐框幕墙玻璃。横隐竖不隐的外观效果是框料线条竖向排列图，竖隐横不隐外观效果是框料框料线条横向排列，如图 4-40、图 4-41 所示，构造不再赘述。

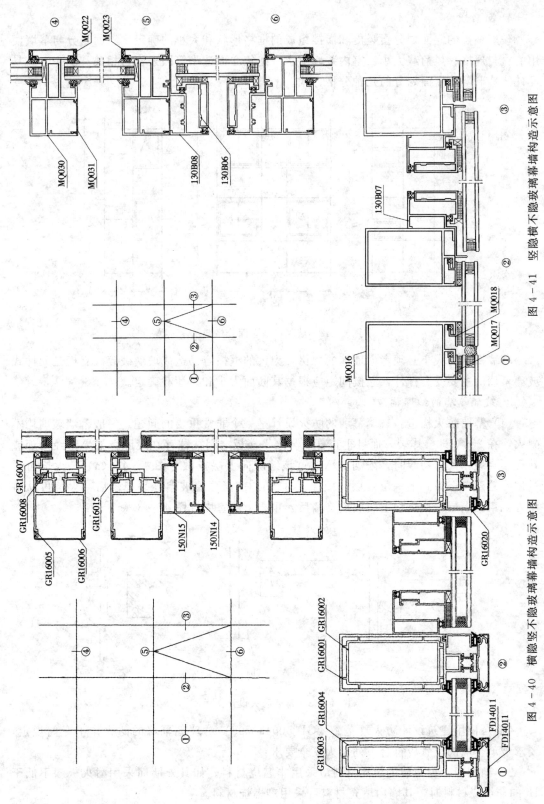

图 4-41 竖隐横不隐玻璃幕墙构造示意图

图 4-40 横隐竖不隐玻璃幕墙构造示意图

4．立面划分

玻璃幕墙的立面划分指竖梃和横挡组成的框格形状和大小的确定，立面划分与幕墙使用的材料规格、风荷载大小、室内装修要求、建筑立面造型等因素密切相关。图 4 - 42 是元件式玻璃幕墙立面划分的几种分格方式。

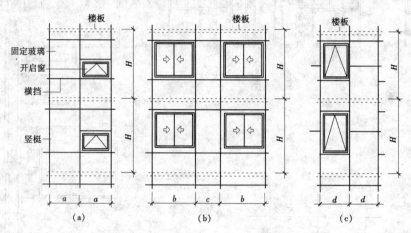

图 4 - 42　玻璃幕墙立面分格图示

幕墙框格的大小必须考虑玻璃的规格，太大的框格容易造成玻璃破碎。立梃是元件式玻璃幕墙的主要受力杆件，立梃间距应根据其断面大小和风荷载确定。

5．玻璃幕墙的细部构造

（1）幕墙防火构造。玻璃幕墙的防火设计是一个非常重要的问题，一般幕墙玻璃均不耐火，在 250℃ 即会炸裂，而且垂直幕墙与水平楼板之间往往存在缝隙，如果未经处理或处理不合理，火灾初起时，浓烟即已通过该缝隙向上层扩散 [图 4 - 43 （a）]。火焰可通过这一缝隙向上窜到上一层楼层 [图 4 - 43 （b）]。当幕墙玻璃开裂掉落后，火焰可从幕墙外侧窜到上层墙面烧裂上层玻璃幕墙后，窜入上层室内 [图 4 - 43 （c）]。

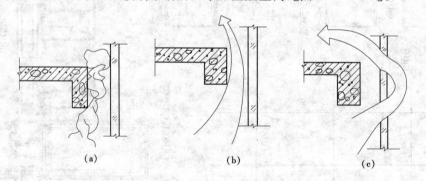

图 4 - 43　幕墙防火设计图示

《高层民用建筑设计防火规范》（GB 50045—95）对玻璃幕墙的防火作了专门规定，要求玻璃幕墙的设置应符合下列防火安全要求：

1）窗间墙、窗槛墙的填充材料应采用非燃烧材料。如其外墙面采用耐火极限不低于 1h 的非燃烧材料时，其墙内填充材料可采用难燃烧材料。

2）无窗间墙和窗槛墙的玻璃幕墙，应在每层楼板外沿设置不低于80cm高的实体节墙（图4-44）。

3）玻璃幕墙与每层楼板、隔墙处的缝隙，必须用非燃烧材料严密填实。

这些规定可具体化为以下6条：

1）幕墙与主体结构的连接构件要处在防火保护范围内。

2）防火节点1h不透烟。

3）防火节点1h不窜火。

4）防火节点要做到压风时不挤碎玻璃，风吸时不产生缝隙。

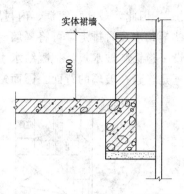

图4-44 玻璃墙幕每层楼板外沿的实体节墙构造示意图

5）防火层以上玻璃只能裂，不能因掉落而形成空洞，为防止火窜入空洞后向上蔓延，应在楼层顶部设有第二防火层。

6）防火节点浸水1h后仍保持原性能。

（2）幕墙的防雷构造。幕墙的防雷设计，应符合现行国家标准《建筑防雷设计规范》（GB 50057）和《民用建筑电器设计规范》（JGJ/T 16）的有关规定。幕墙的金属框架应与主体结构的防雷体系可靠连接，连接部位应清除非导电保护层。

金属构件的连接应牢固可靠，电导通性能良好。对于可能影响电导通性能的连接部位，应加装金属连接片。金属连接片的截面积应不小于30mm²。金属连接片应装在幕墙隐蔽处。

幕墙与主体结构的防雷体系应可靠的连接。原有建筑加设幕墙时，应加设幕墙的防雷体系，并与主体结构的防雷体系可靠连接。图4-45为幕墙防雷典型节点。

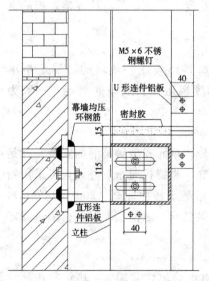
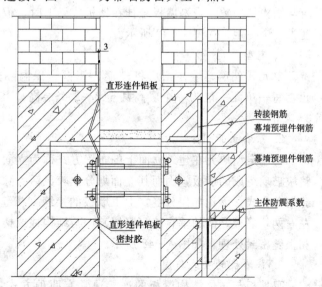

图4-45 幕墙防雷典型节点示意图

（3）幕墙排冷凝水的构造。在明框幕墙中，由于金属框外露，不可避免地形成"冷桥"。因此，玻璃、铝框、内衬墙和楼板的外侧，在寒冷天气会出现凝结水。要设法将这些凝结水及时排走，可将幕墙的横挡做成排水沟槽，并设滴水孔。此外，还应在楼板侧壁设一道铝制披水板，把凝结水引导至横挡中排走（图4-46）。在隐框玻璃幕墙中，金属框是隐蔽在玻璃的背面，因而避免了"冷桥"的出现，它的热工性能优于明框幕墙。

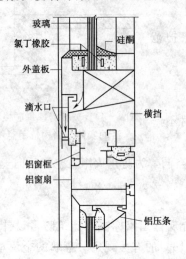

图4-46 玻璃幕墙滴水构造示意图

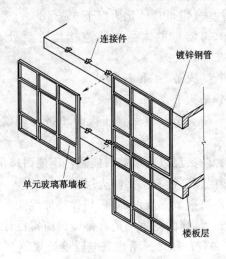

图4-47 单元玻璃幕墙构造示意图

4.3.2.4 单元式玻璃幕墙

单元式玻璃幕墙是一种工厂预制组合产品，铝型材加工、墙框组合、镶装玻璃、嵌条密封等工序都在工厂进行，使玻璃幕墙的产品标准化、生产自动化，最重要的是容易严格控制质量。预制组合好的幕墙板，运到现场直接与建筑结构连接，为便于安装，板的规格应与结构相一致。当幕墙板悬挂在楼板或梁上时，板的高度为层高，若与柱连接，板的宽度为一个柱距，如图4-47所示。

1. 定型单元

单元式玻璃幕墙在工厂将玻璃、铝框、保温隔热材料组装成一块块的幕墙定型单元，每一单元一般为一个层高甚至2~3个层高，其宽度视运输安装条件而定，一般为3~4m。

2. 幕墙立面划分

幕墙定型单元在建筑立面上的布置方式称为立面划分。单元式玻璃幕墙的安装元件是整块玻璃组成的墙板，因而其立面划分比较灵活。除横缝、竖缝拉通布置外，也可采用错缝划分方式。无论如何分缝，上下墙板的接缝（横缝）略高于楼面标高（200~300mm），左右两块墙板之间的垂直缝（竖缝）应与结构柱或楼板梁错开，以便安装时进行墙板固定和板缝密封处理，如图4-48所示。

3. 幕墙板的安装与固定

幕墙板与主体结构梁板的连接通常有两种方式：扁担支撑式（图4-49）和钩挂式（图4-50）。

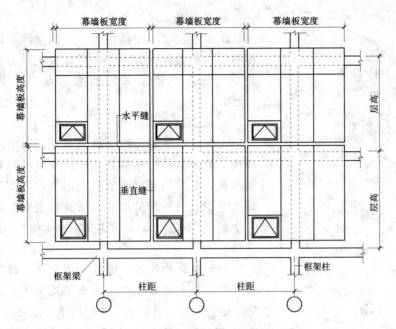

图 4-48　单元式玻璃幕墙立面划分示意图

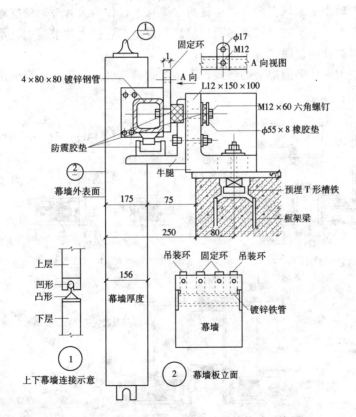

图 4-49　玻璃幕墙扁担支撑式连接构造示意图

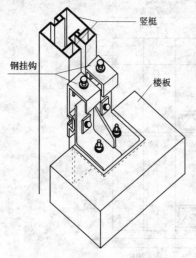

图4-50 玻璃幕墙挂钩式
连接构造示意图

4.幕板墙之接缝构造

由于幕板墙之间都留有一定的空隙，因此该处的接缝防水构造就十分重要，通常有三种方法处理：内锁契合法、衬垫法和密封胶嵌缝法，如图4-51所示。

5.无框玻璃幕墙

无框玻璃幕墙又称全玻璃幕墙。全玻璃幕墙已发展成一个多品种的幕墙家族，这种玻璃幕墙不采用金属框料，而采用玻璃肋或点式钢爪作为支撑体系的一种全透明、全视野的玻璃幕墙。它主要包括玻璃肋胶接全玻璃幕墙，点支式玻璃幕墙和拉索式全玻璃幕墙。

（1）玻璃肋胶接全玻璃幕墙构造。玻璃肋胶接全玻璃幕墙是大片玻璃与支承框架均为玻璃的幕墙，又称玻璃框架玻璃墙。它是一种全透明、全视野的玻璃幕墙，一般用于厅堂和商店橱窗，由于厅堂层高高，一般在4m以上，也有7～8m，甚至达到12m。为了减少大片玻璃的厚度，于是利用玻璃作框架，固定在楼层楼板（梁）上，作为大片玻璃的支点。大片玻璃横向支承在玻璃架上，由于玻璃框架间距比层高小得多，这样大片玻璃的支承跨度就大大减少，就能使较薄的玻璃稳固住。

大片玻璃支承在玻璃框架上的形式，有后置式、骑缝式、平齐式、突出式。

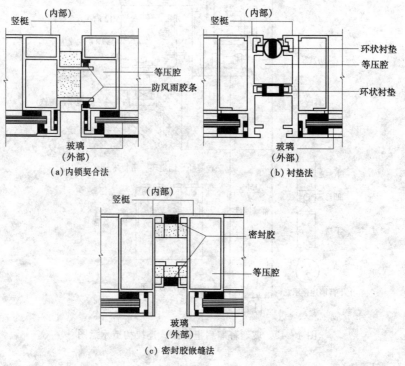

图4-51 玻璃幕墙板块之间接缝处理示意图

1）后置式（图 4-52）。玻璃翼（脊）置于大片玻璃的后部，用密封胶与大片玻璃粘接成一个整体。

2）骑缝式（图 4-53）。玻璃翼位于大片玻璃后部的两块大片玻璃接缝处，用密胶将三块玻璃连接在一起，并将两块大片玻璃之间的缝隙密封起来。

3）平齐式（图 4-54）。玻璃翼（脊）位于两块大片玻璃之间，玻璃翼的一边与大片玻璃表面平齐，玻璃翼与两块大片玻璃间用密封胶粘接并密封起来。这种型式由于大片玻璃与玻璃翼侧面透光厚度不一样，会在视觉上产生色差。

4）突出式（图 4-55）。玻璃翼（脊）位于两块大片玻璃之间，两侧均突出大片玻璃表面，玻璃翼与大片玻璃间用密封胶粘接并密封。

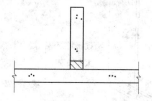

图 4-52　后置式示意图

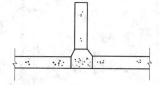

图 4-53　骑缝式示意图

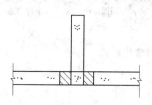

图 4-54　平齐式示意图

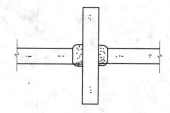

图 4-55　突出式示意图

全玻璃幕墙起初只用于一个楼层内，现在跨层也在使用。当用于一个楼层时，大片玻璃与玻璃翼上下均用镶嵌槽夹持。当层高较低时，玻璃（玻璃翼）安在下部镶嵌槽内（图 4-56），上部镶嵌槽槽底与玻璃之间留有伸缩的空隙。玻璃与镶嵌槽之间的空隙可采用洋式装配、湿式装配或混合装配。不过外侧最好采用湿式装配，即用密封胶固定并密封，达到提高气密性和水密性的目的。

当层高较高时，由于玻璃较高，长细比较大，搁置在下部镶嵌槽时，玻璃自重使玻璃变形，容易发生压屈，导致玻璃破坏，需用上吊式，即在大片玻璃上设置专用夹具，将玻璃吊挂起来（图 4-57）。镶嵌槽用干式（湿式、混合）装配，玻璃与槽底留有伸缩空隙。图 4-58 为全玻璃幕墙吊具。

图 4-56　不采用悬挂设备将肋玻璃和面玻璃均支承在底部的构造形式

下列情况需采用上吊式：玻璃厚度 10mm，幕墙 4m 以上高度时；玻璃厚度 12mm，幕墙 5m 以上高度时；玻璃厚度 15mm，幕墙 6m 以上高

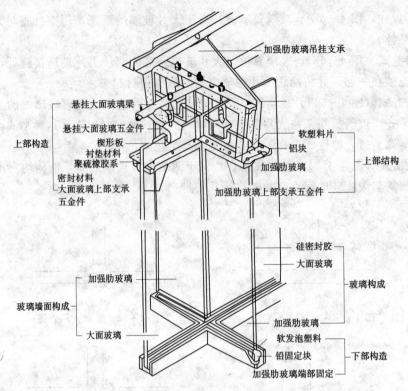

图 4-57　全玻璃幕墙吊挂节点的结构形式示意图

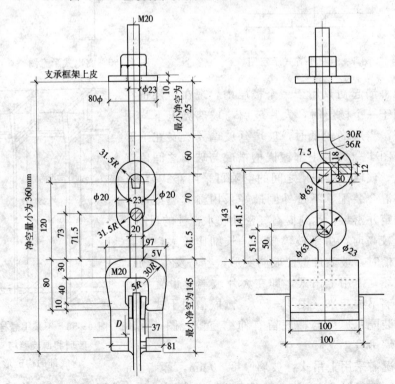

图 4-58　全玻璃幕墙吊具的构造形式示意图

度时；玻璃厚度 19mm，幕墙 7m 以上高度时。

全玻璃幕墙跨层使用时，平面上有三种布置方法，即内嵌墙体式、平齐墙面式、突出墙面式。

1）内嵌墙体式（图4－59）。大片玻璃的外表面在墙体中间，楼板（梁）要比柱—（墙）外侧后退一段距离，在楼板（梁）上支承垂直玻璃翼。垂直玻璃翼上下两片间设水平玻璃翼，均用结构密封胶粘结固定并密封。

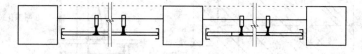

图4－59　内嵌墙体式示图

2）平齐墙面式。大片玻璃的外表面与建筑物装饰面平齐，大片玻璃从玻璃翼挑出，盖住柱（墙）［图4－60（a）］；或在柱（墙）边与柱（墙）相交［图4－60（b）］。交接处均需用密封胶填缝。垂直玻璃翼上下两片间设水平玻璃支撑，均用密封胶粘接密封。

3）突出墙面式（图4－61）。建筑物的楼板（梁）与柱平齐时，玻璃翼挑出楼板（梁）大片玻璃离楼板一段距离，这时玻璃与端柱之间出现一个空隙，要用斜面玻璃予以封闭。

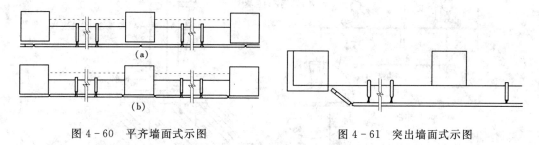

图4－60　平齐墙面式示图　　　　　　　　　图4－61　突出墙面式示图

（2）点支式玻璃幕墙。点支式玻璃幕墙，又称接驳式全玻璃幕墙。它可以透过玻璃清楚地看到支撑玻璃的整个结构系统，使这种结构系统从单纯的支撑作用转向表现其可见性。构造上采用 H（X）形钢爪将 4 块角部打孔的钢化玻璃固定，玻璃之间的接缝用硅酮密封胶封闭。固定玻璃的部位用橡胶垫片、平头螺栓将玻璃夹紧，钢爪与结构柱（钢桁架）焊接牢固，如图4－62所示。

4.3.2.5　玻璃幕墙工程的质量通病及质量控制要点

1. 玻璃幕墙工程的质量通病及防治措施

玻璃幕墙工程的常见质量通病、产生原因及防治措施见表4－45。

2. 幕墙施工安装质量控制要点

幕墙施工安装质量控制要点是指在幕墙施工安装过程中需要重点控制和检验的关键工序，此工序不严加控制将会影响到其他工序的正常进行，或影响整个工程的实施和质量。幕墙施工安装质量控制要点主要包括以下几个工序：

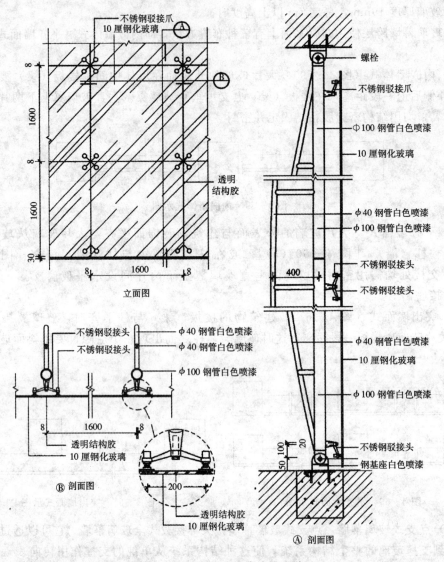

图 4-62　点支式玻璃幕墙构造详图

表 4-45　　　　　玻璃幕墙工程质量通病、产生原因及防治措施

质量通病	产生原因	防治措施
玻璃幕墙变形	1. 幕墙框架结构刚度差； 2. 竖框架料接头处理不当； 3. 伸缩缝设置不当或未按设计设置； 4. 伸缩缝内填塞料无弹性，不能伸缩； 5. 未采用遮阳玻璃，温度变形过大	1. 设计时，应保证竖框变形满足要求； 2. 立柱应采用套接，接头应能活动； 3. 框料之间，铝框与玻璃、墙体之间应有缝隙； 4. 伸缩缝内填塞料应采用耐老化填料，一般用硅胶； 5. 选用镜面反射玻璃或夹丝玻璃遮阳

质量通病	产　生　原　因	防　治　措　施
幕墙渗水	1. 封缝材料质量不过关； 2. 施工时填缝不严密； 3. 幕墙变形	1. 封缝材料必须柔软、弹性好，使用寿命长，耐老化，一般采用硅胶； 2. 施工时，封缝填塞严密均匀，并不得漏封； 3. 幕墙框架必须牢固可靠，变形必须满足要求
变色	局部受到腐蚀，或中空、夹层密封不严或受到破坏	不选用有腐蚀性的密封材料；若腐蚀严重应更换

（1）材料现场复验。

（2）测量放线及预埋件的检验和纠偏。

（3）支座焊接及节点连接。

（4）防火构造安装质量的检验。

（5）防雷构造安装质量的检验。

（6）保温、隔热构造安装质量的检验。

（7）主要构件安装质量的检验。

（8）组件安装质量的检验。

（9）注密封胶施工质量的检验。

（10）开启部位安装质量的检验。

（11）幕墙表面的清洁。

4.3.3　项目实训练习

4.3.3.1　玻璃幕墙工程市场调查

1. 目的

（1）了解玻璃幕墙的常用材料、性能特点及市场价位。

（2）了解玻璃幕墙的种类。

（3）了解玻璃幕墙的分格和细部的处理方法。

2. 工具、设备及环境要求

（1）数码相机、笔、记录表及笔记本。

（2）以 3～5 人为小组，实地参观建材市场、玻璃生产厂家，进行市场调研，并整理成册。

（3）参观各种玻璃幕墙工程（每种玻璃幕墙 2 个）。了解玻璃的品种、分格、板缝处理、细部处理（阳角、阴角、门窗洞口等）。拍照片，画出简图。

3. 分项能力标准及要求

（1）完成玻璃幕墙材料的调研一份，内容包括各种各种材料的外观、性能、品牌及价格。要求提供产品的照片图样。

（2）调研玻璃幕墙工程照片一组（包括每个工程的立面、细部处理照片），资料来源可为现场照片或有关资料。

（3）调研体会（主要收获和提出问题）。

4. 步骤提示

(1) 分组进行, 小组内同学分工明确, 可针对不同品种或调研地点进行分工。

(2) 参观建材市场或玻璃生产厂家, 收集所有材料的信息, 整理信息并汇总。

(3) 参观有代表性的玻璃幕墙建筑, 观察其外墙所用材料, 并用数码相机记录在案。

(4) 查阅有关玻璃幕墙的图书资料, 并与上述 (3) 中所拍的现场照片相结合, 完成资料图片一组, 并配上相应的说明。

5. 注意事项

(1) 调研时要准备好纸笔, 数码相机, 注意记录材料的品牌及价格。

(2) 现场参观时, 注意玻璃幕墙的造型及细部设计。搜集资料要注意资料的完整配套性, 必要时可借助相机现场拍摄第一手资料。

4.3.3.2 元件式明框玻璃幕墙工程施工

1. 目的

通过实训基地真实项目的实训, 工学结合, 达到本节能力目标的要求。

2. 项目任务

某工程外装修为局部玻璃幕墙, 装饰施工图 (局部) 如图 4-63、图 4-64 所示, 完成项目施工。

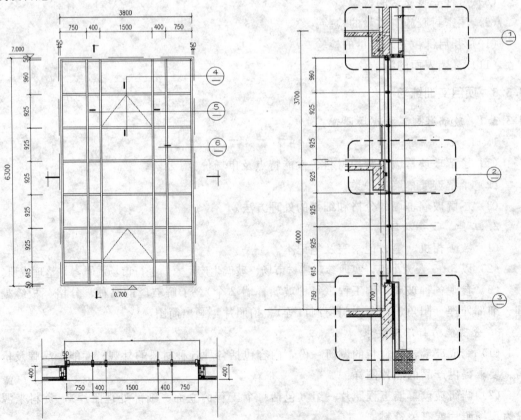

图 4-63 某工程外墙元件式明柜玻璃幕墙施工图

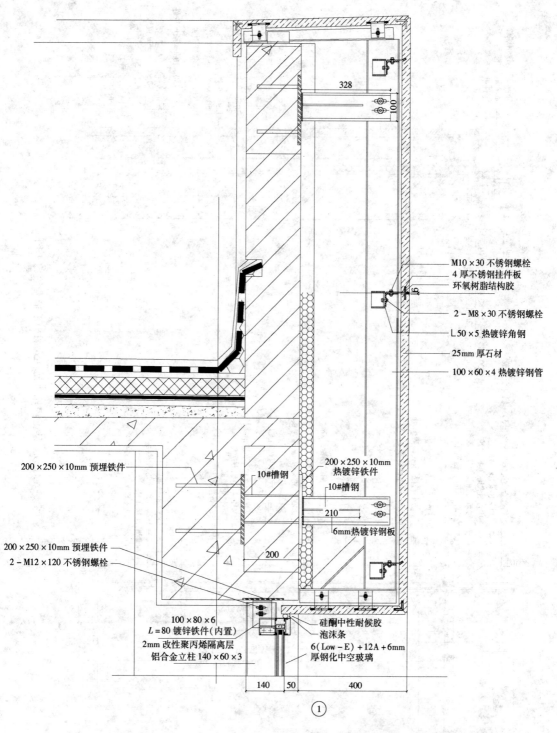

图 4 - 64（a） 某工程外墙元件式明柜玻璃幕墙施工图

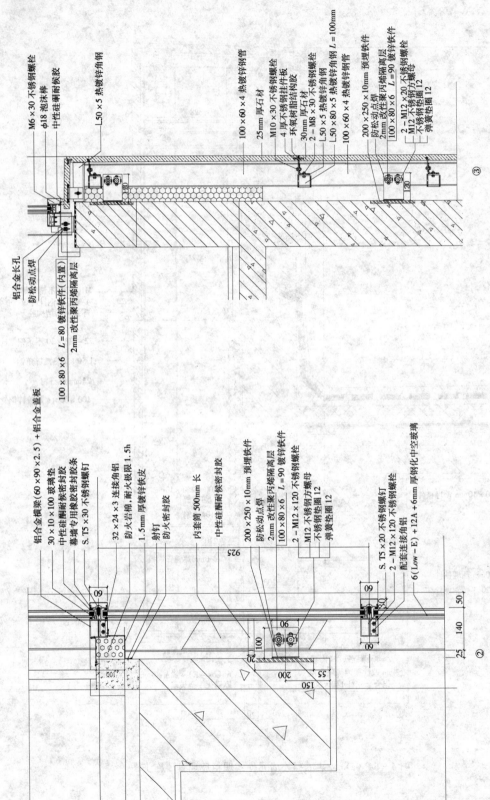

图4-64（b）　某工程外墙元件式明柜玻璃幕墙施工图

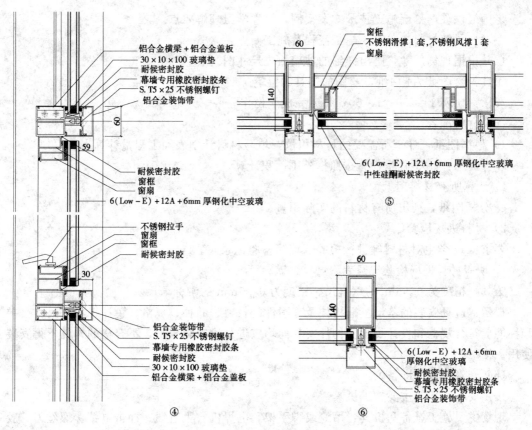

图 4-64（c） 某工程外墙元件式明柜琉璃幕墙施工图

3. 项目训练载体

工作室、学校实训基地。

4. 教学方法

学生 5～6 人一组，按照任务书的要求完成全部内容。

5. 分项内容及要求

提供玻璃幕墙的施工图纸。

（1）学生岗位分工。

模拟实际施工现场管理组织，学生以小组（项目部）为单位，学生担任不同的岗位，在全面训练的基础上，了解所承担岗位的职责。不同项目学生岗位互换。

要求：以小组为单位填写工程项目施工管理人员名单表。

（2）阅读图纸，提出存在的问题。

模拟查看现场，了解现场情况，对设计图纸和设计说明进行仔细阅读，提出图纸中的问题，设计和现场有矛盾的问题等，由老师给予解答。

熟悉幕墙构造，了解材料。

老师模拟设置现场一些问题，要求学生解决。

要求：学生填写图纸审核记录表。

（3）熟悉玻璃幕墙施工技术方案。

老师提供玻璃幕墙施工技术方案案例，学生学习理解要点。

要求：了解材料的要求、施工流程及施工要点。

（4）根据现场尺寸，画出详细的玻璃加工尺寸图。

工具：绘图纸 A4 白纸，绘图的工具和铅笔。

要求：比例 1∶100、1∶50，每人完成一份作业。

（5）材料准备。

1）根据图纸，计算所需要的材料用量，填写材料计划表和工程量计算表。

步骤提示：a. 工程量计算按照框外围面积计算。

b. 计算所有材料用量。

c. 分析图纸，列出所有材料的实际用量。

2）材料进场检验。

要求：a. 学生对材料等进行检验，填写检验记录表。

b. 填写材料进场检验记录表。

工具：精度为 0.5mm 的钢直尺、精度为 0.05mm 的游标卡尺。

提示：进场安装的幕墙主框构件及零附件的材料、品种、规格、色泽、加工尺寸公差和性能应符合规范和设计要求。构件安装前均应进行检验和校正，不合格的构件不得安装使用。

（6）施工机具的准备。

按照要求，填写主要施工机具表。

现场主要施工设备和机具：吊篮或脚手架、电焊机、手电钻、冲击电钻、螺丝刀、胶枪、小型切割机、割胶刀、电动自攻螺钉钻、射钉枪、手动玻璃吸盘、铝型材切割机、活动扳手、吊车、卷扬机、电动玻璃吸盘、手动葫芦和其他机具。

现场主要检测仪器：经纬仪、水准仪、激光垂准仪、2m 靠尺、卡尺、深度尺、钢卷尺、塞尺、邵氏硬度计、韦氏硬度计、金属测厚仪、玻璃测厚仪等。

（7）玻璃幕墙安装施工。

玻璃幕墙施工一般要求如下。

1）幕墙安装前，应按规定进行幕墙的风压变形性能、气密性能、水密性能和平面内变形性能的检测试验及其他设计要求的性能检测试验，并提供检测报告。

2）预埋件位置偏差过大或未设预埋件时，应制订后置埋件施工方案或其他可靠连接方案，经业主、监理、建筑设计单位会签后方可实施。

3）由于主体结构施工偏差超过规定而妨碍幕墙施工安装时，应会同业主、监理和土建承包方采取相应措施，并在幕墙安装前实施。

4）幕墙的连接部位应采取措施防止产生摩擦噪声。构件式幕墙的立柱与横梁连接处应避免刚性接触，可设置柔性垫片或预留 1~2mm 的间隙，间隙内填胶。

5）玻璃安装前应进行检查，并将表面尘土和污染物擦拭干净。除设计另有要求外，应将镀膜面朝向室外。

6）应按规定型号选用玻璃四周的橡胶条，其长度宜比边框内槽口长 1.5%~2%。橡胶条斜面断开后，应拼成预定的设计角度，并应采用粘结剂粘结牢固。镶嵌应平整。

7）幕墙安装完毕后应首先自检，自检合格后报验。

8）幕墙使用的耐候胶与工程所用的铝合金型材和镀膜玻璃的镀膜层必须相容。耐候胶应在保质期内使用，并有合格证明、出厂年限批号。进口耐候胶应有商检合格证。

9）幕墙的金属支承构件与连接件如果是不同金属，其接触面应采用柔性隔离垫片。

10）幕墙安装过程中，构件存放、搬运、吊装时不应碰撞和损坏；半成品应及时保护；对型材保护膜应采取保护措施。构件存储时应依照幕墙安装顺序排列放置，储存架应有足够的承载力和刚度。

玻璃幕墙工艺流程如下。

测量放线—幕墙预埋件检查—立柱准备—立柱安装—横梁安装—主要附件安装—安装层间保温防火材料—面板安装—注密封胶—收边收口—清洗幕墙—竣工验收。

玻璃幕墙施工要点如下。

1）测量放线。

a. 按照复测放线后的轴线和标高基准，严格按构件式幕墙分格大样图用垂准仪和水平仪进行洞口和分格线的测量放线。因为立柱的安装，对幕墙的垂直度和平面度起关键作用，所以测量放线的准确性决定幕墙的质量。在测量竖向垂直度时，每隔 4 或 5 条轴线选取一条竖向控制轴线，各层均由初始控制线向上投测，形成每根立柱的分格垂直线。

b. 根据标高水平基准线和立柱分格垂直线设置标高水平基准钢线和立柱垂直基准钢线。如果不用钢线而用经纬仪直接安装立柱，需用 2 台经纬仪同时控制一根立柱的平面度和垂直度，安装工作面窄。设置钢线后，可以同时进行多根立柱的安装，工作面宽。

c. 检查测量误差。如误差超过图纸规定，应及时向设计师反映，经设计变更后方可继续施工。

d. 幕墙分格轴线的测量应与主体结构测量相配合，其偏差应及时调整，不得累积。应定期对幕墙的安装定位基准进行校核。

e. 对高层建筑的测量应在风力不大于 4 级时进行。

2）幕墙预埋件检查。

a. 检查预埋件：根据复测放线和变更设计后的构件式幕墙施工设计图纸逐个找出预埋件，清除埋件表面的覆盖物和埋件内的填充物，并检查预埋件与主体结构结合是否牢固、位置是否正确。

b. 如预埋件偏差过大，应对预埋件进行纠偏处理。预埋件偏差在 45～150mm 时，允许加接与预埋板等厚度、同材料的钢板。钢板一端与预埋件焊接，焊缝高度按设计要求，焊缝为连续角边焊，焊接质量应符合现行国家标准《钢结构工程施工及验收规范》；另一端采用胀锚螺栓或化学螺栓固定，胀锚螺栓或化学螺栓的大小与数量按设计要求。预埋件偏差超过 300mm，漏埋或由于其他原因无法现场处理时，应提出后置埋件施工技术方案，经业主、监理等有关方面签证后，方可按方案施工。胀锚螺栓或化学螺栓施工后需经国家指定的检测单位作拉拔试验，测试结果应符合设计要求。

3）立柱准备。

a. 检查立柱的安装孔位是否符合构件式幕墙施工设计的节点大样图。除图纸确定的现场配钻孔外，如孔位不对，应退回加工车间重新加工。

b. 以立柱的第一排横梁孔中心线为基准，在立柱外平面上划出标高水平基准线；将立柱截面分中，在立柱外平面上划出垂直中心线。

c. 将转接件（角码）和立柱芯套安装在立柱上。检查转接件是否成 90°，如果误差过大，应立即更换。如果立柱外伸长度较大，允许在立柱两侧用沉头螺钉将芯套固定，但每侧沉头螺钉数量不得少于 3 个，伸缩缝不能设在暴露位置。

4）立柱安装。

a. 构件式幕墙立柱安装误差不得累计，安装初步定位后应自检，并进行调整。立柱安装轴线偏差不应大于 2mm；相邻两根立柱安装标高偏差不应大于 2mm。立柱安装就位、调整后应及时紧固。

b. 上、下立柱之间应有不小于 20mm 的缝隙，闭口型材可采用长度不小于 250mm 的芯柱连接，芯柱与立柱应紧密接触。芯柱与下立柱或上立柱之间应采用机械连接方法加以固定。开口型材上立柱与下立柱之间可采用等强型材机械连接。

c. 多层或高层建筑中跨层通常布置立柱时，立柱与主体结构的连接支承点每层不少于一个；在混凝土实体墙面上，连接支承点可加密。每层设两个支承点时，上支承点宜采用圆孔，下支承点宜采用长圆孔。

d. 安装第一层立柱。

◆ 第一层基准立柱的安装。基准立柱是指洞口或轴线基准线两侧的第一根立柱。立柱安装应自下而上地进行，第一层基准立柱的下方为地面或楼板面。将第一层基准立柱安放在地面或楼板面上，上部以立柱外平面上画出的标高水平基准线和立柱中心线定位，下部用垫块调整。当立柱外平面上的标高水平基准线和立柱中心线与放线后的立柱垂直分格钢线和水平标高钢线重合时，立即将立柱的转接件（角码）点焊到埋板上；如有误差，可用转接件（角码）在三维方向上调整立柱位置，直至重合。

◆ 第一层中间立柱的安装。由于一个洞口的竖向分格较多，为了减少积累误差，应采用分中定位安装工艺：如果分格为偶数，应先安装中间一根立柱，然后向两侧延伸；如果分格为奇数，应先安装中间一个分格的两根立柱，然后向两侧延伸。安装工艺与第一层基准立柱相同。

◆ 第一层立柱的调整。在一层立柱安装完毕后，应测量洞口尺寸和对角线是否符合质量标准，并统一调整立柱的相对位置。立柱安装标高偏差不应大于 2mm，轴线前后偏差不应大于 2mm，轴线左右偏差不应大于 1.5mm。

◆ 立柱安装就位、调整后应及时紧固，并拆除用于立柱安装就位的临时设置。

e. 安装各层立柱。

◆ 基准立柱的安装。将各层基准立柱插入下一层基准立柱的芯套上，在伸缩缝处加一块宽 15mm 的垫片，复测下立柱的上横梁孔中心与上立柱的下横梁孔中心之间的距离是否符合分格尺寸，保证立柱上下间伸缩缝间隙符合设计要求，并不小于 20mm，偏差不大于 2mm。当立柱上部外平面上的标高水平基准线和立柱中心线与放线后的立柱垂直分格钢线和水平标高钢线重合时，立即将立柱的转接件（角码）点焊到埋板上。

◆ 中间立柱的安装。将各层中间立柱按分中定位工艺插入下一层中间立柱的芯套上，在伸缩缝处加一块宽15mm的填片，保证立柱上下间接缝间隙符合设计要求，并不小于20mm，偏差不大于2mm。其他安装工艺与第一层中间立柱相同。

◆ 立柱的调整。在第一层立柱安装完毕后，应测量洞口尺寸和对角线是否符合质量标准，并统一调整立柱的相对位置。

◆ 立柱安装就位、调整后应及时紧固，并拆除用于立柱安装就位的临时设置，然后密封立柱伸缩缝。

5）横梁安装。

a. 测量放线。以该层标高线为基准，按图纸拉出水平定位线。

b. 横梁应通过连接角铝、螺钉或螺栓与立柱连接，连接角铝应能承受横梁的剪力，其厚度不应小于3mm，螺钉直径不得小于4mm，每处连接螺钉数量不得少于3个，螺栓不应少于2个。横梁与立柱之间应有一定的相对位移能力。

c. 安装连接角铝。将连接角铝插入横梁两端，用不锈钢螺栓将横梁固定在立柱上，横梁与立柱间的接缝间隙应符合设计要求，安装应牢固。

d. 当安装完一层高度时，应进行检查、调整、校正和固定，使其符合质量要求。按设计要求，密封立柱与横梁的接缝间隙。

e. 同一根横梁两端或相邻两根横梁的水平标高偏差不应大于1mm。同层标高差：当一幅幕墙宽度不大于35m时，不应大于4mm；当一幅幕墙宽度大于35m时，不应大于6mm。

6）骨架安装后的检查验收。立柱和横梁施工完后，要检查验收，满足表4-46的要求。

表4-46 幕墙竖向和横向构建组装的允许偏差 单位：mm

项 目	尺寸范围	允许偏差（不大于）		检测方法
		铝构件	钢构件	
相邻两竖向构件间距尺寸（固定端头）	—	±2.0	±3.0	钢卷尺
相邻两横向构件间距尺寸	间距≤2000mm	±1.5	±2.5	钢卷尺
	间距＞2000mm	±2.0	±3.0	
分格对角线差	对角线长≤2000mm	3.0	4.0	钢卷尺或伸缩尺
	对角线长＞2000mm	3.5	5.0	
竖向构件垂直度	高度≤30m	10	15	经纬仪或铅垂仪
	高度≤60m	15	20	
	高度≤90m	20	25	
	高度≤150m	25	30	
	高度＞150m	30	35	
相邻两横向构件的水平高差	—	1.0	2.0	钢板尺或水平仪
横向构件水平度	构件长≤2000mm	2.0	3.0	水平仪或水平尺
	构件长＞2000mm	3.0	4.0	
竖向构件直线度	—	2.5	4.0	2m靠尺

项　　目	尺寸范围	允许偏差（不大于）		检测方法
		铝构件	钢构件	
竖向构件外表面平面度	相邻三立柱	2	3	经纬仪
	宽度≤20m	5	7	
	宽度≤40m	7	10	
	宽度≤60m	9	12	
	宽度＞60m	10	15	
同高度内横向构件的高度差	长度≤35m	5	7	水平仪
	长度＞35m	7	9	

7）主要附件安装。

a. 焊接转接件。

◆ 幕墙框架安装检查合格后，应检查所有固定螺栓是否全部拧紧。然后按构件式幕墙图纸和焊接工艺将所有转接件、连接件与垫片、螺栓与螺母焊接，并涂防锈漆。焊接应牢固可靠、焊缝应密实，不得有漏焊、虚焊，焊缝高度应符合设计要求。现场焊接处表面应先除去焊渣（疤），再刷涂两道防锈漆和一道面漆。在焊接中转接件等已损坏的防锈层，应按上述规定重新补涂。

◆ 对每个转接件进行隐蔽工程验收，并做好记录。

b. 按设计要求安装防雷装置，防雷装置应通过转接件与主体结构的防雷系统可靠连接。

c. 按设计要求安装防火层。防火材料应用锚钉固定牢固。防火层应平整、连续、形成一个不间断的隔层，拼接处不留缝隙。对每个转接件、防火避雷节点应进行隐蔽工程验收，并做好记录。

d. 幕墙主要附件安装应符合下列要求：

◆ 防火、保温材料应铺设平整且可靠固定，拼接处不应留缝隙。

◆ 冷凝水排出管及其附件应与水平构件预留孔连接紧密，与内衬板出水孔连接处应密封。

◆ 其他通气槽孔及雨水排出口应按设计要求施工，不得遗漏。

◆ 封口应按设计要求进行封闭处理。

◆ 幕墙安装使用的临时螺栓等，应在构件紧固后及时拆除。

◆ 采用现场焊接或高强螺栓紧固的构件，应在紧固后及时进行防锈处理。

8）构件式幕墙面板安装。

a. 隐蔽工程验收合格后方可进行构件式幕墙面板安装。

b. 检查板块编号，尺寸及外观。板块表面应干净无污物、划痕和破损。

c. 构件式幕墙玻璃面板的安装应按下列要求进行：

◆ 构件式幕墙玻璃安装前应进行表面清洁。安装镀膜玻璃时，镀膜面的朝向应符合设计要求。设计无要求时，应将单片阳光控制镀膜玻璃的镀膜面朝向室内，非镀膜面朝向室外。

◆ 应按规定型号选用玻璃四周的橡胶条，其长度宜比边框内槽口长 $1.5\%\sim2\%$；橡胶条斜面断开后应拼成预定的设计角度，并应采用粘结剂粘结牢固；镶嵌应平整。

◆ 安装、固定板块。

◆ 划控制点（或拉控制线）：按设计要求确定面板在框架体系中的水平和垂直位置，并在型材上划控制点或拉控制线。

◆ 安装立柱和横梁内侧密封胶条。

◆ 安装垫块（隐框幕墙无此工序）：将立柱和横梁嵌槽内的杂物清除干净；在距横梁端头 1/4 处各安放一块垫块，垫块的宽度与槽口相同，长度不小于 100mm。

◆ 将板块平稳地居中放置在横梁垫块上，板块两侧与铝型材侧面间隙应相等。如为隐框、半隐框幕墙，板块安装方式为：将板块的上边框插入横梁的嵌槽内，同时向上移动板块直到板块下边框平稳地放置在横梁的挂钩上，调整位置，无误后拧紧立柱上固定压块的螺钉。压块数量应符合设计要求。

◆ 安装横梁外侧橡胶密封条。

◆ 应按规定型号选用玻璃四周的橡胶条，其长度宜比边框内槽口长 $1.5\%\sim2\%$；橡胶条斜面断开后应拼成预定的设计角度，并应采用粘接剂粘结牢固；镶嵌应平整。

◆ 安装立柱压板和外罩板：在车间按设计要求在压板上钻孔，再安装橡胶密封条，然后将立柱压板安装在立柱上，最后扣上外罩板。

◆ 按设计要求安装立柱和横梁内罩板。

d. 安装开启扇：按设计要求安装幕墙上的开启窗。

e. 安装幕墙沉降缝、防震缝、伸缩缝和封口封板。

f. 进行隐蔽工程验收并做好记录。

9）注密封胶。密封工序可在板块安装完毕或完成一定单元，并检验合格后进行，按设计要求注密封胶。如为隐框、半隐框幕墙，接缝间隙的注胶工艺如下：

a. 清洁胶缝。采用双布净化法，将丙酮或二甲苯溶剂倒在一块干净小布上，单向擦拭隐框、半隐框幕墙胶缝。并在溶剂未挥发前，再用另一块干净小布将溶剂擦拭干净。用过的棉布不能重复使用，应及时更换。

b. 在接缝间隙填充泡沫条。耐候密封胶的胶缝表面质量与胶缝厚度有关，厚的胶缝固化时收缩量大，薄的胶缝固化时收缩量小。如果胶缝厚薄不匀，胶缝表面固化后就会高低不平。另外，耐候密封胶的胶缝也不宜过厚，以免影响胶缝在幕墙变位时的弹性，应控制在不小于 3.5mm 的范围内。所以，泡沫条不宜用手随意填充，应用限位器控制填充深度，保证胶缝厚度为 $5\sim6$mm。泡沫条宜用矩形截面，宽度尺寸应比胶缝宽 2mm，不得使用小泡沫条纹成麻花状填充胶缝。

c. 在接缝间隙两边贴保护胶纸（美纹纸）。隐框、半隐框幕墙胶缝的直线度与保护胶纸粘贴的直线度是一致的，所以，必须严格遵循胶纸的粘贴工艺。

◆ 应进行保护胶纸粘贴工艺的专项培训，不合格的工人不得上岗。

◆ 粘贴时，用左手将保护胶纸的一端粘在玻璃上，使保护胶纸的一边与玻璃边缘齐平，右手将保护胶纸尽可能拉直、拉长并与玻璃边缘齐平，然后用左手从上到下或从左至右地将保护胶纸粘贴在玻璃边缘上。如果有弯曲或歪斜，应拉开重贴。

d. 胶缝注胶。注胶时，应保持胶体的连续性，防止气泡和夹渣。一旦发现气泡应挖掉重注。

e. 刮平。为了增加胶缝弹性，胶缝表面宜成凹面弧形，凹面深度应小于 1mm。

f. 表面清理。注胶结束后，应及时撕去保护胶纸，将废保护胶纸放入容器内，不得随地乱丢。被污染的玻璃表面，应用刮刀清理。

g. 硅酮建筑密封胶不宜在夜晚、雨天打胶，打胶温度应符合设计要求和产品要求，打胶前应使打胶面清洁、干燥。

h. 构件式幕墙中硅酮建筑密封胶的施工应符合下列要求：

◆ 硅酮建筑密封胶的施工厚度应大于 3.5mm，施工宽度不宜小于施工厚度的 2 倍；较深的密封槽口底部应采用聚乙烯发泡材料填塞。

◆ 硅酮建筑密封胶在接缝内应两对面粘结，不应三面粘结。

10）构件式幕墙收边收口。

a. 女儿墙收边。女儿墙收边宜采用金属板，上部表面应按施工设计图要求，向内侧倾斜，如施工设计图未提出要求，则应向内侧倾斜 5°。内侧立板下口应比女儿墙压顶梁低 100～150mm，然后水平折弯至女儿墙压顶梁侧面。收口采用隐框幕墙形式，即在女儿墙压顶梁侧面设置水平骨架，金属板采用内翻边，用连接件与水平骨架固定，在金属板和女儿墙压顶梁侧面之间注密封胶。如果女儿墙有很长的斜面，则收边板上平面的外侧应设置 50mm 高的挡水凸台，并在斜面根部附近设置两道挡水板，下大雨时，可以将斜面上的水导向女儿墙内侧，防止因雨水溢至外幕墙产生瀑布式污染。

b. 室外地面或楼顶面收边。地面和楼顶面均须进行防水处理，所以，幕墙宜采用金属板收边至地面或楼顶面上部 250mm 处。可采用槽口插入式或外翻边式进行固定，地面或楼顶面做防水时，应将防水层做到金属板的下平面，确保防水质量。

c. 洞口收边。当幕墙在洞口断开时，幕墙与主体建筑之间存在很大缝隙，宜采用金属板进行收边。由于密封胶与主体建筑的梁、柱不相容，洞口收边时，为了防止雨水渗漏，应在幕墙梁、柱与主体建筑之间的缝隙加注聚氨酯发泡剂密封。

d. 相关分部分项工程收口。避雷系统安装、航标灯安装、亮化照明安装和其他工程安装都要在幕墙的收边板或幕墙本体上开口。为了防止雨水渗漏，除了在开口处注密封胶外，还应在伸出幕墙的安装捍上加装高 20mm 的套管，并在套管与幕墙接触处和套管内加注密封胶。

11）清洗构件式幕墙。施工中，对幕墙构件表面会造成腐蚀的粘附物等应及时清洗。

（8）隐框、半隐框玻璃幕墙组件的制作工艺。

玻璃组件图见图 4-65。

一般要求如下。

1）隐框、半隐框玻璃幕墙组件应在洁净、通风的注胶间内组装和注胶，其环境温度、湿度条件符合结构胶产品的要求。应在洁净、通风且环境温度、湿度条件符合结构胶产品要求的养护间内固化。

2）硅酮结构密封胶注胶前必须取得合格的相容性检验报告，必要时应加涂底漆；双

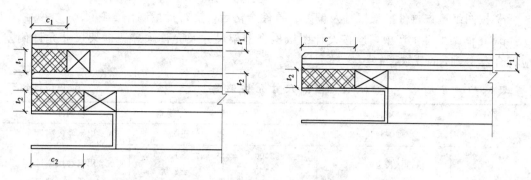

图 4-65 隐框玻璃组件配合尺寸

组分硅酮结构密封胶尚应进行混匀性蝶式试验和扯断试验。

3）采用硅酮结构密封胶粘结板块时，不应使结构胶长期处于单独受力状态。硅酮结构密封胶组件在固化并达到足够承载力前不应搬动。

4）隐框玻璃幕墙装配组件的注胶必须饱满，不得出现气泡，胶缝表面应平整光滑；回收胶缝的余胶不得重复使用。

5）框支承玻璃幕墙宜采用安全玻璃。

6）幕墙玻璃之间的拼接胶缝宽度应满足玻璃和胶的变形要求。

7）玻璃板块注胶时要注意安全。应防止在使用中的溶剂中毒，且要保管好溶剂，以免发生火灾。

8）隐框或横向半隐框玻璃幕墙，每块玻璃的下端应设置两根铝合金或不锈钢托条，托条应能承受该分格玻璃的重力荷载作用，且其长度不应小于 100mm、厚度不应小于 2mm、高度不应超出玻璃外表面。托条上应设置衬垫。

9）框支承玻璃幕墙单片玻璃的厚度不应小于 6mm，夹层玻璃的单片厚度不宜小于 5mm。夹层玻璃和中空玻璃的单片玻璃厚度相差不宜大于 3mm。

10）幕墙的连接部位，应采取措施防止产生摩擦噪声。隐框幕墙采用挂钩式连接固定玻璃组件时，挂钩接触面宜设置柔性垫片。

组件制作的设备、机具与仪器如下：

1）组件制作所用设备和机具。

a. 双组分注胶机或单组公气动注胶枪，空气压缩机。

b. 活动式玻璃组件组装注咬架。

c. 组装用的各种量具。

d. 其他机具。

2）检测仪器：邵氏硬度计、韦氏硬度计、金属测厚仪、玻璃测厚仪和温湿度计。

组件制作的工艺流程如下：

框架制作—设备、材料准备—净化—上底漆—定位—注胶—清洗—养护。

组件制作工艺如下。

1）框架制作。

a. 按设计图纸和料单检查附框尺寸。

b. 按设计图纸将连接片、附框组铆成框。

c. 按图纸检查首件框架尺寸及偏差。首件合格后，进行批量制作。

d. 在框架批量生产中，应按设计图纸检查框架尺寸及允许偏差，框架尺寸允许偏差应符合表 4 - 47 的要求。

表 4 - 47　　　　　　　　　　　框架尺寸允许偏差　　　　　　　　　　单位：mm

序号	项目	尺寸范围	允许偏差	检测方法
1	框架下料尺寸		±0.5	用钢卷尺测量
2	槽口（长宽）尺寸	≤2000	±1.5	用钢卷尺测量
		>2000	±2.0	
3	构件对边尺寸差	≤2000	≤1.5	用钢卷尺测量
		>2000	≤2.5	
4	构件对角线尺寸差	≤2000	≤2.5	用钢卷尺测量
		>2000	≤3.0	
5	装配间隙		≤0.4	用塞尺测量
6	同一平面度差		≤0.4	用深度尺测量

2) 注胶前的准备。

a. 玻璃板块结构胶注胶人员均应经过专业培训，经考核合格后方能操作。

b. 注胶机、各类仪表必须完好；胶枪擦拭干净；混合器、压胶棒等各部件处于良好工作状态。应定期检查棍合器内筒的内孔与芯棒之间的配合间隙是否在 0.2mm 之内，每日工作完毕，应将未用完的胶注回原桶，以保持胶路畅通。

c. 检查材料。

◆ 玻璃板块组件所用材料，均须符合设计图纸和国家现行标准规范的相关规定，并有出厂合格证。

◆ 结构胶必须有与所有接触材料的粘结力及相容性试验合格报告，并应有物理耐用年限和质量保证书。

◆ 结构胶必须有出厂日期、批号、其储存有效期限应大于 6 个月。严禁使用过期胶。

◆ 玻璃边缘必须磨边、倒角。磨边尺寸在图纸未注明时按 45°磨边，磨边尺寸为 1.5～2.0mm。

d. 熟悉节点图纸和工艺资料。图纸上结构胶粘接宽度不应小于 7mm，厚度不应小于 6mm，也不应大于 12mm。

3) 表面清洗。

a. 为了保证粘接强度，被粘接表面必须达到洁净、干燥、无任何水分、油污和尘埃等污物。

b. 清洗材料。

◆ 油性污渍：用丙酮、二甲苯或工业酒精。

◆ 非油性污渍：用异丙醇和水各 50% 的混合溶剂。

◆ 棉布：白色清洁、柔软、烧毛处理的吸水棉布。

c. 净化方法。

◆ 双布净化法：将溶剂倒在一块干净小布上，单向擦拭玻璃和型材的粘接部位，并在溶剂未挥发前，再用另一块干净小布将溶剂擦拭干净。用过的棉布不能重复使用，应及时更换。

◆ 不能用小布到容器内去沾溶剂，以防小布污染溶剂。

◆ 洁后 10~15min 内进行注胶，超过时间应重新清洁才能注胶。

◆ 清洁时应严格遵守所用溶剂标签上的注意事项。

4）涂底漆。根据粘接性试验报告的结果决定是否涂底漆。如果需要涂底漆，应符合试验报告确定的底漆种类及牌号。

5）定位。

a. 将框架平放在活动式玻璃组件组装注胶架的定位夹具上，按图纸安放双面胶带和玻璃。注意玻璃镀膜面朝向应符合图纸要求。

b. 玻璃定位后形成的空腔宽度和厚度尺寸应符合设计图纸。注胶前应逐块检查净化和定位质量。

6）注胶。

a. 用硅酮结构胶粘结固定构件时，注胶应在温度 15℃以上 30℃以下、相对湿度 50%以上、且洁净通风的室内进行。胶的宽度、厚度应符合设计要求。规范规定如下：

玻璃幕墙用硅酮结构密封胶的宽度、厚度尺寸应通过计算确定，结构胶厚度不宜小于6mm 且不宜大于 12mm，其宽度不宜小于 7mm 且不大于厚度的 2 倍。

硅酮结构密封胶、硅酮密封胶同相粘接的幕墙基材、饰面板、附件和其他材料应具有相容性，随批单元件切割粘结性达到合格要求。

b. 贴保护胶带纸：将靠近注胶处左右范围的铝型材和玻璃表面用保护胶带纸保护起来。

c. 注胶前应严格查对结构胶的牌号、保质期和颜色。严禁使用过期胶和用错胶号。

d. 双组分结构胶应按产品说明书，进行基料和固化剂的配置、混合并搅拌均匀。并按《结构胶、耐候胶试验方法》规定作蝶式试验和扯断试验。试验合格后方可注胶。

◆ 蝶式试验：将已混合的双组分结构胶，在一张白纸上挤注一直径约 20mm、高约15mm 的胶体。将纸沿胶体中心折叠，然后用两手大拇指和食指将胶压扁到 3mm 左右。打开纸检查胶体，如出现白色条纹或白色斑点，说明胶还未充分混合，不能用于注胶；如果颜色均匀无白色条纹和斑点，说明胶已充分混合，可用于注胶。具体操作如图 4-66 所示。

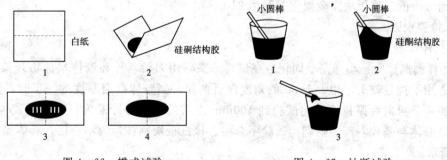

图 4-66 蝶式试验　　　　　图 4-67 扯断试验

◆ 扯断试验：在一只小杯中装入约 3/4 深度的已混合均匀的胶，用一根棒（或舌状压片）插入结构胶中。每隔 5min 从结构胶中拔出该棒。直至结构胶被扯断，记录下扯断时间。具体操作如图 4-67 所示。

e. 注胶。

◆ 单组分胶可使用手动或气动注胶枪注胶，双组分胶用注胶机注胶。注胶时，胶枪与胶缝成 45°角并保持适当速度，以保证胶体注满空腔，并溢出表面 2～3mm，使空腔内空气排走，防止产生空穴。用压缩空气注胶时，要防止胶缝内残留气泡，注胶速度应均匀，不应忽快忽慢，确保胶缝饱满、密实。在玻璃板块制作中，应按随机抽样原则，每 100 件制作两个剥离试样，每超过 100 件其尾数加做一个试样，用来检验结构胶与被粘接物的粘接强度。剥离试样为一块 200mm×300mm 的玻璃和一根 300mm 长的铝型材作基片，基片应与工程实际使用的材料相同。用与工程实际使用相同的溶剂和工艺清洁基片表面。用工程实际使用的结构胶在已洁净、干燥的基片表面（玻璃表面和型材表面）各挤注一条 200mm×10mm×10mm 的胶体，然后放置养护室固化。

◆ 检验：检验员对注胶过程进行检验，并编号、记录、归档。

◆ 刮平：整个板块注胶结束，应在胶表面未固化前，立即用括刀将胶缝压实，刮平。达到胶缝平滑，缝宽整齐一致，厚度、宽度允许偏差符合本规程的规定。

◆ 标记：每件玻璃板块均应贴上标牌，清洁和注胶人员均应在标牌上记录自己的工号，并做好生产记录。

7）清洗污渍。玻璃板块注胶后，组件表面如沾上污渍可用丙酮或二甲苯清洗，注意不能接触胶缝，然后撕去保护胶带。

8）板块养护。

a. 玻璃板块注胶后应立即移至养护室进行养护。

b. 养护环境：使用双组分胶的玻璃板块与试样的养护环境温度应在 10～30℃，相对湿度应在 35%～75% 之间。使用单组分胶的玻璃板块与试样的养护环境温度应在 5～48℃，相对湿度应在 35%～75% 之间。如养护环境达不到以上标准，将影响固化效果，应适当延长养护周期。

c. 板块的放置及固化：玻璃板块注胶后应水平放置在板架或垫块上，注意板块不允许受任何挤压，未固化前不能搬动。在标准条件下，通常双组分结构胶初步固化时间为 7d，单组分结构胶初步固化时间为 14d；使用双组分胶的玻璃板块完全固化时间为 15d，使用单组分胶的玻璃板块完全固化时间为 21d。

9）检验规则。

a. 抽样检验。

◆ 小样剥离试验：小样完全固化后在试样一头，用刀沿基片和胶体根部切开长 30mm 的切口。用手捏住胶头，用大于 30°的角度向后撕拉，当胶体撕至厚度的一半时，用刀片再切至根部，再向后撕拉，如此试验到 100mm 左右处。合格标准为只允许沿胶体撕开，如果发现胶体与基片剥离，则剥离试验不合格。该批板块则被判为不合格，具体操作如图 4-68 所示。

◆ 实物剥离试验：使用单组分结构胶的玻璃板块应固化 14d，使用双组分结构胶的玻璃板块应固化 7d。在玻璃板块完全固化后，每 100 件随机抽取一件（板块制作时每 100

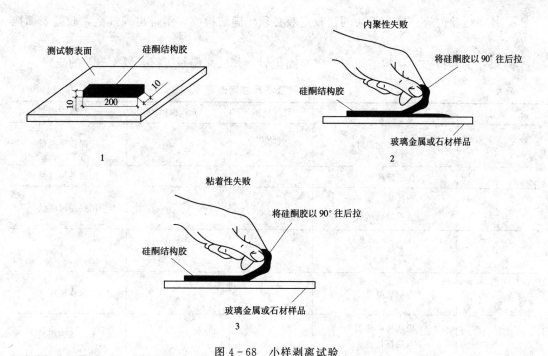

图4-68　小样剥离试验

件多制作一件），切开装配框与玻璃之间的结构胶，使玻璃和装配框分开，然后用刀切断结构胶并沿基材水平切出约50mm的胶条，按图4-69所示方法，用手紧握结构胶条以大于90°方向剥离，检查结构胶是发生内聚破坏还是发生脱胶破坏，并记录内聚破坏的百分比。如果发现胶体与基片剥离，则剥离试验不合格，该批板块则判为不合格。

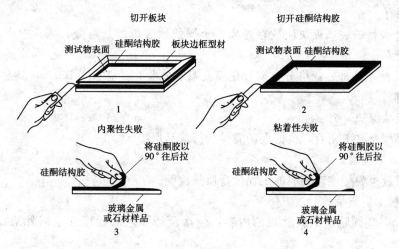

图4-69　玻璃板块成品剥离试验

◆ 其余项目检验：其余项目检验时抽样10%，并不少于5件。检测点不合格数达10%时可判为合格。

　　b.外观检验。

◆ 玻璃板块在制作完毕、胶缝固化后，应进行100%的外观检验。

◆ 外观检验内容：玻璃板块的注胶空腔必须注满结构胶、不得出现气泡，胶缝表面应平整、光滑。

◆ 尺寸偏差检查：结构玻璃板块完全固化后，其尺寸偏差应符合表 4 - 48 的规定。

表 4 - 48　　　　　　　　　　结构玻璃板块尺寸偏差　　　　　　　　　　单位：mm

序号	项目	尺寸范围	允许偏差	检测方法
1	组件长宽尺寸	≤2000 >2000	±1.5 ±2.0	用钢卷尺测量
2	框接缝高低差		0.4	用钢卷尺测量
3	框内侧对角线 及板块对角线	≤2000 >2000	≤2.5 ≤3.0	用钢卷尺测量
4	胶缝宽度		+1.0 0	塞尺
5	胶缝厚度		+0.5 0	卡尺或钢板尺
6	板块周边玻璃 与铝框位置差		≤1.0	卡尺或钢板尺
7	板块的平面度		≤2.5	深度尺或2m靠尺

c. 检验评定：在小样和实物剥离试验都合格的前提下，外观检验项目合格，尺寸偏差检查合格后，此批板块可评为合格。其中 10% 尺寸偏差超差在 20% 以内，不影响使用的，也可评为合格品。

10）储存。

a. 检查合格的玻璃板块应放在通风、干燥的地方，严禁与酸、碱、盐类物质接触并防止雨水浸入；

b. 板块应按品种、规格分类搁置在安放架或垫木上。垫木高 100mm 以上，不允许直接接触地面。

（9）成品保护。

施工过程及施工完后，根据现场需要进行成品保护。

（10）质量检验。

按照质量检验标准对完成的工程进行质量检验。

1）隐蔽工程质量检验。

要求：a. 掌握隐蔽工程验收的内容，包括预埋件（后置埋件）钢骨架、连接节点、防水层。

b. 掌握隐蔽工程验收的方法。

c. 填写隐蔽工程验收记录。

2）按照质量标准对完成项目进行质量检验。

要求：a. 掌握检验的内容和方法。

b. 填写质量检验记录表。

工具：老师提供检测工具。

提示：a. 构件式幕墙安装质量标准，应符合表4－49的规定。

表4－49 构件式幕墙安装允许偏差

项目	尺寸范围 （m）	允许偏差 （mm）	检查方法
竖缝及幕墙面垂直度	高度≤30	≤10	用经纬仪或激光垂准仪
	30<高度≤60	≤15	
	60<高度≤90	≤20	
	90<高度≤150	≤25	
	高度>150	≤30	
幕墙平面度		≤2.5	2m靠尺、塞尺
拼缝直线度		≤2.5	2m靠尺、塞尺
缝宽度差（与设计值比）		≤2	用卡尺测量
相邻面板接缝高低差		≤1	2m靠尺、塞尺

b. 明框玻璃幕墙安装质量的检验指标，应符合下列规定。

玻璃与构件槽口的配合尺寸应符合相关规程的规定。

每块玻璃下部应设不少于两块弹性定位垫块，垫块的宽度与槽口宽度应相同，长度不应小于100mm，厚度不应小于5mm。

橡胶条镶嵌应平整、密实，橡胶条长度宜比边框内槽口长1.5％～2.0％，其断口应留在四角，拼角处应粘结牢固。

不得采用自攻钉固定承受水平荷载的玻璃压块。压块的固定方式、固定点数量应符合设计要求。

检查明框玻璃幕墙的安装质量，应采用观察检查、查施工记录和质量保证资料的方法，也可采用分度值为1mm的钢直尺或分辨率为0.5mm的游标卡尺测量垫块长度和玻璃嵌入量。

c. 明框玻璃幕墙拼缝质量的检验指标，应符合下列规定。

金属装饰压板应符合设计要求，表面应平整，色彩应一致，不得有变形、波纹和凹凸不平，接缝应均匀严密。

明框拼缝外露框料或压板应横平竖直，线条通顺，并应满足设计要求。

当压板有防水要求时，必须满足设计要求；排水孔的形状、位置、数量应符合设计要求，且排水通畅。

检查明框玻璃幕墙拼缝质量时，应与设计图纸核对，观察检查，也可打开检查。

d. 隐框玻璃幕墙组件安装质量的检验指标，应符合下列规定。

玻璃板块组件必须安装牢固，固定点距离应符合设计要求且不宜大于300mm，不得采用自攻螺钉固定玻璃板块。

隐框玻璃板块在安装后，幕墙平面度允许偏差不应大于 2.5mm，相邻两玻璃之间的接缝高低差不应大于 1mm。

隐框玻璃板块下部应设置支承玻璃的托板，厚度不应小于 2mm。

隐框玻璃幕墙的胶缝质量，应横平竖直，缝宽均匀，填嵌密实、均匀、光滑、无气泡。

e. 框支承玻璃幕墙的质量要求，应符合下列规定。

铝合金材料及玻璃表面不应有铝屑、毛刺、明显的电焊伤痕、油斑和其他污垢。

幕墙玻璃安装应牢固，橡胶条应镶嵌密实、密封胶应填充平整。

每平方米玻璃的表面质量应符合表 4-50 的要求。

一个分格铝合金框料表面质量应符合表 4-51 的要求。

表 4-50　每平方米玻璃的表面质量要求

项　目	质　量　要　求
0.1～0.3mm 宽划伤痕	长度小于 100mm；不超过 8 条
擦伤	不大于 500mm²

表 4-51　一个分格铝合金框料表面质量要求

项　目	质　量　要　求
擦伤、划伤深度	不大于氧化膜厚度的 2 倍
擦伤总面积	不大于 500mm²
划伤总长度	不大于 150mm
擦伤和划伤处数	不多于 4 处

注　一个分格铝合金框料指该分格的四周框架构件。

f. 铝合金框架构件安装质量，应符合表 4-52 的规定，测量检查应在风力小于 4 级时进行。

表 4-52　铝合金框架构件安装质量要求

项　目		允许偏差（mm）	检查方法
1　幕墙垂直度	幕墙高度不大于 30m	10	激光仪或经纬仪
	幕墙高度大于 30m、不大于 60m	15	
	幕墙高度大于 60m、不大于 90m	20	
	幕墙高度大于 90m、不大于 150m	25	
	幕墙高度大于 150m	30	
2　竖向构件直线度		2.5	2m 靠尺、塞尺
3　横向构件水平度	长度不大于 2000mm	2	水平仪
	长度大于 2000mm	3	
4　同高度相邻两根横向构件高度差		1	钢板尺、塞尺
5　幕墙横向构件水平度	幅宽不大于 35m	5	水平仪
	幅宽大于 35m	7	
6　分格框对角线差	对角线长不大于 2000mm	3	对角线尺或钢卷尺
	对角线长大于 2000mm	3.5	

注　1. 表中 1～5 项按抽样根数检查，第 6 项按抽样分格数检查。

　　2. 垂直于地面的幕墙，竖向构件垂直度包括幕墙平面内及平面外的检查。

　　3. 竖向直线度包括幕墙平面内及平面外的检查。

g. 隐框玻璃幕墙的安装质量，应符合表 4 - 53 的规定。

表 4 - 53　　　　　　　　　　隐框玻璃幕墙的安装质量要求

	项　　目		允许偏差（mm）	检　查　方　法
1	竖缝及栅面垂直度	幕墙高度不大于 30m	10	激光仪或经纬仪
		幕墙高度大于 30m、不大于 60m	15	
		幕墙高度大于 60m、不大于 90m	20	
		幕墙高度大于 90m、不大于 150m	25	
		幕墙高度大于 150m	30	
2	幕墙平面度		2.5	2m 靠尺、钢板尺
3	竖缝直线度		2.5	2m 靠尺、钢板尺
4	横缝直线度		2.5	2m 靠尺、钢板尺
5	拼缝宽度（与设计值比）		2	卡尺

（11）学生总结。

学生对照目标进行总结，小组汇报，老师答辩。

（12）评分。

包括学生自评、互评、老师评分。

思　考　题

1. 简述有框玻璃幕墙的工艺流程。
2. 简述玻璃幕墙工程验收的程序。
3. 玻璃幕墙工程质量控制的要点有哪些？
4. 元件式玻璃幕墙工程施工的要点有哪些？
5. 玻璃幕墙的玻璃种类有哪些？
6. 简述玻璃幕墙的构造。
7. 自学其他玻璃幕墙的构造、施工工艺及要点。

任务四　金属幕墙的施工

4.4.1　学习目标

（1）能够识读元件式幕墙工程施工图纸，做好图纸会审图纸的准备工作以及会审纪要的签证工作。

（2）学生在老师的指导下，按照国家和地区颁发的规范、标准和规定等，能够读懂和理解幕墙施工组织设计。

（3）学生在老师的指导下，能够编制元件式玻璃幕墙材料、机具、人力的计划，并实施和检查反馈。

（4）通过操作掌握材料的准备及检验、机具的准备及检验。

（5）掌握施工工艺和方法。

（6）了解隐蔽工程的验收内容，对已完工程进行检查、记录和评价反馈，自觉保持安全和健康工作环境。

（7）会办理施工现场的技术签证及资料的整理。

（8）对施工中出现的问题，会协调解决。

（9）能够对质量进行检验和控制。

4.4.2　施工技术要点和施工工艺等的相关知识

金属幕墙采用金属作为饰面材料，覆盖建筑物的表面，如同罩在建筑物外表的一层帷幕。金属板幕墙一般悬挂在承重骨架的外墙面上。金属幕墙一般由结构框架、填衬材料和金属面板所组成（图4-70）。它具有典雅庄重、质感丰富以及坚固、耐久、易拆卸等优点，适用于各种工业与民用建筑。

图4-70　金属幕墙的应用实例

4.4.2.1　金属幕墙的种类

1. 按材料分类

金属板幕墙按材料可分为单一材料板和复合材料板两种。

（1）单一材料板。单一材料板为一种质地的材料，如钢板、铝板、铜板、不锈钢板等。

（2）复合材料板。复合材料板是由两种或两种以上质地的材料组成的，如铝合金板、搪瓷板、烤漆板、镀锌板、色塑料膜板、金属夹心板等。

2. 按板面形状分类

金属幕墙按板面形状可分为光面平板、纹面平板、波纹板、压型板、立体盒板等，如图4-71所示。

4.4.2.2　金属幕墙面板材料要求

（1）面板与支承结构相连接时，应采取措施避免双金属接触腐蚀。铝板幕墙的表面宜采用氟碳喷涂处理。单层铝板执行标准应符合《铝幕墙板＋氟碳喷漆铝单板》（GB/T 429.2）的要求。

（2）铝塑复合板执行标准应符合《建筑幕墙用铝塑复合板》（GB/T 17748）的幕墙用铝塑板部分规定的技术要求。

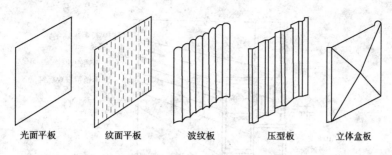

| 光面平板 | 纹面平板 | 波纹板 | 压型板 | 立体盒板 |

图 4-71　金属幕墙板示例

(3) 蜂窝铝板夹层结构执行标准应符合《铝蜂窝夹层结构通用规范》（GJB 1719）的要求，铝蜂窝芯材用胶粘剂应符合 HB/T 7062 的要求。

(4) 单层铝板材料性能执行标准应符合《铝幕墙板板基》（YS/T 429.1）的要求；滚涂用的铝卷材材料性能应符合《铝和铝合金彩色涂层板、带材》（YS/T 431）的要求；铝塑复合板用铝带应符合 YS/T 432 的要求，并优先选用×××系列及 5×××系列铝合金板材。

(5) 彩色涂层钢板执行标准应符合《彩色图层钢板及钢带》（GB/T 12754）的要求。

(6) 搪瓷涂层钢板执行标准应符合《非接触食物搪瓷制品》（QB/T 1855）的要求，钢板宜采用含有表 4-54 所示的主要化学成分（质量分数）的结构钢板。钢板的内外表层应上底釉，外表面搪瓷瓷层厚度要求见表 4-55。

表 4-54　　　　　　　　　　　搪瓷涂层钢板主要化学成分

元素	碳	锰	磷	硫
质量分数（%）	≤0.008	≤0.400	≤0.020	≤0.030

表 4-55　　　　　　　　　　　搪瓷涂层钢板搪瓷瓷层厚度

瓷　层		瓷层厚度最大值（mm）	检测方法
底釉		0.08～0.15	测厚仪
底釉十层面釉	干法涂搪	0.12～0.30（总厚度）	测厚仪
	湿法涂搪	0.30～0.45（总厚度）	测厚仪
元素	铜（Cu）	钦（Ti）	铝（Al）	锌（Zn）
质量分数（%）	0.08～1.0	0.06～0.2	<0.015	余留部分且含锌量不低于99.995

4.4.2.3　元件式金属幕墙的构造及要求

1. 金属幕墙节点一般构造

(1) 金属幕墙节点结构如图 4-72 所示。

(2) 金属幕墙的上下封修。

金属幕墙的顶部是雨水易渗漏及风荷载较大的部位。因此，上封修质量的好坏，是整个金属幕墙质量及性能好坏的关键部位。

在金属幕墙埋件的安装施工过程中，如果没有预埋件，则顶端埋件不应采用膨胀螺栓固定埋板。而应穿透墙体，做成夹墙板形式，或采用其他比较可靠的固定方式。每对钢板，应采用两根以上的连接筋，同时，钢板、连接筋及焊缝均应做防锈处理。

对封修板的横向板间接缝及其他接缝处，注胶时一定要认真仔细，保证注胶质量。图

313

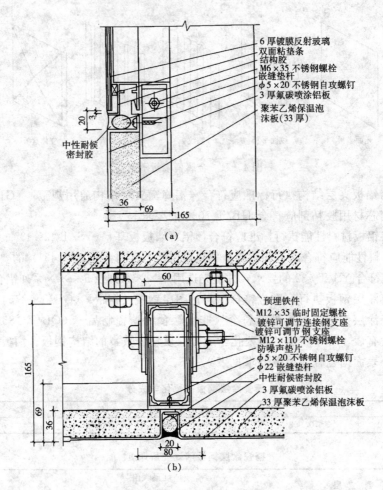

图 4-72 金属幕墙节点结构图

（a）金属幕墙垂直剖面；（b）金属幕墙水平剖面（无内墙）

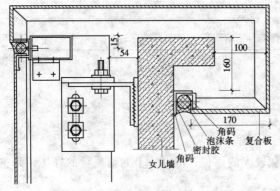

图 4-73 金属幕墙上封口节点示图

4-73 为金属幕墙上封口的节点图。

金属幕墙的下封修是雨水及潮气等易侵入部位，如果封修不严密，时间长久以后，会使幕墙受到腐蚀，缩短幕墙的使用寿命。图 4-74 为是金属幕墙下封修的节点图。

（3）金属幕墙的内外转角。

金属幕墙的内转角通常在转角处立一根竖框即可，将两块铝复合板在此对接。而不应在板的内侧刨沟，将板向外弯折，内转角的节点如图 4-75 所示。

金属幕墙的外转角比较简单，在转角两侧分别立两根竖框，在复合板内侧刨沟，向内弯折，两端分别固定到竖框上即可。

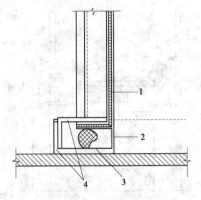

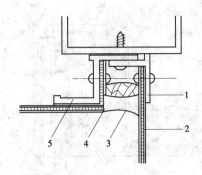

图 4-74　金属幕墙下封口节点示图　　　　图 4-75　金属幕墙内转角节点示图

1—复合板；2—密封胶；3—泡沫条；　　　　1—不锈钢自攻螺钉；2—复合板；

4—角码　　　　　　　　　　　　3—泡沫条；4—密封胶；5—副框

2. 铝合金幕墙构造要求

（1）铝合金幕墙的连固方式如图 4-76～图 4-78 所示。

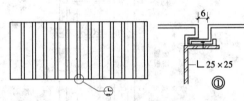

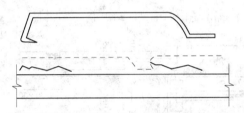

图 4-76　铝合金扣板安装示意图　　　　　　图 4-77　铝合金龙骨嵌卡示意图

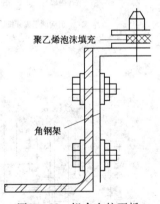

图 4-78　铝合金柱面板
固定示意图

（2）铝合金幕墙的转角及收口如图 4-79～图 4-81 所示。

（3）构架型金属薄板幕墙。构架型金属薄板幕墙基本上类似于隐框式玻璃墙的构造特点，它是用抗风受力骨架固定在楼板梁或结构柱上，然后再将轻钢型材固定在受力骨架上，如图 4-82 所示。板的固定方式同附着型金属薄板幕墙一样。

（4）附着型金属薄板幕墙构造。附着型金属薄板幕墙的特点是幕墙体系纯粹是作为外墙饰面而依附在钢筋混凝土墙体上，混凝土墙面基用螺母锁紧锚栓来连接 L 形角钢，再根据金属板材的尺寸，将轻钢型材焊接在 L 形角钢上。而金属薄板则如图 4-83 所示，在板与板之间用二型压条打板边固定在轻钢型材上，最后在

图 4-79　转角收口示意图

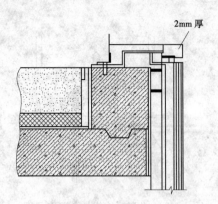

图 4-80　女儿墙上端收口示意图

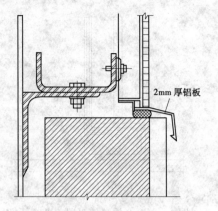

图 4-81　墙下端收口示意图

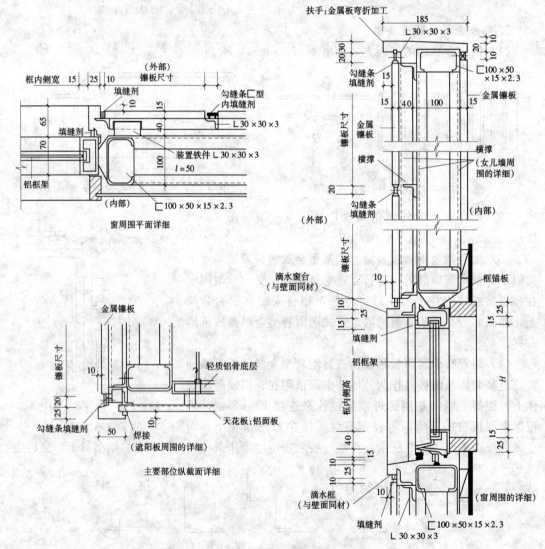

图 4-82　构架型金属薄板幕墙节点图

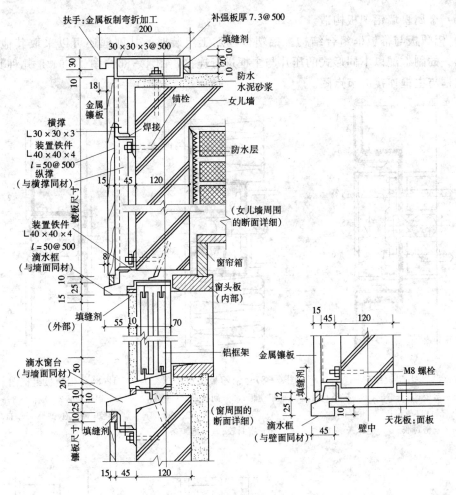

图 4-83　金属薄板幕墙结构图

压条上再用防水填缝橡胶填充（图 4-84）。

窗框与窗内木质窗头板也是由工厂加工后在现场装配的，外窗框与金属板之间的缝也必须用防水密封胶填充（图 4-85），女儿墙的做法是一段段有间隔地固定方钢补强件，最后再用金属薄板覆盖。

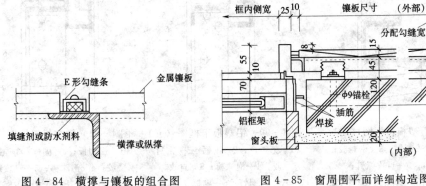

图 4-84　横撑与镶板的组合图　　　　图 4-85　窗周围平面详细构造图

（5）金属幕墙铝塑板构造。

1）铝塑板与幕板框组合结构。铝塑板在加工组装时，其副框还可以采取其他形式，不同形式的副框配以不同形式的压片与主框进行连接，图4-86～图4-91是几种其他形式的副框与主框连接的节点图。

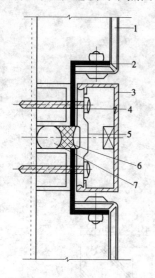
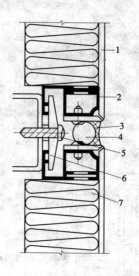
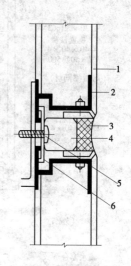

图4-86 铝塑板组框图（一）　图4-87 铝塑板组框图（二）　图4-88 铝塑板组框图（三）

1—铝塑板；2—副框；3—嵌条；　　1—铝塑板；2—副框；3—嵌条；　　1—铝塑板；2—密
4—自攻螺钉；5—压片；　　　　4—自攻螺钉；5—压片；　　　　封胶；4—泡沫棒；5—自攻
6—密封胶；7—泡沫条　　　　　6—密封胶；7—泡沫条　　　　　螺钉；6—压片

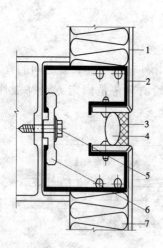
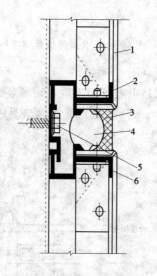
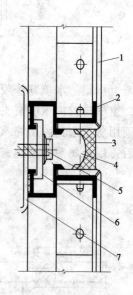

图4-89 铝塑板组框图（四）　图4-90 铝塑板组框图（五）　图4-91 铝塑板组框图（六）

1—铝塑板；2—副框；3—密封胶；　　1—铝塑板；2—副框；3—密　　1—铝塑板；2—副框；3—密
4—泡沫棒；5—自攻螺钉；　　　　封胶；4—泡沫棒；5—自攻　　　　封胶；4—泡沫棒；5—自攻螺
6—压片；7—保温板　　　　　　螺钉；6—副框　　　　　　　钉；6—压片；7—主框

2）金属幕墙铝塑板与副框的组合形式。金属幕墙铝塑板与副框的组合形式如图 4-92～图 4-96 所示。安装的细部构造如图 4-97～图 4-102。

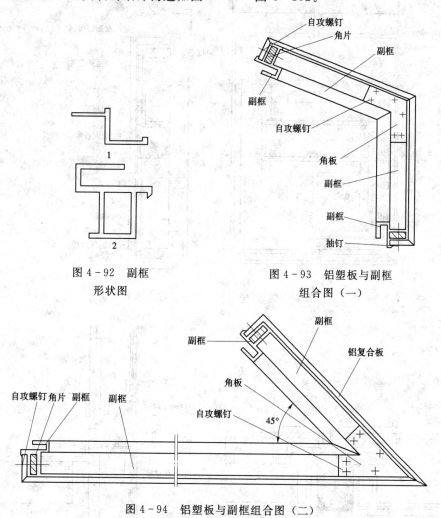

图 4-92　副框
形状图

图 4-93　铝塑板与副框
组合图（一）

图 4-94　铝塑板与副框组合图（二）

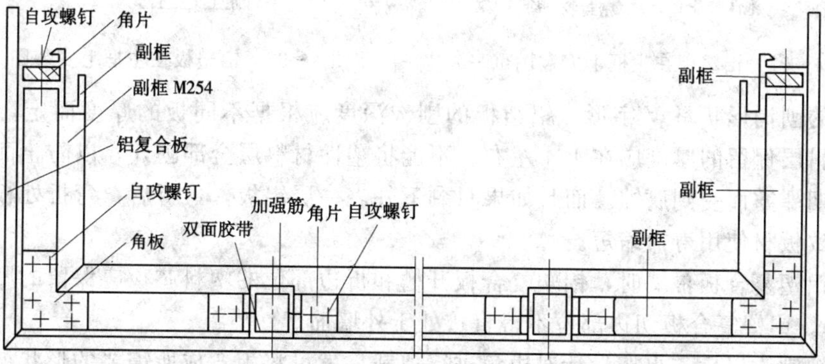

图 4-95　铝塑板与副框组合图（三）

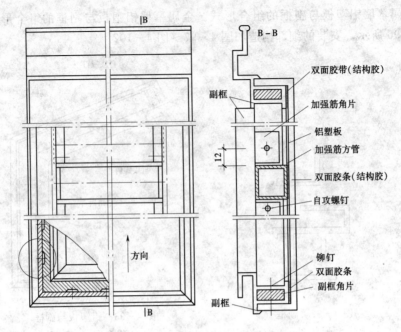

图4-96　铝塑板与副框组合图（四）

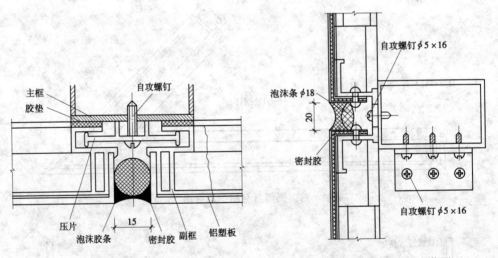

图4-97　铝塑板在主框上安装图（一）　　　　图4-98　铝塑板在主框上安装图（二）

　　常见的刨沟形状呈 V 字形，铝塑板的刨沟深度应根据不同板的厚度而定。一般情况下塑性材料层保留的厚度应在1/4左右。不能将塑性材料层全部刨开，以防止面层铝板的内表面长期裸露而受到腐蚀。而且如果只剩下外表一层铝板，弯折后，弯折处板材强度会降低，导致板材使用寿命缩短。

　　采用铝塑复合板幕墙时，铝塑复合板开槽和折边部位的塑料芯板应保留的厚度不得少于0.3mm。铝塑复合板切边部位不得直接处于外墙面。

　　板材被刨沟以后，再按设计对边角进行剪裁，就可将板弯成所需的形状。板材在刨沟处进行弯折时，要将碎屑清理干净。弯折时切勿多次反复地弯折和急速弯折，防止铝板

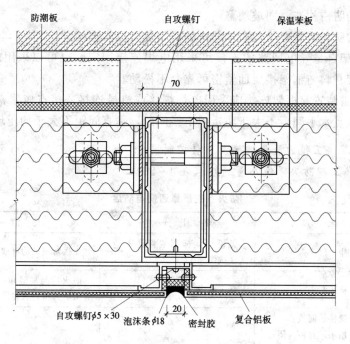

防潮板　　　　　自攻螺钉　　　　　保温苯板

自攻螺钉φ5×30　泡沫条φ18　密封胶　复合铝板

图 4-99　铝塑板在主框上安装图（三）

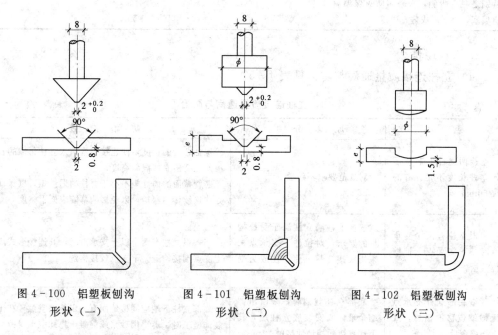

图 4-100　铝塑板刨沟
形状（一）　　　　　

图 4-101　铝塑板刨沟
形状（二）　　　　　

图 4-102　铝塑板刨沟
形状（三）

受到破损，强度降低。弯折后，板材四角对接处要用密封胶进行密封。对有毛齿的边部可用锉刀修边，修边时，且勿损伤铝板表面。需要钻孔时，可用电钻、线锯等在铝塑板上做出各种圆形、曲形等多种孔径。

3. 金属幕墙的细部构造

（1）幕墙防火构造，同玻璃幕墙。

（2）幕墙的防雷构造，同玻璃幕墙。

金属幕墙的防雷装置必须与主体结构的防雷装置可靠连接。

1）金属框架自身导电回路的连接可采用电焊连接固定，也可以采用螺栓连接固定，但必须保证连接材料与框架接触面紧密可靠，不松动。

2）主体防雷装置与框架连接应采用电焊焊接或机械连接，接点应紧密可靠，并注意防腐处理，连接点水平间距不大于防雷引下线间距，垂直间距不大于均压环间距。

4.4.2.4　金属幕墙工程的质量通病及质量控制要点

1. 金属幕墙工程防火系统质量通病（表4-56）

表4-56　　　　　　　　　　　防火系统质量通病与防治

现　　象	原　因　分　析	防　治　措　施
防火板未锚钉牢固	无设计大样图或标注不清，无法按图施工	加强对图纸的审核和技术
防火材料敷设缝未予密封	施工马虎	防火层与幕墙和立柱结构间的缝隙，应用防火密封胶封闭
1. 防火材料敷设稀松、漏放； 2. 楼层上下面未用不燃材料封闭； 3. 幕墙四周与主体结构间的缝隙，特别是左右两侧，未采用防火保温材料填塞，上下形成垂直通道	为降低成本	加强工序间检查和隐蔽工程验收

2. 立柱连接

（1）立柱连接质量通病与防治见表4-57。

表4-57　　　　　　　　　　　立柱连接质量通病与防治

现　　象	原　因　分　析	防　治　措　施
连接两立柱的芯管插入立柱长度不足，有的仅50mm	对规范要求不熟悉	保证芯管的长度，使连接芯管插入立柱每端的长度控制在2倍立柱截面高度； 芯管截面的惯性矩不小于立柱的惯性矩，以保证该处能连续传递弯矩，以免影响幕墙表面平整度
一根立柱有两个支承点时，下支承点无伸缩位移措施	忽视了幕墙立柱属于受拉构件的要求，对拉柱下支承点未采用铰接连接，使立柱成为受压构件	当一根立柱有两个以上支承点时，其连接形式应为上支点刚接构造，下支点铰接构造
幕墙底部立柱支承点无伸缩位移的措施，或无伸缩余量	底部立柱裁制时，未留出伸缩余量，或安装底立柱时，其下端直接同楼地面接触	底部立柱下端应同楼地面有一定伸缩空隙，在土建装饰施工时，不得用砂浆或混凝土将此空隙封掉
两立柱连接处未用密封胶密封	忽视了立柱接缝处的密封要求或漏注密封胶	立柱裁割时应考虑立柱的伸缩，上下两立柱连接处应留出20mm左右间隙，该间隙应注密封胶予以密封，以防雨水顺着芯管外露部分渗入立柱腔内

（2）幕墙渗漏质量通病与防治见表4-58。

表 4 - 58 幕墙渗漏质量通病与防治

现　象	原　因　分　析	防　治　措　施
幕墙接缝处渗漏	1. 注密封胶前未达到净化要求或周围灰尘大，净化后再次污染； 2. 密封胶太薄，有稀缝、针眼等缺陷； 3. 密封条规格小，胶条搭接处未密封； 4. 幕墙内排水系统堵塞或不严密	1. 按净化要求将灰尘、污垢等清除干净后即注胶； 2. 注胶时应仔细操作，速度不宜太快，以免出现针眼、稀缝等现象；注胶时应控制胶的厚度不小于3.5mm，并避免三个面粘结，以防止位移时拉裂密封胶； 3. 根据槽口尺寸选用相应的橡胶密封条；橡胶密封条在转角处应呈 45°角割断，并在转角处和四边胶条间隔 500mm 左右应用胶粘剂将胶条固定在槽内，接头处应密封严密； 4. 组装时应注意各连接处连接严密，并防止有阻水现象，保持内排水系统畅通，不渗漏
幕墙开启的窗部位渗漏	开启部位密封不良，胶条弹性差，五金配件损坏或使用劣质五金配件	在开启部位和幕墙压顶及周边等构造复杂、易渗漏部位施工时，应特别重视，并加强检查，发现密封不良、材料性能达不到要求时，应及时整改或更换
幕墙四周与主体结构之间渗漏	1. 幕墙周边及压顶搭接长度不足，封口不严，密封胶漏打； 2. 幕墙的封闭接口部位与土建施工配合不协调	1. 安装前应检查与土建施工相关部位，发现影响幕墙安装质量的，应及时协调处理； 2. 安装施工过程中，应分层进行抗雨水渗漏性能的淋水试验，应及时发现调整、解决渗漏

4.4.3　项目实训练习

4.4.3.1　金属幕墙工程实际工程测量

1. 目的

(1) 了解金属幕墙的常用材料、性能特点及市场价位。

(2) 了解金属幕墙的种类。

(3) 了解金属幕墙的分格和细部的处理方法。

2. 工具、设备及环境要求

(1) 数码相机、笔、记录表及笔记本。

(2) 以 3～5 人为小组，实地参观建材市场、玻璃生产厂家，进行市场调研，并整理成册。

(3) 参观各种金属幕墙工程（每种金属幕墙 2 个）。了解金属面板的品种、分格、板缝处理、细部处理（阳角、阴角、门窗洞口等）。拍照片，画出简图

3. 分项能力标准及要求

(1) 完成金属幕墙材料的调研一份，内容包括各种各种材料的外观、性能、品牌及价格。要求提供产品的照片图样。

(2) 调研金属幕墙工程照片一组（包括每个工程的立面、细部处理照片），资料来源可为现场照片或有关资料。

(3) 调研体会（主要收获和提出问题）。

4. 步骤提示

(1) 分组进行，小组内同学分工明确，可针对不同品种或调研地点进行分工。

(2) 参观建材市场或玻璃生产厂家，收集所有材料的信息，整理信息并汇总。

（3）参观有代表性的金属幕墙建筑，观察其外墙所用材料，并用数码相机记录在案。

（4）查阅有关金属幕墙的图书资料，并与上述（3）中所拍的现场照片相结合，完成资料图片一组，并配上相应的说明。

5. 注意事项

（1）调研时要准备好纸笔，数码相机，注意记录材料的品牌及价格。

（2）现场参观时，注意玻璃幕墙的造型及细部设计。搜集资料要注意资料的完整配套性，必要时可借助相机现场拍摄第一手资料。

4.4.3.2 元件式铝板（铝塑板）幕墙的安装施工

1. 目的

通过实训基地真实项目的实训，工学结合，达到本节能力目标的要求。

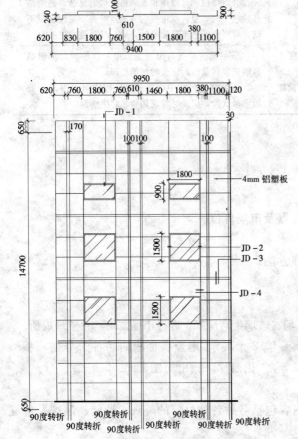

图 4 - 103 某工程北立面铝塑板幕墙 2 立面
分格展开图（1∶70）

2. 项目任务

某工程外装修为金属幕墙，装饰施工图（局部）如图 4 - 103、图 4 - 104 所示，完成项目施工。

3. 项目训练载体

工作室、学校实训基地。

4. 教学方法

学生 5～6 人一组，按照任务书的要求完成全部内容。

5. 分项内容及要求

提供金属幕墙的施工图纸。

（1）学生岗位分工。

模拟实际施工现场管理组织，学生以小组（项目部）为单位，学生担任不同的岗位，在全面训练的基础上，了解所承担岗位的职责。不同项目学生岗位互换。

要求：以小组为单位填写工程项目施工管理人员名单表。

（2）阅读图纸，提出存在的问题。

模拟查看现场，了解现场情况，对设计图纸和设计说明进行仔细阅读，提出图纸中的问题，设计和现场有矛盾的问题等，由老师给予解答。

熟悉幕墙构造，了解材料。

老师模拟设置现场一些问题，要求学生解决。

要求：学生填写图纸审核记录表。

（3）熟悉玻璃幕墙施工技术方案。

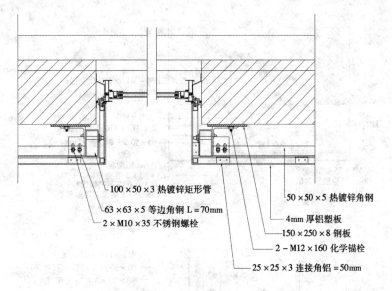

100×50×3 热镀锌矩形管
63×63×5 等边角钢 L=70mm
2×M10×35 不锈钢螺栓

50×50×5 热镀锌角钢
4mm 厚铝塑板
150×250×8 钢板
2−M12×160 化学锚栓
25×25×3 连接角铝=50mm

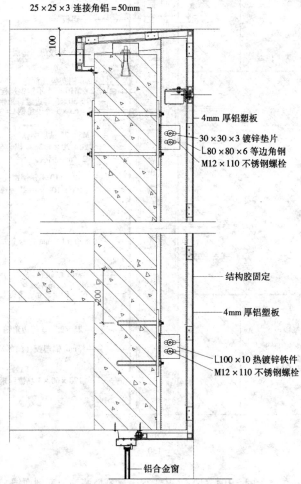

25×25×3 连接角铝=50mm

4mm 厚铝塑板
30×30×3 镀锌垫片
∟80×80×6 等边角钢
M12×110 不锈钢螺栓

结构胶固定

4mm 厚铝塑板

∟100×10 热镀锌铁件
M12×110 不锈钢螺栓

铝合金窗

图 4−104（a） 某工程金属幕墙装饰局部剖面图

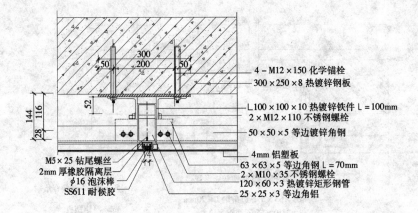

4 – M12 ×150 化学锚栓
300 ×250 ×8 热镀锌钢板

L100 ×100 ×10 热镀锌铁件 L = 100mm
2 × M12 ×110 不锈钢螺栓
50 ×50 ×5 等边镀锌角钢

4mm 铝塑板

M5 × 25 钻尾螺丝
2mm 厚橡胶隔离层
φ16 泡沫棒
SS611 耐候胶

63 ×63 ×5 等边角钢 L = 70mm
2 × M10 ×35 不锈钢螺栓
120 ×60 ×3 热镀锌矩形钢管
25 ×25 ×3 等边角铝

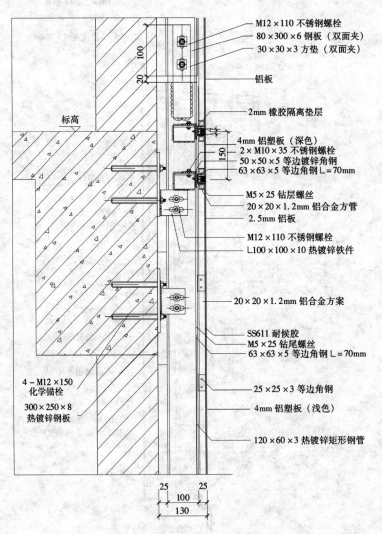

M12 ×110 不锈钢螺栓
80 ×300 ×6 钢板（双面夹）
30 ×30 ×3 方垫（双面夹）

铝板

2mm 橡胶隔离垫层

4mm 铝塑板（深色）
2 × M10 ×35 不锈钢螺栓
50 ×50 ×5 等边镀锌角钢
63 ×63 ×5 等边角钢 L = 70mm

M5 × 25 钻层螺丝
20 ×20 ×1.2mm 铝合金方管
2.5mm 铝板

M12 ×110 不锈钢螺栓
L100 ×100 ×10 热镀锌铁件

20 ×20 ×1.2mm 铝合金方案

SS611 耐候胶
M5 × 25 钻尾螺丝
63 ×63 ×5 等边角钢 L = 70mm

25 ×25 ×3 等边角钢

4mm 铝塑板（浅色）

120 ×60 ×3 热镀锌矩形钢管

标高

4 – M12 ×150 化学锚栓

300 ×250 ×8 热镀锌钢板

图 4 - 104（b）　某工程金属幕墙装饰局部剖面图

老师提供金属幕墙施工技术方案案例，学生学习理解要点。

要求：了解材料的要求、施工流程及施工要点。

（4）根据现场尺寸，画出详细的金属板加工尺寸图。

工具：绘图纸 A4 白纸，绘图的工具和铅笔。

要求：比例 1∶100、1∶50，每人完成一份作业。

（5）材料准备。

1）根据图纸，计算所需要的材料用量，填写材料计划表和工程量计算表。

步骤提示：

a. 工程量计算按照框外围面积计算。

b. 计算所有材料用量。

c. 分析图纸，列出所有材料的实际用量。

2）材料进场检验。

要求：a. 学生对材料等进行检验，填写检验记录表。

b. 填写材料进场检验记录表。

工具：精度为 0.5mm 的钢直尺、精度为 0.05mm 的游标卡尺。

提示：进场安装的幕墙主框构件及零附件的材料、品种、规格、色泽、加工尺寸公差和性能应符合规范和设计要求。构件安装前均应进行检验和校正，不合格的构件不得安装使用。

（6）施工机具的准备。

1）现场主要施工设备和机具：吊篮或脚手架、电焊机、手电钻、冲击电钻、螺丝刀、胶枪、小型切割机、割胶刀、电动自攻螺钉钻、射钉枪、铝型材切割机、活动扳手、吊车、卷扬机、手动葫芦等。

2）现场主要检测仪器：经纬仪、水准仪、激光垂准仪、2m 靠尺、卡尺、深度尺、钢卷尺、塞尺、邵氏硬度计、韦氏硬度计、金属测厚仪等。

（7）施工。

金属幕墙施工一般要求如下。

1）金属板幕墙的预埋件位置偏差过大或未设预埋件时，应制订补救措施或可靠连接方案，经业主、监理、建筑设计单位洽商同意后方可实施。

2）施工前应按设计要求，检查金属板幕墙安装部位的墙体及梁、柱面的尺寸情况，若墙体及梁、柱面尺寸与设计要求不符合时，应及时向土建单位反映，由土建单位及时予以纠正。

3）金属板幕墙主框构件与连接件如果是不同金属，其接触面应采用隔离垫片。

4）金属板幕墙使用的耐候胶与工程所用的金属板必须相容。耐候胶应在保质期内使用，并有合格证明、出厂年限、批号。

5）金属板幕墙使用的附件、转接件，除不锈钢外，应进行防腐处理。钢质件采用热浸锌处理时，镀锌层厚度不小于 $45\mu m$。

6）现场焊接时，不得将电焊机的接地线搭在型材上，而且应当对型材、板块等进行保护，防止金属导电产生火花和飞溅烧坏型材、板块等表面。

7）现场的铝型材、金属板块、附件等应在室内集中存放，并应分类妥善保管。铝型材、金属板块的保护胶纸应完好，防止装饰表面产生划痕和污渍。

8）在金属板幕墙安装过程中，不得在竖向、横向型材上安放脚手架及跳板或悬挂重物，以防竖向、横向型材损坏或变形。

9）在金属板幕墙安装过程中，注意幕墙型材及金属板块的保护，及时清理幕墙型材、金属板块表面的水泥砂浆及密封胶，以保护金属板幕墙的安装质量。

金属幕墙施工的工艺流程如下。

测量放线—立柱准备—立柱和洞口横向主梁安装—横梁安装—主要附件安装—安装层间保温防火材料—金属面板安装—注密封胶—收边收口—清洗幕墙—竣工验收。

金属幕墙施工要点如下。

·1）测量放线。

a. 按照复测放线后的轴线和标高基准，严格按金属板幕墙节点图用垂准仪和水平仪进行墙体及梁、柱分格线的测量放线。因为立柱的安装，对幕墙的垂直度和平面度起关键作用，所以测量放线的准确性决定幕墙的安装质量。在测量竖向垂直度时，每隔4或5条轴线选取一条竖向控制轴线，各层均由初始控制线向上投测，形成每根立柱的分格垂直线。

b. 根据金属板幕墙的标高水平基准线和立柱分格垂直线设置标高水平基准钢线和立柱垂直基准钢线。

c. 检查测量误差。如墙体、包梁、包柱的轴线或层高基准偏差过大，误差超过金属板幕墙的图纸规定，应及时向设计师反映，经设计变更后方可继续施工。

d. 金属板幕墙墙体分格轴线的测量应与主体结构测量相配合，其偏差应及时调整，不得累积。应定期对金属板幕墙的安装定位基准进行校核。

e. 对高层建筑的测量应在风力不大于4级时进行。

2）金属板幕墙预埋件定位。

a. 检查预埋件：根据复测放线和变更设计后的金属板幕墙施工设计图纸逐个清理预埋件，并检查预埋件与主体结构结合是否牢固、位置是否有偏差。

b. 如预埋件偏差过大，应对预埋件进行纠偏处理。预埋件偏差在40～150mm时，允许加接与预埋板等厚度、同材料的钢板。钢板一端与预埋件焊接，焊缝高度按设计要求，焊缝为连续角边焊，焊接质量应符合现行国家标准《钢结构工程施工及验收规范》；另一端采用胀锚螺栓或化学螺栓固定，胀锚螺栓或化学螺栓的大小与数量按设计要求。胀锚螺栓或化学螺栓施工后应作拉拔试验，测试结果应符合设计要求。预埋件偏差超过300mm或包梁、包柱的埋件如因轴线和层高基准偏差过大而不能使用时，应提出后置埋件施工方案，经业主、监理等有关方面签证后，施工部门方可按方案施工。

3）立柱准备。

a. 金属板幕墙的立柱一般采用钢材，也可以采用铝材。立柱的安装孔位应在加工车间加工，所以，安装前应检查立柱的所有安装孔位是否符合金属板幕墙施工设计的剖面图。除图纸确定的现场配钻孔外，如孔位不对，应退回加工车间重新加工。

b. 钢结构立柱应以转接件螺栓孔为基准，铝结构立柱以立柱的第一排横梁孔中心线或横梁基准线为基准，在立柱外平面上划出标高水平基准线；将立柱截面分中，在立柱外平面上划出垂直中心线。

c. 将转接件（角码）和立柱芯套安装在立柱上。检查角码是否成 90°，如果误差太大，应立即更换。如果立柱外伸长度较大，可另用螺栓或用沉头螺钉在立柱两侧将芯套固定，但螺栓不应少于 2 个，每侧沉头螺钉数量不应少于 3 个，伸缩缝不能设在暴露位置。

◆ 立柱截面的主要受力部分的厚度，应符合下列规定：

铝合金型材截面开口处有效受力部位的厚度不应小于 3mm，闭口部位的厚度不应小于 2.5mm；孔壁与螺钉之间直接采用螺纹受力连接时，其局部厚度尚不应小于螺钉的公称直径。

◆ 热轧钢型材截面有效受力部位的厚度不应小于 3.0mm；冷成形薄壁型钢截面有效受力部位的厚度，不宜小于 2.5mm，不应小于 2.0mm。

◆ 上下立柱之间应由不小于 15mm 的间隙，并应采用芯柱连接。芯柱长度应不小于 250mm。芯柱与立柱应紧密接触。芯柱与下柱之间应采用不锈钢螺栓固定。

◆ 立柱与主体结构的连接可每层设一个支承点，也可设两个支承点；在实体墙面上，支承点可适当加密。

4）立柱和洞口横向主梁安装。

a. 安装第一层立柱和洞口横向主梁。

◆ 第一层金属板幕墙基准立柱和洞口横向主梁的安装。基准立柱是指墙体或梁、柱基准线的第一根立柱。立柱和横向主梁安装应自下而上地进行，第一层基准立柱的下方为地面或楼板面，横向主梁左右方为基准轴线。将第一层基准立柱安放在地面或楼板面上，上部以立柱外平面上划出的标高水平基准线和立柱中心线定位，下部用垫块调整。洞口横向主梁则以基准立柱为基准，沿水平方向左右延伸。当立柱外平面上的标高水平基准线和立柱中心线与放线后的立柱垂直基准钢线和水平标高钢线重合时，立即将立柱的转接件（角码）点焊到埋板上；如有误差，可用转接件在三维方向上调整立柱位置，直至重合。横向主梁则用转接件与轴线基准立柱和埋板连接，洞口横向主梁中心线应与主体建筑复测放线后的梁中基准中心线重合。

◆ 第一层金属板幕墙中间立柱和洞口横向主梁的安装。由于一个墙体上的竖向分格较多，为了减少积累误差，应采用分中定位安装工艺：如果分格为偶数，应先安装中间一根立柱，然后向两侧延伸；如果分格为奇数，应先安装中间一个分格的两根立柱，然后向两侧延伸。安装工艺与第一层基准立柱相同；洞口中间横向主梁则插入第一根基准横向主梁的芯套上，在伸缩缝处加一块宽 15mm 的填片，检查中间横向主梁中心线与主体建筑复测放线后的梁中基准中心线是否重合，重合时，立即将横向主梁的转接件（角码）点焊到埋板上。

◆ 第一层金属板幕墙立柱和横向主梁的调整。在一层立柱和横向主梁安装完毕后，应统一调整立柱和横向主梁的相对位置。立柱和横向主梁安装标高偏差不应大于 2mm，轴线前后偏差不应大于 2mm，轴线左右偏差不应大于 2mm。

◆ 金属板幕墙立柱和横向主梁的安装误差不得累计，安装初步定位后应自检，并进行调整。立柱和横向主梁安装就位、调整后应及时紧固，并拆除安装就位的临时设置。立柱和横向主梁安装轴线偏差不应大于 2mm；相邻两根立柱安装标高偏差不应大于 3mm。立柱和横向主梁安装就位、调整后应及时紧固。

b. 安装各层立柱和横向主梁。

◆ 基准立柱的安装。将各层基准立柱插入下一层基准立柱的芯套上，在伸缩缝处加一块宽 15mm 的填片，复侧下立柱上横梁与上立柱下横梁的安装中心线之间的距离是否符合分格尺寸，保证立柱上下间伸缩缝间隙符合设计要求，并不小于 15mm，偏差不大于 2mm。当立柱上部外平面上的标高水平基准线和立柱中心线与放线后的立柱垂直分格钢线和水平标高钢线重合时，立即将立柱的转接件（角码）点焊到埋板上。

◆ 中间立柱的安装。将各层中间立柱按分中定位工艺插入下一层中间立柱的芯套上，在伸缩缝处加一块宽 15mm 的填片，保证立柱上下间接缝间隙符合设计要求，并不小于 15mm，偏差不大于 2mm。其他安装工艺与第一层中间立柱相同。

◆ 立柱的调整。在一层立柱安装完毕后，应统一调整立柱的相对位置。

◆ 立柱安装就位、调整后应及时紧固，并拆除用于立柱安装就位的临时设置，然后密封立柱伸缩缝。

◆ 各层横向主梁的安装工艺同第一层横向主梁的安装。

5）金属板幕墙横梁安装。

a. 测量放线。以各层标高线为基准，按图纸拉出水平定位线。

b. 安装连接件。将连接件插入横梁两端。对于钢结构构件，连接件一端允许用焊接方式按水平定位线与立柱固定，另一端用不锈钢螺栓将横梁固定在立柱上。横梁两端与连接件的螺钉孔，一端为圆孔，另一端为椭圆孔。注意横梁与立柱间的接缝间隙应符合设计要求，安装应牢固。

c. 当安装完一层高度时，应进行检查、调整、校正，使其符合质量要求，并及时固定。

d. 同一根横梁两端或相邻两根横梁的水平标高偏差不应大于 1mm。同层标高差：当一幅幕墙宽度不大于 35m 时，不应大于 4mm；当一幅幕墙宽度大于 35m 时，不应大于 6mm。

6）主要附件安装。

a. 焊接钢件。

◆ 幕墙框架安装检查合格后，应检查所有固定螺栓是否全部拧紧。然后按焊接工艺将所有节点的转接件、连接件与垫片、螺栓与螺母焊接，并涂防锈漆。焊接应牢固可靠、焊缝密实，不得有漏焊、虚焊，焊缝高度应符合设计要求。现场焊接处表面应先去焊渣（疤），再刷涂两道防锈漆和一道面漆。在焊接中转接件等已损坏的防锈层，应按上述规定重新补涂。

◆ 对每个节点进行隐蔽工程验收，并做好记录。

b. 按设计要求安装防雷装置，防雷装置应通过转接件与主体结构的防雷系统可靠连接。

c. 按设计要求安装防火层。防火材料应用锚钉固定牢固。防火层应平整、连续、形成一个不间断的隔层，拼接处不留缝隙。对每个防火节点应进行隐蔽验收，并做好记录。

7）金属面板的安装。

a. 各处隐蔽工程验收合格后方可进行面板安装。

b. 安装前检查金属面板的质量是否与设计要求相符，板块表面应无碰伤、划伤；保护纸应完整，起到对装饰表面的保护作用。

c. 金属面板在幕墙框架上的连接方式以及螺钉安装位置和数量应符合设计要求。

d. 调整各金属板块位置时，应保证接缝横平竖直，接缝大小一致。

e. 金属面板安装应按下列要求进行：

◆ 对横、竖连接件进行检查、测量和调整，减少金属板块的安装误差。

◆ 按照设计要求安装金属板块，调整完毕后进行固定。

◆ 安装过程中不得采用切割、裁减、焊接、铜焊等安装方式。

◆ 安装结束后应尽快除去保护膜。

f. 铆钉连接。

◆ 开放式和遮蔽式幕墙宜采用不锈钢芯的抽芯铆钉。

采用钢芯的铆钉在连接后必须抽出钢芯。沉头铆钉不宜用于幕墙。

◆ 在室外进行结构性固定的铆钉，公称直径应为 5mm，铆钉头直径宜为 11～14mm。

◆ 采用铆钉铆接的方式做结构性固定时，铝塑复合板上的孔径应大于铆钉杆的直径；在孔和铆钉之间宜预留 0.3mm 的缝隙，避免铝板受挤压产生变形。

◆ 铆钉头应覆盖板孔的外围至少 1mm，但不应压住面板保护膜。

g. 螺栓联接。

◆ 铝塑复合板宜采用有密封垫圈的不锈钢螺栓进行连接，垫圈至少要覆盖孔外围 1mm。

◆ 板上的孔径应大于螺栓的直径，孔和螺栓之间宜预留 0.3mm 的缝隙，以避免铝板受挤压产生变形。

◆ 垫圈或螺母不应压住板面保护膜。

h. 采用热空气进行塑料之间的焊接，可用于铝塑复合板之间的连接。

8）加强肋装配。

a. 加强肋应采用结构装配方式固定在铝塑复合板的背面。

b. 加强肋的材料或其表面涂层应与结构胶或胶带相容。

c. 加强肋与铝塑复合板的背面采用结构胶进行结构装配时，装配方法应满足结构胶的施工规范要求。

d. 加强肋与铝塑复合板的背面采用结构粘结胶带进行结构装配时，必须在被粘接件之间施加足够的压力，持续时间应使粘结力达到要求为止。

e. 经结构装配连接后的组件，铝塑复合板的背面和加强肋之间不允许出现脱胶和分离的现象。

9）注密封胶。密封工序可在板块安装完毕或完成一定单元，并检验合格后进行。注胶工艺如下。

a. 清洁胶缝：采用双布净化法，将丙酮或二甲苯溶剂倒在一块干净小布上，单向擦拭金属板胶缝。用过的棉布不能重复使用，应及时更换。

b. 在接缝间隙填充泡沫条。不得使用小泡沫条绞成麻花状填充胶缝。

c. 在接缝间隙两边贴保护胶纸（美纹纸）。金属板幕墙四周折边时，圆角 R 较大，保护胶纸不易贴直，容易影响胶缝的表面质量，所以，必须严格遵循保护胶纸的粘贴工艺。

◆ 应进行保护胶纸粘贴工艺的专项培训。

◆ 粘贴时，用左手将保护胶纸的一端粘在金属板上，使保护胶纸的一边与金属板边缘齐平，右手将保护胶纸尽可能拉直、拉长并与金属板边缘齐平，然后用左手从上到下或从左至右地将保护胶纸粘贴在金属板边缘上。如果有弯曲或歪斜，应拉开重贴。

d. 胶缝注胶。注胶时，应保持胶体的连续性，防止气泡和夹渣。一旦发现气泡应挖掉重注。

e. 刮平。为了增加胶缝弹性，胶缝表面宜成凹面弧形，凹面深度应小于1mm。

f. 表面清理。注胶结束后，应及时撕去保护胶纸，将废保护胶纸放入容器内，不得随地乱丢。被污染的金属板表面，应用刮刀清理。

10）金属板幕墙收边收口。

a. 女儿墙收边。金属板幕墙延伸到女儿墙时，应按金属板幕墙设计施工图进行女儿墙收边，定制收边板并进行安装，不应无图施工。女儿墙收边时，应预留滴水线。如果女儿墙有很长的斜面，则收边板上平面的外侧应设置 50mm 高的挡水凸台，并在斜面根部附近设置两道挡水板，将斜面上的雨水导向女儿墙内侧，防止因雨水溢至外幕墙产生污染。

b. 室外地面或楼顶面收边。金属板幕墙下面延伸到地面和楼顶面时，因地面和楼顶面均须进行防水处理，所以，金属板应收边至地面或楼顶面上部 250～300mm 处。地面或楼顶面做防水时，应将防水层做到金属板的下平面，确保防水质量。

c. 梁、柱收边。当金属板幕墙与其他幕墙连接时，应按施工设计图纸与其他幕墙紧密交圈。不留间隙。当与其他幕墙断开时，金属板幕墙与主体建筑之间存在很大缝隙，应进行收边。为了防止雨水渗漏，应在幕墙梁、柱与主体建筑之间的缝隙加注聚氨酯发泡剂密封。

d. 相关分部分项工程的收口。主体避雷系统安装、航标灯安装、亮化照明安装和其他工程安装都要在金属板幕墙上开口。为了防止雨水渗漏，应尽可能在金属板幕墙的拼缝处设置连接件，减少开口数量。必须开口时，除了在开口处注密封胶外，还应在伸出幕墙的安装捍上加装高 20mm 的套管，并在套管与幕墙接触处和套管内加注密封胶。

11）清洗幕墙。金属板幕墙施工中，对幕墙构件表面造成的污染应及时清除；工程安装完成后，交付前应对金属板幕墙表面进行清洗，保持幕墙表面清洁。

（8）成品保护。施工过程及施工完后，根据现场需要进行成品保护。

（9）质量标准。

1）金属板幕墙框架安装的偏差，应符合表 4-59 的规定。

表 4-59　　　　　　　　金属板幕墙框架安装的允许偏差

序号	项　目	尺寸范围（m）	允许偏差（mm）		检查方法
			铝构件	钢构件	
1	竖向构件安装标高偏差		≤3	≤3	经纬仪
2	竖向构件安装前后偏差		≤2	≤2	经纬仪
3	竖向构件安装左右偏差		≤3	≤3	经纬仪
4	竖向构件直线度		2.0	3.5	2m靠尺
5	竖向构件垂直度	高度≤30	8	8	经纬仪或激光垂准仪
		高度≤60	12	12	
		高度≤90	15	15	
		高度>90	20	20	
6	竖向构件的表面平面度	相邻三立柱	≤2	≤2	激光垂准仪
		宽度≤20	≤5	≤5	
		宽度≤40	≤7	≤7	
		宽度≤60	≤9	≤9	
		宽度>60	≤10	≤10	
7	相邻两竖向构件间距尺寸（固定端头）		±1.5	±2.5	钢卷尺
8	相邻两横向构件间距尺寸	间距≤2	±1.2	±2.0	水平仪或水平尺
		间距>2	±1.5	±2.5	
9	相邻两横向构件的水平标高差		1.0	1.5	钢板尺或水平仪
10	横向构件水平度	构件长≤2	1.5	2.5	水平仪或水平尺
		构件长>2	2.5	3.5	
11	同高度内主要横向构件的水平标高差	长度<35	≤5	≤5	水平仪
		长度≥35	≤7	≤7	
12	分格对角线差	对角线长≤2	2.0	3.0	伸缩尺
		对角线长>2	3.0	4.0	

2）金属板幕墙板块安装质量应符合表 4-60 的规定。

表 4-60　　　　　　　　　金属板幕墙板块安装允许偏差

项　目	尺寸范围（m）	允许偏差（mm）	检查方法
竖缝及幕墙面垂直度	高度≤30	±10	用经纬仪或激光垂准仪
	30<高度≤60	≤15	
	60<高度≤90	≤20	
	90<高度≤150	≤25	
	高度>150	≤30	
幕墙平面度		≤2.5	2m靠尺、塞尺
拼缝直线度		≤2.5	2m靠尺、塞尺
缝宽度差（与设计值比）		≤2	用卡尺测量
相邻面板接缝高低差		≤1	用深度尺测量

3) 金属板幕墙组件装配尺寸应符合表 4-61 的要求。

表 4-61　　　　　　　　　　　金属板幕墙组件装配尺寸允许偏差

序　号	项　　目	尺　寸　范　围	允　许　偏　差	检测方法
1	长度尺寸	≤2000	±2.0	钢尺或钢卷尺
		>2000	±2.5	钢尺或钢卷尺
2	对边尺寸	≤2000	≤2.5	钢尺或钢卷尺
		>2000	≤3.0	钢尺或钢卷尺
3	对角线尺寸	≤2000	2.5	钢尺或钢卷尺
		>2000	3.0	钢尺或钢卷尺
4	折弯高度		1.0	钢尺或钢卷尺

（10）学生总结。

学生对照目标进行总结，小组汇报，老师答辩。

（11）评分。

包括学生自评、互评、老师评分。

4.4.3.3　其他金属幕墙的施工

1. 目的

（1）了解其他金属幕墙的常用材料、性能特点。

（2）了解其他金属幕墙幕墙的分格和细部的处理方法。

（3）了解其他金属幕墙的施工工艺及操作要点。

2. 工具、设备及环境要求

老师提供实际工程幕墙图纸；提供自学参考书。

3. 分项能力标准及要求

（1）能够看懂金属幕墙施工图。

（2）能够完成材料的计划。

（3）掌握施工工艺流程及要点。

4. 步骤提示

（1）分组以小组共同学习进行。

（2）看图步骤：立面图—平面图—剖面图—细部—节点大样，提出图纸中问题。

（3）完成材料配料单。

（4）自学施工工艺及要点。

（5）老师答疑、考试。

 思　考　题

1. 金属幕墙玻璃的种类有哪些？

2. 简述金属幕墙施工的工艺流程及施工要点。

3. 简述金属幕墙的构造。

4. 金属幕墙工程质量的控制要点有哪些？

项目五 吊顶装饰装修工程施工

【知识点】 本部分主要讲述吊顶工程的结构构造、施工的工艺流程及方法、主要材料的性能及技术指标、质量检验标准及检验方法、成品与半成品的保护、安全技术等。

【教学目标】 通过学习，能熟练地识读吊顶装饰装修工程的施工图，能很熟练地对节点详图进行施工图的翻样，较熟练地使用施工机具，合理地选用材料，能较熟练地进行测量放线并安装，了解分部分项工程的验收程序与方法。

任务一 吊顶工程概述

5.1.1 概述

5.1.1.1 吊顶的概念

吊顶，又称为天棚、天花板、顶棚等，它处在室内空间的上部，一般位于屋面结构层下部，是室内装饰装修三大部分（地面、墙面、顶面）之一，是室内装饰装修的重要组成部分。也是室内空间的上顶界面，在围合成室内空间环境中起着十分重要的作用。

吊顶装饰装修设计的优劣一般与建筑物室内的使用功能、建筑声学、光学、照明、设备安装、管线埋设、防火安全、维护检修、暗藏灯箱、上人承重等多方面的因素有很大的关系，所以，吊顶的设计往往会采用很多的艺术形式和相应的构造类型才能满足要求。

吊顶的构造类型很多，从房间中垂直位置及与楼层结构关系上分，有直接式吊顶顶棚和悬吊式吊顶顶棚两大类。

直接式吊顶顶棚是指把楼层板的板底直接作为吊顶顶棚，在板底下表面进行简单的抹灰、批腻子、砂平再涂刷涂料、裱糊等施工工艺的处理，完成设计所要求的室内空间界面。这种装饰装修的方法比较简便而且经济，且不会降低室内原有的净高。一般适用于宾馆的客房、家庭的居室等部位。但是，对于具有高档装饰要求的场所无法满足，对于有设备管线、强弱电线的敷设、有艺术造型的吊顶等就无法满足其要求。

悬吊式吊顶顶棚是指在建筑物结构层的楼层板之下一定垂直距离的位置，通过设置吊杆而形成的新的吊顶顶棚结构层，以满足室内顶面装饰装修的要求。这种设计及施工的方法为满足室内的使用效果和要求创造了较为宽松的前提条件。但是，这种吊顶顶棚施工工期较长、造价相对直接式吊顶顶棚高，而且要求原有的房间有较大的净高空间。

由于直接式吊顶顶棚的使用效果和施工的方法较为简单，所以这里不再赘述，下面主要以悬吊式吊顶顶棚为主来讨论。

5.1.1.2 吊顶的功能

由于建筑具有物质和精神的双重性，因此，吊顶兼具满足使用功能的物质要求和满足人们在文化气息、生活习惯、生理、心理等方面的精神需要的作用。

1. 改善室内环境，满足使用功能的要求

吊顶的设计不仅要考虑室内的装饰效果和艺术风格的要求，而且要考虑室内使用功能对建筑技术的要求。还要满足人们在民族风格、文化气息、生活习惯、生理、心理等方面的精神需要。生活照明、艺术灯光、通风、保温、隔热、吸声或反射声、音响、防火等技术性能，将直接影响室内的生活环境与使用要求。如：剧场、音乐厅的吊顶，要综合考虑光学、声学设计方面的诸多问题。在表演区，多采用集中照明、面光、聚耳光、追光、顶光甚至墙脚光一并采用。剧场、音乐厅的吊顶则应以声学为主，结合光学的要求，做成多种形式的造型，以满足声音反射、漫反射、吸收和混响方面的要求。

2. 装饰室内空间，改变原有状态

吊顶是室内装饰装修的一个重要组成部分，它是除墙、柱面、楼地面之外，用以围合成室内空间的另一个重要界面。它从空间的艺术造型、光影、材质等很多方面来渲染室内环境，烘托室内环境气氛。

建筑物的室内空间，由于使用功能的不同，要求达到的艺术效果也不一样。对吊顶部分的装饰的要求也不尽一致，装饰构造的处理手法也有区别。吊顶选用不同的技术处理方法，可以取得不同的空间感觉。有的可以延伸和扩大室内空间感，对人的视觉起导向作用；有的可使人感到亲切、温暖、舒适，以满足人们生理和心理的需求。如建筑物的大厅、门厅，是建筑物的出入口、人流进出的集散场所，它们的装饰效果往往极大地影响着人的视觉对该建筑物及其空间的第一印象，所以，建筑物的入口常常是重点装饰的部位。它们的吊顶，在造型上多运用高低错落的手法，以求得富有生机的变化；在材料选择上，多选用一些不同色彩、不同纹理和富于质感的材料；在灯具选择上，选用高雅、华丽的吊灯，以增加豪华气氛。可见，室内装饰的风格与效果，与吊顶的造型、吊顶装饰构造方法及材料的选用之间有着十分密切的关系。因此，吊顶的装饰处理对室内景观的完整统一及装饰效果有很大影响。

3. 设备、管线安置

在吊顶的新结构层中，可以敷设各种设备及有关的管线。随着生活水平、文化水平、科技水平的不断提高，各种设备的日益增多，对房间的装饰要求也趋向多样化与复杂化，相应的设备管线也增多、扩大，而吊顶为这些设备管线的安装提供了较好的条件。

吊顶中的设备管线很多，有通风管道、空调设备、照明器具、防火管线、强电线路与弱电线路以及其他有特殊要求的路线管道。有些建筑室内空间，还对吊顶空间提出了特定的功能要求，例如观众厅上部的灯光控制室，有时直接设于吊顶空间中。

综上所述，吊顶部分的装饰装修是技术要求比较复杂，施工难度较大的装饰工程项目。在施工中除了达到设计图纸要求的效果要求以外，还必须结合建筑内部的体量、装饰效果的要求、经济条件、设备安装情况、技术要求及安全问题等各方面综合考虑。

吊顶的外观艺术形式多种多样，分别用在不同的空间，不同的地方和不同的场合，能营造出不同的氛围。

5.1.1.3　吊顶的结构做法及组成

吊顶由四个基本部分所组成，即吊筋、结构骨架层、装饰面层及附加层所组成，如图5-1所示。

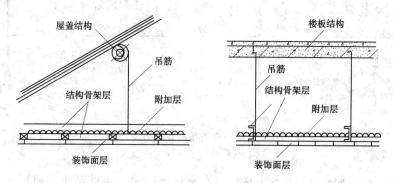

图 5-1　吊顶的结构组成示意图

1. 吊筋

吊筋是连接（主、次）龙骨和屋顶承重结构（屋面板、楼板、大梁、檩条、屋架等）的承重传力构件。吊筋的作用主要是承受吊顶顶棚荷载，并将这些荷载传递给屋面板、楼板、屋顶梁、檩条、屋架等部位。其另一作用是用来调节、确定悬吊式吊顶顶棚的空间高度，以适应不同场合、不同层高、不同艺术处理上的需要。

吊筋的形式和材料的选用，与吊顶的自重及吊顶所承受的（灯具、空调等设备）荷载的重量有关，也与龙骨的形式和材料，屋顶承受结构的形式和材料等有关。

吊筋可采用钢筋、型钢或方木等加工制作。钢筋用于一般吊顶顶棚；型钢常用于重型吊顶顶棚或整体刚度要求特别高的顶棚；方木一般用于木质骨架或者面积比较小的空间的吊顶顶棚。

如采用钢筋做吊筋，则钢筋的直径一般不宜小于6mm，吊筋应与屋顶或楼板结构连接牢固。钢筋与吊顶骨架可采用螺栓连接，挂牢在结构中预留的钢筋钩上。木骨架当中的木吊筋可以用50mm×50mm的方木作吊筋。

常见吊筋安装构造方式主要有以下几种。

（1）预制板缝中吊筋的安装。在预制板缝中安设吊筋的方法有两种，即所谓的通筋法和短钢筋法。

通筋法是板缝中浇筑细石混凝土时，沿板缝方向通长设置直径8~12mm钢筋，另将吊筋系于此上并从板缝中伸出。吊筋的直径和伸出长度的大小，要视具体情况而定。若吊筋直接与骨架连接，一般用直径6mm或直径8mm的钢筋，伸出长度可按板底到骨架的高度再加上绑扎尺寸确定。若在此吊筋上要另焊接吊杆或绑扎吊杆钢筋，则此钢筋多用直径为12mm的钢筋，伸出长度以伸出板底100mm确定。

短钢筋法是在两个预制板的板顶，横放长400mm，直径12mm的钢筋段，设置距离为1200mm左右一个，具体尺寸应按吊筋间距确定。吊筋与此钢筋段连接后用细石混凝土灌实，如图5-2所示。

（2）现浇钢筋混凝土板上吊筋的安装。现浇钢筋混凝土板上吊筋的安装，有三种方法

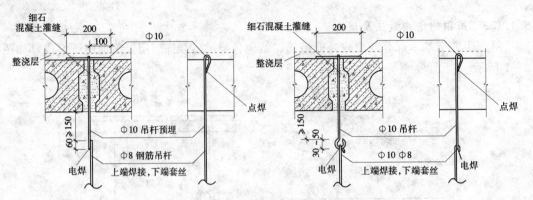

图 5-2　预制板中的吊筋设置方式示意图

可供选择：

1）预埋吊筋法即在浇筑混凝土楼板时，按吊筋间距，将吊筋的一端打弯勾放在现浇层中，另一端从木模板上的预留孔中伸出板底，其他要求同预制板中设筋时同样考虑，如图 5-3 所示。

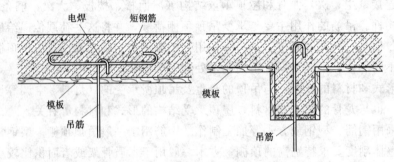

图 5-3　现浇楼板当中预埋吊筋图

2）预埋件法即在现浇混凝土时，先在模板上放置顶埋件。待浇筑拆模后，通过吊杆上安设的插入销头将预埋件和吊筋相互连接起来，如图 5-4 所示。

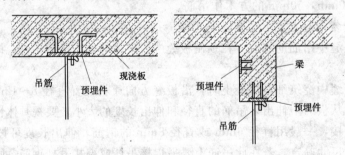

图 5-4　现浇楼板当中预埋铁件示意图

3）射钉固定法即将射钉打入板底，然后在射钉上焊接吊筋或在射钉上穿钢丝绑扎吊筋，这种方法适用于荷载较大的吊顶，如图 5-5 所示。

对于吊顶工程，吊筋的设置、吊点的位置、吊筋的用料截面尺寸、吊筋与楼板结构的连接方式，必须按照设计图纸要求进行，以免发生吊顶变形及吊顶塌落现象。

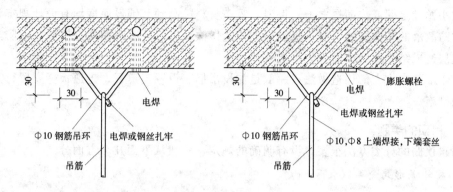

图 5-5　射钉或膨胀螺栓固定吊筋示意图

2. 吊顶结构骨架层

吊顶的结构骨架层是指吊顶的层面与附加层之间的承重结构层，通过吊筋把吊顶的全部荷载传给建筑物的楼面及屋面结构层。

吊顶的结构骨架层也是吊顶顶棚艺术造型的主体轮廓。即通过骨架体系的构筑，为室内空间顶部界面的装饰要求，形成可依托的基本形态。

吊顶结构骨架层的存在，也是形成吊顶空间的必要条件，以便在吊顶顶棚和楼面结构层之间的空间中设置相应的设备及有关管线。

吊顶结构骨架层，主要由大龙骨和小龙骨组成。大龙骨又叫主龙骨、大搁栅、主搁栅、主梁等。小龙骨又叫次龙骨、小搁栅、次搁栅、小梁、次梁等。

主龙骨一般按房间的短向设置，并直接与吊筋相连接。主龙骨吊点间距、起拱高度应符合设计图纸的要求，当设计图纸无具体要求时，吊点间距不应大于 1200mm，并按房间短向跨度的 0.1%～0.3% 起拱。主龙骨的吊筋应通直，距主龙骨端部距离不得超过 300mm。当吊筋与设备相遇时，应调整吊筋的间距或增设吊筋。当吊筋采用钢筋之类材料制成时，其长度超过 1500mm 时，应设置竖直或斜向交叉撑杆，以防主龙骨向上浮动。

次龙骨一般垂直于主龙骨设置，并通过钉、扣件、吊件等连接件与主龙骨连接，并紧贴主龙骨安装。边龙骨应按设计图纸的要求弹线，固定于四周墙上。次龙骨的主要作用是搁置吊顶装饰面层的板材，故次龙骨的间距应视板材的规格尺寸而定，但不得大于600mm，在南方和比较潮湿地区及场所，间距宜为 300～400mm。

重型灯具、电扇、空调及其他重型设备，严禁安装在吊顶结构龙骨架上，应单独设置吊筋和骨架体系，分开进行安装，以减少或避免振动、晃动等不利影响。缩短吊顶的寿命。

3. 装饰面层

吊顶顶棚的装饰面层，一般设置在骨架结构层的下部，直接起到美化室内环境、满足使用功能的要求。

吊顶饰面层与结构骨架层之间的连接，一般采用搁置、钉固、粘结等方法。吊顶饰面层上的灯具、烟感器、喷淋头、风口等设备的位置应合理、美观，与饰面板的交接处应严密。

4. 附加层

吊顶的附加层，是指满足保温、吸声、上人等特殊要求而设置的技术层。它们常被安置于大小龙骨之间或饰面层之上。保温、吸声材料的品种和铺设厚度均有设计规定，并有相应的防散落的构造措施。对于保温层的构造做法，有时还有隔潮构造措施，以防潮气进入保温层造成结露、结冰而丧失保温效果。

对于吊顶中上人的构造做法，一般是加设吊筋、设置走道板、走道板旁安置行走栏杆等几项措施。

5.1.2　吊顶的类别

吊顶顶棚的分类方法很多，没有明确的规定。一般从下面几个方面分类。

1. 按外观形式分类（表5-1）

表5-1　　　　　　　　　　　　吊顶的外观形式

外观形式	外观感觉	适应的空间和对象
平滑式	整齐划一，整洁大方	大范围的办公场所，现代化的工厂，需要整洁大方的建筑场所
直线式	简洁明快，整洁大方	办公室、会议室、家庭、文化娱乐等场所；多为方框吊顶
井格式	井井有条，秩序规律	大空间的餐厅、比较规律有美感的井格柱梁建筑
圆弧式	浪漫高贵，艺术性强	高级宾馆、饭店等适合需要高贵的艺术气质的建筑
曲线式	节奏起伏，有韵律感	餐饮、娱乐、商业等轻松浪漫的场所，如音乐厅等
悬浮式	轻盈浪漫，变化多样	文化、剧场等视听建筑，需要高档装修的场所
分层式	层次分明，错落有致	居家、商铺、会所、厅堂等建筑对象，高低错落有致
暴露式	原始粗犷，工业感觉	不需要豪华装修、风格质朴的仓储式大卖场等建筑，造价低廉

2. 按构造做法分类（表5-2）

表5-2　　　　　　　　　　　　吊顶顶棚的结构做法

构造形式	构造的连接方式	适合的建筑形式
直接式	直接在屋顶结构层构筑	适合净高较低的建筑，如民用住宅等
悬吊式	通过吊杆或龙骨构筑的吊顶	适合净高较高，需要遮盖管网较多的建筑物，公共办公楼、大卖场、厂房建筑等
复合式	多种构造相结合的吊顶	适合于前厅、大堂、过道、中庭等建筑空间，高低错落有致
结构式	利用屋架结构构筑的吊顶	适合结构美观，不需要过多遮盖的建筑，如体育馆、车站等

3. 按龙骨材料分类（表5-3）

表5-3　　　　　　　　　　　　吊顶龙骨材料分类

龙骨材料	优点	适合建筑
木龙骨	施工容易，造型多样	开间或进深较小，造型比较复杂，防火要求低的普通建筑物的局部吊顶
轻钢龙骨	施工速度快，装配程度高，效率高	适合于吊顶面积很大，造型要求不太高，防火要求高，管道设备需要经常维修的建筑，厂房、大卖场、办公楼等

4. 按明、暗龙骨布置分类（表5-4）

表5-4 吊顶龙骨明、暗分类

龙骨状态	优　点	适　合　建　筑
明龙骨	吊顶的饰面材料放在龙骨上面，可拆卸，便于维修	适合于管网多而且需要经常维修的建筑，方便、快捷
暗龙骨	吊顶的饰面材料固定在龙骨上，能遮盖龙骨，整体性好，平整	适合于吊顶内没有需要经常维修的管网、设备的建筑屋的吊顶

5. 按吊顶的饰面材料分类

（1）石膏板吊顶。

（2）铝合金扣板吊顶。

（3）木质夹板吊顶。

（4）塑料扣板吊顶。

（5）玻璃板吊顶等。

6. 按吊顶的施工方法分类

有镶板法工艺吊顶、涂饰法工艺吊顶、装饰抹灰法工艺吊顶等。

7. 按吊顶承重等级分类

有上人吊顶和不上人吊顶两种。

这两种吊顶施工的方法难易程度不一样，材料不一样，承重不一样。但最后的表现效果基本差不多。

5.1.3 吊顶的基本功能

1. 遮蔽设备管线

通常，使用功能完备的建筑离不开空调、消防、强电、弱电、灯光等建筑设备，而它们的安装需要复杂的管网和调节设备，为了把这些不太美观的设备遮蔽起来，就需要实施吊顶工程。由于这些管网设备需经常维修，还需要留出检修孔、空调送风口、回风口等。

2. 改善环境质量

吊顶在改善室内声、光、热环境方面有突出的作用，能够大大提高环境的舒适性和环境的艺术性。经过吊顶的室内环境在保温和隔声方面的环境质量明显好于建筑毛坯。剧场音乐厅等对传声效果要求高的室内环境必须进行专业的吊顶设计，以将舞台上发出的声音高保真地传达到每个座位。

3. 增强空间效果

原始的建筑空间一般比较单调，但通过吊顶的艺术处理不但可以吊顶遮蔽设备工程，丰富建筑室内空间的层次，体现出建筑装饰装修的结构之美，尤其是通过灯光配置和灯具艺术体现出室内空间装饰装修美轮美奂的艺术效果。

4. 调整空间尺度

原始的建筑空间有时尺度很不美观，这时可以通过吊顶调整空间竖直方向上的尺度，改善空间的视角感受。

5.1.4 吊顶的施工准备

吊顶顶棚的安装施工的图纸，一般以装饰设计施工蓝图为主，配以相应的标准图和施工单位有关技术人员绘制的施工翻样图。有些小型的装饰工程，设计师仅提供装饰方案图，则施工单位需自行绘制相应的装饰施工翻样图，以指导具体的施工操作。

从施工图纸的表现方式分析，能够反映吊顶装饰设计要求与内容的，一般有效果图、吊顶平面布置图、吊顶结构平面布置图、吊顶剖面图、节点详图、设计或施工说明、用料表等。

（1）装饰效果图。这反映的是比较直观的形象，通过对它的阅读可以了解平顶的艺术造型形状、色彩与材质感觉、装饰的设计主题意图。

（2）吊顶平面图。吊顶平面图有两种表示方法：一种是假想用一剖切水平面通过门窗洞的上方，将房屋剖开后，对剖切平面上方的部分作仰视投影；另一种则是假想上述剖切面为水平镜面，画出镜面上方的部分映在该镜面中的图像而得的。前者所得为"仰视图"，后者为"镜像图"。现在人们习惯上用镜像投影法画吊顶平面图，与一般的建筑平面图相协调。

按吊顶平面图所反映的内容，其平面图分为吊顶平面布置图、吊顶结构平面布置图、吊顶设备管线布置平面图等。

1）吊顶平面布置图，一般反映吊顶的造型形态与尺寸，饰面材料与规格，灯具式样、规格与位置，空调风口，消防报警系统，音响系统的位置等，图5-6为某室内装饰的吊顶平面布置图。

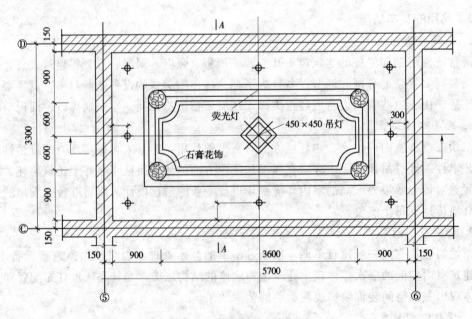

图5-6 某吊顶平面布置图

2）吊顶结构平面布置图，一般反映出吊顶结构布局情况，表明了吊点的位置、吊筋类型、主次龙骨的平面布置与用料等内容。图5-7为某吊顶的结构平面布置图。

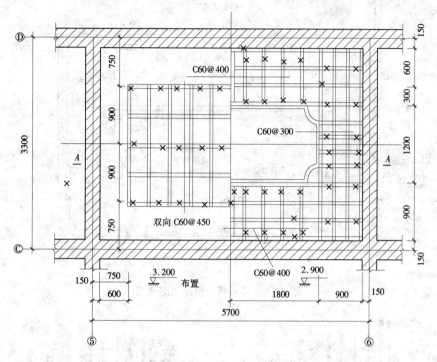

图5-7 某吊顶结构平面布置图

3）吊顶管线平面布置图，一般以图例的形式表示空调通风管道、电气线路、消防用水等平面布置情况，表明管线的规格、接头接口地点等内容。通过吊顶管线平面布置图的阅读，可以在施工中协调吊顶结构与吊顶饰面层之间的关系。

（3）吊顶的剖面图，反映了吊顶的凹凸情况，常在吊顶平面图上标出相应的剖切位置及剖切方向和剖切名称。吊顶剖面图标注出各个装饰部件的安置标高。室内装饰设计施工图中，房间的标高尺寸，一般以本房间的楼地面建筑标高为零点，以它为基准标注各有关部位的标高值。吊顶的剖面图，还反映出吊顶组成部分的垂直分布位置，例如，表明结构骨架层与饰面层之间的上下关系等。图5-7为某吊顶工程施工剖面图。图5-8为某吊顶工程施工剖面图。

（4）吊顶的详图，通常以1:5，1:10等大比例的图式，详细地表明吊顶的某个部位、某个节点、某个杆件的构造方式及施工要求，一般以索引符号表明详图在吊顶中所处的位置。图5-9为吊顶工程中的某柱子处吊顶龙骨的构造详图示例。

（5）吊顶的标准图，是由权威部门或设计单位编制的标准设计，以供在设计与施工中选用。

（6）装饰翻样图，是由施工单位依据设计要求和设计图纸而绘制的施工图。翻样图细化了设计师所设计的内容，专业工种针对性强，施工操作性好。

（7）用料表是以表格的形式，分别注明有关部件、杆件的要求与做法，表5-5为某吊顶的用料表。

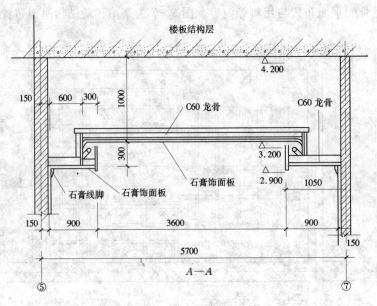

图 5-8　某吊顶工程施工剖面图

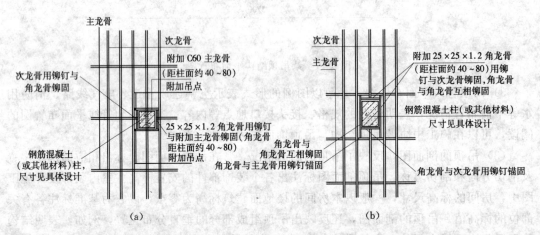

图 5-9　某柱子处吊顶龙骨的构造详图

表 5-5　　　　　　　　　　　　　　某 吊 顶 的 用 料 表

序　号	名　　称	规　格	断面形式	用　量	备　注
1	主龙骨	CS60			
2	次龙骨	C60			
3	吊杆	Φ8			
4	吊件	CS60			
5	连接件 1	CS60-1			
6	连接件 2	CS60-2			
7	连接件 3	CS60-3			
8	纸面石膏板	12×900×2400			普通纸面

（8）施工图纸中的设计或施工说明，一般表达吊顶的材料要求、杆件表面装饰处理、施工技术注意事项、使用规范等内容。图纸的"说明"部分，一般位于图纸总目录后的第一部分，阅读时不可遗漏。

吊顶工程施工图纸的阅读顺序：阅读平面图是了解吊顶的平面造型和平面布局及相应的平面尺寸；阅读剖面图是了解吊顶的结构层次及组成和标高尺寸；阅读节点大样图与详图，是了解各细部的具体做法，根据指明的标准图查阅有关的标准内容，最终结合了解的内容而形成一个具体的实物形象，用于具体的施工操作中去。

图纸交底一般分为大交底和小交底，大交底是指由设计人员向施工的技术人员的交底，小交底是指施工技术人员向操作工人的交底。交底的具体内容是介绍吊顶的设计特点与结构组成，解释设计图纸中的难点与疑点，达到按图施工的目的。图纸应提前送交给被交底人员，以便让他们事前阅读和熟悉内容，并能发现问题。交底时应先介绍情况，然后解答疑难问题。对于有矛盾而无法解决的问题，必须交设计人员处理后才可按修改图纸进行施工。

5.1.5　材料、机具的选择与准备

1. 材料

吊顶工程中所用的材料的类型、品种与规格，应根据设计图纸规定的要求和国家相应的规范要求，进行各种材料的准备工作。材料的技术性能必须符合相应的产品质量指标，决不允许不合格材料进入施工场地，防止发生混同于合格产品中而误用，影响吊顶安装的施工质量。

材料的数量，其准备用量与产品中的实际存在量不尽相同。例如，在石膏板吊顶中的石膏板，设计中的存在量往往小于材料的准备量，这是由于各种损耗、锯割加工等因素而导致的准备量必须增加的现象。所以材料的准备量中，一定要考虑材料使用中的各种因素。材料的消耗一般在运输储藏、制作安装两个不同的阶段、不同存放的形式中而产生的，习惯上前者叫做损耗量，用损耗系数表示，后者叫做实耗用量，用耗用系数表示。损耗量与耗用量的大小，是由材料的品种类别、储藏方式、制作与安装的工艺特点所决定的。其系数的取值一般可对照相应的行业规定指标，结合本企业的经验数据而确定，以此来确定材料的实际准备数量。

吊顶工程中所用的木材，主要作为木龙骨结构用材，故应为方材规格。其材质需选用干湿膨胀变形小、可钉可钻等加工性好、木纹通直的树种，用得较多的为松木和杉木。使用中的方材，含水量应严格控制。刚砍伐而新鲜的方材，不宜直接用于结构部位，须干燥处理合格后方可使用。对于有防火要求的木杆件，必须进行相应的防火处理。

吊顶工程中的轻钢龙骨，具有各类型号的相应配套性，如主件、副件、连接体、吊件等，都存在着同一型号内的专用性及其与其他型号的不相互替代性。所以，在准备轻钢龙骨的材料时，应注意产品的类型和生产的厂家。对于同一吊顶工程，应由同一生产厂家进货，并一次把各杆件全部确定好之后可集中或分批进场。

墙体中的预埋防腐木砖，是指将木材锯割成墙体砖块的尺寸，例如 50mm×100mm×240mm，然后浸涂沥青或沥青溶液，在砌筑墙体时按设计规定的位置砌入墙身。在安装吊顶的施工工程中，用钉将杆件与木砖固定连接在一起。

吊顶工程的预埋钢件，其形式和类型，应按设计要求在浇筑混凝土构件时埋入，用以固定相应的吊筋等杆件。预埋钢件的承受拉力或剪切力，必须满足受力要求，所预埋钢件中的钢筋直径与埋置长度，钢板的厚度应符合一定的强度与刚度要求，并且，预埋钢件的外露面应做好防锈处理。

吊顶工程中的饰面板材料，一般都具有良好的观感质量要求。在准备饰面板材料时，除了一般的材质要求外，必须特别注意板材的外观质量。例如花形、颜色、质感等，最好为同厂同批的产品，以期达到外观质量的一致。

饰面板是一种易受损坏的材料，故应采取相应的技术措施，例如运输方式、堆放场地与堆放方法应尽量减少板材的损耗量。

吊顶工程施工中的固定件，一般有钉子、螺钉、螺栓、胶粘剂等几种类型。

钉子是最常见的普通紧固件。根据不同的用途，可以选用不同品种和不同规格的钉子。下面几种为装饰施工中常见的几种钉子，并列举了主要用途。

普通钢钉：钉头为平圆形，用于木制品及一般木结构。

砖石钉（水泥钉）：钉头为平圆形，用于混凝土及砖、石结构。

地板钉：长方形，用于固定木地板或软木。

螺钉也是一种常见的紧固件。装饰施工中常使用木工螺钉和机械螺钉两大类。机械螺钉一般用于金属杆件之间的连接，木工螺钉用于木材杆件之间的连接。机械螺钉是要配合螺母螺纹一起使用的，而木螺钉可依靠螺杆上的尖端螺纹自行旋入木材的深处。此外，还有膨胀螺钉、合缝螺钉、自钻孔螺钉等。

螺栓是能够承受较大负载的紧固件。螺栓在使用时，其螺纹部分不应进入剪切面。螺栓除了普通螺栓之外，还有膨胀螺栓等。

胶粘剂紧固件，是指预先钻好孔，在孔中灌入胶液，再把螺钉或螺栓旋入孔中，依据胶凝结时产生的粘结力而形成抗拔出力。这种结合方式又叫化学锚固法。

吊顶工程施工中所采用的胶粘剂，一般都使用合成树脂胶液。所使用的合成树脂胶液中，其有毒物质的含量必须严格控制，达到规范所要求的标准。对胶体的有效使用期必须掌握，其施工使用时确保在材料的有效使用期内。在胶粘剂材料准备中，必须了解胶液的存放、使用方法与要点，以便做好相应的储藏与胶合作业工作。

2. 机具

（1）木工手工操作机具：锯、斧、锤、凿等。

（2）量测具：量尺、水平尺、墨斗、粉线袋、吊线坠、木工铅笔、红蓝铅笔等。

（3）手提机具：手枪钻、冲击钻等。手提电动工具必须性能正常，绝缘状态良好才可使用。在装饰施工中，轻便的、手提式电动机具获得广泛使用。这些机具的特点是体积小、重量轻、便于携带、操作自由、运用灵活、工效较高。常用的装饰手提式电动机具的品种和型号较多，下面介绍一些主要的机具。

曲线锯如图 5-10 所示，又称往复锯。其主要的功能是在板材上锯割曲线和直线。更换不同的锯条，可以锯割不同材质的材料，一般粗齿锯条适用于锯割木材；中齿锯条适用于锯割有色金属板、层压板；细齿锯条适用于锯割钢板。

水平曲线锯   曲线往复锯   垂直曲线锯

图 5-10 曲线锯

手提电动圆锯如图 5-11 所示，通过调节螺母可调整所需要锯割的深度，一般不得超过 157mm。调节倾斜装置可改变锯片与底板之间的夹角，从而锯切出 1°～45°不同的夹角。手提电动圆锯的锯片有钢质和砂轮质两种。钢锯片多用于锯割木材、铝合金、铜等材料。砂轮锯片用于各种型钢和石材。

型材切割机如图 5-12 所示，它根据砂轮磨削原理，利用高速旋转的薄片来切割各种型材。在施工现场多用于切割型钢、饰面砖、石材等。将砂轮片换成合金锯片时，可切割木材、硬质塑料及铝合金型材。有种切割机的台座可以转动，并在基座上刻有角度分划值，以此进行调节可对材料进行不同角度的切割。

图 5-11 手提电动圆锯   图 5-12 型材切割机

手动切割机常用于饰面砖的切割。

电热切割机，切割饰面砖所用。将饰面砖贴紧电热切割机，然后通电即可将砖切断。

饰面板台式切割机，用于切割大理石、花岗石等饰面石板材。使用该机操作方便、速度快、加工精度较高。

电动手提切割机，小巧灵活，依据金刚石刀片，可以切割饰面板、饰面砖及小型的型材。

手提电动刨，可对木杆件的表面进行刨削加工。

3. 施工工艺流程

吊顶工程的装饰装修施工，一般应在室内墙面抹灰基本完成、墙体饰面装饰结构层安装基本结束后才可进行。

吊顶工程中的骨架的施工工艺流程如下：

搭设脚手架—弹线定位—安装吊筋—安装主龙骨—安装次龙骨—安装附加龙骨—骨架验收。

4．施工技术要点

（1）室内标高位置线的弹设。在装饰装修施工中，室内的标高，一般均以楼地面的建筑标高值作为室内装饰施工标高的±0.00，即以装饰好楼地面的上表面标高为标准，然后推算出房间中其他装饰部位的垂直位置标高值。

可以使用水准仪、水平尺或充水小胶管引测室内水平线。室内水平线的标高值一般取300mm，400mm或500mm整数值。使用墨线或灰线弹出。

根据设计图纸的要求，计算次龙骨的底标高至水平线的垂直距离，使用吊线坠或靠尺板及量尺，定出墙面转角处的垂直位置点位。然后，据此点划出次龙骨设置的底部定位线。

（2）主、次龙骨水平位置线的划分。根据设计图纸的要求，按照主龙骨、次龙骨的间距规定，在次龙骨定位线上，量测定出主龙骨、次龙骨的水平位置中心点，并用水平尺或直角尺划出中心线和杆件的左右位置线。

（3）吊筋位置的定位。通过主龙骨的水平位置线，可以通过拉线或弹线的方法，定出吊筋在楼板底下的设置位置点。在本图中采用弹线法定出吊点位置。

使用线坠吊线、托线板或水平尺，通过主龙骨中心位置线引测到楼板底面。之后，经过相应的引测点用灰线弹出吊筋定位线。

使用量尺，按设计规定在吊筋定位线上量测定出各个主龙骨吊筋的设置点，并把灯具、吊扇所要求的吊筋设置点在楼板底下一个一个地量测标出。

拉线的方法，则是在主龙骨位置线方向拉设细线，然后在平直状态的细线上量测距离，使用线坠吊线的手法把吊点位置直接引向楼板底下。

当楼板底下无梁，很平整时，则可以采用弹线法；当楼板底下有梁，凹凸面过多时，则采用拉线法。前者精度较高，后者精度较差。

5．脚手架的搭设

脚手架的搭设与否，取决于施工高度。脚手架的类型，根据吊顶施工的工程量的大小、装饰层次的高低而定。脚手架的搭设，可以在弹线前搭设，但应控制好相应的操作层面标高。

任务二　轻钢龙骨纸面石膏板饰面吊顶的施工

5.2.1　概述

以图5-13为例来阐述轻钢龙骨纸面石膏板饰面吊顶的施工的步骤、方法、要求等。

1．施工图纸

本图的工作内容为在图5-13所示的轻钢龙骨吊顶骨架结构层下面安装纸面石膏板饰面层。

现假定采用12mm厚、1200mm×2400mm规格的普通型纸面石膏板材，其板边为直

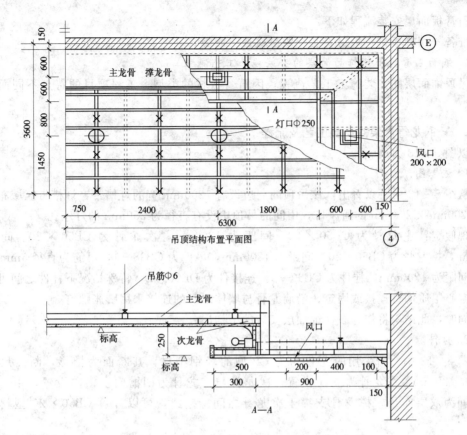

图 5-13 轻钢龙骨石膏板面吊顶结构图

角形，采用自攻螺钉固定于龙骨上。其灯口与风口均不做特别处理，仅做留洞设置；灯槽内仅做石膏板铺设。

2. 材料

本图中主要使用材料为纸面石膏板及相应的自攻螺钉、嵌缝纸带、嵌缝膏、金属护角等。

嵌缝纸带是由原木纸浆和交错纤维等材料所组成，与嵌缝膏共同使用，做石膏板拼缝的粘结嵌缝处理，也可作阴角的修饰或对裂缝进行修复。纸带的类型也较多，各种规格的纸带具有不同的使用特点。

嵌缝膏是石膏粉在施工操作时加入胶水拌制而成的，对石膏板拼缝的粘结和表面破损进行处理和修补。

金属护角一般由镀锌角铁或不锈钢所组成，与嵌缝膏共同使用，对有可能碰撞阳角等转角部位进行保护，可以起到使缝条挺括和美观的作用。

3. 机具

所使用的工具、机具分板材安装和嵌缝两类。安装所用的主要为板材切割工具和自攻螺钉钻孔与固定拧入工具，嵌缝所用的主要为拌料与批嵌工具。前者如割刀、锯子、手枪钻、旋凿等，后者如样板、刮刀、批板、排笔等。

石膏板面层安装流程如下：

准备—切割板材—板材安装—质量检查—嵌缝。

4. 纸面石膏板吊顶饰面面层的安装施工工艺流程

吊顶饰面层的安装施工工艺流程，因石膏板材的类型、工程项目的特点不同而有所区别。

5.2.2 轻钢龙骨骨架的安装工艺及流程

以图 5-13 为例。

1. 施工图纸

从图 5-13 中可以看出，该吊顶的周边设有 1200mm 宽的灯槽带，灯槽带区域布置有内径 200mm×200mm 的通风口，中间的吊顶中设有直径为 250mm 的灯座孔。

现假定：主龙骨为 CB50×20、间距为 1200mm，次龙骨为 CB50×20、间距为 400mm，撑龙骨为 CB50×20，间距为 1200mm，吊件为 CB38—1，吊筋为直径 6mm 的钢筋、间距为 1200mm，挂件为 CB60—3，连接件为 DB60—L，特殊情况下杆件之间可用焊接或空心铝质铆钉连接或固定，沿墙龙骨与墙体之间的连接采用膨胀螺钉。

同时，此结构将作为石膏饰面层安装的结构层。

2. 材料

图 5-13 中，所采用的龙骨均为 CB 型的轻钢型材，其断面为槽形，断面尺寸为 50mm×20mm，主龙骨为立向设置，次龙骨与撑龙骨为凹槽向上横向设置，主、次龙骨之间为双层布局。撑龙骨支撑于次龙骨之间。据此，可以计算 CB50×20 型材的用料量。

对于吊筋、挂件、连接件、固定件等材料，也可按实际计算其用量。

3. 机具

图 5-13 中，所使用的机具比较简单，主要有以下几种。

(1) 手工工具：锤、钢锯、扳手、拉铆枪、旋凿等。

(2) 量测弹线工具。

(3) 手提电动工具：冲击钻、手枪钻、切割机等。

4. 施工工艺流程

轻钢龙骨吊顶骨架结构的安装施工，其工艺流程包括弹线定位、材料准备、脚手架搭设、吊筋的安装、沿墙龙骨的安装、主龙骨的安装、次龙骨与撑龙骨安装、附加龙骨安装及质量验收等各道工艺流程，其相互之间的关系基本上与木质骨架的安装相同，可参照有关的内容绘出本图中相应的施工工艺流程图。

5. 工艺要点

(1) 弹线定位。使用仪器和相应的量测具，在墙面弹上水平线，次龙骨底面控制线和主龙骨、次龙骨、撑龙骨的设置线，在楼板底弹出吊筋设置位置线。

(2) 吊顶龙骨材料的准备。对进入施工现场的龙骨型材进行整理、修理、分拣、剔除等工作，然后分类堆放于平整干燥的室内楼地板面上，以防变形和生锈。

(3) 吊筋的制作与固定。现假定吊筋与楼板之间使用吊环固定，吊环已预先埋设完成且位置比较正确，基本符合设计要求。

吊筋采用直径为 6mm 的钢筋制成，下部进行套丝处理，以便使用螺母紧固。吊筋的长度，按实际情况而测定。

（4）主龙骨安装。用吊筋将主龙骨悬吊到架设高度，并用激光扫平仪或其他仪器测量安装高度，调节吊筋与吊件之间的螺母，使主龙骨定位于正确的标高位置上，并注意起拱要求。一般起拱值为短跨长度的 3‰。

主龙骨定位后，使用"轻钢龙骨定位枋"进行定位固定，并设置相应的垂直撑筋，固定主龙骨的水平与垂直位置，以免上下与左右发生晃动。

（5）次龙骨与撑龙骨的安装。使用挂件安装次龙骨。次龙骨与墙的连接处、次龙骨与次龙骨的接头处，应设有 100mm 宽的膨胀缝。沿墙龙骨用膨胀螺钉固定。次龙骨与次龙骨之间、次龙骨与沿墙龙骨之间的接头，用连接件连接。

在安装次龙骨的过程中，安装撑龙骨。撑龙骨应预先断料以加快安装速度。撑龙骨与次龙骨之间使用连接件连接。

（6）附加龙骨的安装。按照要求，安装灯具口、风洞中的龙骨，相互之间可用拉铆钉连接，必要时加设相应的吊筋。

6. 质量检查

对于施工中的工程，对轻钢结构层必须进行认真的检查，履行必要的质量验收程序。检查的内容为龙骨骨架荷重、骨架安装及连接质量、杆件的自身质量三个主要项目。

对于本图的质量问题，可以参照表 5－6、表 5－7 进行质量测评与评分工作。

表 5－6　　　　　轻钢龙骨吊顶骨架安装质量测定评分表（一）

项　目	序号	项　目　内　容	质量检测记录
主控项目	1	吊顶标高、尺寸、起拱和造型应符合设计要求	
	2	杆件的安装必须牢固	
	3	杆件的自身质量必须符合要求	
一般项目	1	杆件的外观、形状正常	
	2	吊筋的垂直位置状态	
	3	结构层中的稳定状态	

表 5－7　　　　　轻钢龙骨吊顶骨架安装质量测定评分表（二）

		项　目	允许值（mm）	检　测　记　录			
				1	2	3	4
允许偏差	1	表面平整度	2				
	2	龙骨直线度	3				
	3	拼装高低差	1				
	4	连接件变形	无				
检测数		合格数		合格率	％	评分	

7. 产品保护

在现场的轻钢龙骨吊顶骨架结构安装施工中，产品保护的要求和做法，基本如前所述，故在此不做重复说明。

8. 质量通病分析

轻钢龙骨吊顶结构层的质量通病一般有以下几种。

（1）吊顶底部不平整、拱度不匀，凸凹不平：主要是由于弹线不准、标高控制不严或吊筋设置不良而引起的。

（2）主、次龙骨纵横线条不平直，有弯曲现象：主、次龙骨受扭而不平直，吊筋位置偏斜拉牵力不均匀，没有拉通线进行调整等原因所造成。

（3）整体造型不符合要求：这是由于整体操作不细致、弹线不准、龙骨布置移位后所造成的。

（4）吊顶结构层可上下波动，有晃动现象：这是由于沿墙龙骨固定不牢固、吊筋数量不足，缺少垂直撑筋所致。

5.2.3 纸面石膏板吊顶饰面面层的施工工艺及流程

5.2.3.1 工艺要点

1. 施工准备

施工中的准备工作一般有以下内容。

（1）结构层的检查：检查结构层中次龙骨的布置情况，核定与饰面层设计所要求的吻合程度。

（2）石膏板材的规格、质量检查：由于石膏板材是一种易损、易受污的材料，对进场和堆放时间较长的板材，必须进行检查，复查其受损、受污染情况，根据已经安装完成后的吊顶结构层状态，复核板材的规格可用性。

（3）石膏板材的运入：当确定可以进行石膏饰面层施工之后，可以把石膏板材运至安装地点。在运输与堆放时，必须做好板材的保护措施。

2. 板材切割

纸面石膏板切割时，应先用工具刀靠在直尺上在石膏板一面的护纸上划痕，其划痕不能太深而将另一面护纸划破，然后用力将板折断。石膏板切割后的切割处应该整齐光滑，必要时进行修整刨削。

当切割形状比较复杂，如圆孔等情况，可先用钢丝锯割，然后再刨削修整光滑。上人吊顶的石膏板，应使用手工钢锯进行锯割。

3. 板材安装

石膏板安装时，印有商标的一面应向里（向上）。施工中的石膏板安装，应使石膏板长边与主龙骨平行，与次龙骨呈垂直的十字交叉，仅吊顶的一端向另一端开始错缝安装，逐块排列行进，余量放在最后安装。石膏板的周边必须落于龙骨的中心线上，与墙之间应留 6mm 左右的间隙。石膏板与龙骨之间用自攻螺钉固定，每张板的固定应从中部开始，向两侧展开。螺钉的中距为 150～200mm，螺钉距面纸包封的板边缘距离为 10～15mm，距切割后的板边距离为 15～20mm。

在本图中，可以先安装吊顶中间高处的石膏板，然后再装灯槽底的石膏板，最后拉线安装贴角石膏板脚条。石膏线脚条可使用石膏浆粘贴与木榫螺钉固定在墙上，并注意不阻塞板材与墙体之间的留设缝隙。

本图中的灯口、风口，均应在相应的位置，预先在石膏板上定出位置，经切割成形后安装到设计位置。

4. 质量检查

石膏板安装施工完成后，应对其进行安装质量检查，对其造型、拱度、固定情况、接缝处理、钉钉情况、板材的完好状况进行检查。具体的检查项目、标准、方法，须按相应的规范进行。

本图的板材安装质量检测与评定，可参照有关板材的评定标准的项目进行。

5. 板面嵌缝

当纸面石膏板的安装质量经检验合格后方可进行板面嵌缝操作。

板面嵌缝的目的是堵埋钉眼、嵌塞缝隙、通过布设嵌缝纸带加强板材之间、板材与墙体的连接牢度并填补凹痕。

板面嵌缝使用的材料为嵌缝膏或现场拌制的石膏腻子及嵌缝纸带等。

板面嵌缝施工有一定的气候湿度规定，即空气湿度过大，容易引起石膏护纸起鼓脱落的现象发生。

对于在纸面石膏板下再做其他饰面板材装饰的项目中，则板面嵌缝的工艺工作由设计规定。

5.2.3.2 吊顶的产品保护

主要针对石膏饰面层的防污染、防碰坏的要求，采用遮挡等措施，基本方法同胶合板饰面层的有关内容。

5.2.3.3 吊顶的质量问题分析

纸面石膏板饰面中一般会出现以下问题。

（1）吊顶底部标高、起拱不对：主要由于吊顶结构层的施工质量不佳所引起的。

（2）板材松动、裂缝、下沉凸出：由于板材与龙骨之间固定不当，或板上堆物、或螺钉松动等原因造成的。

（3）板面出现锈斑：固定螺钉没有埋入板内，或钉眼孔中没有嵌设腻子，导致固定螺钉失锌生锈，扩散到外侧的板面，形成点点锈斑。

（4）板面污染、锤印、伤痕：在施工中不注意，或产品保护工作没有做好，饰面层受到各种不良损害而出现以上的各种情况。

（5）板面护纸起壳、卷边、脱落：空气湿度较大、护纸受潮变形而引起。

5.2.4 安全设施与安全操作要求

吊顶工程的施工，是一项高空作业的工作，所以，必须有高空作业的设施，遵守高空作业的安全操作规程。

脚手架板是高空作业中最常用的设施。所使用的脚手板应牢固可靠，宽度不应小于250mm。脚手板的搁置点应稳定、平整，不可左右晃动。脚手板的横向应搁置成水平状态，其纵向坡度角不宜超过 20°，并在板上钉设防滑短木。长度较大的脚手板，中间应加设搁置支座，并且不准形成挑空状态，脚手板的支承设置应稳定、牢靠。

当施工高度超过 3600mm 时，应搭设满堂脚手架，以便安全地进行吊顶施工操作。满堂脚手架是指在整个操作面下部满设的脚手架。满堂脚手架的上部站立面，距吊顶饰面层一般为 1700～1800mm，以满足较合适的施工操作高度。

满堂脚手架的搭设材料，有钢管、毛竹、门式支架等。脚手架上有满铺竹板子或稀铺脚手板两种类型。满铺比较安全、稀铺比较简便。脚手架上不得集中堆放材料等物件，不得有超过规定的荷载值。

施工操作期间，不得在满堂脚手架下行走，设置专门标志以示禁区。施工操作人员不得任意往下抛物。脚手架上的物品必须放置平稳，以免坠落伤人。

在施工期间进行电焊电弧作业时，必须有专人监管观察，以防引发火灾等事故。

工程中使用易燃易爆的材料，应对其采取相应的预防措施，例如设置消防器材与灭火用水等，并正确的堆放和覆盖材料，以免意外事故的发生。

5.2.5 施工工艺的技术措施

在吊顶工程中，为了确保工程的施工质量、加快施工进度、降低施工成本，应尽量采用先进的施工工艺技术措施。较好的技术措施一般可从以下几个方面进行考虑。

（1）选用先进的施工机具。选用先进的施工机具，可提高操作工效加快安装施工进度，并保证产品的安装质量。

（2）推行先进的施工工艺操作方法。好的工艺操作方法，应该省力、快速、高质量。这些方法，往往是来源于技术改革与技术创新之中。必须把这些点滴的改革与创新，进行总结与提高，成为适用性较大、效益较好的工艺操作规程，以便在工程施工中作为一项技术措施。

（3）编制合理和科学的施工流程。好的施工工艺流程，可以理顺各工序工艺环节之间的关系，减少或避免等工、重复、矛盾、冲突等工序衔接中的不良现象。

（4）采取相应的技术方法措施，以应对各种可能发生的问题。如质量问题的预防措施、胶结材料的防毒处理方法等，以保证各施工阶段都能顺利地进行。

5.2.6 施工质量的验收

质量验收，就是对装饰装修工程产品，对照一定的标准，使用一定的方法，按规定的验收项目和检测方法，进行质量检测和质量等级评定的工作。

1. 质量的检测制度

质量检测应该有一个较好的制度。

对产品制作过程中工序的质量控制，一般有开始检查、中间检查、最后检查三个步骤。开始检查是在产品未制作前，首先对材料、设备、量测器具进行检查，检查其合格性、精确度、使用的可靠性；对制作的工艺方案进行检查，检查其对产品制作方案质量保证程度；或是检查前次生产的样板、样品，检查其在质量上存在的问题。中间检查是在生产的各个工序工艺阶段，或生产的中间关键环节，或中途产品进行抽查或全部检查，在确定质量水平达到标准后才可进入下道工序的生产制作。最后检查是工程产品完成后，对其进行产品整体质量检测，并确定其施工质量等级水平。

对工程产品质量检测的主体有自我检查、相互检查和专人检查三种方式，即产品的主体施工操作者自己直接检查，同事之间相互检查，由专职的检测人员检查。

对于工程项目的施工，由于产品的特点，还应进行工序交接检查、隐蔽工程验收检查、重点部件检查、工程预检、项目验收检查及使用回访检查等工作。

以上的检测检查必须按照一定的顺序，采用一定的方法，按规范规定的内容和项目进行，并认真填写相应的记录表，履行必要的签字手续，并由监理等有关人员确认。

2. 检测的方法与工具

对于装饰装修工程项目质量检测的方法，主要有以下几种：

（1）观察。用肉眼观看，检查颜色、材质、外形等，直观感觉其好坏情况，如表面污染、裂缝、色差、纹理等。

（2）触摸。用手触摸产品，检查其光洁度、接槎情况、节点连接牢固程度、结构的稳定性等质量情况。

（3）听声。用小锤或手指敲击被测物，听其声音，检查其材质的密实性、内外杆件之间的接合密切程度。

（4）尺量。用钢尺或卷尺等尺具进行量测，检测其实际长度值。尺具的精确度必须符合计量规范标准，尺的数值一般读到毫米。

（5）塞测。使用锲形塞尺如图5-14所示，塞入相应的间隙的缝隙中，测定缝隙的宽度。

（6）靠测。使用表面平整的靠尺或靠板，贴紧产品的加工被测定面，用塞尺测出两者之间的缝隙宽度，以此反映被测件的平整程度。靠尺与靠板的长度，均有明确的规定。

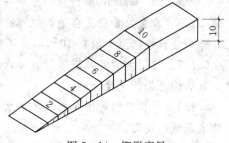

图5-14 锲形塞尺

（7）吊线。使用线坠或托线板，测定工程产品垂直情况，其托线板的长度一般均有明确的规定。对于大型产品的垂直情况，一般使用经纬仪测定。

（8）拉线。使用细线（直径一般为1～1.5mm），在被测边线的两端拉紧，用量尺量出边线与细线之间的凹凸数值，检测其平整度。检测中细线的长度有明确的规定。

（9）对角线量值。使用量尺，测定矩形构件相应两个对角线长度值，通过两对角线的长度差检测其几何方正性。从理论上讲，矩形的对角线应等长。

（10）角度方正性。使用90°的直角卡尺，检测构件阴阳角的方整度。卡尺的两角翼的长度一般有明确的规定。阴角指凹形角，阳角指凸形角。

（11）水平度测定。将水平尺紧贴于被测物表面，测定其是否呈水平状态。对于较大范围水平度的测定，常使用水准仪来测定。

5.2.7 验收的标准

吊顶工程的质量验收标准为国家标准《建筑装饰装修工程质量验收规范》（GB 50210—2001）中的有关内容，兹摘录如下。

6.1 一般规定

6.1.1 本章适用于暗龙骨吊顶、明龙骨吊顶等分项工程的质量验收。

6.1.2 吊顶工程验收时应检查下列文件和记录：

1. 吊顶工程的施工图、设计说明及其他设计文件。

2. 材料的产品合格证书、性能检测报告、进场验收记录和复验报告。

3. 隐蔽工程验收记录。

4. 施工记录。

6.1.3 吊顶工程应对人造木板的甲醛含量进行复验。

6.1.4 吊顶工程应对下列隐蔽工程项目进行验收：

1. 吊顶内管道、设备的安装及水管试压。

2. 木龙骨防火，防腐处理。

3. 预埋件或拉结筋。

4. 吊杆安装。

5. 龙骨安装。

6. 填充材料的设置

6.1.5 各分项工程的检验批应按下列规定划分：

同一品种的吊顶工程每50间（大面积房间和走廊按吊顶面积30平米为一间）应划分为一个检验批，不足50间也应划分为一个检验批。

6.1.6 检查数量应符合下列规定：

每个检验批应至少抽查10%，并不得少于3间；不足三间时应全数检查。

6.1.7 安装龙骨前，应按设计要求对房间的净高、洞口标高和吊顶内管道、设备及其支架的标高进行交接检验。

6.1.8 吊顶工程的木吊杆、木龙骨和木饰面板必须进行防火处理，并应符合有关设计防火规范的规定。

6.1.9 吊顶工程中的预埋件、钢筋吊杆和型钢吊杆应进行防绣处理。

6.1.10 安装饰面板前应完成吊顶内管道和设备的调试及验收。

6.1.11 吊杆距主龙骨端部距离不得大于300mm，当大于300mm时，应增加吊杆。当吊杆长度大于1.5m时，应设里反支撑。当吊杆与设备相遇时，应调整并增设吊杆。

6.1.12 重型灯具、电扇及其他重型设备严禁安装在吊顶工程的龙骨上。

6.2 暗龙骨吊顶工程

6.2.1 本节适用于以轻钢龙骨、铝合金龙骨、木龙骨等为骨架，以石膏板、金属板、矿棉板、木板、塑料板或格栅等为饰面材料的暗龙骨吊顶工程的质量验收。

主 控 项 目

6.2.2 吊顶标高、尺寸、起拱和造型应符合设计要求。

检验方法：观察；尺量检查。

6.2.3 饰面材料的材质、品种、规格、图案和颜色应符合设计要求。

检验方法：观察；检验产品合格证书、性能检测报告、进场验收记录和复验报告。

6.2.4 暗龙骨吊顶工程的吊杆、龙骨和饰面材料的安装必须牢固。

检验方法：观察；手扳检查；检查隐蔽工程的验收记录和施工记录。

6.2.5　吊杆、龙骨的材质、规格、安装间距及连接方式应符合设计要求。金属吊杆、龙骨应经过表面防腐处理；木吊杆、龙骨应进行防腐、防火处理。

检验方法：观察；尺量检查；检查产品合格证书、性能检测报告、进场验收记录和隐蔽工程验收记录。

6.2.6　石膏板的接缝应按其施工工艺标准进行板缝防裂处理。安装双层石膏板时，面层板与基层的接缝应错开，并不得在同一根龙骨上接缝。

检验方法：观察。

一　般　项　目

6.2.7　饰面材料表面应洁净、色泽一致，不得有翘曲、裂缝及缺损。压条应平直、宽窄一致。

检验方法：观察；尺量检查。

6.2.8　饰面板上的灯具、烟感器、喷淋头、风口箅子等设备的位置应合理、美观，与饰面板的交接应吻合、严密。

检验方法：观察。

6.2.9　金属吊杆、龙骨的接缝应均匀一致，角缝应吻合，表面应平整，无翘曲、锤印。木质吊杆、龙骨应顺直，无劈裂、变形。

检验方法：检查隐蔽工程验收记录和施工记录。

6.2.10　吊顶内填充吸声材料的品种和铺设厚度应符合设计要求，并应有防散落措施。

检验方法：检查隐蔽工程验收记录和施工记录。

6.2.11　暗龙骨吊顶工程安装的允许偏差和检验方法应符合表 6.2.11 的规定。

表 6.2.11　　暗龙骨吊顶工程安装的允许偏差和检验方法

项次	项　　目	允　许　偏　差（mm）				检　验　方　法
		纸面石膏板	金属板	矿棉板	木板、塑料板、格栅	
1	表面平整度	3	2	2	2	用 2m 靠尺和塞尺检查
2	接缝直线度	3	1.5	3	3	拉 5m 线，不足 5m 拉通线，用钢直尺检查
3	接缝高低差	1	1	1.5	1	用钢直尺和塞尺检查

6.3　明龙骨吊顶工程

6.3.1　本节适用于以轻钢龙骨、铝合金龙骨、木龙骨为骨架，以石膏板、金属板、矿棉板、塑料板、玻璃板或格栅等为饰面材料的明龙骨吊顶工程的质量验收。

主　控　项　目

6.3.2　吊顶标高、尺寸、起拱和造型应符合设计要求。

检验方法：观察；尺量检查。

6.3.3　饰面材料的材质、品种、规格、图案和颜色应符合设计要求。当饰面材料为玻璃板时，应使用安全玻璃或采取可靠的安全措施。

检验方法：观察；检验产品合格证书、性能检测报告和进场验收记录。

6.3.4 饰面材料的安装应稳固严密。饰面材料与龙骨的搭接宽度应大于龙骨受力面宽度的 2/3。

检验方法：观察；手扳检查；尺量检查。

6.3.5 吊杆、龙骨的材质、规格、安装间距及连接方式应将合设计要求。金属吊杆、龙骨应经过表面防腐处理；木龙骨应进行防腐、防火处理。

检验方法：观察；尺量检查；检查产品合格证书、进场验收记录和隐蔽工程验收记录。

6.3.6 暗龙骨吊顶工程的吊杆和龙骨安装必须牢固。

检验方法：手扳检查；检查隐蔽工程验收记录和施工记录。

一 般 项 目

6.3.7 饰面材料表面应洁净、色泽一致，不得有翘曲、裂缝及缺损。饰面板与明龙骨的搭接应平整、吻合，压条应平直、宽窄一致。

检验方法：观察；尺量检查。

6.3.8 饰面板上的灯具、烟感器、喷淋头、风口箅子等设备的位里应合理、美观，与饰面板的交接应吻合、严密。

检验方法：观察。

6.3.9 金属龙骨的接缝应平整、吻合、颜色一致，不得有划伤、擦伤等表面缺陷。木质龙骨应平整、顺直，无劈裂。

检验方法：观察。

6.3.10 吊顶内填充吸声材料的品种和铺设厚度应符合设计要求，并应有防散落措施。检验方法：检查隐蔽工程验收记录和施工记录。

6.3.11 明龙骨吊顶工程安装的允许偏差和检验方法应符合表 6.3.11 的规定。

表 6.3.11　　　　　　　暗龙骨吊顶工程安装的允许偏差和检验方法

项次	项目	允许偏差（mm）				检验方法
		纸面石膏板	金属板	矿棉板	木板、塑料板、格栅	
1	表面平整度	3	2	3	2	用 2m 靠尺和塞尺检查
2	接缝直线度	3	2	3	3	拉 5m 线，不足 5m 拉通线，用钢直尺检查
3	接缝高低差	1	1	2	1	用钢直尺和塞尺检查

规范中涉及安全、健康、环保，以及主要使用功能方面的要求，列为"主控项目"。"一般项目"指的是外观质量要求和形位偏差允许值。

对于室内环境的质量控制，另有《民用建筑工程室内环境污染控制规范》（GB 50325—2001）规定，对甲醛、氨、苯及挥发性有机化合物进行含量控制，建筑装饰装修施工中要十分注意原材料的使用，以符合该规范的规定。

5.2.8 成品保护的技术措施

吊顶安装施工中产品保护的重点为半成品的保护。

1. 半成品的保护

选择合适的半成品堆放地点。吊顶工程中所使用的杆件和板材，一般自身的刚度较弱，并且容易受日光和水汽的影响。所以，杆件和板材进入施工工地后，一定要选择合乎半成品特性的地点堆放。堆放场地应该为平整、清洁、干燥和无污染的室内空间。对于有危险性的物品，应设置专用房间进行储存。

做好堆放物件的保护措施，必要时加以覆盖、设障等措施，以防碰撞、堆压、散落污染等情况的发生，避免半成品被损坏。

在运输和安装中采取正确的操作方法，不得乱掷乱敲、乱动半成品，避免变形、折断、破损等现象的出现。

2. 成品的保护

必须做好吊顶工程中装饰装修工艺与设备安装工艺之间的协调关系，解决好各种构件、杆件、饰面板、设备之间的安装顺序关系，避免出现重复拆装的不良现象。

在拆除脚手架等安全设施时不得碰撞、冲击吊顶结构。

在进行灯具安装、墙面涂刷施工中，不得弄脏吊顶面层，并做好相应的遮盖、清洁工作。

在吊顶安装结束的房间中，不应存放易产生飞扬灰尘现象的物品。

5.2.9　场地清理与资料整理

1. 场地清理

场地清理工作内容为：

(1) 吊顶结构骨架层中的清理。当吊顶的结构骨架层安装完毕之后，应对骨架层进行全部检查，清除骨架层中的多余材料，决不允许在骨架层中遗漏任何多余材料。然后，将骨架的多余材料分类堆放好，以待工程结束后处理。

(2) 装饰面层材料的清理。当吊顶的饰面层施工结束后，必须将多余的饰面层用料进行清理，清除无用之物后把有用材料分类堆放，并把它们和骨架材料一起撤离施工场地，以供下一工程使用。

(3) 对于重要、贵重的多余物品，经点数后应装箱或包装再运至相应的存放地点，进行相应的入库记账手续。

(4) 对于脚手架等设备材料与器材，组织有关人员进行清理和维修，以便提供给其他项目继续使用。

(5) 机具设备的清理。对于各种机电器具，使用完毕后应做好保养工作。使用中损坏的机具，应及时送至有关部门或专业人员处进行维修。在吊顶工程结束后且本工地不再使用的情况下，应将机具装箱待运到新的工地。

(6) 材料、设备、机具等其他物件清理完毕后，应将施工场地打扫干净，做好吊顶工程保护工作。最后向工地负责人办理分项工程施工的交换班手续。

2. 资料整理

吊顶安装施工的资料整理，一般有以下内容：

(1) 设计图纸、设计修改图纸、竣工图纸的整理，以反映出设计与施工的全部情况。

(2) 施工日记、进材、用料、余料的账单，重要机械的使用记录等资料必须齐全。

（3）班组任务单的结算资料，用工、用机、用料情况的分析资料。

（4）质量检测与验收的资料。

（5）建设方、监理方、设计方、工程施工总承包方与分包方之间的来往行文、通知、备忘录、说明等资料。

（6）其他重要的资料。

各种资料必须认真按原始的状态进行归类整理，以便将来办理竣工验收手续，总结工程的施工与管理经验，考察工程的质量与成本情况以及可能的索赔事例。

任务三 木龙骨及木质面层饰面吊顶工程的施工

5.3.1 施工工艺流程

木质骨架吊顶安装工程的施工，一般应在室内墙面抹灰基本完成后，墙体饰面装饰结构层安装基本结束后才可进行。

木质骨架吊顶安装工程的工艺流程如下：

搭设脚手架—弹线定位—安装吊筋—安装主、次龙骨—安装附加龙骨—骨架验收。

5.3.2 施工技术要点

1. 弹线定位

其步骤和方法同轻钢龙骨骨架安装的弹线定位。

（1）标高位置线的弹设。

（2）主、次龙骨水平位置线的划分。

（3）吊筋位置的定位：当楼板底下平整时用弹线定位，如当楼板底下凹凸不平时可采用拉线法。弹线定位的精度比拉线法定位精度高。

2. 脚手架的搭设

脚手架的搭设与否要取决于施工的高度，可以在弹线前搭设，但应控制好相应的操作层面标高。

3. 吊筋的安装

木质吊顶吊筋的安装技术，与吊筋的用材与构造形式、吊筋与楼板的节点连接方式、楼板的结构类型有比较大的关系。

4. 木龙骨的安装

木质骨架中的木龙骨的安装，有预制拼装和散件拼装两种工艺方法。具体采用哪种方法安装，现场具体商定。

5.3.3 质量验收

木质骨架结构安装完毕以后，应对整个骨架结构的安装质量进行严格的检查，主要检查项目如下。

1. 龙骨架的荷载重量检查

重点检查检修孔周围、高低叠级处、吊灯吊扇处；根据设计的要求进行加载试验，达不到要求的必须增加相应的吊点或吊杆的数量。

2. 龙骨架的标高及平整度检查

用仪器测量各控制点的标高、起拱高度，其数值应与设计或规范规定的要求一致；整个木骨架的平整度偏差不得超过±5mm。否则，必须返工。

3. 杆件的质量检查

所有的龙骨、杆件、支撑等必须满足其质量的要求，否则，应修理或更换。

5.3.4 产品保护

木质骨架结构安装好以后，必须做好保护工作，否则，无法顺利进入下道工序的施工。所有的管线、杆件等必须检查其质量的好坏；做好防火工作，无关人员不得随便进入该区域。

5.3.5 质量通病及其原因

1. 整个吊顶底面凹曲不平

原因：标高控制不严，龙骨截面尺寸不统一，龙骨的接头处误差太大导致顶棚的底标高不在同一数值之内。在施工中必须注意。

2. 整个吊顶下沉

原因：吊顶的荷载过大、吊筋的安装不牢固、施工的起拱量没达要求。

3. 吊顶底面翘曲不平

原因：所用材料含水量过高、各杆件的连接方式处理不当，致使龙骨弯曲变形。在施工中必须注意。

思 考 题

1. 吊顶一般由哪几部分组成？

2. 试述金属板吊顶安装的施工工艺。

3. 如何使吊顶顶面保持成一个水平面？

4. 试述木龙骨（骨架）纸面石膏板吊顶的施工工艺。

5. 简述开敞式吊顶的安装工艺。

6. 吊顶的安装质量应从哪几个方面评定？

项目六　轻质隔墙装饰装修工程施工

【知识点】　本部分详细介绍了轻质隔墙的结构构造，讲述了轻质隔墙的施工工艺及方法，饰面材料的性能及技术要求，施工机具、质量标准、通病防治及施工的安全防范措施等。

【教学目标】　通过本部分的学习和思考练习，能够比较熟练地掌握各种轻质隔墙的装饰装修施工图的识读要领、详图的翻样、机具的选择、各种材料的施工程序和工艺要求，并能够按质量要求进行检验，对质量通病进行有效的防治。

任务一　轻质隔墙的基本知识

6.1.1　轻质隔墙的定义、功能和类型

6.1.1.1　隔墙（隔断）的定义、功能

隔墙是指分隔建筑空间的墙体构件，俗称隔断，主要用于室内空间的垂直分隔。根据所处的条件与环境的不同，还具有隔声、防火、防潮、防水等功能要求。

建筑中的承重墙，主要为承受荷载的结构部分，尽管也起分隔建筑空间的作用，习惯上不属于隔墙的范围。所以，从狭义的角度上讲，隔墙是分隔建筑物内部的非承重构件，其本身的重量由梁和楼板来承担。因而对隔墙的构造组成要求为自重轻、厚度薄。

隔墙根据构造做法的特点和分隔功能的差异分为普通隔墙与隔断。

普通隔墙与隔断在功能和结构上有很多相同和不同的地方。

相同之处：两者均可分隔建筑物的室内（或室外）空间，均为非承重建筑构件。

不同之处：

（1）分隔空间的程度与特点不同。一般的情况下，普通隔墙高度都是到顶的，使其既能在较大程度上限定空间，即完全分隔空间；又能在一定程度上满足隔声、遮挡视线等要求。而隔断限定空间的程度较弱，其高度可到顶可不到顶，隔声、遮挡视线等往往并无要求，并具有一定的空透性，使两个空间有视线的交流，相邻空间有似隔非隔的感觉。

（2）安装、拆装的灵活性不同。普通隔墙一旦设置，往往具有不可变动性，至少是不能经常变动的；而隔断在分隔空间上则比较灵活，可随意移动或拆除，在必要时可随时连通或者分隔相邻空间。

有时，普通隔墙与隔断在构造形式和功能上，不易区分开来，故在本教材中，把两者统一在一个隔墙的概念中进行研究。

6.1.1.2　轻质隔墙的定义与特点

自重轻的隔墙叫做轻质隔墙。有人认为每 $1m^2$ 的墙面自重小于 $100kg$ 可称为轻质隔

墙，此值可作为参考。

隔墙达到轻质的目标，一般从组成材料和构造方法两个方面考虑。采用轻质材料，可以从根本上减轻隔墙的自重，例如使用空心砌块、泡沫材料、塑料代替钢材等。采用合理的结构与构造形式，减薄墙体的厚度、改善墙体的内部构造体系，也可以达到减轻墙身自重的目的，例如采用轻钢结构组建墙体中空心构造做法等。

6.1.1.3 轻质隔墙的类型、适用对象

1. 普通轻质隔墙的类型

普通轻质隔墙（或隔断）按其组成材料与施工方式划分为轻质砌体隔墙、轻质立筋隔墙、轻质条板隔墙等。

（1）轻质砌体隔墙。砌体隔墙通常是指用加气混凝土砌块、空心砌块、玻璃空心砖及各种小型轻质砌块等砌筑而成的非承重墙，如图6-1所示，具有防潮、防火、隔声、取材方便、造价低等特点。传统砌块隔墙由于自重大、墙体厚、需现场湿作业、拆装不方便，在工程中已逐渐少用。

（2）轻质立筋隔墙。立筋隔墙主要是指骨架为结构外贴饰面板的隔墙。其骨架通常以木质或金属骨架为主，外加各种饰面板，如图6-2所示。这种隔墙施工比较方便，被广泛采用，但造价较高，如轻钢龙骨石膏板隔墙等。

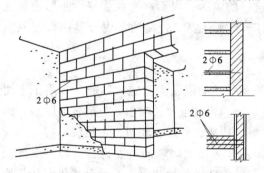

图6-1 轻质砌体隔墙示意图

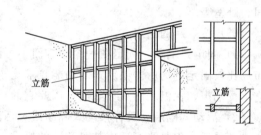

图6-2 轻质立筋隔墙示意图

（3）轻质条板隔墙。条板隔墙指不用骨架，而用比较厚的、高度等于隔墙总高的板材拼装而成的隔墙，如图6-3所示。多以灰板条、石膏空心条板、加气混凝土墙板、石膏珍珠岩板等制作而成。具有取材方便、造价低等特点，但防潮、隔声性能较差。目前，各种轻型的条板隔墙在室内隔墙中应用比较多，如旧客房改造用条板隔墙加设卫生间等。

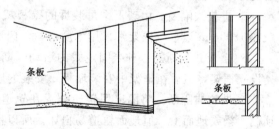

图6-3 轻质条板隔墙示意图

2. 轻质隔断的类型

隔断的种类很多，但可以从不同的角度进行分类介绍。

（1）按隔断的围合高度分。

1) 高隔断。通常将高度在 1800mm 以上的隔断称为高隔断。因在此限定的界面对视线形成较好的阻挡效果，且互相干扰少，所以在私密性要求较高的场所，一般采用高隔断来分划建筑室内空间。

2) 一般隔断。通常将高度在 1200～1800mm 的隔断称为一般隔断。这种隔断广泛运用于现代办公空间、休闲娱乐空间等各种室内空间中。一般隔断以适宜的高度给人以分而不隔绝的感觉，是最常见的一种分隔方式。

3) 低隔断。通常将高度在 1200mm 以下的隔断称为低隔断。低隔断大多指花池、栏杆等，它产生的分隔感较弱，因此被隔断的空间通透性较强。

（2）按隔断围合的严密程度分。

1) 透明隔断。指大面积采用透明材料的隔断，其特点是它既能分隔空间，又能使被分隔空间具有透光透视的通透感。透明隔断具有较好的现代艺术气息，它大多用于现代公共空间，如现代办公空间，既有开敞的感觉又便于管理。

2) 半透明隔断。采用较少的透明材料，或直接采用半透明材料，如磨砂玻璃、压花玻璃等。这种隔断透视效果差，但具有良好的透光作用，故空间的视觉干扰较小。

3) 镂空隔断。一种能让部分视线、光线透过的隔断。镂空隔断的自身，一般都具有美观的艺术形态，且构造相对复杂一些。它常使用于对隔声要求不高的空间分隔中。

4) 封闭隔断。一种完全阻挡视线与光线通过的隔断，因而严密性能好，能形成独立安静、互不干扰的环境。因此，封闭隔断多用于私密性要求较高的室内分隔中，如卫生间、卧室等。

（3）按隔断的固定方式分。

1) 固定式隔断。固定在一个地方而不可随意移动的隔断为固定式隔断。多用于空间布局比较固定的场所。固定式的功能要求比较单一，构造也比较简单，类似普通隔墙，但它不受隔声、保温、防火等限制，因此它的选材、构造、外形就相对自由活泼一些。

2) 活动式隔断。又称移动式隔断或灵活隔断。活动式隔断的特点为自重轻、设置较为方便灵活。但是为了适应其可移动的要求，它的构造一般比较复杂。活动式隔断从其移动的方式上看，又可以分为以下几种。

a. 拼装式隔断。由若干个可装拆的壁板或门扇拼装而成的隔断，这类隔断的高度一般在 1800mm 以上，框架常采用木质材料，门扇可用木材、铝合金、塑料等制成。

b. 镶板式隔断。一种半固定式的活动隔断，可以到顶也可以不到顶，它是在地面上先设立框架，然后在框架中安装墙板，安装的墙板多为木质组合板或金属组合板。

c. 推拉式隔断。将隔扇用辊轮挂置在轨道上，沿轨道移动的隔断。因轨道可安装在顶棚、梁或地面上，但地面轨道易损坏，所以推拉式隔断多采用上悬式滑轨。上悬式滑轨可安装于顶棚下面或梁下面，也可以安装于顶棚内部或梁侧面。而且，后者的安装方法具有较好的美观效果。隔扇是一种类似门扇的构件，由框和芯板所组成。

d. 折叠式隔断。由若干个可以折叠的隔扇可以依靠滑轮在轨道上运动的隔断。隔扇有硬质和软质两种。硬质隔扇一般由木材、金属或塑料等材料制成。折叠式隔断中相邻两隔扇之间用铰链连接，每个隔扇上只需上下安装一个导向滑轮。折叠式隔断中的隔扇固定，使用顶棚底下的轨道通过滑轮悬吊隔扇，或依靠地面的导轨支撑隔扇底下的滑轮。

e. 卷帘式隔断与幕帘式隔断。一般称为软隔断，即用织物或软塑料薄膜制成无骨架、可折叠、可悬挂、可卷曲的隔断。这种隔断具有轻便灵活的特点，织物的多种色彩、花纹及剪裁形式使这种隔断的运用受到人们的喜爱。幕帘式隔断的做法类似窗帘，需要轨道、轨道滑轮、吊杆、吊钩等配件。也有少数卷帘隔断和幕帘隔断采用塑料片、金属等硬质材料制成，采用管形轨道而不设滑轮，并将轨道托架直接固定在墙上，将吊钩的上端直接搭在轨道上滑动。

f. 移动屏风。种类繁多，在我国具有悠久的历史，其造型多样、形式优美，是集功能与装饰为一体的室内装饰构件。从制作屏风的材料上来看，有木制、竹制、金属、丝绢等其他织物屏风。

（4）按隔断的功能类别分。

1）实用性隔断。指除具有隔断的作用外，还兼有其他实用功能的隔断，例如家具式隔断。在现代住宅空间中，常用橱柜将厨房与餐厅隔开，形成开敞的用餐环境，这里的橱柜既有隔断又有展示与储藏的功能。厅中的博古架、商场中的陈列货架等，都是一种实用性的隔断。

2）装饰性隔断。指除了具有隔断的作用外，还具有较大的装饰美观功能的隔断。例如，花池、栏杆、玻璃、拦河等。这类隔断一般被使用于面积较大的建筑空间中。

6.1.2 立筋式隔墙的施工

立筋式隔墙是指用木材、金属型材等做基层龙骨（或称骨架），用灰板条、钢丝网、石膏板、木夹板、其他饰面板等各种板材做面层所组成的轻质隔墙。如板条抹灰隔墙、木龙骨木饰面板隔墙、轻钢龙骨石膏板隔墙等。

立筋式隔墙的基本构造由基层骨架和面层组成。

常用的隔墙基层骨架有木龙骨和金属龙骨等多种。金属龙骨包括型钢龙骨、轻钢龙骨和铝合金龙骨等。

1. 木龙骨骨架

木龙骨的骨架由上槛、下槛、立筋、横筋、靠墙筋、斜撑等构成。木龙骨的上下槛和立筋断面尺寸视隔墙高度一般为 50mm×70mm 或 50mm×100mm。立筋间距具体尺寸应配合面层饰面板材料的规格来确定，一般为 500～600mm，横筋间距约为 1.2～1.5m，如图 6-4 所示。

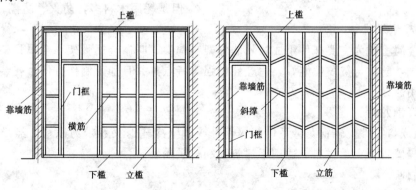

图 6-4 木龙骨骨架构造示意图

为了加强骨架的整体性，增设或把横撑改为斜撑。

基层木骨架与墙体、梁、柱及楼板等应牢固连接，下槛与楼地面之间可用水泥钉、钻孔木榫钢钉或膨胀螺栓固定，上槛与楼板之间可用钻孔木榫钢钉或膨胀螺栓固定，靠墙筋与墙体之间可用预埋木砖钢钉或膨胀螺栓固定，图6-5为相应的几种固定方法。

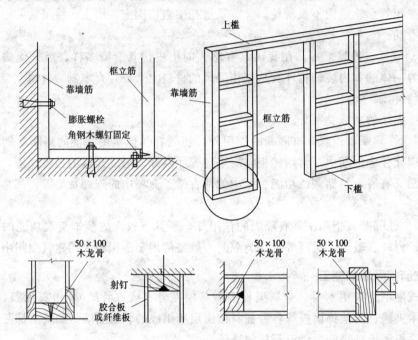

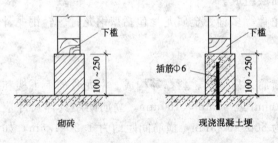

图6-5 木龙骨四周的固定方式图

图6-6 隔断底部的防水防潮构造图

对于防水、防潮要求的隔墙，在木龙骨架的底部宜砌2～4皮普通黏土砖，或现浇100～250mm高的混凝土土埂，如图6-6所示。同时，对木龙骨应做防腐处理。

对于有防火要求的隔墙，应对所有的木杆件均面刷防火涂料2～3遍。木质骨架制作方便、布置灵活、适应性大，但是耗用木料多，防火、防潮性差。

2. 金属骨架

采用金属型材为主要杆件组成的隔墙骨架结构层，叫做金属骨架。金属骨架具有自重轻、刚度大，防火与抗震性能好，适应性能强等特点，并且加工制作方便，安装简单，可以重复利用。

（1）轻钢龙骨。

1）组成与特性。轻钢龙骨系以镀锌钢带或薄壁冷轧退火卷带为原料，经冷弯或冲压而成的轻隔墙骨架支承材料。适用于建筑物的轻质隔墙。

2）品种。

按材料分有：镀锌钢带龙骨、薄壁冷轧退火卷带龙骨。

按用途分有：有沿顶龙骨、沿地龙骨（有时称为天龙骨、地龙骨）、竖向龙骨、通贯横撑龙骨、加强龙骨以及各种配套件等。

按照形状来分：装配式轻钢龙骨分为 C 形和 U 形两种，其中 C 形轻钢龙骨用配套连接件互相连接组成墙体骨架。骨架两侧覆以饰面板（石膏板、水泥压型板、多层木夹板等）和饰面层（乳胶漆、贴面板、壁纸等）。

轻质隔墙经常使用的轻钢龙骨为 C 形隔墙龙骨，其中分为三个系列：

C_{50} 系列可用于层高 3.5m 以下隔墙。

C_{75} 系列可用于层高 3.5～6m 的隔墙。

C_{100} 系列可用于层高 6m 以上的隔墙。

3）构造组成。一般是用沿地、沿顶龙骨与沿墙、沿柱龙骨（用竖龙骨）构成隔墙边框，中间立若干竖向龙骨，它是主要承重龙骨。有些类型的轻钢龙骨，还要加贯通横撑龙骨和加强龙骨。竖向龙骨间距根据饰面板宽度而定，一般在饰面板板边、板中各放置一根，间距不大于 600mm。当墙面装修层材料质量较大时，如瓷砖，龙骨间距不大于 420mm 为宜，当个墙高度增高时，龙骨间距亦应适当缩小。在竖向主龙骨上，每隔 300mm 左右应预留一个专用孔，以备安装各种管线使用。

轻钢龙骨结构示意如图 6-7 所示。

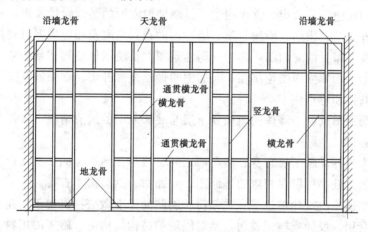

图 6-7　轻钢龙骨结构示意图

4）不同部位的固定方式。

边框龙骨：边框龙骨（包括沿地龙骨、沿顶龙骨和沿墙、柱龙骨）和主体结构的固定。构造做法一般有三种：一种做法是在楼地面施工时上、下设置预埋件，以备焊接；第二种做法是采用射钉或金属膨胀螺栓来固定；第三种是在地面、墙面打眼，塞入经过防腐处理的木楔子，用钉子固定。

竖向龙骨：竖龙骨用拉铆钉固定在沿顶、沿地龙骨上，其间距应根据面层饰面板的规格设置。由于面层饰面板的厚度一般较薄，刚度较小，竖向龙骨之间可根据需要加设横撑或次龙骨。隔墙的刚度和稳定性主要依靠基层金属龙骨所形成的骨架，所以基层龙骨的安装是否牢固直接关系着轻质隔墙的质量。

门框与竖向龙骨的连接：视龙骨类型有多种做法，有采取加强龙骨和木龙骨连接的方法，可用木门框向上延长，插入沿顶龙骨和竖龙骨上。也可采用其他固定方式。

5）圆曲面隔墙墙体构造。应根据曲面要求将沿地、沿顶龙骨切锯成齿形，固定在顶面和地面上，然后按较小的间距（一般为 150mm）排列竖向龙骨。最后，在竖向龙骨之间加设横向撑龙骨，以形整体性较好的曲面骨架体系。

任务二　施工准备与工后处理

6.2.1　施工的准备

施工准备包括技术准备、材料准备、机具准备、安全设施与安全操作准备等。

6.2.1.1　技术准备

1. 图纸阅读

反映墙面装饰装修的图面类形一般为楼地面平面图、立面图、立面展开图、墙身剖面图、节点大样图、标准图、设计或施工说明等。

楼地面平面图反映出墙身的平面位置和平面尺寸，并标明了各墙面的立面图视向或朝向，隔墙立面图反映出墙身的立面尺寸和墙面上的布置情况，墙立面图的图名以所在的轴线编号或所属的朝向编号确定，立面图主要标明墙面立面的装饰设计要求。立面图有时也标明墙体中各种立筋、横筋、沿地（顶、墙）筋的布置情况及相应的型材规格。

反映墙面面层布置的立面图，称为立面建筑图，反映墙体结构体系的立面图叫做墙体结构图。把若干个相邻立面图连接在一起的图叫做立面展开图。立面展开图能更清楚地表达各个立面的共性和特点。

墙身垂直剖面图反映了墙体的结构骨干层与装饰面层的组成情况，各杆件的垂直设置位置要求等内容。

隔墙节点大样图反映了墙自身、墙与墙之间、墙与楼地结构的构造设计要求。墙体节点大样图各图名出处都可以在相应的平面图、立面图、剖面图中查得。

隔墙的标准图是由设计单位等有关部门所编制的标准做法，以便于在建筑隔墙的设计与施工中进行套用。设计或施工说明，是对隔墙的结构、构造、施工的用料、工艺等方面无法用图形表示的内容的文字表述。

翻样图一般是指施工单位技术部门绘制的专业工种施工图，用以指导专业工种的具体工艺施工。

通过阅读有关的图纸，掌握相应的资料，做到心中有数，充分做好图纸等资料的准备、收集及复核工作。

所有装饰装修工程在施工之前，现场的施工技术人员应组织操作工人检查图纸资料是否齐全并带领操作工人认真阅读施工图纸，了解设计意图，做好施工前的放样准备工作。

2. 技术交底

装饰装修工程的技术交底包含两个方面的内容：一方面是指设计人员向现场施工的技术人员交底，让技术人员充分了解该工程的设计意图，以便更确切地反映出设计人员的想法和意图；另一方面是指施工现场的技术人员向操作工人进行技术交底，向工人交待施工时的注意事项，施工的先后顺序及施工的难点等，以便更好地实施设计图纸上的内容。

6.2.1.2　材料、机具的选择与准备

在施工准备的过程中对材料、施工机具的选择很重要。

1. 材料的选择与准备

（1）材料的选择应符合设计要求。

（2）轻质隔墙所用罩面板应表面平整、边缘整齐，不应有污垢、裂纹、缺角、翘曲、起皮、色差、图案不完整的缺陷。胶合板、木质纤维板不应有脱胶、变色和腐朽等缺陷。

（3）龙骨和罩面板材料的材质均应符合现行国家标准和行业标准的规定。

（4）罩面板的安装宜使用镀锌的螺钉、钉子。接触砖石、混凝土的木龙骨和预埋的木砖应做防腐处理。所有木制作都应做好防火处理。

（5）对人造板甲醛的含量要求见表 6 - 1。

表 6 - 1　　　　　　　　人造板及其制品中甲醛释放试验方法及限量值表

产品名称	实验方法	限量值	适用范围	用量标准
中密度板、高密度板、刨花板、定向刨花板等	穿孔萃取法	≤9mg/100g	可直接用于室内	E_1
		≤9mg/100g	必须饰面处理后允许用于室内	E_2
胶合板、装饰单板、贴面胶合板、细木工板等		≤9mg/100g	可直接用于室内	E_1
		≤9mg/100g	必须饰面处理后允许用于室内	E_2
饰面人造板		≤0.12mg/m³	可直接用于室内	E_1
		≤0.15mg/L		

2. 主要机具的选择与准备

隔墙工程涉及到的主要是轻型施工机具，按用途分为钻孔机具、切割机具、钉固机具等。钻孔机具主要包括微型电钻、电动冲击钻、电锤等。

切割机具包括电动剪刀、电动曲线锯、型材切割机、手提式电锯等。钉固机具包括射钉枪，电动、气动打钉枪，手动拉铆枪，风动拉铆枪等。

主要机具选择要根据隔断用材料和施工方法选择。

6.2.1.3　安全设施与安全操作准备

1. 机电设备方面

（1）木工机械安置必须稳固，机械的转动和危险部位必须安装防护罩，机械使用前应严格检查，刀盘的螺钉必须旋紧，以防刀片飞出伤人。

（2）加强机械的管理工作，由专人负责，机械用完后应切断电源，并将电源箱关门上锁。

（3）机械运转中，如遇不正常声音或发生其他故障时，应切断电源，加以检查修理。

（4）凡是移动设备和手动工具、电闸箱应有安装可靠的漏电保护装置。

（5）使用电钻时应戴胶手套，不用时应及时切断电源。

2. 脚手架方面

(1) 工作前先检查脚手架及脚手板是否牢固安全，确认合格后，方可上人进行操作。

(2) 使用高凳、靠梯时，下脚应绑麻布或垫胶皮，并加拉绳防滑。挑板不得搭在最高一档，板两端搭接长度不少于 20cm，板上不得站两人同时操作。

3. 防火安全方面

(1) 工作地点的刨花、碎木料应及时清理，并集中放在安全地方。

(2) 施工现场严禁吸烟和使用明火，并有可靠的消防设施。

4. 安全纪律方面

(1) 机械操作人员工作时要扎紧袖口，理好衣角，扣好衣扣，但不许戴手套。女同志必须戴工作帽，长发不得外露。

(2) 施工操作必须按操作规程进行，严禁违反操作规程。

(3) 操作现场，应随时将废料清理集中，严防钉子伤人。

(4) 施工员（或工长）应结合工程具体情况，向操作人员作安全交底，并进行经常性的安全教育。

6.2.1.4　施工工艺及技术措施

为了保证装饰装修工程施工工艺与方法的正确性，在施工过程中必须采取一定的技术措施。下面以经常使用的三种隔墙为例分别加以说明。

1. 轻钢龙骨纸面石膏板隔墙

(1) 安装顺序。墙位放线—墙基（导墙）施工—安装沿地、沿顶、沿墙龙骨—安装竖龙骨（主龙骨），横撑（次龙骨）、水暖、电气孔位钻孔、下管穿线、填充隔声、保温材料（矿棉或泡沫塑料）—安装门框、窗框、接缝及护角处理，安装水暖、电气设备预埋件、连接固定件—安装石膏板、安装踢脚板、顶棚角线、饰面（涂料、壁纸、织物面料等）施工。

(2) 骨架安装。

1) 放线。按图纸要求弹出隔断墙与墙面相连的垂直线在地面和顶棚上的水平位置线。

2) 固定轻钢龙骨。轻钢龙骨主龙骨必须上与楼板底面、下与地面直接固定。主龙骨下部可直接固定在楼板上，或固定在现浇混凝土基座上如图 6-8 所示。

轻钢龙骨与墙的连接，如图 6-9 所示。

轻钢龙骨隔墙转角处的连接，如图 6-10 所示。

(3) 纸面石膏板安装。纸面石膏板分为普通纸面石膏板、耐火纸面石膏板、耐水纸面石膏板。普通纸面石膏板用于一般的室内吊顶或对耐火性能要求较高的室内吊顶基层，不宜用于厨房、卫生间，及空气相对湿度较大的室内环境。对于相对湿度较大的室内环境选用耐水型纸面石膏板，其价格相对较高。

安装石膏板时，用平帽自攻钉。钉要有防腐处理（镀锌钉），钉帽要埋进石膏板面1mm 处。要求两块板间留缝隙 5mm，用腻子灰抹平表面，贴尼龙网布或的确良布（或特制密封胶带）。干燥后做饰面喷涂或贴壁纸等。

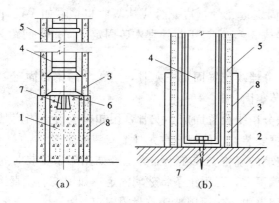

图6-8　轻钢龙骨隔墙下部构造图

1—素混凝土带；2—楼地面；3—沿地龙骨；4—竖向龙骨；

5—石膏板；6—橡胶条（或泡沫橡胶条）；

7—自攻镙钉或射钉；8—踢脚

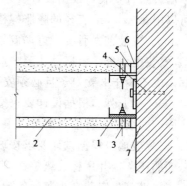

图6-9　轻钢龙骨隔墙与
砖墙混凝土墙连接图

1—沿墙龙骨；2—石膏板；3—自攻
镙钉；4—射钉；5—嵌缝；
6—橡胶条；7—墙体

纸面石膏板的安装分单层、双层、多层。安装双层、多层纸面石膏板时，相邻板的接缝应错开。为利于防火，纸面石膏板应纵向安装。纸面石膏板的安装如图6-11所示。

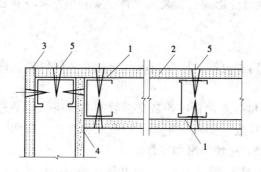

图6-10　轻钢龙骨隔墙连接和阴阳角处理图

1—轻钢龙骨；2，3，4—石膏板；5—自攻螺钉

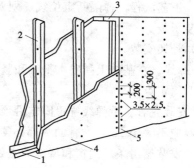

图6-11　单层纸面石膏板的安装图

1—沿地龙骨；2—竖龙骨；3—沿顶龙骨；

4—石膏板；5—嵌缝

2. 玻璃隔断墙

（1）工艺流程。弹隔墙定位线—划龙骨分档线—安装电管线设施—安装大龙骨—安装小龙骨—防腐处理—安装玻璃—打玻璃胶—安装压条。

（2）施工要点。

1）弹线。根据楼层设计标高水平线，顺墙高量至顶棚设计标高，沿墙弹隔断垂直标高线及天、地龙骨的水平线，并在天、地龙骨的水平线上划好龙骨的分档位置线。

2）安装大龙骨。

天、地龙骨的安装：根据设计要求固定天、地龙骨，如无设计要求时，可以用直径8～12mm膨胀螺栓或3～5寸钉子固定，膨胀螺栓固定点间距为600～800mm。安装前做好防腐处理。

沿墙边龙骨安装：根据设计要求固定边龙骨，边龙骨应抹灰收口槽，如无设计要求时，可以用8～12mm直径的膨胀螺栓或3～5寸钉子与预埋木砖固定，固定点间距为800～1000mm。安装前龙骨要做好防腐处理。

3）安装主龙骨。根据设计要求按分档线位置固定主龙骨，用4寸的钢钉固定，龙骨每端固定应不少于3颗钉子且必须安装牢固。

4）安装小龙骨。根据设计要求按分档线位置固定小龙骨，用扣榫或钉子固定且必须安装牢固。安装小龙骨前，也可以根据安装玻璃的规格在龙骨上安装玻璃槽。

5）安装玻璃。根据设计要求按玻璃的规格安装在小龙骨上；如用压条安装时先固定玻璃一侧的压条，并用橡胶垫垫在玻璃下方，再用压条将玻璃固定；如用玻璃胶直接固定玻璃，应将玻璃先安装在小龙骨的预留槽内，然后用玻璃胶封闭固定。

6）打玻璃胶。首先在玻璃上沿四周粘上纸胶带，根据设计要求将各种玻璃胶均匀地打在玻璃与小龙骨之间。待玻璃胶完全干后撕掉纸胶带。

7）安装压条。根据设计要求使用各种规格材质的压条，将压条用直钉或玻璃胶固定在小龙骨上。如设计无要求，可以根据需要选用10mm×10mm的铝压条或10mm×20mm的不锈钢压条。

3. 木龙骨板材隔墙

（1）工艺流程。弹隔断定位线—划龙骨分档线—安装大龙骨—安装小龙骨—安装罩面板—安装压条。

（2）骨架安装。

1）弹线。在基体上弹出水平线和竖向垂直线，以控制隔断龙骨安装的位置、格栅的平整度和固定点。

2）安装龙骨。沿弹线位置固定沿顶和沿地龙骨，各自交接后的龙骨应保持平直。固定点间距应不大于1m，龙骨的端部必须固定，固定应牢固。边框龙骨与基体之间，应按设计要求安装密封条。门窗和特殊节点处，应使用附加龙骨。

（3）石膏板安装。安装石膏板前，应对预埋隔断中的管道和附于墙内的设备采取局部加强措施。

石膏板宜竖向铺设，长边接缝宜落在竖向龙骨上。双面石膏罩面板安装，应与龙骨一侧的内外两层石膏板错缝排列，接缝不应落在同一根龙骨上；需要隔声、保温、防火的应根据要求在龙骨一侧安装好石膏罩面板后，进行隔声、保温、防火等材料的填充。一般采用玻璃丝棉或30～100mm的岩棉板进行隔声、防火处理，再封闭另一侧的板。

石膏板应采用自攻螺钉固定。周边螺钉的间距不应大于200mm，中间部分螺钉的距离不应大于300mm，螺钉与板边缘的距离应为10～16mm。

安装石膏板时，应从板的中部开始向板的四边固定。钉头略埋入板内，但不得损毁纸面，钉眼应用石膏腻子抹平，钉子应做防锈处理。

石膏板应按框格尺寸裁割准确；就位时应与框格靠紧，但不得强压；隔墙端部的石膏板与周围的墙或柱应留有3mm的槽口。施铺罩面板时，应先在槽口处加注嵌缝膏，然后铺板并挤压嵌缝膏，使面板与邻近表层接触紧密。在丁字形或十字形相接处，如为阴角用腻子嵌满，贴上接缝带，如为阳角应做护角。

（4）胶合板和纤维（埃特板）板、人造木板安装。安装胶合板、人造木板的基体表面，需用油毡、油纸防潮时，应铺设平整，搭接严密，不得有皱褶、裂缝和透孔等。

胶合板、人造木板采用直钉固定，如用钉子固定，钉距为 80～150mm，钉帽应打扁并钉入板面 0.5～1mm；钉眼用油性腻子抹平。胶合板、人造木板如涂刷清油等涂料时，相邻板面的木纹和颜色应近似。需要隔声、保温、防火的应根据设计要求在龙骨安装好后，进行隔声、保温、防火等材料的填充。一般采用玻璃丝棉或 30～100mm 的岩棉板进行隔声、防火处理；采用 50～100mm 的苯板进行保温处理，再封闭罩面板。

墙面用胶合板、纤维板装饰时，阳角处宜做护角；硬质纤维板应用水浸透，自然阴干后安装。胶合板、纤维板用木压条固定时，钉距不应大于 200mm，钉帽应打扁，并钉入木压条 0.5～1mm，钉眼用油性腻子抹平。用胶合板、人造木板、纤维板作罩面时，应符合防火的有关规定，在湿度较大的房间，不得使用未经防水处理的胶合板和纤维板。墙面安装胶合板时，阳角处应做护角，以防板边角损坏，也能增加装饰效果。

（5）塑料板安装。塑料板的安装方法有粘结和钉结两种。

1）粘结。聚氯乙烯塑料装饰板用胶粘剂粘结。

胶粘剂为聚氯乙烯胶粘剂（601 胶）或聚醋酸乙烯胶。

操作方法：用刮板或毛刷同时在墙面和塑料板背面涂刷，不得有漏刷。涂胶后看见胶液流动性显著消失，用手接触胶层感到黏性较大时，即可粘结。粘结后应采用临时固定措施，同时将挤压在板缝中多余的胶液刮除，并将板面擦净。

2）钉结。安装塑料贴面复合板应预先钻孔，再用木螺钉加垫圈紧固，也可用金属压条固定。木螺钉的钉距一般为 400～500mm，排列应一致整齐。

加金属压条时，应拉横竖通线并拉直，并应先用钉子将塑料贴面复合板临时固定，然后加盖金属压条，用垫圈找平固定。

（6）铝合金装饰条板安装。用铝合金条板装饰墙面时，可用螺钉直接固定在结构层上，也可用锚固件悬挂或嵌卡的方法，将板固定在墙筋上。

6.2.2 施工后的处理

6.2.2.1 质量验收

1. 一般规定

（1）轻质隔墙工程应对人造木板的甲醛含量进行复验。

（2）轻质隔墙工程应对下列隐蔽工程项目进行验收。

1）骨架隔墙中设备管线的安装及水管试压。

2）木龙骨防火、防腐处理。

3）预埋件或拉结筋。

4）龙骨安装。

5）填充材料的设置。

（3）各分项工程的检验批应按下列规定划分。同一品种的轻质隔墙工程每 50 间（大面积房间和走廊按轻质隔墙的墙面 30m² 为一间）应划分为一个检验批，不足 50 间也应划分为一个检验批。

（4）轻质隔墙与顶棚和其他墙体的交接处应采取防开裂措施。

（5）民用建筑轻质隔墙工程的隔声性能应符合现行国家标准《民用建筑隔声设计规范》（GBJ 118—88）的规定。

2. 各类型隔墙的质量标准

（1）板材隔墙工程。

1）主控项目。

a. 隔墙板材的品种、规格、性能、颜色应符合设计要求。有隔声、隔热、阻燃、防潮等特殊要求的工程，板材应有相应性能等级的检测报告。

检验方法：观察，检查产品合格证书、进场验收记录和性能检测报告。

b. 安装隔墙板材所需预埋件、连接件的位置、数量及连接方法应符合设计要求。

检验方法：观察，尺量检查，检查隐蔽工程验收记录。

c. 隔墙板材安装必须牢固。现制钢丝网水泥隔墙与周边墙体的连接方法应符合设计要求，并应连接牢固。

d. 隔墙板材所用接缝材料的品种及接缝方法应符合要求。

检验方法：观察，检查产品合格证书和施工记录。

2）一般项目。

a. 隔墙板材安装应垂直、平整、位置正确，板材不应有裂缝或缺损。

检验方法：观察，尺量检查。

b. 板材隔墙表面应平整光滑、色泽一致、洁净，接缝应均匀、顺直。

检验方法：观察，手摸检查。

c. 隔墙上的孔洞、槽、盒应位置正确、套割方正、边缘整齐。

d. 板材隔墙安装的允许偏差和检验方法应符合有关的规定。

（2）骨架隔墙工程。

1）主控项目。

a. 骨架隔墙所用龙骨、配件、墙面板、填充材料及嵌料的品种、规格、性能和木材的含水率应符合要求。有隔声、隔热、阻燃、防潮等特殊要求的工程，材料应有相应性能等级的检测报告。

检验方法：观察，检查产品合格证书、进场验收记录、性能检测报告和复验报告。

b. 骨架隔墙工程边框龙骨必须与基体结构连接牢固，并应平整、垂直、位置正确。

检验方法：手扳检查，尺量检查，检查隐蔽工程验收记录。

c. 骨架隔墙中龙骨间距和构造连接方法应符合设计要求，骨架内设备管线的安装、门窗洞口等部位加强龙骨应安装牢固、位置正确，填充材料的设置应符合设计要求。

检验方法：检查隐蔽工程验收记录。

d. 木龙骨及木墙面板的防火和防腐处理必须符合设计要求。

检验方法：检查隐蔽工程验收记录。

e. 骨架隔墙的墙面板应安装牢固，无脱层、翘曲、缺损。

检验方法：观察，手扳检查。

f. 墙面板所用接缝材料的接缝方法应符合设计要求。

检验方法：观察。

2）一般项目。

a. 骨架隔墙表面应平整光滑、色泽一致、洁净、无裂缝，接缝应均匀、顺直。

检验方法：观察，手摸检查。

b. 骨架隔墙上的孔洞、槽、盒应位置正确、套割吻合、边缘整齐。

检验方法：观察。

c. 骨架隔墙内的填充材料应干燥，填充应密实、均匀、无下坠。

d. 骨架隔墙安装的允许偏差和检验方法应符合有关的规定。

检验方法：观察，手摸检查。

（3）玻璃隔断工程。

1）主控项目。

a. 玻璃隔断工程所用材料的品种、规格、性能、图案和颜色应符合设计要求，玻璃板隔墙应使用安全玻璃。

检验方法：观察，检查产品合格证书、进场验收记录和性能检测报告。

b. 玻璃砖隔墙的砌筑和玻璃板隔墙的安装方法应符合设计要求。

检验方法：观察。

c. 玻璃砖工程中埋设的拉结筋必须与机体结构连接牢固，并应位置正确。

检验方法：手扳检查，尺量检查，检查隐蔽工程验收记录。

d. 玻璃板隔墙的安装必须牢固。玻璃板隔墙胶垫的安装应正确。

检查方法：观察，手推检查，检查施工记录。

2）一般项目。

a. 隔断表面色泽一致、平整整洁、清洁美观。

检验方法：观察。

b. 玻璃隔断接缝应横平竖直，玻璃应无裂痕、缺损和划痕。

检验方法：观察。

c. 玻璃板隔墙嵌缝及玻璃砖隔墙勾缝应密实平整、均匀顺直、深浅一致。

检验方法：观察。

d. 玻璃隔断安装的允许偏差和检验方法应符合有关的规定。

6.2.2.2　成品与半成品保护的技术措施

在施工过程中，对已经完成的分项工程应妥善地进行保护，以免造成返工。具体的技术措施有：覆盖、遮挡、外包装纸暂时不去掉等方法。

（1）隔墙木骨架及罩面板安装时，应注意保护顶棚内装好的各种管线、木骨架的吊杆。

（2）施工部位已安装的门窗，已施工完的地面、墙面、窗台等应注意保护、防止损坏。

（3）木骨架材料，特别是罩面板材料，在进场、存放、使用过程中应妥善管理，使其不变形、不受潮、不损坏、不污染。

6.2.2.3　场地清理与资料整理

1. 场地清理

所有装饰装修工程在完成施工图纸上要求的所有工作内容以后，应做到"工完料尽场清"。及时清理施工现场的油污、胶迹、包装物等，避免时间过长不易清除。

2. 资料整理

工程完工以后，应及时进行资料整理，如图纸变更单、材料变更单、工程签认单等应及时整理归档，以便进行下一步（如竣工结算和绘制竣工图）的工作。

轻质隔墙工程验收时应检查下列文件和记录：

（1）轻质隔墙工程的施工图、设计说明及其他设计文件。

（2）材料的产品合格证书、性能检测报告、进场验收记录和复验报告。

（3）隐蔽工程验收记录。

（4）施工记录。

思　考　题

1. 骨架式轻质隔墙有哪几种？分别举例说明其安装的施工工艺。

2. 试述几种板材隔墙的安装施工工艺。

3. 简述活动隔墙的构造，并简述其安装工艺。

4. 如何进行玻璃隔断的安装？

5. 简述铝合金隔断的安装工艺。

参 考 文 献

[1] 武佩牛．建筑装饰施工．北京：中国建筑工业出版社，2005.

[2] 张美若．建筑装饰施工技术．武汉：武汉理工大学出版社，2004.

[3] 陆化来．建筑装饰施工．北京：中国建筑工业出版社，2005.

[4] 陆化来．建筑装饰基础技能实训．北京：高等教育出版社，2002.

[5] 中国建装协会培训中心．建筑装饰识图．北京：中国统计出版社，2003.

[6] 闫立红．建筑装饰识图与构造．北京：中国建筑工业出版社，2004.

[7] 张书鸿．怎样看懂室内装饰施工图．北京：机械工业出版社，2003.

[8] 熊培基．建筑装饰识图与放样．北京：中国建筑工业出版社，2000.

[9] 张芹．建筑幕墙与采光顶设计施工手册．北京：中国建筑工业出版社，2003.

[10] 彭圣浩．建筑工程质量通病防治手册．北京：中国建筑工业出版社，2003.

[11] 上海建筑业联合会与工程建设监督委员会．建筑工程质量控制与验收．北京：中国建筑工业出版社，2003.

[12] 张明正．建筑结构施工识图与放样．北京：中国建筑工业出版社，1998.

[13] 孙调，张明正．建筑装饰实际操作．北京：中国建筑工业出版社，1998.

[14] 陈世霖．当代建筑装修构造施工手册．北京：中国建筑工业出版社，1999.

[15] 张清文．建筑装饰工程手册．南昌：江西科学技术出版社，2000.

[16] 雍本．装饰工程施工手册．北京：中国建筑工业出版社，1992.

[17] 李永盛，丁洁民．建筑装饰工程施工．上海：同济大学出版社，2001.

[18] 顾建平．建筑装饰施工技术．天津：天津科学技术出版社，1997.

[19] 王朝熙．装饰工程手册（第二版）．北京：中国建筑工业出版社，1994.

[20] 高淑英．建筑装修装饰涂料与施工技术．北京：金盾出版社，2002.

[21] 王海平．室内装饰工程手册（第三版）．北京：中国建筑工业出版社，1998.